풍산자

개념완성

체계적인 개념 설명과
필수 핵심 문제로
개념을 확실하게 다져주는
개념기본서!

중학수학 3-1

풍산자수학연구소 지음

지학사

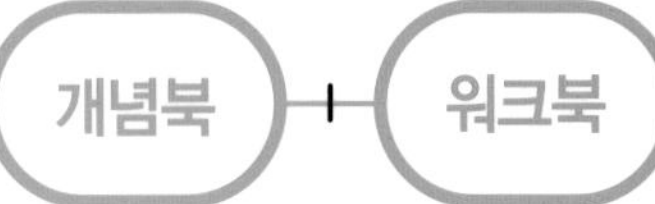

핵심 개념과 유형 문제로 **개념을 완성하는**

풍산자 개념완성

교재 활용 로드맵

핵심 개념과 개념확인 문제를 풀어볼 수 있는 **개념 정리와 개념 check**

유형별 대표 문제와 유사문제를 풀어볼 수 있는 **유형 check**

소단원별로 중요한 문제를 점검할 수 있는 **점검하기**

중단원별로 핵심 문제와 서술형 문제로 마무리 할 수 있는 **단원 마무리**

개념북과 1:1 맞춤 문제를 제시하여 철저한 복습이 되는 **워크북**

핵심 개념과 다양한 유형 문제

핵심 내용 정리와 대표 유형문제까지 수록한 개념 학습에 최적화된 구성

필수 핵심 문제 정복

'유형 check – 점검하기 – 단원 마무리'의 단계별 구성을 통해 필수 핵심 문제를 완벽하게 정복

개념학습에서 복습까지

개념북을 통해 개념과 유형을 익히고, 워크북에 수록된 1:1 맞춤형 문제를 통해 복습까지 완성

수학을 쉽게 만들어 주는 자

풍산자 개념완성

중학수학 3-1

구성과 특징

» 완벽한 개념으로 실전에 강해지는 개념기본서!

체계적인 개념과 꼭 필요한 핵심 문제로 확실하게 개념을 다지세요.

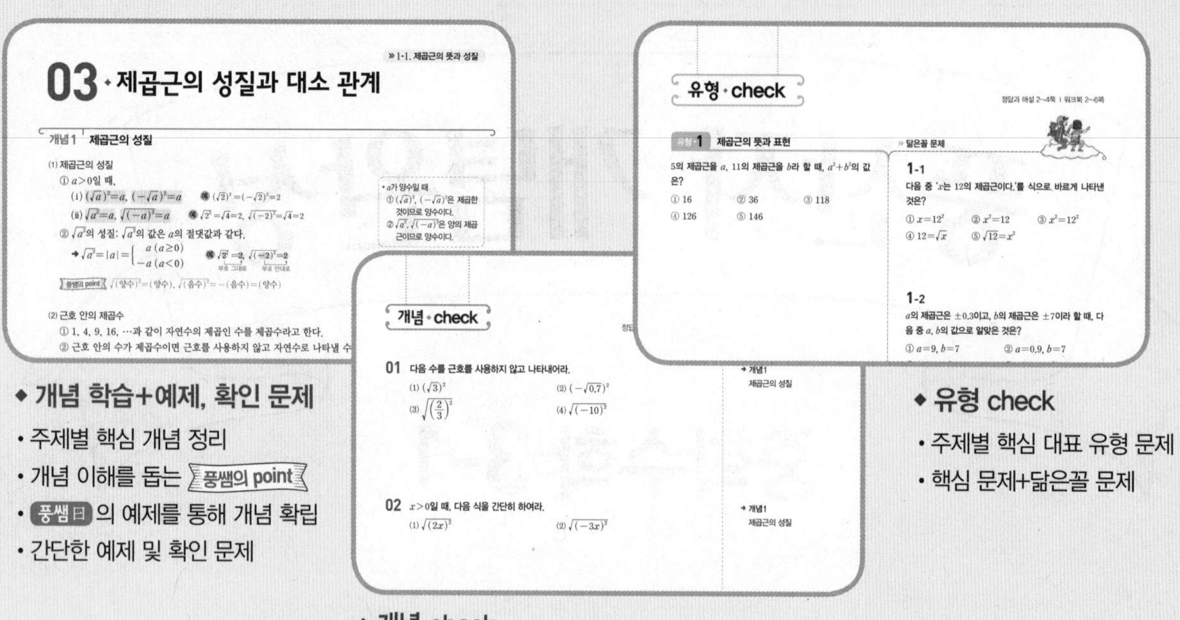

◆ 개념 학습+예제, 확인 문제

- 주제별 핵심 개념 정리
- 개념 이해를 돕는 풍쌤의 point
- 풍쌤日의 예제를 통해 개념 확립
- 간단한 예제 및 확인 문제

◆ 유형 check

- 주제별 핵심 대표 유형 문제
- 핵심 문제+닮은꼴 문제

◆ 개념 check

- 개념 확인 및 적용 문제

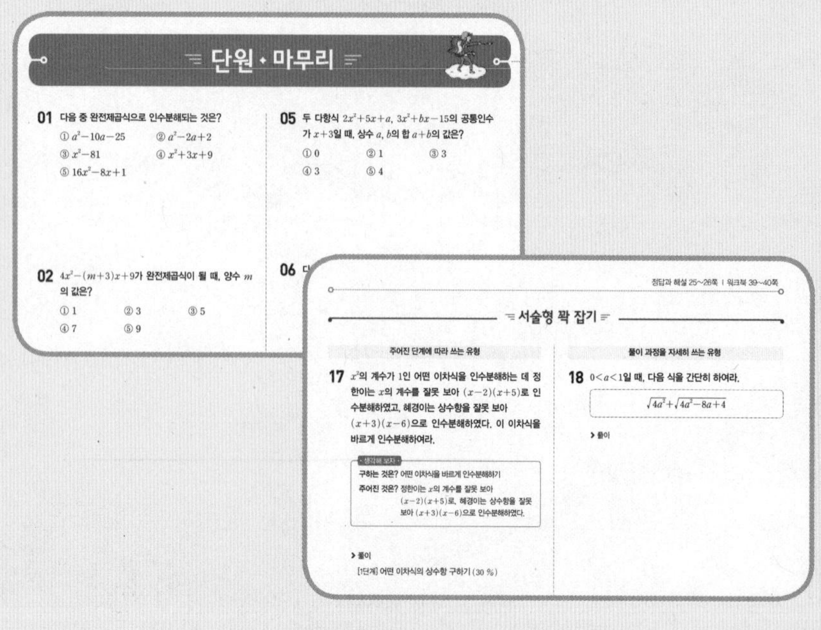

◆ 단원 마무리

- 중단원별 문제 점검
- 서술형 꽉 잡기

풍산자 개념완성에서는

개념북으로 꼼꼼하고 자세한 개념 학습 후

워크북을 통해 개념북과 1 : 1 맞춤 학습을 할 수 있습니다.

워크북

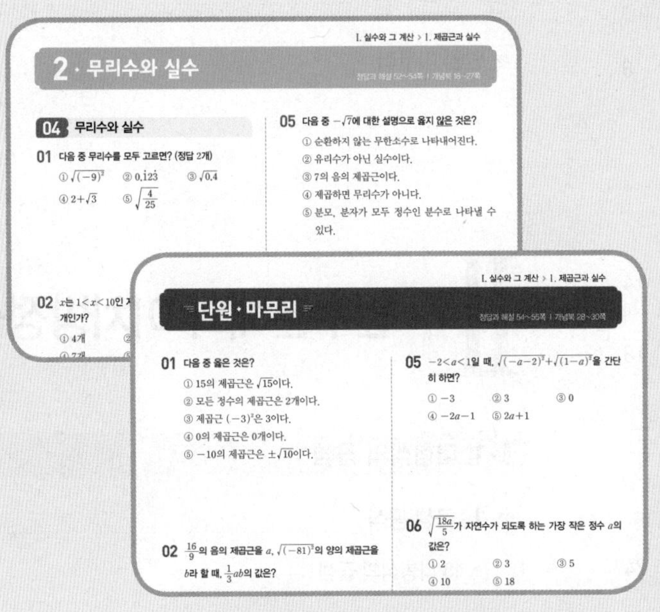

- 개념북과 소단원별 핵심 유형 1:1 맞춤 문제 링크
- 중단원별 마무리 문제 및 서술형 평가 문제

정답과 해설

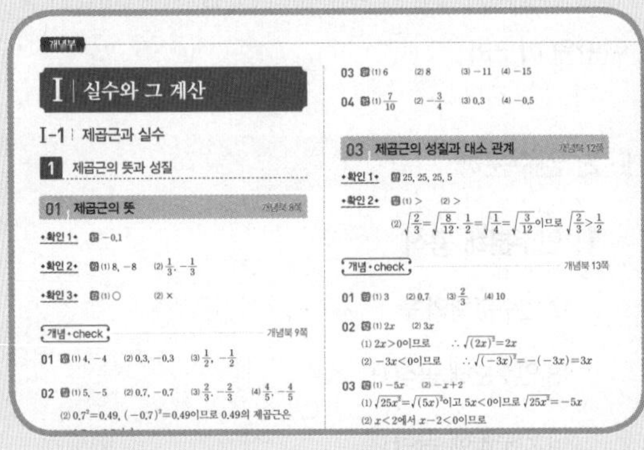

- 문제 해결을 위한 최적의 풀이 방법을 자세히 제공
- 자기주도학습이 가능한 명확하고 이해하기 쉬운 풀이

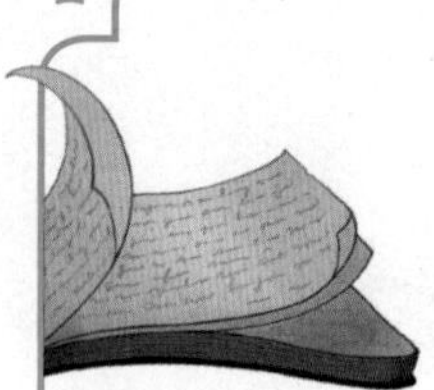

이 책의 차례

Ⅰ : 실수와 그 계산

Ⅰ-1. 제곱근과 실수

Ⅰ-2. 근호를 포함한 식의 계산

Ⅱ : 인수분해와 이차방정식

Ⅱ-1. 다항식의 곱셈

Ⅱ-2. 인수분해

Ⅱ-3. 이차방정식

Ⅲ : 이차함수

Ⅲ-1. 이차함수의 그래프 (1)

Ⅲ-2. 이차함수의 그래프 (2)

» **워크북이 책 속의 책으로 들어있어요.**

내일은 우리가 어제로부터
무엇인가 배웠기를 바란다.

– 존 웨인 –

Ⅰ. 실수와 그 계산

1. 제곱근과 실수

01 ◆ 제곱근의 뜻

개념 1 제곱근의 뜻

어떤 수 x를 제곱하여 음이 아닌 수 a가 될 때, x를 a의 제곱근이라고 한다.

➜ $x^2=a$일 때, x는 a의 제곱근

예 $2^2=4$, $(-2)^2=4$이므로 4의 제곱근은 2, -2이다.

풍쌤의 point x는 a의 제곱근 ➜ x를 제곱하면 a ➜ $x^2=a$

2, −2 —제곱→ 4
4 —제곱근→ 2, −2

◆ 제곱근(뿌리 根)
제곱한 수의 뿌리가 되는 수

◆ 예제 1 ◆

다음 □ 안에 공통으로 들어갈 수를 구하여라.

제곱하여 36이 되는 수는 6과 □
➜ $6^2=36$, $(\square)^2=36$
➜ 6과 □은 36의 제곱근

> 답 -6

◆ 확인 1 ◆

다음 □ 안에 공통으로 들어갈 수를 구하여라.

제곱하여 0.01이 되는 수는 0.1과 □
➜ $(0.1)^2=0.01$, $(\square)^2=0.01$
➜ 0.1과 □은 0.01의 제곱근

◆ 예제 2 ◆

다음 수의 제곱근을 구하여라.

(1) 16　　(2) 81

> 답 (1) 4, -4　(2) 9, -9

◆ 확인 2 ◆

다음 수의 제곱근을 구하여라.

(1) 64　　(2) $\frac{1}{9}$

개념 2 제곱근의 개수

(1) 양수의 제곱근은 양수와 음수 2개가 있고, 그 절댓값은 서로 같다.
(2) 0의 제곱근은 0 하나뿐이다.
(3) 제곱하여 음수가 되는 수는 없으므로 음수의 제곱근은 없다.

예 9의 제곱근은 3과 -3의 2개이고, -9의 제곱근은 없다.

◆ 제곱근의 개수

수	개수
양수	2
0	1
음수	0

◆ 예제 3 ◆

제곱근에 대한 다음 설명 중 옳은 것에는 ○표, 옳지 않은 것에는 ×표를 하여라.

(1) 9의 제곱근은 3, -3이다. (　　)
(2) 49의 제곱근은 1개이다. (　　)

> 답 (1) ○　(2) ×

◆ 확인 3 ◆

제곱근에 대한 다음 설명 중 옳은 것에는 ○표, 옳지 않은 것에는 ×표를 하여라.

(1) $\frac{1}{4}$의 제곱근은 $\frac{1}{2}$, $-\frac{1}{2}$이다. (　　)
(2) 5^2의 제곱근은 1개이다. (　　)

개념 · check

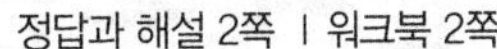

정답과 해설 2쪽 | 워크북 2쪽

01 다음 □ 안에 알맞은 수를 써넣어라.

→ 개념1 제곱근의 뜻

(1) 16의 제곱근은 □, □이다.

(2) 제곱하여 0.09가 되는 수는 □, □이다.

(3) $x^2=\frac{1}{4}$을 만족시키는 x의 값은 □, □이다.

02 다음 수의 제곱근을 구하여라.

→ 개념1 제곱근의 뜻

(1) 25　　(2) 0.49

(3) $\frac{4}{9}$　　(4) $\left(\frac{4}{5}\right)^2$

03 다음 수의 제곱근을 구하여라.

→ 개념1 제곱근의 뜻

(1) 0　　(2) -4

(3) $(-6)^2$　　(4) $(-0.2)^2$

04 제곱근에 대한 다음 설명 중 옳은 것에는 ○표, 옳지 않은 것에는 ×표를 하여라.

→ 개념2 제곱근의 개수

(1) -16의 제곱근은 1개이다. (　　)

(2) 모든 수의 제곱근은 2개이다. (　　)

(3) 0.64의 제곱근은 2개이고, 두 수의 합은 0이다. (　　)

02 · 제곱근의 표현

개념 1 제곱근의 표현

(1) 제곱근의 표현

제곱근은 기호 $\sqrt{\ }$(근호)를 사용하여 나타내고, 이것을 **제곱근** 또는 **루트**(root)라고 읽는다.

$\sqrt{a}$ → 제곱근 a, 루트 a

· $\sqrt{\ }$는 뿌리를 뜻하는 라틴어 radix의 첫 글자인 r를 변형하여 만든 기호이다.

(2) 양수 a의 제곱근

① 양수 a의 제곱근 중 양수인 것을 **양의 제곱근**, 음수인 것을 **음의 제곱근**이라 하고 각각

$\sqrt{a}$, $-\sqrt{a}$

와 같이 나타낸다.

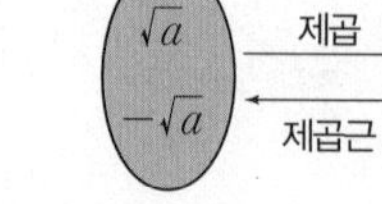

예 5의 양의 제곱근은 $\sqrt{5}$, 음의 제곱근은 $-\sqrt{5}$이다.

참고 $\sqrt{a}$와 $-\sqrt{a}$를 함께 $\pm\sqrt{a}$와 같이 나타내기도 한다.
이때 $\pm\sqrt{a}$는 '플러스 마이너스 루트 a'라고 읽는다.

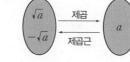

· **제곱근 a와 a의 제곱근의 차이**
양수 a에 대하여
① 제곱근 a → $\sqrt{a}$
② a의 제곱근 → $\pm\sqrt{a}$

② 근호 안의 수가 어떤 수의 제곱이면 근호를 사용하지 않고 나타낸다.

예 5의 제곱근: $\pm\sqrt{5}$, 9의 제곱근: $\pm\sqrt{9}=\pm3$

참고 $\sqrt{1}=1$, $\sqrt{4}=2$, $\sqrt{9}=3$, $\sqrt{16}=4$, …

· 예제 1 ·

다음을 근호를 사용하여 나타내어라.

(1) 제곱근 5 (2) 제곱근 8

› 답 (1) $\sqrt{5}$ (2) $\sqrt{8}$

· 확인 1 ·

다음을 근호를 사용하여 나타내어라.

(1) 제곱근 10 (2) 제곱근 18

· 예제 2 ·

다음 □ 안에 알맞은 수를 써넣어라.

양수 16의 제곱근을 근호를 사용하여 나타내면 $\sqrt{16}$과 □이다.
이때 16의 제곱근은 □와 -4이므로
$\sqrt{16}=$□, □$=-4$

› 답 $-\sqrt{16}$, 4, 4, $-\sqrt{16}$

· 확인 2 ·

다음 □ 안에 알맞은 수를 써넣어라.

양수 81의 제곱근을 근호를 사용하여 나타내면 $\sqrt{81}$과 □이다.
이때 81의 제곱근은 □와 -9이므로
$\sqrt{81}=$□, □$=-9$

· 예제 3 ·

다음을 근호를 사용하여 나타내어라.

(1) 2의 제곱근 (2) 7의 제곱근

› 답 (1) $\pm\sqrt{2}$ (2) $\pm\sqrt{7}$

· 확인 3 ·

다음을 근호를 사용하여 나타내어라.

(1) 13의 제곱근 (2) 24의 제곱근

개념 + check

정답과 해설 2쪽 | 워크북 2~3쪽

01 다음은 양수 a의 제곱근을 표로 나타낸 것이다. 표의 빈칸에 알맞은 수를 써넣어라.

→ 개념1 제곱근의 표현

a	3	7	10
$\sqrt{a}$	$\sqrt{3}$	(2)	$\sqrt{10}$
$-\sqrt{a}$	(1)	$-\sqrt{7}$	(3)

02 다음을 구하여라.

→ 개념1 제곱근의 표현

(1) 6의 제곱근　　(2) 제곱근 $\frac{4}{3}$

(3) 15의 양의 제곱근　　(4) 0.3의 음의 제곱근

03 다음 수를 근호를 사용하지 않고 나타내어라.

→ 개념1 제곱근의 표현

(1) $\sqrt{36}$　　(2) $\sqrt{64}$

(3) $-\sqrt{121}$　　(4) $-\sqrt{225}$

04 다음 수를 근호를 사용하지 않고 나타내어라.

→ 개념1 제곱근의 표현

(1) $\sqrt{\frac{49}{100}}$　　(2) $-\sqrt{\frac{9}{16}}$

(3) $\sqrt{0.09}$　　(4) $-\sqrt{0.25}$

03 ◆ 제곱근의 성질과 대소 관계

개념 1 제곱근의 성질

(1) 제곱근의 성질

① $a>0$일 때,

(i) $(\sqrt{a})^2=a$, $(-\sqrt{a})^2=a$ 예 $(\sqrt{2})^2=(-\sqrt{2})^2=2$

(ii) $\sqrt{a^2}=a$, $\sqrt{(-a)^2}=a$ 예 $\sqrt{2^2}=\sqrt{4}=2$, $\sqrt{(-2)^2}=\sqrt{4}=2$

② $\sqrt{a^2}$의 성질: $\sqrt{a^2}$의 값은 a의 절댓값과 같다.

➜ $\sqrt{a^2}=|a|=\begin{cases} a & (a\geq 0) \\ -a & (a<0) \end{cases}$ 예 $\sqrt{2^2}=2$, $\sqrt{(-2)^2}=2$ (부호 그대로, 부호 반대로)

◆ a가 양수일 때
① $(\sqrt{a})^2$, $(-\sqrt{a})^2$은 제곱한 것이므로 양수이다.
② $\sqrt{a^2}$, $\sqrt{(-a)^2}$은 양의 제곱근이므로 양수이다.

풍쌤의 point $\sqrt{(양수)^2}=(양수)$, $\sqrt{(음수)^2}=-(음수)=(양수)$

(2) 근호 안의 제곱수

① 1, 4, 9, 16, …과 같이 자연수의 제곱인 수를 제곱수라고 한다.

② 근호 안의 수가 제곱수이면 근호를 사용하지 않고 자연수로 나타낼 수 있다.

➜ $\sqrt{(제곱수)}=\sqrt{(자연수)^2}=(자연수)$ 예 $\sqrt{4}=\sqrt{2^2}=2$

◆ 예제 1 ◆

다음 □ 안에 알맞은 수를 써넣어라.

$2^2=$□, $(-2)^2=$□이고, 4의 양의 제곱근은 2이므로
$\sqrt{2^2}=\sqrt{□}=2$, $\sqrt{(-2)^2}=\sqrt{4}=$□

> 답 4, 4, 4, 2

◆ 확인 1 ◆

다음 □ 안에 알맞은 수를 써넣어라.

$5^2=$□, $(-5)^2=$□이고, 25의 양의 제곱근은 5이므로
$\sqrt{5^2}=\sqrt{□}=5$, $\sqrt{(-5)^2}=\sqrt{25}=$□

개념 2 제곱근의 대소 관계

$a>0$, $b>0$일 때,

(1) $a<b$이면 $\sqrt{a}<\sqrt{b}$, $-\sqrt{b}<-\sqrt{a}$ 예 $2<3$ ➜ $\sqrt{2}<\sqrt{3}$, $-\sqrt{3}<-\sqrt{2}$

(2) $\sqrt{a}<\sqrt{b}$이면 $a<b$ 예 $\sqrt{2}<\sqrt{3}$ ➜ $2<3$

◆ 예제 2 ◆

다음 ○ 안에 > 또는 <를 써넣어라.

(1) $\sqrt{11}$ ○ $\sqrt{13}$

(2) 4 ○ $\sqrt{17}$

> 풀이 (2) $4=\sqrt{16}$이고 $\sqrt{16}<\sqrt{17}$이므로 $4<\sqrt{17}$

> 답 (1) < (2) <

◆ 확인 2 ◆

다음 ○ 안에 > 또는 <를 써넣어라.

(1) $-\sqrt{2}$ ○ $-\sqrt{5}$

(2) $\sqrt{\dfrac{2}{3}}$ ○ $\dfrac{1}{2}$

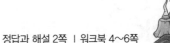

개념 + check

정답과 해설 2쪽 | 워크북 4~6쪽

01 다음 수를 근호를 사용하지 않고 나타내어라.

(1) $(\sqrt{3})^2$　　(2) $(-\sqrt{0.7})^2$

(3) $\sqrt{\left(\frac{2}{3}\right)^2}$　　(4) $\sqrt{(-10)^2}$

→ 개념1 제곱근의 성질

02 $x>0$일 때, 다음 식을 간단히 하여라.

(1) $\sqrt{(2x)^2}$　　(2) $\sqrt{(-3x)^2}$

→ 개념1 제곱근의 성질

03 다음 물음에 답하여라.

(1) $x<0$일 때, $\sqrt{25x^2}$의 값을 구하여라.

(2) $x<2$일 때, $\sqrt{(x-2)^2}$의 값을 구하여라.

→ 개념1 제곱근의 성질

04 다음 수가 자연수가 되도록 하는 가장 작은 자연수 x의 값을 구하여라.

(1) $\sqrt{5x}$　　(2) $\sqrt{7x}$

(3) $\sqrt{2\times3\times x}$　　(4) $\sqrt{2^2\times3\times x}$

→ 개념1 제곱근의 성질

05 다음 중에서 4와 5 사이의 수를 모두 골라라.

$\sqrt{13}$, $\sqrt{15}$, $\sqrt{19}$, $\sqrt{21}$, $\sqrt{23}$, $\sqrt{29}$

→ 개념2 제곱근의 대소 관계

유형 · check

정답과 해설 2~4쪽 | 워크북 2~6쪽

유형 · 1 제곱근의 뜻과 표현

5의 제곱근을 a, 11의 제곱근을 b라 할 때, a^2+b^2의 값은?

① 16　② 36　③ 118
④ 126　⑤ 146

» 닮은꼴 문제

1-1
다음 중 'x는 12의 제곱근이다.'를 식으로 바르게 나타낸 것은?

① $x=12^2$　② $x^2=12$　③ $x^2=12^2$
④ $12=\sqrt{x}$　⑤ $\sqrt{12}=x^2$

1-2
a의 제곱근은 ±0.3이고, b의 제곱근은 ±7이라 할 때, 다음 중 a, b의 값으로 알맞은 것은?

① $a=9$, $b=7$　② $a=0.9$, $b=7$
③ $a=0.9$, $b=49$　④ $a=0.09$, $b=7$
⑤ $a=0.09$, $b=49$

유형 · 2 제곱근 구하기

$\sqrt{81}$의 양의 제곱근을 a, $(-5)^2$의 음의 제곱근을 b라 할 때, $a-b$의 값은?

① -8　② -2　③ 0
④ 2　⑤ 8

» 닮은꼴 문제

2-1
$\frac{9}{100}$의 양의 제곱근을 a, $(-15)^2$의 음의 제곱근을 b라 할 때, ab의 값은?

① $-\frac{9}{2}$　② $-\frac{2}{9}$　③ $\frac{2}{9}$
④ $\frac{3}{2}$　⑤ $\frac{9}{2}$

2-2
밑변의 길이가 7, 높이가 14인 삼각형과 넓이가 같은 정사각형의 한 변의 길이를 구하여라.

유형 3 제곱근의 이해

다음 중 옳은 것을 모두 고르면? (정답 2개)

① 제곱근 3과 3의 제곱근은 서로 같다.

② $\sqrt{5}$는 5의 양의 제곱근이다.

③ -2는 -4의 음의 제곱근이다.

④ $\sqrt{(-5)^2}$의 제곱근은 $\sqrt{5}$이다.

⑤ 제곱근 100의 제곱근은 $\pm\sqrt{10}$이다.

» 닮은꼴 문제

3-1

다음 중 그 값이 나머지 넷과 다른 하나는?

① 제곱하여 25가 되는 수

② $x^2=25$를 만족시키는 x의 값

③ $\sqrt{625}$의 제곱근

④ 제곱근 25

⑤ $(-5)^2$의 제곱근

3-2

다음 중 옳은 것은?

① 음의 정수의 제곱근은 2개이다.

② 0의 제곱근은 없다.

③ 제곱근 $\sqrt{49}$는 7이다.

④ 4의 제곱근은 $\pm\sqrt{2}$이다.

⑤ 제곱근 $(-7)^2$은 7이다.

유형 4 제곱근의 성질

다음 중 그 값이 나머지 넷과 다른 하나는?

① $(\sqrt{7})^2$ ② $\sqrt{49}$

③ $\sqrt{(-7)^2}$ ④ $-\sqrt{(-7)^2}$

⑤ $(-\sqrt{7})^2$

» 닮은꼴 문제

4-1

다음 중 가장 큰 수는?

① $\sqrt{\frac{1}{16}}$ ② $\sqrt{\left(-\frac{1}{6}\right)^2}$ ③ $\left(-\frac{1}{4}\right)^2$

④ $\left(-\sqrt{\frac{1}{3}}\right)^2$ ⑤ $\sqrt{\left(\frac{1}{4}\right)^2}$

4-2

$(-\sqrt{25})^2$의 양의 제곱근을 A, $\sqrt{(-36)^2}$의 음의 제곱근을 B라 할 때, $\sqrt{-120AB}$의 값을 구하여라.

유형 5 제곱근의 성질을 이용한 식의 계산 (1)

다음을 계산하여라.

(1) $(-\sqrt{8})^2+\sqrt{(-3)^2}$

(2) $\sqrt{12^2}-(-\sqrt{7})^2$

(3) $-\sqrt{36}\times\sqrt{\left(\frac{2}{3}\right)^2}$

(4) $\sqrt{(-14)^2}\div\sqrt{2^2}$

» 닮은꼴 문제

5-1

다음을 계산하여라.

(1) $\sqrt{(-7)^2}+(-\sqrt{5})^2$

(2) $\sqrt{10^2}-\sqrt{(-6)^2}$

(3) $\sqrt{\left(\frac{4}{5}\right)^2}\times\left(-\sqrt{\frac{5}{8}}\right)^2$

(4) $-\sqrt{9^2}\div(\sqrt{3})^2$

5-2

다음 중 바르게 계산한 것은?

① $\sqrt{4^2}+\sqrt{(-5)^2}=-1$

② $\sqrt{0.01}\times(-\sqrt{0.5})^2=0.5$

③ $-\sqrt{7^2}+(-\sqrt{4})^2=-11$

④ $(\sqrt{12})^2\div(-\sqrt{3})^2=4$

⑤ $\sqrt{\left(\frac{5}{6}\right)^2}\times\left(-\sqrt{\frac{12}{25}}\right)^2=-\frac{2}{5}$

유형 6 제곱근의 성질을 이용한 식의 계산 (2)

다음 식을 간단히 하여라.

(1) $a<0$일 때, $\sqrt{(3a)^2}+\sqrt{(-3a)^2}$

(2) $0<a<1$일 때, $\sqrt{(a+1)^2}-\sqrt{(a-1)^2}$

» 닮은꼴 문제

6-1

$a>0$, $b<0$일 때, $\sqrt{a^2}+\sqrt{(-3a)^2}-\sqrt{9b^2}$을 간단히 하면?

① $-3a-2b$ ② $-a+2b$ ③ $2a-4b$

④ $4a-2b$ ⑤ $4a+3b$

6-2

$2<x<3$일 때, $\sqrt{(x-2)^2}-\sqrt{(3-x)^2}$을 간단히 하면?

① -1 ② $-2x+5$ ③ $2x-5$

④ 1 ⑤ $2x+5$

유형 7 제곱근이 자연수가 될 조건

$1 \le x \le 30$일 때, 다음 수가 자연수가 되도록 하는 자연수 x의 값을 모두 구하여라.

(1) $\sqrt{21+x}$

(2) $\sqrt{72x}$

» 닮은꼴 문제

7-1

$\sqrt{24-x}$가 정수가 되도록 하는 자연수의 x의 개수는?

① 4개 ② 5개 ③ 6개 ④ 7개 ⑤ 8개

7-2

$\sqrt{\frac{450}{x}}$이 자연수가 되도록 하는 가장 작은 자연수 x의 값을 a, 이때의 $\sqrt{\frac{450}{x}}$의 값을 b라 할 때, $a+b$의 값을 구하여라.

유형 8 제곱근의 대소 관계

다음 중 두 수의 대소 관계를 바르게 나타낸 것은?

① $-\sqrt{10} > -3$

② $\sqrt{\frac{1}{5}} > \sqrt{\frac{1}{6}}$

③ $\sqrt{2} > 1.5$

④ $-\sqrt{8} < -3$

⑤ $\frac{1}{6} > \sqrt{\frac{1}{6}}$

» 닮은꼴 문제

8-1

다음 수를 크기가 작은 것부터 차례로 나열하여라.

$\sqrt{7}$, $-\sqrt{3}$, 3, 0, $-\sqrt{5}$

8-2

$0 < a < 1$일 때, 다음 중 그 값이 가장 큰 것은?

① a^2 ② a ③ $\sqrt{a}$ ④ $\frac{1}{a}$ ⑤ $\sqrt{\frac{1}{a}}$

04 · 무리수와 실수

개념 1 무리수와 실수

(1) 무리수

① 무리수: 유리수가 아닌 수, 즉 순환하지 않는 무한소수

예 $\sqrt{2}=1.41421\cdots$, $\sqrt{3}=1.73205\cdots$, $\pi=3.14159\cdots$ → 무리수

참고 유리수: 분수 $\frac{a}{b}$(a, b는 정수, $b\neq0$)의 꼴로 나타낼 수 있는 수

② 소수의 분류

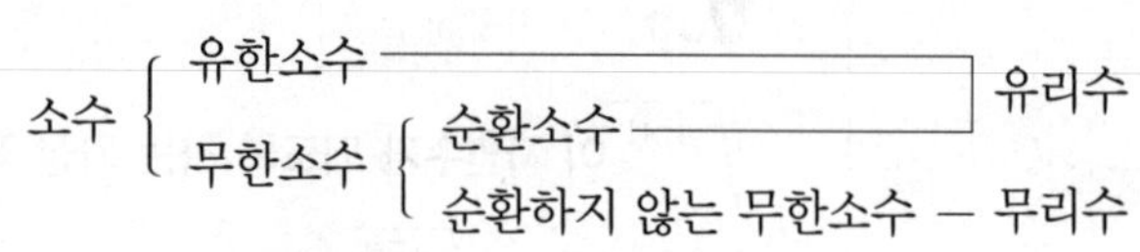

· 유리수와 무리수
유리수는 m, n은 정수이고, $m\neq0$인 분수 $\frac{n}{m}$의 꼴로 나타낼 수 있지만, 무리수는 분수 $\frac{n}{m}$의 꼴로 나타낼 수 없다.

풍쌤의 point 근호를 사용하여 나타낸 수 중에서 근호를 없앨 수 있는 수는 유리수야.
예를 들어, $\sqrt{4}=\sqrt{2^2}=2$, $-\sqrt{9}=-\sqrt{3^2}=-3$은 모두 유리수야.

(2) 실수

① 실수: 유리수와 무리수를 통틀어 실수라고 한다.

참고 앞으로 '수'라고 하면 실수를 뜻하는 것으로 생각한다.

② 실수의 분류

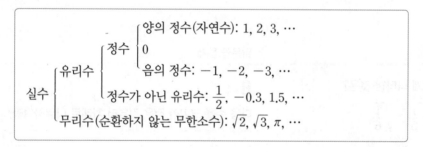

- 실수
  - 유리수
    - 정수
      - 양의 정수(자연수): 1, 2, 3, ⋯
      - 0
      - 음의 정수: −1, −2, −3, ⋯
    - 정수가 아닌 유리수: $\frac{1}{2}$, −0.3, 1.5, ⋯
  - 무리수(순환하지 않는 무한소수): $\sqrt{2}$, $\sqrt{3}$, π, ⋯

· 예제 1 ·

다음 수를 유리수와 무리수로 구분하여라.

(1) $-\frac{1}{2}$ (2) $\sqrt{6}$

› 답 (1) 유리수 (2) 무리수

· 확인 1 ·

다음 수를 유리수와 무리수로 구분하여라.

(1) π (2) $0.\dot{2}$

· 예제 2 ·

다음 설명 중 옳은 것에는 ○표, 옳지 않은 것에는 ×표를 하여라.

(1) $\sqrt{8}$은 무리수이다. ( )

(2) 순환소수는 모두 유리수이다. ( )

(3) 무리수는 실수가 아니다. ( )

› 답 (1) ○ (2) ○ (3) ×

· 확인 2 ·

다음 설명 중 옳은 것에는 ○표, 옳지 않은 것에는 ×표를 하여라.

(1) $\sqrt{16}$은 유리수이다. ( )

(2) 무한소수는 모두 무리수이다. ( )

(3) 유리수는 실수이다. ( )

개념 · check

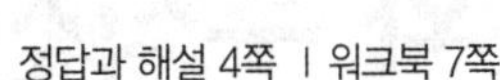
정답과 해설 4쪽 | 워크북 7쪽

01 다음 중 순환하지 않는 무한소수로 나타내어지는 것을 모두 고르면? (정답 2개)

→ 개념1 무리수와 실수

① $-\frac{2}{3}$　② π　③ $2+\sqrt{9}$

④ $\sqrt{\frac{169}{25}}$　⑤ $-\sqrt{0.1}$

02 다음 수 중 무리수를 모두 골라라.

→ 개념1 무리수와 실수

$\sqrt{0.04}$,　$-\sqrt{3}$,　$0.\dot{5}$,　$\sqrt{10}$,　$1+\sqrt{2}$,　$-\sqrt{\frac{9}{16}}$

03 다음 설명 중 옳은 것에는 ○표, 옳지 않은 것에는 ×표를 하여라.

→ 개념1 무리수와 실수

(1) $\sqrt{7}$은 순환하지 않는 무한소수이다. (　　)

(2) 근호를 사용하여 나타낸 수는 모두 무리수이다. (　　)

(3) 무한소수 중에는 유리수인 것도 있다. (　　)

(4) 4는 유리수이고 $\sqrt{4}$는 무리수이다. (　　)

04 실수를 다음과 같이 분류할 때, 다음 중 □ 안의 수에 해당하는 것은?

→ 개념1 무리수와 실수

실수 { 유리수, □ }

① $\sqrt{25}$　② $\frac{4}{3}$　③ $0.\dot{8}$

④ $\sqrt{0.9}$　⑤ -2.34

05 • 실수와 수직선

개념 1 무리수를 수직선 위에 나타내기

피타고라스의 정리를 이용하여 무리수를 수직선 위에 나타낼 수 있다.

예 <무리수 $\sqrt{2}$를 수직선 위에 나타내는 방법>

① 한 눈금의 길이가 1인 모눈종이 위에 직각이등변삼각형 OAB를 그린다.

② $\overline{OA}=x$라 하면 $x^2=1^2+1^2=2$이므로 $x=\sqrt{2}$ ($\because x>0$)

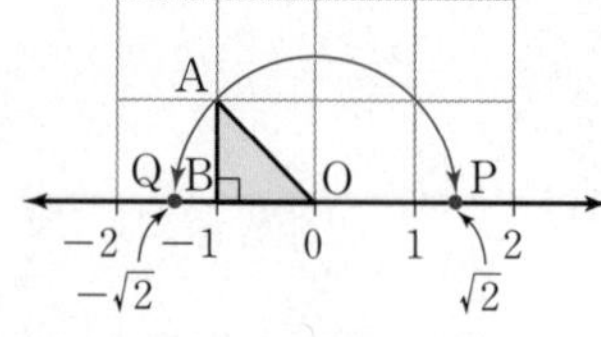

③ 점 O를 중심으로 하고 $\overline{OA}$를 반지름으로 하는 원을 그려 수직선과 만나는 점을 P, Q라 하면 $\overline{OP}=\overline{OQ}=\overline{OA}=\sqrt{2}$이므로 점 P, Q에 대응하는 수가 각각 $\sqrt{2}$, $-\sqrt{2}$이다.

• 점 P(k)에서 오른쪽으로 $\sqrt{a}$ 만큼 ➔ $k+\sqrt{a}$
• 점 P(k)에서 왼쪽으로 $\sqrt{a}$만큼 ➔ $k-\sqrt{a}$

• 예제 1 •

오른쪽 수직선에서 △ABC는 직각이등변삼각형일 때, 점 P에 대응하는 수를 구하여라.

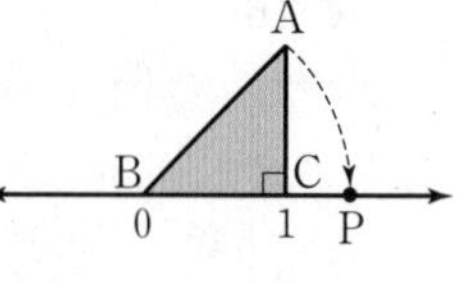

› 풀이 $\overline{BP}=\overline{BA}=\sqrt{2}$이고, 점 P가 기준점 0의 오른쪽에 있으므로 $P(0+\sqrt{2})=P(\sqrt{2})$

› 답 $\sqrt{2}$

• 확인 1 •

오른쪽 수직선에서 △ABC는 직각이등변삼각형일 때, 점 P에 대응하는 수를 구하여라.

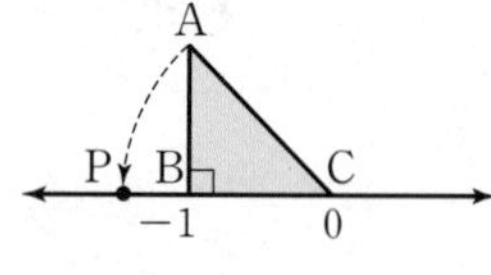

개념 2 실수와 수직선

(1) 수직선은 유리수와 무리수, 즉 실수에 대응하는 점들로 완전히 메워져 있다.
(2) 서로 다른 두 실수 사이에는 무수히 많은 실수가 있다.
(3) 모든 실수는 각각 수직선 위의 한 점에 대응한다. 또한 수직선 위의 한 점에는 하나의 실수가 반드시 대응한다.

풍쌤의 point 수직선을 유리수만으로 또는 무리수만으로 완전히 메울 수 없어.

• 서로 다른 두 유리수 사이에는 무수히 많은 유리수 또는 무리수가 있다.
• 서로 다른 두 무리수 사이에는 무수히 많은 유리수 또는 무리수가 있다.

• 예제 2 •

다음 설명 중 옳은 것에는 ○표, 옳지 않은 것에는 ×표를 하여라.

(1) $\frac{1}{4}$과 $\frac{1}{3}$ 사이에는 무수히 많은 무리수가 있다. (　　)

(2) 4와 5 사이에는 무리수가 유한개 있다. (　　)

› 답 (1) ○ (2) ×

• 확인 2 •

다음 설명 중 옳은 것에는 ○표, 옳지 않은 것에는 ×표를 하여라.

(1) $\sqrt{2}$와 $\sqrt{5}$ 사이에는 무수히 많은 유리수가 있다. (　　)

(2) 모든 실수는 각각 수직선 위의 한 점에 대응한다. (　　)

개념 • check

정답과 해설 4쪽 | 워크북 8~9쪽

01 오른쪽 그림에서 사각형 ABCD는 한 변의 길이가 1인 정사각형이고 $\overline{BD}=\overline{BP}$, $\overline{CA}=\overline{CQ}$일 때, 두 점 P, Q에 대응하는 수를 각각 구하여라.

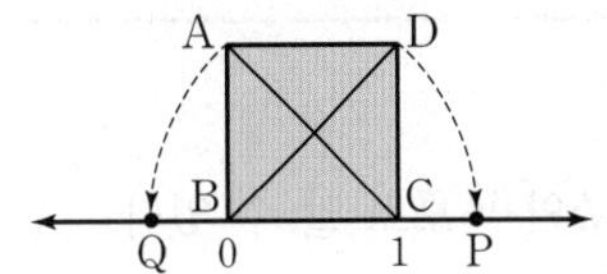

→ 개념1
무리수를 수직선 위에 나타내기

02 오른쪽 그림에서 모눈 한 칸은 한 변의 길이가 1인 정사각형이다. 다음 물음에 답하여라.

(1) □OABC의 한 변의 길이를 구하여라.

(2) $\overline{OA}=\overline{OP}$일 때, 점 P에 대응하는 수를 구하여라.

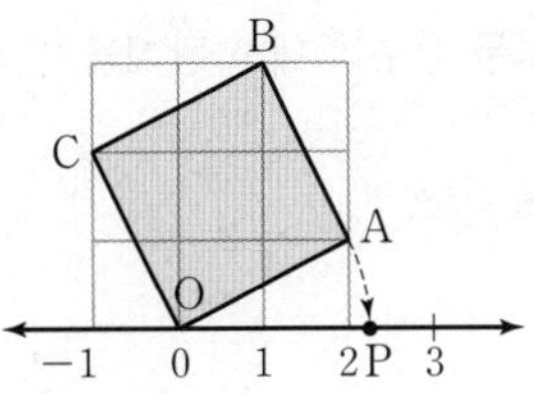

→ 개념1
무리수를 수직선 위에 나타내기

03 오른쪽 그림에서 모눈 한 칸은 한 변의 길이가 1인 정사각형이다. $\overline{AB}=\overline{AP}$일 때, 점 P의 좌표를 구하여라.

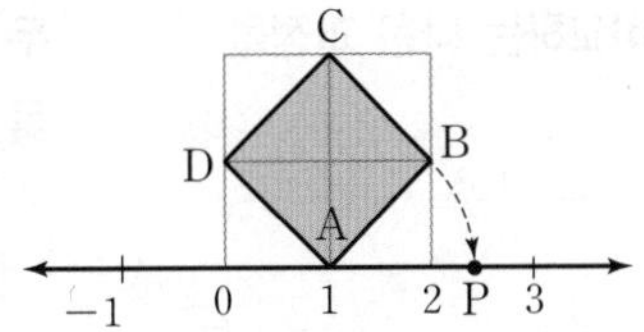

→ 개념1
무리수를 수직선 위에 나타내기

04 다음 〈보기〉 중 옳은 것을 모두 골라라.

보기

ㄱ. 1과 2 사이에는 무리수가 2개 있다.
ㄴ. 1에 가장 가까운 무리수는 $\sqrt{2}$이다.
ㄷ. 정수에 대응하는 점만으로 수직선을 완전히 메울 수 없다.
ㄹ. 실수만으로 수직선을 완전히 메울 수 없다.
ㅁ. 0.2와 0.4 사이에는 무수히 많은 유리수가 있다.

→ 개념2
실수와 수직선

06 • 실수의 대소 관계

개념 1 실수의 대소 관계

두 실수 a, b의 대소 관계는 $a-b$의 부호로 알 수 있다.

(1) $a-b>0$이면 $a>b$

(2) $a-b=0$이면 $a=b$

(3) $a-b<0$이면 $a<b$

예 두 수 $\sqrt{3}+1$과 3의 대소 관계

→ $(\sqrt{3}+1)-3=\sqrt{3}-2=\sqrt{3}-\sqrt{4}<0$이므로 $\sqrt{3}+1<3$

• 실수의 대소 관계

① (음수) < 0 < (양수)

② 음수끼리는 절댓값이 작은 수가 더 크다.

③ 양수끼리는 절댓값이 큰 수가 더 크다.

풍쌤日 다음과 같은 방법으로도 두 실수의 대소 관계를 알 수 있다.

① 부등식의 성질 이용

$3-\sqrt{3}$ ◯ $2-\sqrt{3}$ $\xrightarrow{\text{양변에 } \sqrt{3}\text{을 더하면}}$ $3 \; (>) \; 2$

$\therefore 3-\sqrt{3} \; (>) \; 2-\sqrt{3}$

② 제곱근의 값 이용

2 ◯ $\sqrt{2}+1$ $\xrightarrow{\sqrt{2}=1.414\cdots\text{로 계산}}$ $2 \; (<) \; 2.414\cdots$

$\therefore 2 \; (<) \; \sqrt{2}+1$

• 예제 1 •

두 수 $\sqrt{3}-2$와 $\sqrt{5}-2$의 대소를 비교하는 다음 과정을 완성하여라.

[방법 1] 두 수를 직접 비교
$\sqrt{3}<\sqrt{5}$이므로 양변에서 □를 빼면
$\sqrt{3}-2$ ◯ $\sqrt{5}-2$
[방법 2] 두 수의 차 이용
$(\sqrt{3}-2)-(\sqrt{5}-2)=\sqrt{3}-\sqrt{5}$ ◯ 0이므로
$\sqrt{3}-2$ ◯ $\sqrt{5}-2$

> 답 2, <, <, <

• 확인 1 •

두 수 $2+\sqrt{3}$과 $\sqrt{5}+\sqrt{3}$의 대소를 비교하는 다음 과정을 완성하여라.

[방법 1] 두 수를 직접 비교
$2=\sqrt{2^2}=\sqrt{4}$이므로 2 ◯ $\sqrt{5}$이므로
양변에 □을 더하면 $2+\sqrt{3}$ ◯ $\sqrt{5}+\sqrt{3}$
[방법 2] 두 수의 차 이용
$2+\sqrt{3}-(\sqrt{5}+\sqrt{3})=$ □ $-\sqrt{5}$
$2-\sqrt{5}=\sqrt{\square}-\sqrt{5}<0$이므로 $2+\sqrt{3}$ ◯ $\sqrt{5}+\sqrt{3}$

• 예제 2 •

다음 두 수의 대소를 비교하여 ◯ 안에 > 또는 <를 써넣어라.

(1) $\sqrt{2}+3$ ◯ $\sqrt{3}+3$

(2) $\sqrt{2}-\sqrt{3}$ ◯ $1-\sqrt{3}$

> 풀이 (1) $\sqrt{2}+3-(\sqrt{3}+3)=\sqrt{2}-\sqrt{3}<0$
> (2) $\sqrt{2}-\sqrt{3}-(1-\sqrt{3})=\sqrt{2}-1>0$

> 답 (1) < (2) >

• 확인 2 •

다음 두 수의 대소를 비교하여 ◯ 안에 > 또는 <를 써넣어라.

(1) $-3+\sqrt{7}$ ◯ $-3+\sqrt{11}$

(2) $4+\sqrt{2}$ ◯ $\sqrt{14}+\sqrt{2}$

개념 ✦ check

정답과 해설 4쪽 | 워크북 10쪽

01 다음 두 수의 대소를 비교하여 ◯ 안에 > 또는 <를 써넣어라.

(1) $2+\sqrt{3}$ ◯ $2+\sqrt{5}$ (2) $3-\sqrt{5}$ ◯ $3-\sqrt{7}$

(3) $-1+\sqrt{3}$ ◯ $-1+\sqrt{5}$ (4) $-4-\sqrt{11}$ ◯ $-4-\sqrt{13}$

→ 개념1
실수의 대소 관계

02 다음 두 수의 대소를 비교하여 ◯ 안에 > 또는 <를 써넣어라.

(1) $4+\sqrt{10}$ ◯ $3+\sqrt{10}$ (2) $1-\sqrt{5}$ ◯ $2-\sqrt{5}$

(3) $-3+\sqrt{7}$ ◯ $-4+\sqrt{7}$ (4) $-2-\sqrt{8}$ ◯ $-\sqrt{8}-3$

→ 개념1
실수의 대소 관계

03 다음 두 수의 대소를 비교하여 ◯ 안에 > 또는 <를 써넣어라.

(1) $\sqrt{3}+\sqrt{5}$ ◯ $2+\sqrt{5}$ (2) $2-\sqrt{2}$ ◯ $\sqrt{5}-\sqrt{2}$

(3) $-3+\sqrt{11}$ ◯ $-\sqrt{8}+\sqrt{11}$ (4) $-\sqrt{15}-\sqrt{6}$ ◯ $-4-\sqrt{6}$

→ 개념1
실수의 대소 관계

04 다음 두 수의 대소를 비교하여 ◯ 안에 > 또는 <를 써넣어라.

(1) $\sqrt{3}+3$ ◯ 5 (2) $1+\sqrt{2}$ ◯ $\sqrt{4}$

(3) $\sqrt{7}-1$ ◯ 2 (4) -5 ◯ $-1-\sqrt{18}$

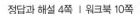

→ 개념1
실수의 대소 관계

유형 · check

정답과 해설 4~6쪽 | 워크북 7~10쪽

유형 · 1 무리수의 이해

다음 중 옳지 않은 것은?

① 순환소수는 모두 유리수이다.
② 무한소수는 모두 무리수이다.
③ 순환소수는 모두 무한소수이다.
④ 순환하지 않는 무한소수는 무리수이다.
⑤ 실수 중에서 유리수가 아닌 수는 무리수이다.

» 닮은꼴 문제

1-1

다음 중 $\sqrt{3}$에 대한 설명으로 옳지 않은 것은?

① 제곱하면 유리수가 된다.
② 무리수이다.
③ 3의 양의 제곱근이다.
④ 순환하지 않는 무한소수로 나타내어진다.
⑤ 기약분수로 나타낼 수 있다.

1-2

다음 중 옳은 것을 모두 고르면? (정답 2개)

① 유한소수는 모두 유리수이다.
② 소수는 유한소수와 순환소수로 이루어져 있다.
③ 무한소수는 모두 유리수이다.
④ 순환하지 않는 무한소수는 무리수이다.
⑤ 순환하는 무한소수는 $\frac{(\text{정수})}{(0\text{이 아닌 정수})}$꼴로 나타낼 수 없다.

유형 · 2 실수의 분류

다음 수에 대한 설명으로 옳은 것은?

$$-6,\quad \sqrt{144},\quad 2.\dot{7},\quad \frac{3}{4},\quad \sqrt{0.09},\quad -\sqrt{0.2}$$

① 정수는 1개이다.
② 자연수는 없다.
③ 유리수는 2개이다.
④ 정수가 아닌 유리수는 4개이다.
⑤ 순환하지 않는 무한소수는 1개이다.

» 닮은꼴 문제

2-1

다음 중 옳지 않은 것은?

① 모든 자연수는 정수이다.
② 모든 정수는 무리수가 아니다.
③ 모든 유리수는 실수이다.
④ 정수가 아닌 유리수는 무리수이다.
⑤ 실수는 유리수와 무리수로 이루어져 있다.

유형 3 무리수를 수직선 위에 나타내기 (1)

오른쪽 그림에서 모눈 한 칸은 한 변의 길이가 1인 정사각형일 때, 다음을 구하여라.

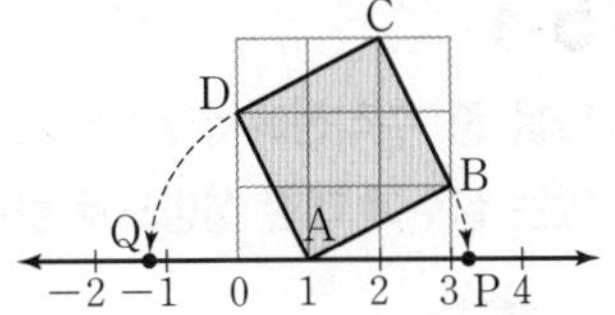

(1) $\overline{AB}=\overline{AP}$일 때, 점 P에 대응하는 수

(2) $\overline{AD}=\overline{AQ}$일 때, 점 Q에 대응하는 수

» 닮은꼴 문제

3-1

다음 그림에서 모눈 한 칸은 한 변의 길이가 1인 정사각형이다. $\overline{OC}=\overline{OD}$일 때, 점 D에 대응하는 수를 구하여라.

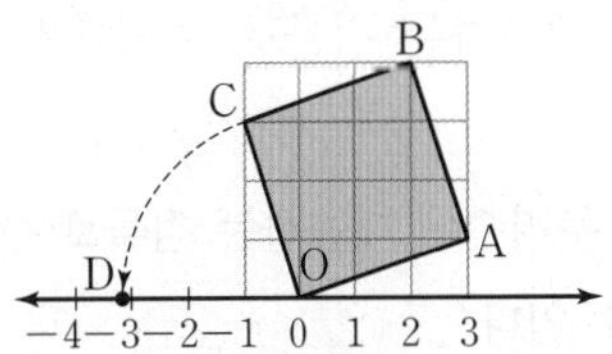

3-2

다음 그림에서 모눈 한 칸은 한 변의 길이가 1인 정사각형이다. $\overline{AB}=\overline{AP}$, $\overline{AD}=\overline{AQ}$일 때, 두 점 P, Q에 대응하는 두 수의 합을 구하여라.

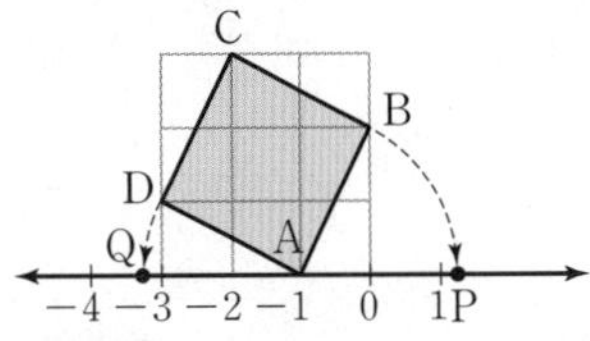

유형 4 무리수를 수직선 위에 나타내기 (2)

다음 그림과 같이 한 변의 길이가 1인 3개의 정사각형을 수직선 위에 나타내었을 때, $2-\sqrt{2}$에 대응하는 점을 구하여라.

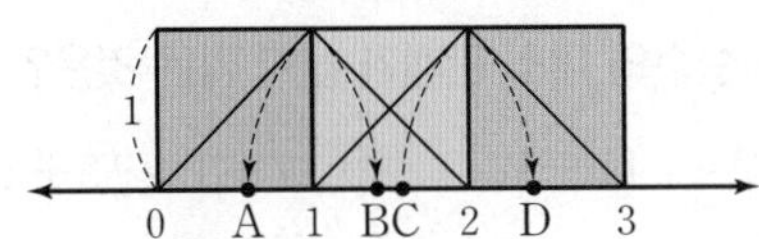

» 닮은꼴 문제

4-1

다음 그림과 같이 한 변의 길이가 1인 2개의 정사각형을 수직선 위에 나타내었다. 이때 다음 각 수에 대응하는 점을 찾아라.

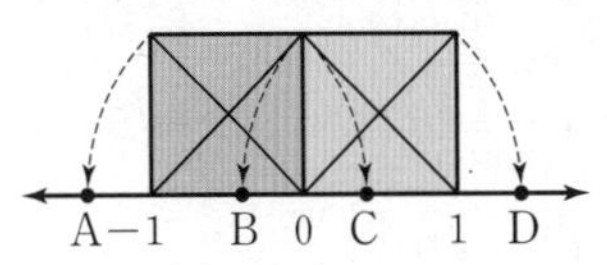

(1) $1-\sqrt{2}$　　　　(2) $\sqrt{2}-1$

4-2

오른쪽 그림에서 △ABC는 $\overline{AB}=\overline{BC}=1$인 직각이등변삼각형이다. $\overline{AC}=\overline{PC}$이고, 점 P에 대응하는 수가 3일 때, 점 C에 대응하는 수를 구하여라.

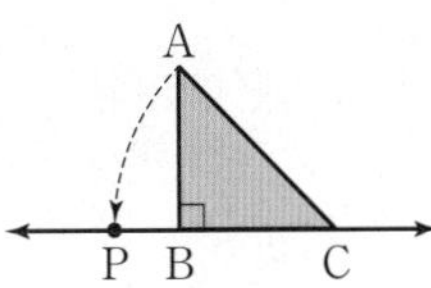

유형 5 실수와 수직선

다음 설명 중 옳지 않은 것을 모두 고르면? (정답 2개)

① 0과 2 사이에는 무수히 많은 유리수가 있다.
② $\sqrt{3}$과 2 사이에는 무수히 많은 무리수가 있다.
③ 유리수에 대응하는 점들로 수직선을 완전히 메울 수 있다.
④ 유리수와 무리수에 대응하는 점들로 수직선을 완전히 메울 수 있다.
⑤ 서로 다른 두 정수 사이에는 무수히 많은 정수가 있다.

» 닮은꼴 문제

5-1

다음 중 수직선에서 $\sqrt{3}$과 $\sqrt{10}$에 대응하는 두 점 사이에 있는 실수에 대한 설명으로 옳은 것을 〈보기〉에서 골라라.

보기
ㄱ. 무리수는 6개이다.
ㄴ. 유리수는 유한개이다.
ㄷ. 무수히 많은 실수가 있다.

5-2

다음 〈보기〉 중 옳지 않은 것을 골라라.

보기
ㄱ. 0과 $\sqrt{2}$ 사이의 자연수는 하나뿐이다.
ㄴ. $\frac{1}{3}$과 $\frac{1}{2}$ 사이에는 무수히 많은 유리수가 있다.
ㄷ. $\sqrt{2}-1$은 수직선 위에서 원점의 왼쪽에 위치한다.

유형 6 실수의 대소 관계 (1)

다음 중 두 실수의 대소 관계가 옳은 것은?

① $3<\sqrt{10}-1$
② $2+\sqrt{7}>\sqrt{7}+\sqrt{5}$
③ $4-\sqrt{\frac{1}{6}}>4-\sqrt{\frac{1}{5}}$
④ $2-\sqrt{5}<1-\sqrt{5}$
⑤ $\sqrt{3}+\sqrt{6}>\sqrt{5}+\sqrt{6}$

» 닮은꼴 문제

6-1

다음 중 두 실수의 대소 관계가 옳지 않은 것은?

① $\sqrt{11}-2<\sqrt{11}-1$
② $\sqrt{7}+1>\sqrt{5}+1$
③ $3<\sqrt{5}+2$
④ $\sqrt{2}+1<2$
⑤ $3+\sqrt{2}>\sqrt{2}+\sqrt{8}$

6-2

다음 중 두 실수의 대소 관계가 옳은 것은?

① $\sqrt{3}+2>\sqrt{3}+4$
② $-\sqrt{2}+2<-\sqrt{2}+\sqrt{3}$
③ $\sqrt{5}-1>2$
④ $\sqrt{7}-2<1$
⑤ $5-\sqrt{8}>5-\sqrt{6}$

유형 7 실수의 대소 관계 (2)

다음 세 실수 a, b, c의 대소 관계로 옳은 것은?

$$a=5-\sqrt{2},\qquad b=5-\sqrt{3},\qquad c=4$$

① $a<b<c$　② $a<c<b$　③ $b<a<c$
④ $b<c<a$　⑤ $c<a<b$

» 닮은꼴 문제

7-1

다음 세 실수 a, b, c의 대소 관계를 부등호를 사용하여 나타내어라.

$$a=\sqrt{3}+\sqrt{6},\qquad b=\sqrt{6}+1,\qquad c=\sqrt{3}+3$$

7-2

다음 수들을 수직선 위에 나타낼 때, 왼쪽에서 세 번째에 오는 수를 구하여라.

$$1+\sqrt{3},\quad \sqrt{3}-1,\quad -\sqrt{3},\quad 1-\sqrt{3},\quad 1,\quad \sqrt{3}$$

유형 8 두 실수 사이의 수

다음 중 두 실수 $\sqrt{5}$와 $\sqrt{10}$ 사이에 있는 수가 아닌 것은?
(단, $\sqrt{5}$는 2.236, $\sqrt{10}$은 3.162로 계산한다.)

① $\sqrt{5}+0.12$　② $\sqrt{10}-0.1$　③ $\dfrac{\sqrt{5}+\sqrt{10}}{2}$
④ $\dfrac{\sqrt{10}-\sqrt{5}}{2}$　⑤ $\sqrt{5}+0.003$

» 닮은꼴 문제

8-1

다음 중 두 실수 $\sqrt{7}$과 $\sqrt{8}$ 사이에 있는 수가 아닌 것은?
(단, $\sqrt{7}$은 2.646, $\sqrt{8}$은 2.828로 계산한다.)

① $\sqrt{7}+0.012$　② $\sqrt{7}+0.15$
③ $\dfrac{\sqrt{7}+\sqrt{8}}{2}$　④ $\sqrt{8}-0.15$
⑤ $\sqrt{8}-0.19$

8-2

다음 조건을 모두 만족시키는 수는?

(가) $\sqrt{5}$보다 크고 3보다 작다.
(나) 무리수이다.

① $-1+\sqrt{5}$　② $\sqrt{6.25}$　③ $\dfrac{\sqrt{5}+3}{2}$
④ $\sqrt{10}$　⑤ $\sqrt{5}+2$

단원 · 마무리

01 다음 중 옳은 것은?

① -36의 제곱근은 ±6이다.

② 제곱근 121은 ±11이다.

③ $(-8)^2$의 제곱근은 -8이다.

④ 제곱근 $\frac{16}{25}$은 $\frac{4}{5}$이다.

⑤ 0을 제외한 모든 수의 제곱근은 2개이다.

02 다음 중 옳지 않은 것은?

① $\sqrt{(-11)^2}=11$　② $(\sqrt{7})^2=7$

③ $-\sqrt{(-3)^2}=3$　④ $\{-\sqrt{(-5)^2}\}^2=25$

⑤ $-\sqrt{13^2}=-13$

03 $\sqrt{(-81)^2}$의 음의 제곱근을 a, $\frac{9}{64}$의 양의 제곱근을 b라 할 때, $a\div b$의 값은?

① -24　② -12　③ 3

④ 12　⑤ 24

04 $\sqrt{81}-\sqrt{(-8)^2}\times\sqrt{\frac{9}{4}}+(-\sqrt{5})^2$을 계산하면?

① 1　② 2　③ 3

④ 4　⑤ 5

05 $a<0$일 때, $-\sqrt{(-a)^2}+\sqrt{(3a)^2}-\sqrt{36a^2}$을 간단히 하면?

① $-4a$　② $-2a$　③ $2a$

④ $4a$　⑤ $8a$

06 다음 중 두 수의 대소 관계가 옳은 것은?

① $\sqrt{13}<\sqrt{10}$　② $0.2<\sqrt{0.02}$

③ $-\sqrt{7}<-\sqrt{6}$　④ $\sqrt{(-3)^2}<2$

⑤ $\sqrt{\frac{1}{7}}<\frac{1}{7}$

07 $\sqrt{(\sqrt{23}-5)^2}-\sqrt{(5-\sqrt{23})^2}$을 간단히 하면?

① -10　② $-\sqrt{23}$　③ 0

④ $\sqrt{23}$　⑤ 10

08 $\sqrt{21-x}$가 자연수가 되도록 하는 자연수 x의 값 중 가장 큰 값을 A, 가장 작은 값을 B라 할 때, $A+B$의 값은?

① 25　② 27　③ 29

④ 32　⑤ 34

09 다음 그림과 같이 넓이가 각각 $18a$, $17+a$인 두 개의 정사각형이 있다. 이 두 개의 정사각형의 한 변의 길이가 각각 자연수가 되도록 하는 가장 작은 자연수 a의 값은?

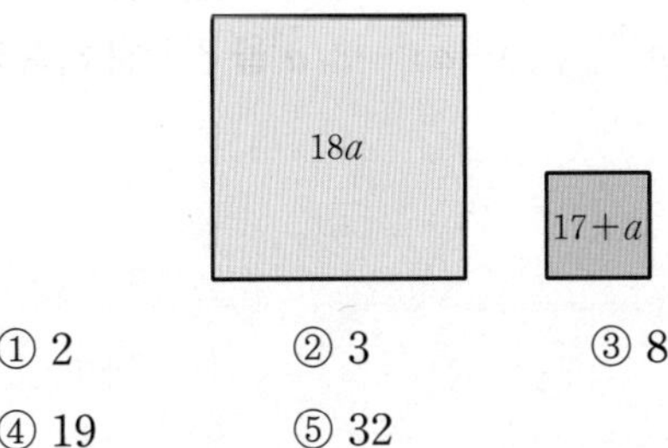

① 2 ② 3 ③ 8
④ 19 ⑤ 32

10 다음 중 무리수로만 짝지어진 것은?

① π, $\sqrt{5}$, $0.\dot{1}$
② $\sqrt{21}$, $-\sqrt{2}$, $\sqrt{\frac{1}{100}}$
③ $\sqrt{2^3}$, $\sqrt{3^3}$, $-\sqrt{7}$
④ 1, 0, π
⑤ $\frac{4}{3}$, $\sqrt{16}$, -2.4

11 다음 중 옳지 않은 것을 모두 고르면? (정답 2개)

① 무리수는 순환하지 않는 무한소수이다.
② 양수의 제곱근은 모두 무리수이다.
③ $\sqrt{2}+1$, $-\sqrt{11}$, $\sqrt{0.4}$는 모두 무리수이다.
④ 무리수는 분수 $\frac{b}{a}$(a, b는 정수, $a\neq0$)의 꼴로 나타낼 수 없다.
⑤ $\sqrt{81}$의 양의 제곱근은 무리수이다.

12 다음 그림에서 □ABCD는 한 변의 길이가 1인 정사각형이다. $\overline{BD}=\overline{BP}$, $\overline{AC}=\overline{AQ}$일 때, 두 점 P, Q에 각각 대응하는 수 a, b에 대하여 $a+b$의 값은?

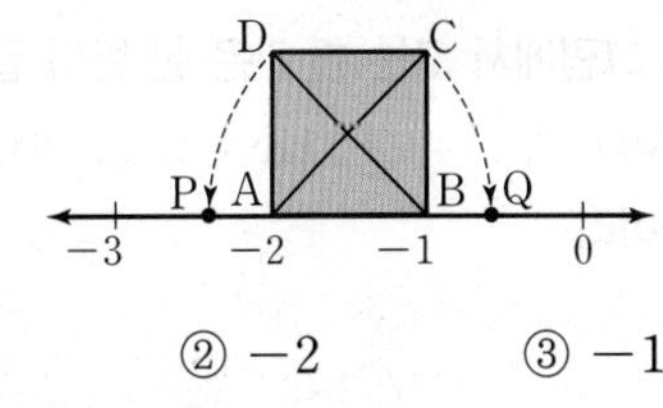

① -3 ② -2 ③ -1
④ $-1+\sqrt{2}$ ⑤ $\sqrt{2}$

13 다음 중 두 실수의 대소 관계를 바르게 나타낸 것은?

① $3+\sqrt{2}<4$ ② $1+\sqrt{3}>3$
③ $\sqrt{15}+1>5$ ④ $-1>\sqrt{5}-3$
⑤ $3-\sqrt{5}<5-\sqrt{5}$

14 다음 중 옳지 않은 것을 모두 고르면? (정답 2개)
(단, $\sqrt{2}$는 1.414, $\sqrt{3}$은 1.732, $\sqrt{5}$는 2.236으로 계산한다.)

① $\sqrt{5}-1$은 $\sqrt{3}$과 $\sqrt{5}$ 사이에 있는 무리수이다.
② $\sqrt{2}$와 $\sqrt{5}$ 사이에는 1개의 정수가 있다.
③ $\sqrt{3}$과 $\sqrt{5}$ 사이에는 무수히 많은 무리수가 있다.
④ $\sqrt{2}+1$은 $\sqrt{3}$과 $\sqrt{5}$ 사이에 있는 무리수이다.
⑤ $\frac{\sqrt{2}+\sqrt{3}}{2}$은 $\sqrt{2}$와 $\sqrt{3}$ 사이에 있다.

서술형 꽉 잡기

주어진 단계에 따라 쓰는 유형

15 다음 그림에서 모눈 한 칸은 한 변의 길이가 1인 정사각형이고, $\overline{\mathrm{CD}}=\overline{\mathrm{CP}}$, $\overline{\mathrm{GF}}=\overline{\mathrm{GQ}}$일 때, $\overline{\mathrm{PQ}}$의 길이를 구하여라.

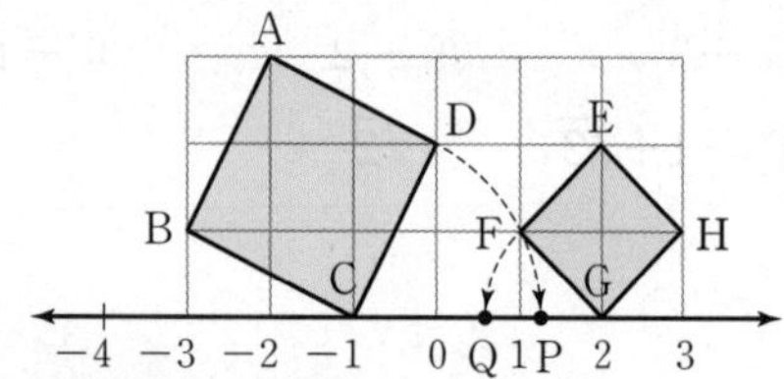

· 생각해 보자 ·

구하는 것은? 점 P와 Q에 대응하는 수를 이용하여 $\overline{\mathrm{PQ}}$의 길이 구하기

주어진 것은? ① 모눈 한 칸은 한 변의 길이가 1인 정사각형
② $\overline{\mathrm{CD}}=\overline{\mathrm{CP}}$, $\overline{\mathrm{GF}}=\overline{\mathrm{GQ}}$

> 풀이

[1단계] $\overline{\mathrm{CD}}$와 $\overline{\mathrm{GF}}$의 길이 구하기 (30 %)

[2단계] 두 점 P, Q에 대응하는 수 구하기 (40 %)

[3단계] $\overline{\mathrm{PQ}}$의 길이 구하기 (30 %)

> 답

풀이 과정을 자세히 쓰는 유형

16 두 수 a, b에 대하여 $a<b$, $ab<0$일 때, $\sqrt{(a-b)^2}+\sqrt{(b-a)^2}-3\sqrt{a^2}$을 간단히 하여라.

> 풀이

> 답

17 $\sqrt{\frac{12}{x}}$가 자연수가 되게 하는 가장 작은 자연수 x의 값을 a, $\sqrt{90-y}$가 자연수가 되게 하는 가장 작은 두 자리의 자연수 y의 값을 b라 할 때, $a+b$의 값을 구하여라.

> 풀이

> 답

I. 실수와 그 계산

2. 근호를 포함한 식의 계산

07 ◆ 제곱근의 곱셈과 나눗셈

개념 1 제곱근의 곱셈과 나눗셈

$a>0$, $b>0$일 때

(1) $\sqrt{a}\times\sqrt{b}=\sqrt{a}\sqrt{b}=\sqrt{ab}$ 　예 $\sqrt{2}\times\sqrt{3}=\sqrt{2}\sqrt{3}=\sqrt{6}$

(2) $\sqrt{a}\div\sqrt{b}=\dfrac{\sqrt{a}}{\sqrt{b}}=\sqrt{\dfrac{a}{b}}$ 　예 $\sqrt{3}\div\sqrt{5}=\dfrac{\sqrt{3}}{\sqrt{5}}=\sqrt{\dfrac{3}{5}}$

◆ 제곱과의 비교
① $a^2b^2=(ab)^2$
② $\dfrac{a^2}{b^2}=\left(\dfrac{a}{b}\right)^2$

풍쌤日 $a>0$, $b>0$이고 m, n이 유리수일 때

① $m\sqrt{a}\times n\sqrt{b}=mn\sqrt{ab}$ ② $m\sqrt{a}\div n\sqrt{b}=m\sqrt{a}\times\dfrac{1}{n\sqrt{b}}=\dfrac{m}{n}\sqrt{\dfrac{a}{b}}$ (단, $n\neq0$)

◆ 예제 1 ◆

다음 □ 안에 알맞은 수를 써넣어라.

(1) $\sqrt{2}\times\sqrt{3}=\sqrt{2\times\square}=\sqrt{\square}$

(2) $\sqrt{3}\div\sqrt{5}=\sqrt{3\div\square}=\sqrt{\square}$

> 답 (1) 3, 6 (2) 5, $\dfrac{3}{5}$

◆ 확인 1 ◆

다음 □ 안에 알맞은 수를 써넣어라.

(1) $\sqrt{\dfrac{1}{3}}\times\sqrt{\dfrac{1}{5}}=\sqrt{\dfrac{1}{3}\times\square}=\sqrt{\square}$

(2) $\sqrt{14}\div\sqrt{2}=\sqrt{14\div\square}=\sqrt{\square}$

개념 2 근호가 있는 식의 변형

근호 안의 제곱인 인수는 근호 밖으로 꺼내어 간단히 할 수 있다.
즉, $a>0$, $b>0$일 때

(1) $\sqrt{a^2b}=a\sqrt{b}$ 　예 $\sqrt{12}=\sqrt{2^2\times3}=2\sqrt{3}$ (근호 밖으로)

(2) $\sqrt{\dfrac{b}{a^2}}=\dfrac{\sqrt{b}}{a}$ 　예 $\sqrt{\dfrac{5}{9}}=\sqrt{\dfrac{5}{3^2}}=\dfrac{\sqrt{5}}{3}$ (근호 밖으로)

주의 $a\sqrt{b}$ 꼴로 나타낼 때는 일반적으로 b가 가장 작은 자연수가 되도록 한다.

풍쌤日 근호 밖의 양수는 제곱하여 근호 안에 넣을 수 있다.
$3\sqrt{2}=\sqrt{3^2\times2}=\sqrt{18}$, $-3\sqrt{2}=-\sqrt{3^2\times2}=-\sqrt{18}$
(제곱해서 안으로) (제곱해서 안으로)

풍쌤의 point 근호 밖에 있는 수를 근호 안에 넣을 때, 반드시 양수만 제곱하여 넣어야 해.
$-2\sqrt{2}=\sqrt{(-2)^2\times2}=\sqrt{8}$ (×), $-2\sqrt{2}=-\sqrt{2^2\times2}=-\sqrt{8}$ (○)

◆ 예제 2 ◆

다음 □ 안에 알맞은 수를 써넣어라.

(1) $\sqrt{8}=\sqrt{\square^2\times2}=\square\sqrt{2}$

(2) $2\sqrt{3}=\sqrt{\square^2\times3}=\sqrt{\square}$

> 답 (1) 2, 2 (2) 2, 12

◆ 확인 2 ◆

다음 □ 안에 알맞은 수를 써넣어라.

(1) $\sqrt{\dfrac{3}{4}}=\sqrt{\dfrac{3}{\square^2}}=\dfrac{\sqrt{3}}{\square}$

(2) $\dfrac{\sqrt{2}}{2}=\sqrt{\dfrac{2}{\square^2}}=\sqrt{\square}$

개념 check

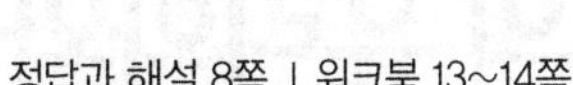

정답과 해설 8쪽 | 워크북 13~14쪽

01 다음을 간단히 하여라.

(1) $\sqrt{3}\sqrt{5}$　　(2) $\sqrt{6}\times(-\sqrt{7})$

(3) $(-3\sqrt{2})\times4\sqrt{5}$　　(4) $5\sqrt{2}\times\dfrac{3\sqrt{3}}{5}$

→ 개념1
제곱근의 곱셈과 나눗셈

02 다음을 간단히 하여라.

(1) $\dfrac{\sqrt{12}}{\sqrt{4}}$　　(2) $-\dfrac{\sqrt{20}}{\sqrt{5}}$

(3) $2\sqrt{4}\div3\sqrt{2}$　　(4) $6\sqrt{18}\div3\sqrt{3}$

→ 개념1
제곱근의 곱셈과 나눗셈

03 다음 수를 $a\sqrt{b}$의 꼴로 나타내어라.

(1) $\sqrt{20}$　　(2) $-\sqrt{48}$

(3) $\sqrt{\dfrac{7}{36}}$　　(4) $-\sqrt{\dfrac{5}{64}}$

→ 개념2
근호가 있는 식의 변형

04 다음 수를 $\sqrt{a}$의 꼴로 나타내어라.

(1) $4\sqrt{2}$　　(2) $-3\sqrt{6}$

(3) $\dfrac{\sqrt{7}}{3}$　　(4) $-\dfrac{\sqrt{75}}{5}$

→ 개념2
근호가 있는 식의 변형

08 · 분모의 유리화와 곱셈, 나눗셈의 혼합 계산

개념 1 분모의 유리화

(1) 분모의 유리화: 분수의 분모가 근호를 포함한 무리수일 때, 분모와 분자에 0이 아닌 같은 수를 곱하여 분모를 유리수로 고치는 것

(2) 분모의 유리화 방법: $a>0$, $b>0$일 때

① $\frac{1}{\sqrt{a}}=\frac{1\times\sqrt{a}}{\sqrt{a}\times\sqrt{a}}=\frac{\sqrt{a}}{a}$ 예 $\frac{1}{\sqrt{3}}=\frac{1\times\sqrt{3}}{\sqrt{3}\times\sqrt{3}}=\frac{\sqrt{3}}{3}$

② $\frac{c}{b\sqrt{a}}=\frac{c\times\sqrt{a}}{b\sqrt{a}\times\sqrt{a}}=\frac{c\sqrt{a}}{ab}$ 예 $\frac{3}{2\sqrt{5}}=\frac{3\times\sqrt{5}}{2\sqrt{5}\times\sqrt{5}}=\frac{3\sqrt{5}}{10}$

③ $\frac{\sqrt{b}}{\sqrt{a}}=\frac{\sqrt{b}\times\sqrt{a}}{\sqrt{a}\times\sqrt{a}}=\frac{\sqrt{ab}}{a}$ 예 $\frac{\sqrt{2}}{\sqrt{3}}=\frac{\sqrt{2}\times\sqrt{3}}{\sqrt{3}\times\sqrt{3}}=\frac{\sqrt{6}}{3}$

풍쌤의 point 분모를 유리화할 때, 먼저 분모의 근호 안을 가장 간단한 자연수로 만드는 것이 편리해.

→ $\frac{1}{\sqrt{8}}=\frac{1}{2\sqrt{2}}=\frac{\sqrt{2}}{2\sqrt{2}\times\sqrt{2}}=\frac{\sqrt{2}}{4}$

· 분모를 유리화할 때, 분모의 근호가 있는 부분만 분모와 분자에 각각 곱한다. 즉, $\frac{3}{2\sqrt{5}}$의 분모와 분자에 $2\sqrt{5}$가 아닌 $\sqrt{5}$를 곱한다.

· 예제 1 ·

분모를 유리화하는 다음 과정을 완성하여라.

(1) $\frac{1}{\sqrt{2}}=\frac{\sqrt{2}}{\sqrt{2}\times\square}=\frac{\sqrt{2}}{\square}$

(2) $\frac{2}{\sqrt{3}}=\frac{2\times\square}{\sqrt{3}\times\square}=\frac{2\sqrt{3}}{\square}$

> 답 (1) $\sqrt{2}$, 2 (2) $\sqrt{3}$, $\sqrt{3}$, 3

· 확인 1 ·

분모를 유리화하는 다음 과정을 완성하여라.

(1) $\frac{\sqrt{7}}{\sqrt{5}}=\frac{\sqrt{7}\times\square}{\sqrt{5}\times\square}=\frac{\square}{5}$

(2) $\frac{\sqrt{2}}{2\sqrt{3}}=\frac{\sqrt{2}\times\square}{2\sqrt{3}\times\square}=\frac{\square}{6}$

개념 2 제곱근의 곱셈과 나눗셈의 혼합 계산

근호를 포함한 식의 계산에서 곱셈과 나눗셈의 혼합 계산은 다음과 같이 한다.

① 나눗셈은 역수의 곱셈으로 바꾼다.

② 근호 밖의 수는 근호 밖의 수끼리, 근호 안의 수는 근호 안의 수끼리 계산한다.

③ 분모가 무리수이면 유리화하고, 근호 안에 제곱인 인수가 있으면 근호 밖으로 꺼내어 간단히 한다.

· 근호를 포함한 식의 계산에서 곱셈과 나눗셈이 섞여 있을 때에는 유리수의 계산과 마찬가지로 앞에서부터 차례로 계산한다.

· 예제 2 ·

다음 식을 간단히 하여라.

(1) $\sqrt{3}\times\sqrt{14}\div\sqrt{7}$ (2) $\sqrt{6}\div\sqrt{3}\times\sqrt{5}$

> 풀이 (1) $\sqrt{3}\times\sqrt{14}\div\sqrt{7}=\sqrt{3}\times\sqrt{14}\times\frac{1}{\sqrt{7}}=\sqrt{6}$

(2) $\sqrt{6}\div\sqrt{3}\times\sqrt{5}=\sqrt{6}\times\frac{1}{\sqrt{3}}\times\sqrt{5}=\sqrt{10}$

> 답 (1) $\sqrt{6}$ (2) $\sqrt{10}$

· 확인 2 ·

다음 식을 간단히 하여라.

(1) $\sqrt{2}\times\sqrt{21}\div\sqrt{6}$ (2) $\sqrt{6}\div\sqrt{15}\times\sqrt{35}$

개념 ◆ check

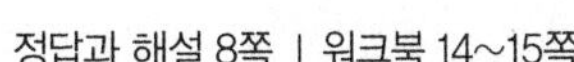

정답과 해설 8쪽 | 워크북 14~15쪽

01 다음 수의 분모를 유리화하여라.

→ 개념1 분모의 유리화

(1) $\frac{3}{\sqrt{6}}$ (2) $-\frac{\sqrt{3}}{\sqrt{11}}$

(3) $\frac{1}{2\sqrt{3}}$ (4) $-\frac{\sqrt{5}}{4\sqrt{2}}$

02 다음 수의 분모를 유리화하여라.

→ 개념1 분모의 유리화

(1) $\frac{1}{\sqrt{24}}$ (2) $-\frac{2}{\sqrt{8}}$

(3) $\frac{5}{\sqrt{20}}$ (4) $-\frac{\sqrt{12}}{\sqrt{18}}$

03 다음을 간단히 하여라.

→ 개념2 제곱근의 곱셈과 나눗셈의 혼합 계산

(1) $\sqrt{3}\times\sqrt{5}\div\sqrt{15}$ (2) $\sqrt{5}\div\sqrt{15}\times\sqrt{6}$

(3) $\sqrt{12}\times\sqrt{6}\div\sqrt{3}$ (4) $\sqrt{18}\div\sqrt{6}\times\sqrt{8}$

04 다음을 간단히 하여라.

→ 개념2 제곱근의 곱셈과 나눗셈의 혼합 계산

(1) $\sqrt{6}\div\frac{\sqrt{3}}{2}\times\sqrt{2}$ (2) $\sqrt{8}\times\sqrt{\frac{5}{2}}\div\frac{1}{\sqrt{10}}$

(3) $\frac{\sqrt{3}}{2}\times\sqrt{7}\div\frac{\sqrt{6}}{4}$ (4) $\frac{6}{\sqrt{3}}\times\frac{\sqrt{12}}{2}\div\frac{1}{\sqrt{2}}$

유형 · check

정답과 해설 9쪽 | 워크북 13~15쪽

유형 · 1 근호가 있는 식의 변형

다음 중 대소 관계가 옳은 것은?

① $5\sqrt{2}<7$　② $-\sqrt{14}>-2\sqrt{3}$

③ $\sqrt{0.6}<0.6$　④ $\sqrt{8}<2\sqrt{2}$

⑤ $\frac{1}{\sqrt{3}}<\frac{2}{3}$

» 닮은꼴 문제

1-1

$\sqrt{2}=a$, $\sqrt{3}=b$일 때, $\sqrt{150}$을 a, b를 이용하여 나타내면?

① ab^2　② a^2b　③ $5ab^2$

④ $5ab$　⑤ $5a^2b$

1-2

$\sqrt{0.3}=a$, $\sqrt{3}=b$일 때, 다음 중 옳지 않은 것은?

① $\sqrt{300}=10b$　② $\sqrt{30}=10a$

③ $\sqrt{0.03}=\frac{b}{10}$　④ $\sqrt{0.003}=\frac{a}{10}$

⑤ $\sqrt{0.00003}=\frac{b}{100}$

유형 · 2 분모의 유리화

$\frac{3\sqrt{2}}{\sqrt{5}}=a\sqrt{10}$, $\frac{4}{\sqrt{50}}=b\sqrt{2}$일 때, $a+b$의 값을 구하여라.

(단, a, b는 유리수)

» 닮은꼴 문제

2-1

다음 중 분모를 유리화한 것으로 옳지 않은 것은?

① $\frac{2\sqrt{2}}{\sqrt{5}}=\frac{2\sqrt{10}}{5}$　② $\frac{5}{\sqrt{12}}=\frac{5\sqrt{3}}{6}$

③ $\frac{\sqrt{7}}{\sqrt{18}}=\frac{\sqrt{14}}{6}$　④ $\sqrt{\frac{3}{32}}=8\sqrt{6}$

⑤ $\frac{12\sqrt{5}}{\sqrt{12}}=2\sqrt{15}$

2-2

$\frac{6}{\sqrt{2}}=a\sqrt{2}$, $\frac{5}{\sqrt{2}\sqrt{6}}=b\sqrt{3}$일 때, ab의 값을 구하여라.

(단, a, b는 유리수)

유형 3 제곱근의 곱셈과 나눗셈의 혼합 계산

$\frac{\sqrt{28}}{\sqrt{12}}\times\sqrt{15}\div\frac{\sqrt{7}}{3}$을 간단히 하면?

① $\frac{2\sqrt{2}}{3}$ ② $\sqrt{2}$ ③ $\frac{2\sqrt{5}}{3}$
④ $\sqrt{5}$ ⑤ $3\sqrt{5}$

» 닮은꼴 문제

3-1

$\frac{\sqrt{50}}{2}\times(-4\sqrt{3})\div\frac{\sqrt{15}}{3}$를 간단히 하면?

① $-12\sqrt{10}$ ② $-6\sqrt{10}$ ③ $-6\sqrt{5}$
④ $-\frac{5\sqrt{3}}{3}$ ⑤ $-\frac{2\sqrt{3}}{5}$

3-2

$\frac{\sqrt{18}}{2}\div\sqrt{45}\times(-6\sqrt{5})=a\sqrt{2}$를 만족시키는 유리수 a의 값을 구하여라.

유형 4 제곱근의 곱셈과 나눗셈의 도형에의 활용

다음 그림과 같은 삼각형과 직사각형의 넓이가 서로 같을 때, 직사각형의 세로의 길이 x의 값은?

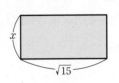

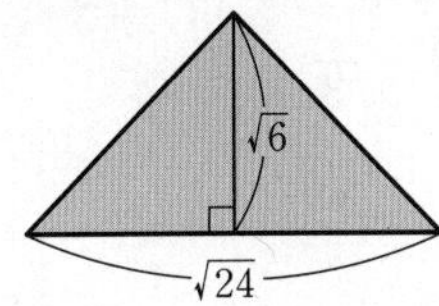

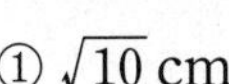

① $\frac{\sqrt{15}}{5}$ ② $\frac{2\sqrt{15}}{5}$ ③ $\frac{4\sqrt{5}}{3}$
④ 3 ⑤ $2\sqrt{3}$

» 닮은꼴 문제

4-1

오른쪽 그림과 같이 밑면의 가로, 세로의 길이가 각각 $2\sqrt{3}$ cm, $3\sqrt{2}$ cm인 직육면체가 있다. 이 직육면체의 부피가 $24\sqrt{30}$ cm^{3}일 때, 높이는?

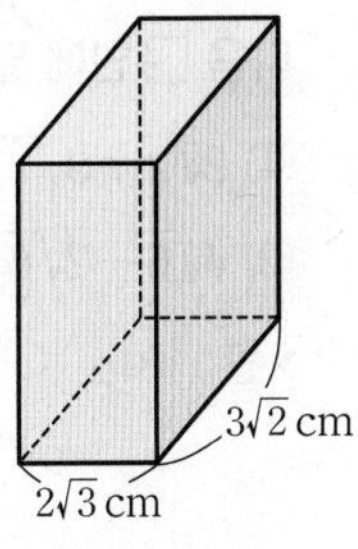

① $\sqrt{10}$ cm ② $2\sqrt{5}$ cm
③ $4\sqrt{5}$ cm ④ $6\sqrt{3}$ cm
⑤ $8\sqrt{5}$ cm

4-2

오른쪽 그림과 같이 직사각형 ABCD의 $\overline{BC}$, $\overline{CD}$를 각각 한 변으로 하는 두 정사각형 BEFC, DCHG가 있다. □BEFC$=14$, □DCHG$=24$일 때, 직사각형 ABCD의 넓이를 구하여라.

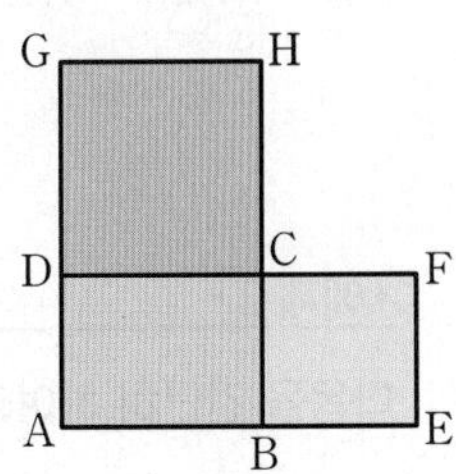

09 · 근호를 포함한 식의 덧셈과 뺄셈

개념 1 제곱근의 덧셈과 뺄셈

근호 안의 수가 같을 때, 근호를 포함한 식의 덧셈과 뺄셈은 다항식의 동류항의 계산과 같은 방법으로 한다.

l, m, n은 유리수이고 $\sqrt{a}$는 무리수일 때

(1) $m\sqrt{a}+n\sqrt{a}=(m+n)\sqrt{a}$

예 $3\sqrt{2}+5\sqrt{2}=(3+5)\sqrt{2}=8\sqrt{2}$

(2) $m\sqrt{a}-n\sqrt{a}=(m-n)\sqrt{a}$

예 $3\sqrt{2}-5\sqrt{2}=(3-5)\sqrt{2}=-2\sqrt{2}$

(3) $m\sqrt{a}+n\sqrt{a}-l\sqrt{a}=(m+n-l)\sqrt{a}$

예 $3\sqrt{2}+5\sqrt{2}-4\sqrt{2}=(3+5-4)\sqrt{2}=4\sqrt{2}$

· 근호 안의 수가 서로 다르면 덧셈과 뺄셈을 할 수 없다.

풍쌤 日

① 근호 안에 제곱인 인수가 있는 경우에는 $\sqrt{a^2b}=a\sqrt{b}(a>0,\ b>0)$를 이용하여 근호 안을 간단히 한 후 제곱근의 덧셈과 뺄셈을 한다.

➔ $\sqrt{2}+\sqrt{8}=\sqrt{2}+\sqrt{2^2\times2}=\sqrt{2}+2\sqrt{2}=3\sqrt{2}$

② 분모가 무리수이면 먼저 분모를 유리화한 후 제곱근의 덧셈과 뺄셈을 한다.

➔ $\sqrt{3}+\frac{6}{\sqrt{3}}=\sqrt{3}+\frac{6\times\sqrt{3}}{\sqrt{3}\times\sqrt{3}}=\sqrt{3}+2\sqrt{3}=3\sqrt{3}$

· 예제 1 ·

다음 □ 안에 알맞은 수를 써넣어라.

(1) $2\sqrt{2}+3\sqrt{2}=(2+\square)\sqrt{2}=\square\sqrt{2}$

(2) $4\sqrt{6}-2\sqrt{6}=(4-\square)\sqrt{6}=\square\sqrt{6}$

› 답 (1) 3, 5 (2) 2, 2

· 확인 1 ·

다음 □ 안에 알맞은 수를 써넣어라.

(1) $\sqrt{3}+4\sqrt{3}=(\square+4)\sqrt{3}=\square\sqrt{3}$

(2) $6\sqrt{7}-3\sqrt{7}=(\square-3)\sqrt{7}=\square\sqrt{7}$

· 예제 2 ·

다음을 간단히 하여라.

(1) $2\sqrt{7}+\sqrt{7}$ (2) $5\sqrt{5}-2\sqrt{5}$

› 답 (1) $3\sqrt{7}$ (2) $3\sqrt{5}$

· 확인 2 ·

다음을 간단히 하여라.

(1) $5\sqrt{11}+7\sqrt{11}$ (2) $-2\sqrt{6}+5\sqrt{6}$

· 예제 3 ·

다음을 간단히 하여라.

(1) $2\sqrt{7}+3\sqrt{7}-\sqrt{7}$ (2) $\sqrt{3}-7\sqrt{3}+4\sqrt{3}$

› 풀이 (1) $2\sqrt{7}+3\sqrt{7}-\sqrt{7}=(2+3-1)\sqrt{7}=4\sqrt{7}$

(2) $\sqrt{3}-7\sqrt{3}+4\sqrt{3}=(1-7+4)\sqrt{3}=-2\sqrt{3}$

› 답 (1) $4\sqrt{7}$ (2) $-2\sqrt{3}$

· 확인 3 ·

다음을 간단히 하여라.

(1) $3\sqrt{5}-9\sqrt{5}+4\sqrt{5}$ (2) $-4\sqrt{6}+6\sqrt{6}-5\sqrt{6}$

개념 ◆ check

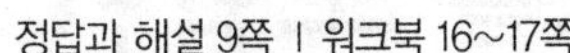
정답과 해설 9쪽 | 워크북 16~17쪽

01 다음을 간단히 하여라.

(1) $5\sqrt{2}+4\sqrt{2}$　　(2) $11\sqrt{3}-6\sqrt{3}$

(3) $\sqrt{6}+\sqrt{24}$　　(4) $\sqrt{45}-\sqrt{20}$

→ 개념1 제곱근의 덧셈과 뺄셈

02 다음을 간단히 하여라.

(1) $\sqrt{12}-\sqrt{48}+\sqrt{75}$　　(2) $\sqrt{72}-\sqrt{50}-\sqrt{18}$

(3) $\sqrt{45}+\dfrac{7}{\sqrt{5}}-\dfrac{4}{\sqrt{20}}$　　(4) $\sqrt{27}-\dfrac{6}{\sqrt{3}}+\dfrac{18}{\sqrt{12}}$

→ 개념1 제곱근의 덧셈과 뺄셈

03 $\sqrt{32}+\sqrt{18}-\sqrt{72}=k\sqrt{2}$일 때, 유리수 k의 값은?

① -3　② -2　③ -1

④ 1　⑤ 2

→ 개념1 제곱근의 덧셈과 뺄셈

04 $-\sqrt{8}-\sqrt{50}+\sqrt{24}+2\sqrt{54}$를 간단히 하면?

① $-7\sqrt{2}+8\sqrt{6}$　② $-6\sqrt{2}+3\sqrt{6}$　③ $-\sqrt{2}+\sqrt{6}$

④ $6\sqrt{2}-3\sqrt{6}$　⑤ $7\sqrt{2}+8\sqrt{6}$

→ 개념1 제곱근의 덧셈과 뺄셈

10 근호를 포함한 복잡한 식의 계산

개념 1 근호를 포함한 식의 분배법칙

$a>0$, $b>0$, $c>0$일 때

(1) $\sqrt{a}(\sqrt{b}\pm\sqrt{c})=\sqrt{a}\sqrt{b}\pm\sqrt{a}\sqrt{c}=\sqrt{ab}\pm\sqrt{ac}$ (복부호동순)

(2) $(\sqrt{a}\pm\sqrt{b})\sqrt{c}=\sqrt{a}\sqrt{c}\pm\sqrt{b}\sqrt{c}=\sqrt{ac}\pm\sqrt{bc}$ (복부호동순)

예제 1

다음 □ 안에 알맞은 것을 써넣어라.

$$\sqrt{2}(\sqrt{3}+\sqrt{5})=\sqrt{2}\times\square+\sqrt{2}\times\square$$
$$=\square$$

> 답 $\sqrt{3}$, $\sqrt{5}$, $\sqrt{6}+\sqrt{10}$

예제 2

다음은 $\dfrac{1+\sqrt{3}}{\sqrt{2}}$의 분모를 유리화하는 과정이다. □ 안에 알맞은 수를 써넣어라.

$$\frac{1+\sqrt{3}}{\sqrt{2}}=\frac{(1+\sqrt{3})\times\square}{\sqrt{2}\times\square}=\frac{\sqrt{2}+\square}{\square}$$

> 답 $\dfrac{1+\sqrt{3}}{\sqrt{2}}=\dfrac{(1+\sqrt{3})\times\boxed{\sqrt{2}}}{\sqrt{2}\times\boxed{\sqrt{2}}}=\dfrac{\sqrt{2}+\boxed{\sqrt{6}}}{\boxed{2}}$

확인 1

다음 □ 안에 알맞은 것을 써넣어라.

$$\sqrt{3}(\sqrt{7}-\sqrt{5})=\sqrt{3}\times\square-\sqrt{3}\times\square$$
$$=\square$$

확인 2

다음은 $\dfrac{\sqrt{5}-\sqrt{2}}{\sqrt{3}}$의 분모를 유리화하는 과정이다. □ 안에 알맞은 수를 써넣어라.

$$\frac{\sqrt{5}-\sqrt{2}}{\sqrt{3}}=\frac{(\sqrt{5}-\sqrt{2})\times\square}{\sqrt{3}\times\square}=\frac{\sqrt{15}-\square}{\square}$$

개념 2 근호를 포함한 복잡한 식의 계산

(1) 괄호가 있는 경우: 분배법칙을 이용하여 괄호를 푼다.

(2) 근호 안에 제곱인 인수가 있는 경우: 제곱인 인수를 밖으로 꺼낸다.

(3) 분모에 무리수가 있는 경우: 분모를 유리화한다.

(4) 덧셈, 뺄셈, 곱셈, 나눗셈이 섞여 있는 경우: 곱셈과 나눗셈을 먼저 계산하고 덧셈과 뺄셈을 나중에 계산한다.

예제 3

다음을 간단히 하여라.

(1) $\sqrt{6}\times\sqrt{18}-2\sqrt{3}$　　(2) $\sqrt{20}-\sqrt{10}\div\sqrt{2}$

> 풀이 (1) $\sqrt{6}\times\sqrt{18}-2\sqrt{3}=\sqrt{108}-2\sqrt{3}$
> $=6\sqrt{3}-2\sqrt{3}=4\sqrt{3}$
> (2) $\sqrt{20}-\sqrt{10}\div\sqrt{2}=2\sqrt{5}-\sqrt{5}=\sqrt{5}$

> 답 (1) $4\sqrt{3}$　(2) $\sqrt{5}$

확인 3

다음을 간단히 하여라.

(1) $8\sqrt{6}-\sqrt{8}\times\sqrt{12}$　　(2) $\sqrt{63}\div\sqrt{7}+\sqrt{16}$

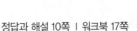

개념 + check

정답과 해설 10쪽 | 워크북 17쪽

01 다음을 간단히 하여라.

(1) $\sqrt{3}(6+\sqrt{5})$　　(2) $\sqrt{2}(\sqrt{3}-\sqrt{6})$

(3) $(\sqrt{10}+2\sqrt{2})\sqrt{5}$　　(4) $\sqrt{7}(\sqrt{8}-3\sqrt{5})$

→ 개념1
근호를 포함한 식의 분배법칙

02 다음 식에서 분모를 유리화하여라.

(1) $\dfrac{1+\sqrt{3}}{\sqrt{3}}$　　(2) $\dfrac{2-\sqrt{3}}{\sqrt{6}}$

(3) $\dfrac{\sqrt{3}+\sqrt{6}}{\sqrt{2}}$　　(4) $\dfrac{\sqrt{5}-\sqrt{7}}{3\sqrt{5}}$

→ 개념1
근호를 포함한 식의 분배법칙

03 다음을 간단히 하여라.

(1) $\sqrt{27}-\sqrt{18}\div\sqrt{6}$　　(2) $\sqrt{3}\times\sqrt{18}+4\sqrt{3}\div\sqrt{2}$

→ 개념2
근호를 포함한 복잡한 식의 계산

04 다음을 간단히 하여라.

(1) $\sqrt{12}\left(\dfrac{1}{\sqrt{3}}-\sqrt{6}\right)+\dfrac{4}{\sqrt{2}}$　　(2) $\sqrt{20}-3\sqrt{2}\div\sqrt{3}+\dfrac{12-\sqrt{30}}{\sqrt{6}}$

→ 개념2
근호를 포함한 복잡한 식의 계산

유형 · check

정답과 해설 10~11쪽 | 워크북 16~17쪽

유형 · 1 제곱근의 덧셈과 뺄셈

$7\sqrt{3}+a\sqrt{2}+b\sqrt{3}-\sqrt{2}=3\sqrt{2}+2\sqrt{3}$일 때, 유리수 a, b의 합 $a+b$의 값은?

① -2　② -1　③ 0
④ 1　⑤ 2

» 닮은꼴 문제

1-1

$3\sqrt{5}+\frac{2\sqrt{7}}{3}-2\sqrt{5}-\sqrt{7}$을 간단히 하여라.

1-2

$5\sqrt{a}-8=2\sqrt{a}+7$을 만족하는 양수 a의 값은?

① 4　② 9　③ 16
④ 25　⑤ 36

유형 · 2 근호 안에 제곱인 인수가 있는 경우

$\sqrt{24}-\sqrt{96}+\sqrt{54}=a\sqrt{6}$일 때, 정수 a의 값은?

① -3　② -2　③ -1
④ 1　⑤ 2

» 닮은꼴 문제

2-1

$\sqrt{8}+\sqrt{72}-\sqrt{50}=m\sqrt{2}$일 때, 자연수 m의 값을 구하여라.

2-2

$\sqrt{27}-\sqrt{32}+2\sqrt{2}+\sqrt{12}=a\sqrt{2}+b\sqrt{3}$일 때, 유리수 a, b의 합 $a+b$의 값은?

① -2　② -1　③ 1
④ 2　⑤ 3

유형 3 분모에 무리수가 있는 경우

$6\sqrt{5}-\frac{10}{\sqrt{5}}-\sqrt{75}+\sqrt{12}=p\sqrt{3}+q\sqrt{5}$일 때, 유리수 p, q의 곱 pq의 값은?

① -12 ② -10 ③ -6
④ 10 ⑤ 12

» 닮은꼴 문제

3-1

$5\sqrt{2}+\frac{6}{\sqrt{8}}+\frac{3}{\sqrt{18}}=k\sqrt{2}$일 때, 유리수 k의 값은?

① 6 ② $\frac{13}{2}$ ③ 7
④ $\frac{15}{2}$ ⑤ 8

3-2

$\frac{4}{\sqrt{2}}-\sqrt{\frac{3}{2}}-2\sqrt{2}-\sqrt{\frac{2}{3}}=a\sqrt{6}$일 때, 유리수 a의 값은?

① $-\frac{5}{6}$ ② $-\frac{1}{6}$ ③ $\frac{1}{6}$
④ $\frac{5}{6}$ ⑤ 1

유형 4 분배법칙을 이용한 제곱근의 계산

$3\sqrt{2}(\sqrt{3}-2)+\frac{\sqrt{16}+2\sqrt{3}}{\sqrt{2}}=a\sqrt{6}+b\sqrt{2}$일 때, 유리수 a, b에 대하여 $a-b$의 값은?

① -8 ② -4 ③ 0
④ 4 ⑤ 8

» 닮은꼴 문제

4-1

$\sqrt{3}(2\sqrt{2}+a)-\sqrt{6}(2-\sqrt{2})$가 유리수가 되도록 하는 유리수 a의 값은?

① -3 ② -2 ③ -1
④ 1 ⑤ 2

4-2

오른쪽 그림과 같은 직육면체의 겉넓이를 구하여라.

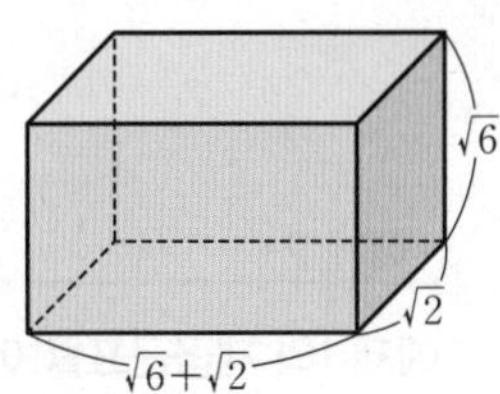

11 · 제곱근표

개념 1 제곱근표

(1) 제곱근표: 1.00부터 99.9까지의 수에 대한 양의 제곱근의 값을 소수점 아래 넷째 자리에서 반올림하여 나타낸 표

(2) 제곱근표를 이용하여 제곱근의 값 구하기: 처음 두 자리 수의 가로줄과 끝자리 수의 세로줄이 만나는 곳에 있는 수를 읽는다.

예 $\sqrt{1.73}$의 값은 제곱근표에서 1.7의 가로줄과 3의 세로줄이 만나는 곳의 수인 1.315이다.

수	0	1	2	3	3
1.5	1.225	1.229	1.233	1.237	1.241
1.6	1.265	1.269	1.273	1.277	1.281
1.7	1.304	1.308	1.311	1.315	1.319
1.8	1.342	1.345	1.349	1.353	1.356
1.9	1.378	1.382	1.386	1.389	1.393

◆ 예제 1 ◆

다음은 제곱근표의 일부이다. 이 표를 이용하여 아래 제곱근의 값을 구하여라.

수	0	1	2	3	4
1.0	1.000	1.005	1.010	1.015	1.020
1.1	1.049	1.054	1.058	1.063	1.068
1.2	1.095	1.100	1.105	1.109	1.114
1.3	1.140	1.145	1.149	1.153	1.158
1.4	1.183	1.187	1.192	1.196	1.200
1.5	1.225	1.229	1.233	1.237	1.241
1.6	1.265	1.269	1.273	1.277	1.281
1.7	1.304	1.308	1.311	1.315	1.319
1.8	1.342	1.345	1.349	1.353	1.356
1.9	1.378	1.382	1.386	1.389	1.393

(1) $\sqrt{1.24}$ (2) $\sqrt{1.92}$

(3) $\sqrt{1.4}$ (4) $\sqrt{1.63}$

> 답 (1) 1.114 (2) 1.386 (3) 1.183 (4) 1.277

◆ 확인 1 ◆

다음은 제곱근표의 일부이다. 이 표를 이용하여 아래 제곱근의 값을 구하여라.

수	5	6	7	8	9
1.0	1.025	1.030	1.034	1.039	1.044
1.1	1.072	1.077	1.082	1.086	1.091
1.2	1.118	1.122	1.127	1.131	1.136
1.3	1.162	1.166	1.170	1.175	1.179
1.4	1.204	1.208	1.212	1.217	1.221
1.5	1.245	1.249	1.253	1.257	1.261
1.6	1.285	1.288	1.292	1.296	1.300
1.7	1.323	1.327	1.330	1.334	1.338
1.8	1.360	1.364	1.367	1.371	1.375
1.9	1.396	1.400	1.404	1.407	1.411

(1) $\sqrt{1.38}$ (2) $\sqrt{1.87}$

(3) $\sqrt{1.59}$ (4) $\sqrt{1.75}$

◆ 예제 2 ◆

예제 1의 제곱근표를 이용하여 a의 값을 구하여라.

(1) $\sqrt{a}=1.010$ (2) $\sqrt{a}=1.145$

(3) $\sqrt{a}=1.378$ (4) $\sqrt{a}=1.319$

> 답 (1) 1.02 (2) 1.31 (3) 1.9 (4) 1.74

◆ 확인 2 ◆

확인 1의 제곱근표를 이용하여 a의 값을 구하여라.

(1) $\sqrt{a}=1.039$ (2) $\sqrt{a}=1.122$

(3) $\sqrt{a}=1.253$ (4) $\sqrt{a}=1.411$

정답과 해설 11쪽 | 워크북 18쪽

01 다음 제곱근표에서 $\sqrt{8.04}$의 값이 a이고, $\sqrt{8.42}$의 값이 b일 때, $10000a-1000b$의 값은?

→ 개념1 제곱근표

수	2	3	4	5	6
8.0	2.832	2.834	2.835	2.837	2.839
8.1	2.850	2.851	2.853	2.855	2.857
8.2	2.867	2.869	2.871	2.872	2.874
8.3	2.884	2.886	2.888	2.890	2.891
8.4	2.902	2.903	2.905	2.907	2.909

① 2548　② 2562　③ 25448
④ 25628　⑤ 28350

02 다음은 아래 제곱근표를 이용하여 제곱근의 값을 구한 것이다. 잘못 구한 사람은?

→ 개념1 제곱근표

수	3	4	5	6
9.0	3.005	3.007	3.008	3.010
9.1	3.022	3.023	3.025	3.027
9.2	3.038	3.040	3.041	3.043
9.3	3.055	3.056	3.058	3.059
9.4	3.071	3.072	3.074	3.076

① 다희: $\sqrt{9.03}=3.005$　② 진수: $\sqrt{9.45}=3.074$
③ 호연: $\sqrt{9.25}=3.041$　④ 희재: $\sqrt{9.14}=3.025$
⑤ 재영: $\sqrt{9.36}=3.059$

03 다음 제곱근표에서 $\sqrt{x}=7.880$, $\sqrt{y}=8.012$를 만족시키는 x, y에 대하여 $x+y$의 값은?

→ 개념1 제곱근표

수	0	1	2	3
60	7.746	7.752	7.759	7.765
61	7.810	7.817	7.823	7.829
62	7.874	7.880	7.887	7.893
63	7.937	7.944	7.950	7.956
64	8.000	8.006	8.012	8.019

① 121　② 125.1　③ 126
④ 126.2　⑤ 126.3

12 · 제곱근의 값

개념 1 제곱근표에 없는 제곱근의 값 구하기

제곱근표에 없는 수의 제곱근의 값은 $\sqrt{a^2b}=a\sqrt{b}$ $(a>0,\ b>0)$를 이용하여 구한다.

(1) 100보다 큰 수의 제곱근의 값

근호 안의 수를 $100a$, $10000a$, $1000000a$, …의 꼴로 나타낸다.

➜ $\sqrt{100a}=10\sqrt{a}$, $\sqrt{10000a}=100\sqrt{a}$, $\sqrt{1000000a}=1000\sqrt{a}$, …

예 $\sqrt{500}=\sqrt{100\times5}=10\sqrt{5}=10\times2.236=22.36$

(2) 0보다 크고 1보다 작은 수의 제곱근의 값

근호 안의 수를 $\frac{a}{100}$, $\frac{a}{10000}$, $\frac{a}{1000000}$, …의 꼴로 나타낸다.

➜ $\sqrt{\frac{a}{100}}=\frac{\sqrt{a}}{10}$, $\sqrt{\frac{a}{10000}}=\frac{\sqrt{a}}{100}$, $\sqrt{\frac{a}{1000000}}=\frac{\sqrt{a}}{1000}$, …

예 $\sqrt{0.5}=\sqrt{\frac{50}{100}}=\frac{\sqrt{50}}{10}=\frac{7.071}{10}=0.7071$

· 예제 1 ·

$\sqrt{2}=1.414$, $\sqrt{20}=4.472$일 때, 다음 제곱근의 값을 구하여라.

(1) $\sqrt{200}$ (2) $\sqrt{0.2}$

› 풀이 (1) $\sqrt{200}=\sqrt{100\times2}=10\sqrt{2}=14.14$

(2) $\sqrt{0.2}=\sqrt{\frac{20}{100}}=\frac{\sqrt{20}}{10}=0.4472$

› 답 (1) 14.14 (2) 0.4472

· 확인 1 ·

$\sqrt{3}=1.732$, $\sqrt{30}=5.477$일 때, 다음 제곱근의 값을 구하여라.

(1) $\sqrt{3000}$ (2) $\sqrt{0.03}$

개념 2 무리수의 정수 부분과 소수 부분

무리수는 순환하지 않는 무한소수이므로 정수 부분과 소수 부분으로 나누어 나타낼 수 있다.

(무리수)=(정수 부분)+(소수 부분)
➜(소수 부분)=(무리수)−(정수 부분)

· $a>0$이고, n은 음이 아닌 정수일 때, $n<\sqrt{a}<n+1$이면
① $\sqrt{a}$의 정수 부분 ➜ n
② $\sqrt{a}$의 소수 부분 ➜ $\sqrt{a}-n$

예 $1<\sqrt{2}<2$ ➜ ($\sqrt{2}$의 정수 부분)=1, ($\sqrt{2}$의 소수 부분)=$\sqrt{2}-1$

· 예제 2 ·

다음은 $\sqrt{8}$의 정수 부분과 소수 부분을 구하는 과정이다. □ 안에 알맞은 수를 써넣어라.

$\sqrt{4}<\sqrt{8}<\sqrt{9}$에서 $2<\sqrt{8}<$□이므로
(정수 부분)=□, (소수 부분)=□

› 답 3, 2, $\sqrt{8}-2$

· 확인 2 ·

다음은 $\sqrt{13}$의 정수 부분과 소수 부분을 구하는 과정이다. □ 안에 알맞은 수를 써넣어라.

$\sqrt{9}<\sqrt{13}<\sqrt{16}$에서 □$<\sqrt{13}<4$이므로
(정수 부분)=□, (소수 부분)=□

개념 + check

정답과 해설 11쪽 | 워크북 18~19쪽

01 다음 □ 안에 알맞은 수를 써넣어라.

(1) $\sqrt{300}=\sqrt{\square\times3}=\square\sqrt{3}$

(2) $\sqrt{25000}=\sqrt{\square\times2.5}=\square\sqrt{2.5}$

(3) $\sqrt{0.02}=\sqrt{\dfrac{2}{\square}}=\dfrac{\sqrt{2}}{\square}$

→ 개념1
제곱근표에 없는 제곱근의 값 구하기

02 제곱근표에서 $\sqrt{8.42}=2.902$, $\sqrt{84.2}=9.176$일 때, 다음 제곱근의 값을 구하여라.

(1) $\sqrt{842}$
(2) $\sqrt{8420}$
(3) $\sqrt{0.842}$
(4) $\sqrt{0.000842}$

→ 개념1
제곱근표에 없는 제곱근의 값 구하기

03 $\sqrt{10}$의 정수 부분을 a, 소수 부분을 b라 할 때, 다음은 $a-b$의 값을 구하는 과정이다. □ 안에 알맞은 수를 써넣어라.

> $3<\sqrt{10}<4$이므로 $a=\square$, $b=\sqrt{10}-\square$
> $\therefore a-b=\square-(\sqrt{10}-\square)=\square$

→ 개념2
무리수의 정수 부분과 소수 부분

04 다음 무리수의 정수 부분과 소수 부분을 각각 구하여라.

(1) $\sqrt{7}+1$
(2) $\sqrt{11}-1$
(3) $\sqrt{12}-3$
(4) $2+\sqrt{20}$

→ 개념2
무리수의 정수 부분과 소수 부분

유형 · check

정답과 해설 11~12쪽 | 워크북 18~19쪽

유형 · 1 제곱근의 값 구하기 (1)

제곱근표에서 $\sqrt{5}=2.236$일 때, 다음 중 이를 이용하여 값을 구할 수 없는 것은?

① $\sqrt{0.05}$　② $\sqrt{20}$　③ $\sqrt{45}$
④ $\sqrt{500}$　⑤ $\sqrt{5000}$

» 닮은꼴 문제

1-1

제곱근표에서 $\sqrt{7}=2.646$일 때, 다음 중 제곱근의 값을 구할 수 없는 것은?

① $\sqrt{0.0007}$　② $\sqrt{0.07}$　③ $\sqrt{\frac{14}{200}}$
④ $\sqrt{28}$　⑤ $\sqrt{700000}$

1-2

$\sqrt{2.58}=1.606$, $\sqrt{25.8}=5.079$일 때, 다음 중 옳지 않은 것은?

① $\sqrt{25800}=160.6$
② $\sqrt{2580}=50.79$
③ $\sqrt{258}=16.06$
④ $\sqrt{0.258}=0.1606$
⑤ $\sqrt{0.00258}=0.05079$

유형 · 2 제곱근의 값 구하기 (2)

아래 그림은 제곱근표의 일부분이다. 다음 중 주어진 표를 이용하여 제곱근의 값을 구할 수 없는 것은?

수	0	1	2	3
2.4	1.549	1.552	1.556	1.559
2.5	1.581	1.584	1.587	1.591
2.6	1.612	1.616	1.619	1.622
2.7	1.643	1.646	1.649	1.652

① $\sqrt{262}$　② $\sqrt{2.73}$　③ $\sqrt{240}$
④ $\sqrt{0.0252}$　⑤ $\sqrt{2710}$

» 닮은꼴 문제

2-1

다음은 제곱근표의 일부분이다. 이 표를 이용하여 $\sqrt{1320}+\sqrt{0.163}$의 값을 구하여라.

수	0	1	2	3	4
12	3.464	3.479	3.493	3.507	3.521
13	3.606	3.619	3.633	3.647	3.661
14	3.742	3.755	3.768	3.782	3.795
15	3.873	3.886	3.899	3.912	3.924
16	4.000	4.012	4.025	4.037	4.050

유형 3 제곱근의 값을 이용한 계산

제곱근표에서 $\sqrt{2}=1.414$, $\sqrt{20}=4.472$일 때, $100\sqrt{0.2}+\sqrt{200}$의 값은?

① 5.886 ② 18.612 ③ 58.86
④ 145.612 ⑤ 448.614

» 닮은꼴 문제

3-1

제곱근표에서 $\sqrt{3}=1.732$, $\sqrt{5}=2.236$일 때, $\frac{15}{\sqrt{3}}+\frac{15}{\sqrt{5}}$의 값은?

① 10.472 ② 11.593 ③ 12.368
④ 14.582 ⑤ 15.368

3-2

제곱근표에서 $\sqrt{3}=1.732$일 때, $\sqrt{0.12}+\frac{6}{5\sqrt{3}}-\sqrt{0.48}$의 값은?

① 0.3235 ② 0.3464 ③ 0.6928
④ 0.866 ⑤ 1.732

유형 4 무리수의 정수 부분과 소수 부분

$\sqrt{7}-1$의 정수 부분을 a, 소수 부분을 b라 할 때, $2a+b$의 값은?

① $-1+\sqrt{7}$ ② $\sqrt{7}$ ③ $2-\sqrt{7}$
④ 2 ⑤ $2+\sqrt{7}$

» 닮은꼴 문제

4-1

$\sqrt{11}+1$의 정수 부분을 a, $\sqrt{13}-2$의 소수 부분을 b라 할 때, $\frac{a}{b+3}$의 값을 구하여라.

4-2

$\sqrt{8}-1$의 정수 부분을 x, $5-\sqrt{6}$의 소수 부분을 y라 할 때, $x-y$의 값을 구하여라.

단원 · 마무리

01 다음 중 옳은 것은?

① $\sqrt{5}+\sqrt{7}=\sqrt{12}$　② $\sqrt{\frac{7}{9}}=\frac{\sqrt{7}}{9}$

③ $\sqrt{3}\times\sqrt{11}=\sqrt{33}$　④ $4\sqrt{5}=\sqrt{20}$

⑤ $\frac{\sqrt{8}+\sqrt{12}}{\sqrt{3}}=2\sqrt{2}+2$

02 $\sqrt{150}=a\sqrt{6}$, $5\sqrt{3}=\sqrt{b}$일 때, $\sqrt{3ab}$의 값은? (단, a, b는 유리수)

① $10\sqrt{3}$　② $10\sqrt{6}$　③ $15\sqrt{3}$

④ $12\sqrt{5}$　⑤ $15\sqrt{5}$

03 $\sqrt{3}=a$ $\sqrt{5}=b$일 때, $\sqrt{45}$를 a, b를 이용하여 나타내면?

① $15ab$　② $9ab$　③ $\sqrt{15}ab$

④ ab^2　⑤ a^2b

04 다음 중 옳지 <u>않은</u> 것은?

① $\sqrt{3}\times\sqrt{6}\times\sqrt{12}=6\sqrt{6}$

② $3\sqrt{6}\times(-2\sqrt{3})\div(-\sqrt{2})=18$

③ $\frac{\sqrt{6}+1}{\sqrt{3}}=\frac{3\sqrt{2}+\sqrt{3}}{3}$

④ $\sqrt{12}(\sqrt{2}-\sqrt{3})=2\sqrt{6}-6$

⑤ $(\sqrt{8}-\sqrt{12})\sqrt{6}=4\sqrt{2}-6\sqrt{3}$

05 $\frac{9\sqrt{3}}{\sqrt{5}}=a\sqrt{15}$, $\frac{20}{\sqrt{27}}=b\sqrt{3}$일 때, ab의 값은? (단, a, b는 유리수)

① 1　② 2　③ 3

④ 4　⑤ 5

06 $\sqrt{0.025}=k\sqrt{10}$일 때, 유리수 k의 값은?

① $\frac{1}{40}$　② $\frac{1}{25}$　③ $\frac{1}{20}$

④ $\frac{1}{10}$　⑤ $\frac{1}{5}$

07 $2\sqrt{27}+\sqrt{125}-\sqrt{2}\left(\frac{5}{\sqrt{10}}-\frac{3}{\sqrt{6}}\right)=a\sqrt{3}+b\sqrt{5}$일 때, 유리수 a, b의 합 $a+b$의 값은?

① 8　② 9　③ 10

④ 11　⑤ 12

08 다음 〈보기〉에서 옳은 것을 모두 고른 것은?

보기

ㄱ. $-2\sqrt{3}>-3\sqrt{2}$

ㄴ. $\sqrt{5}-3<3-2\sqrt{5}$

ㄷ. $3-2\sqrt{7}<3-\sqrt{15}$

ㄹ. $5-2\sqrt{2}>4$

ㅁ. $3\sqrt{5}-4\sqrt{11}>-2\sqrt{11}-\sqrt{5}$

① ㄱ, ㄴ　② ㄴ, ㅁ　③ ㄱ, ㄷ, ㅁ

④ ㄴ, ㄹ, ㅁ　⑤ ㄱ, ㄴ, ㄷ, ㅁ

09 $a=5\sqrt{2}$, $b=2\sqrt{5}$일 때, $\frac{b}{a}+\frac{a}{b}$의 값은?

① $\frac{7\sqrt{10}}{10}$ ② $\frac{4\sqrt{10}}{5}$ ③ $\frac{5\sqrt{10}}{6}$
④ $\frac{5\sqrt{6}}{6}$ ⑤ $\frac{7\sqrt{6}}{6}$

10 다음 그림에서 모눈 한 칸은 한 변의 길이가 1인 정사각형이다. $\overline{CB}=\overline{CP}$, $\overline{FG}=\overline{FQ}$일 때, $\overline{PQ}$의 길이는?

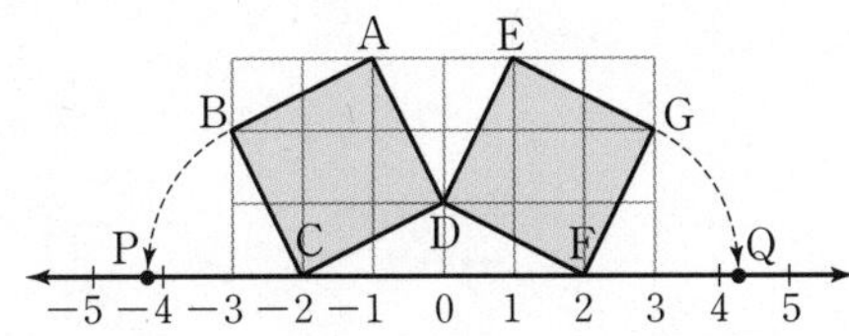

① 3 ② 4 ③ $2\sqrt{5}$
④ $2+2\sqrt{5}$ ⑤ $4+2\sqrt{5}$

11 다음 중 두 실수의 대소 관계가 옳지 않은 것은?

① $5\sqrt{2}+3\sqrt{2}<12$
② $4\sqrt{5}+3\sqrt{5}>5\sqrt{5}-\sqrt{5}$
③ $2\sqrt{5}-3\sqrt{3}<5\sqrt{5}-5\sqrt{3}$
④ $\sqrt{2}+\sqrt{3}<4\sqrt{2}-\sqrt{3}$
⑤ $\sqrt{18}+\sqrt{32}<8\sqrt{3}-\sqrt{27}$

12 $\sqrt{3}(2\sqrt{2}+a)-\sqrt{6}(2-\sqrt{2})$가 유리수가 되도록 하는 유리수 a의 값은?

① -3 ② -2 ③ -1
④ 1 ⑤ 2

13 $x+y=8$, $xy=2$일 때, $\sqrt{\frac{y}{x}}+\sqrt{\frac{x}{y}}$의 값은?

① $2\sqrt{2}$ ② 4 ③ $4\sqrt{2}$
④ 8 ⑤ $8\sqrt{2}$

14 다음 제곱근표를 이용하여 $\sqrt{80}$의 값을 구하면?

수	0	1	2	3
2.0	1.414	1.418	1.421	1.425
2.1	1.449	1.453	1.456	1.459
⋮	⋮	⋮	⋮	⋮
20	4.472	4.483	4.494	4.506
21	4.583	4.593	4.604	4.615

① 8.944 ② 8.966 ③ 8.988
④ 9.012 ⑤ 9.186

15 제곱근표에서 $\sqrt{5}=2.236$, $\sqrt{50}=7.071$일 때, $\sqrt{0.45}$의 값을 구하여라.

16 자연수 n에 대하여 $\sqrt{n}$의 소수 부분을 $f(n)$이라 할 때, $f(48)-f(12)$의 값은?

① $2\sqrt{3}-3$ ② $4\sqrt{3}-3$ ③ $6\sqrt{3}-3$
④ $2\sqrt{3}+3$ ⑤ $6\sqrt{3}+3$

서술형 꽉 잡기

주어진 단계에 따라 쓰는 유형

17 넓이가 50인 직사각형의 이웃하는 두 변의 길이를 각각 a, b라 할 때, $a\sqrt{\frac{8b}{a}}+b\sqrt{\frac{2a}{b}}$의 값을 구하여라.

· 생각해 보자 ·

구하는 것은? $a\sqrt{\frac{8b}{a}}+b\sqrt{\frac{2a}{b}}$의 값

주어진 것은? 넓이가 50인 직사각형의 두 변의 길이가 각각 a, b

> 풀이

[1단계] 직사각형의 넓이를 a, b로 나타내기 (20 %)

[2단계] 주어진 식 변형하기 (40 %)

[3단계] 식의 값 구하기 (40 %)

> 답

풀이 과정을 자세히 쓰는 유형

18 $\sqrt{2}(3\sqrt{2}-1)+\sqrt{8}(a-\sqrt{2})$가 유리수가 되도록 하는 유리수 a의 값을 구하여라.

> 풀이

> 답

19 다음 그림과 같이 넓이가 각각 20 m^2, 18 m^2, 8 m^2인 정사각형 모양의 세 꽃밭이 붙어 있다. 이때 세 꽃밭으로 이루어진 전체 꽃밭의 둘레의 길이를 구하여라.

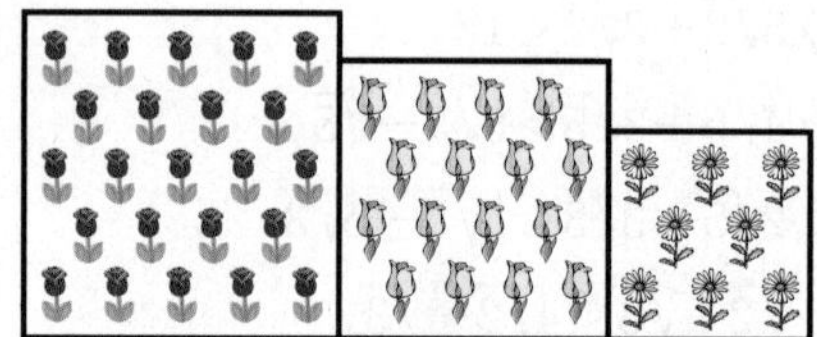

> 풀이

> 답

Ⅱ. 인수분해와 이차방정식

1. 다항식의 곱셈

13 • 다항식의 곱셈 (1)

개념 1 곱셈 공식 (1)

(1) 다항식의 곱셈

두 다항식의 곱은 분배법칙을 이용하여 전개한 다음 동류항이 있으면 동류항끼리 모아서 간단히 한다.

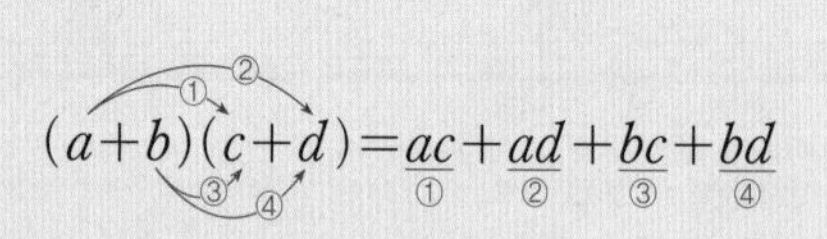

예 $(a+2)(a+3)=a^2+3a+2a+6=a^2+5a+6$

(2) 곱셈 공식 (1) — 합의 제곱, 차의 제곱

① 합의 제곱: $(a+b)^2=a^2+2ab+b^2$ ← $(a+b)^2=(a+b)(a+b)$ $=a^2+ab+ba+b^2=a^2+2ab+b^2$

② 차의 제곱: $(a-b)^2=a^2-2ab+b^2$ ← $(a-b)^2=(a-b)(a-b)$ $=a^2-ab-ba+b^2=a^2-2ab+b^2$

예 $(a+1)^2=a^2+2a+1$, $(a-1)^2=a^2-2a+1$

주의 $(a+b)^2\neq a^2+b^2$, $(a-b)^2\neq a^2-b^2$

• 직사각형의 넓이로 보는 곱셈 공식 (1)

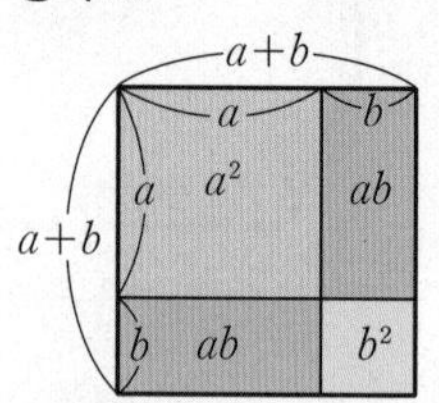

(색칠한 부분의 넓이의 합)
$=(a+b)^2$
$=a^2+2ab+b^2$

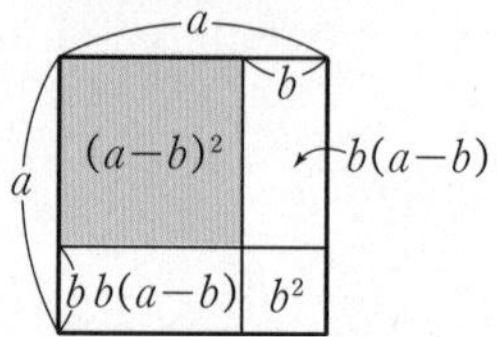

(색칠한 부분의 넓이)
$=(a-b)^2$
$=a^2-2ab+b^2$

• 예제 1 •

다음 식을 전개하여라.

(1) $(x+1)(y-2)$ (2) $(a+2)^2$

(3) $(x-2)^2$

› 답 (1) $xy-2x+y-2$ (2) a^2+4a+4

(3) x^2-4x+4

• 확인 1 •

다음 식을 전개하여라.

(1) $(2a-3b)(c+4d)$ (2) $(2a+b)^2$

(3) $(3x-y)^2$

개념 2 곱셈 공식 (2)

합과 차의 곱: $(a+b)(a-b)=a^2-b^2$ ← $(a+b)(a-b)=a^2-ab+ba-b^2$ $=a^2-ab+ab-b^2=a^2-b^2$

예 $(x+2)(x-2)=x^2-2^2=x^2-4$

참고 직사각형의 넓이로 보는 곱셈 공식 (2)

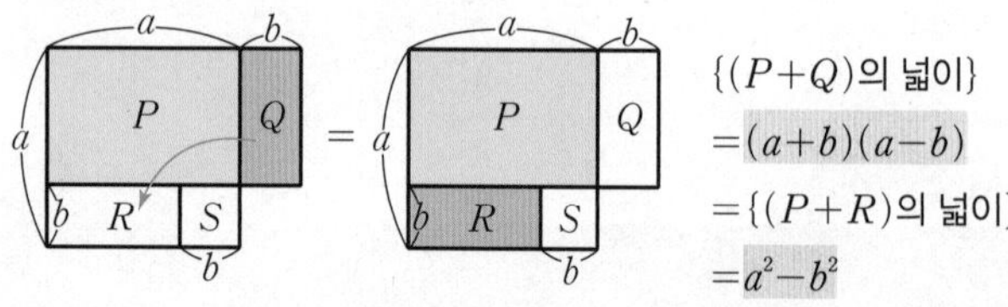

$\{(P+Q)$의 넓이$\}$
$=(a+b)(a-b)$
$=\{(P+R)$의 넓이$\}$
$=a^2-b^2$

• 예제 2 •

다음 식을 전개하여라.

(1) $(a+1)(a-1)$ (2) $(x+2y)(x-2y)$

› 답 (1) a^2-1 (2) x^2-4y^2

• 확인 2 •

다음 식을 전개하여라.

(1) $(a+2)(a-2)$ (2) $(2x+y)(2x-y)$

개념 ✦ check

정답과 해설 14쪽 | 워크북 22~23쪽

01 다음 식을 전개하여라.

(1) $(a+4)(b-3)$
(2) $(x-2)(y-5)$
(3) $(a-b)(2c+3d)$
(4) $(-2a+4b)(x-3y)$
(5) $(-x+5)(2x+3)$
(6) $(2x+3y)(-3x-5y)$

→ 개념1
곱셈 공식(1)

02 다음 식을 전개하여라.

(1) $(a+3)^2$
(2) $(5a+b)^2$
(3) $(3a+4b)^2$
(4) $(x-6)^2$
(5) $(2x-3y)^2$
(6) $(-2a+5)^2$

→ 개념1
곱셈 공식(1)

03 다음 식을 전개하여라.

(1) $(a+3)(a-3)$
(2) $(2x+1)(2x-1)$
(3) $(3x+5y)(3x-5y)$
(4) $(-x+7)(-x-7)$

→ 개념2
곱셈 공식(2)

04 다음 식을 전개하여라.

(1) $\left(3a-\frac{3}{2}b\right)\left(2a+\frac{2}{3}b\right)$
(2) $\left(2x+\frac{3}{2}y\right)^2$
(3) $\left(-\frac{1}{4}x-4y\right)^2$
(4) $\left(\frac{1}{5}a+\frac{3}{4}b\right)\left(\frac{1}{5}a-\frac{3}{4}b\right)$

→ 개념1, 2
곱셈 공식(1), (2)

14 ◆ 다항식의 곱셈 (2)

개념 1 곱셈 공식 (3)

x의 계수가 1인 두 일차식의 곱

$$(x+a)(x+b)=x^2+(a+b)x+ab$$

곱, 합 ← $(x+a)(x+b)=x^2+bx+ax+ab$
$=x^2+(a+b)x+ab$

예 $(x+2)(x+3)=x^2+(2+3)x+2\times3=x^2+5x+6$

참고 직사각형의 넓이로 보는 곱셈 공식 (3)

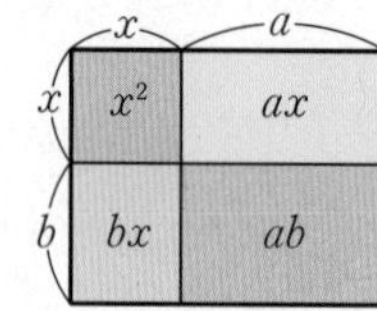

$(x+a)(x+b)=$(큰 직사각형의 넓이)
$=$(작은 직사각형들의 넓이의 합)
$=x^2+ax+bx+ab$
$=x^2+(a+b)x+ab$

◆ 예제 1 ◆

다음 식을 전개하여라.

(1) $(x+3)(x+5)$ (2) $(x+7)(x-2)$

> 답 (1) $x^2+8x+15$ (2) $x^2+5x-14$

◆ 확인 1 ◆

다음 식을 전개하여라.

(1) $(x-3)(x+6)$ (2) $(x-8)(x-4)$

개념 2 곱셈 공식 (4)

x의 계수가 1이 아닌 두 일차식의 곱

$$(ax+b)(cx+d)=\underset{①}{acx^2}+(\underset{②}{ad+bc})x+\underset{③}{bd}$$

← $(ax+b)(cx+d)$
$=acx^2+adx+bcx+bd$
$=acx^2+(ad+bc)x+bd$

예 $(2x+3)(3x+4)=(2\times3)x^2+(2\times4+3\times3)x+(3\times4)=6x^2+17x+12$

참고 직사각형의 넓이로 보는 곱셈 공식 (4)

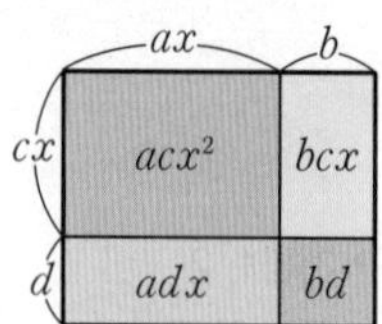

$(ax+b)(cx+d)=$(큰 직사각형의 넓이)
$=$(작은 직사각형들의 넓이의 합)
$=acx^2+adx+bcx+bd$
$=acx^2+(ad+bc)x+bd$

◆ 예제 2 ◆

다음 식을 전개하여라.

(1) $(2x+3)(4x+5)$ (2) $(x+2)(3x-4)$

> 풀이 (1) $(2x+3)(4x+5)=8x^2+(10+12)x+15$
> $=8x^2+22x+15$
> (2) $(x+2)(3x-4)=3x^2+(-4+6)x-8$
> $=3x^2+2x-8$

> 답 (1) $8x^2+22x+15$ (2) $3x^2+2x-8$

◆ 확인 2 ◆

다음 식을 전개하여라.

(1) $(7x-5)(x+4)$ (2) $(3x-1)(4x-2)$

개념 · check

정답과 해설 14쪽 | 워크북 24~25쪽

01 다음 식을 전개하여라.

(1) $(a+6b)(a+b)$　　(2) $(x+2y)(x-5y)$

(3) $(x-3y)(x+4y)$　　(4) $(a-7b)(a-9b)$

→ 개념1
곱셈 공식(3)

02 다음 식을 전개하여라.

(1) $(3x+7y)(2x+3y)$　　(2) $(3x+5y)(8x-2y)$

(3) $(7x-2y)(5x+9y)$　　(4) $(4x-3y)(5x-6y)$

→ 개념2
곱셈 공식(4)

03 다음 식을 전개하여라.

(1) $\left(x+\frac{1}{2}\right)\left(x-\frac{1}{3}\right)$　　(2) $(-5x+7)(x-6)$

(3) $\left(\frac{1}{2}x+3\right)\left(x+\frac{2}{3}\right)$　　(4) $(-3x+8)(-2x+1)$

→ 개념1, 2
곱셈 공식(3), (4)

04 $\left(\frac{2}{3}x+2\right)\left(6x-\frac{3}{2}\right)$을 전개한 식에서 x의 계수를 구하여라.

→ 개념2
곱셈 공식(4)

유형 · check

정답과 해설 14~15쪽 | 워크북 22~25쪽

유형 · 1 다항식의 곱셈

$(3x-4)(ay+5)$를 전개한 식에서 x의 계수와 y의 계수의 합이 23일 때, 상수 a의 값은?

① -1 ② -2 ③ -3
④ -4 ⑤ -5

» 닮은꼴 문제

1-1

$(x-4y)(-2x+3y)$를 전개한 식에서 xy의 계수는?

① -11 ② -6 ③ 0
④ 6 ⑤ 11

1-2

$(x-3y-2z)^2$의 전개식에서 y^2의 계수를 a, xy의 계수를 b라 할 때, $a+2b$의 값은?

① -5 ② -3 ③ -1
④ 1 ⑤ 3

유형 · 2 곱셈 공식 (1)

다음 중 옳은 것은?

① $(x+3)^2=x^2+9$
② $(x-1)^2=x^2-x+1$
③ $(-x-4)^2=x^2-8x+16$
④ $(-2a+3b)^2=4a^2+12ab+9b^2$
⑤ $\left(\frac{1}{2}a+b\right)^2=\frac{1}{4}a^2+ab+b^2$

» 닮은꼴 문제

2-1

다음 중 전개식이 $(3x-4)^2$과 같은 것은?

① $(3x+4)^2$ ② $(-3x-4)^2$
③ $(-3x+4)^2$ ④ $-(3x+4)^2$
⑤ $-(3x-4)^2$

2-2

$\left(\frac{2}{3}x-a\right)^2=\frac{4}{9}x^2+\frac{2}{3}x+b$일 때, 상수 a, b에 대하여 $a+b$의 값을 구하여라.

유형 3 곱셈 공식 (2)

다음 중 옳지 <u>않은</u> 것은?

① $(a+2b)(a-2b)=a^2-4b^2$

② $(4x+5)(4x-5)=16x^2-25$

③ $(-2x+y)(2x+y)=4x^2\quad y^2$

④ $(-3a-2)(3a-2)=-9a^2+4$

⑤ $-(2x+2y)(2x-2y)=-4x^2+4y^2$

» 닮은꼴 문제

3-1

$(-3x-4)(-3x+4)$를 전개한 식에서 x^2의 계수를 a, 상수항을 b라 할 때, $b-a$의 값은?

① -36　② -25　③ -16

④ 16　⑤ 25

3-2

$(x-1)(x+1)(x^2+1)$을 전개하여라.

유형 4 곱셈 공식 (3), (4)

다음 중 옳은 것은?

① $(x+5)(x-1)=x^2+4x-4$

② $(-x+2)(x-3)=-x^2-x-1$

③ $(2x+1)(3x-5)=6x^2-7x-5$

④ $(-x+y)(-x-2y)=x^2-2xy-2y^2$

⑤ $\left(5x-\frac{1}{3}\right)\left(x-\frac{1}{2}\right)=5x^2-\frac{13}{6}x+\frac{1}{6}$

» 닮은꼴 문제

4-1

$(3x+2)(4x-3)=ax^2+bx-6$일 때, 상수 a, b에 대하여 ab의 값은?

① -12　② -6　③ -1

④ 6　⑤ 12

4-2

$(4x+a)(bx-1)=8x^2+cx-5$일 때, 상수 a, b, c에 대하여 $a+b+c$의 값은?

① 11　② 12　③ 13

④ 14　⑤ 15

15 · 곱셈 공식의 활용 (1)

개념 1 곱셈 공식을 이용한 수의 계산

(1) 수의 제곱의 계산

① $(a+b)^2=a^2+2ab+b^2$ ② $(a-b)^2=a^2-2ab+b^2$

을 이용한다.

예 ① $101^2=(100+1)^2=100^2+2\times100\times1+1^2=10000+200+1=10201$

② $99^2=(100-1)^2=100^2-2\times100\times1+1^2=10000-200+1=9801$

(2) 서로 다른 두 수의 곱의 계산

① $(a+b)(a-b)=a^2-b^2$ ② $(x+a)(x+b)=x^2+(a+b)x+ab$

을 이용한다.

예 ① $101\times99=(100+1)(100-1)=10000-1=9999$

② $101\times102=(100+1)(100+2)=10000+(1+2)\times100+1\times2=10302$

풍쌤의 point 곱셈 공식을 이용하여 수의 계산을 할 때, a, b의 값은 계산이 편리해지는 값으로 정해야 해.

◆ 예제 1 ◆

곱셈 공식 $(a+b)^2=a^2+2ab+b^2$을 이용하여 102^2을 계산하여라.

> 풀이 $102^2=(100+2)^2$
$=100^2+2\times100\times2+2^2$
$=10000+400+4=10404$

> 답 10404

◆ 확인 1 ◆

곱셈 공식 $(a+b)(a-b)=a^2-b^2$을 이용하여 103×97을 계산하여라.

개념 2 곱셈 공식을 이용한 분모의 유리화

$a>0$, $b>0$이고, $a\neq b$일 때

$$\frac{c}{\sqrt{a}+\sqrt{b}}=\frac{c(\sqrt{a}-\sqrt{b})}{(\sqrt{a}+\sqrt{b})(\sqrt{a}-\sqrt{b})}=\frac{c(\sqrt{a}-\sqrt{b})}{a-b}$$

곱셈 공식 $(a+b)(a-b)=a^2-b^2$ 이용

풍쌤의 point 분모와 분자에 모두 같은 수를 곱한 후, 분모는 곱셈 공식을 이용하여 유리화하고, 분자는 분배법칙 또는 곱셈 공식을 이용하여 계산해야 해.

◆ 예제 2 ◆

다음 수의 분모를 유리화하여라.

(1) $\frac{2}{1+\sqrt{2}}$ (2) $\frac{4}{2-\sqrt{3}}$

> 풀이 (1) $\frac{2}{1+\sqrt{2}}=\frac{2(1-\sqrt{2})}{(1+\sqrt{2})(1-\sqrt{2})}$
$=\frac{2-2\sqrt{2}}{1-2}=-2+2\sqrt{2}$

(2) $\frac{4}{2-\sqrt{3}}=\frac{4(2+\sqrt{3})}{(2-\sqrt{3})(2+\sqrt{3})}$
$=\frac{8+4\sqrt{3}}{4-3}=8+4\sqrt{3}$

> 답 (1) $-2+2\sqrt{2}$ (2) $8+4\sqrt{3}$

◆ 확인 2 ◆

다음 수의 분모를 유리화하여라.

(1) $\frac{1}{\sqrt{5}+\sqrt{2}}$ (2) $\frac{2}{\sqrt{7}-\sqrt{5}}$

개념 ◆ check

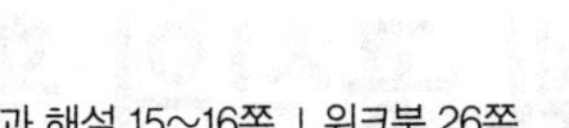
정답과 해설 15~16쪽 | 워크북 26쪽

01 다음 수를 곱셈 공식을 이용하여 계산하여라.

(1) 107^2　　(2) 69^2

(3) 3.1^2　　(4) 2.8^2

→ 개념1
곱셈 공식을 이용한 수의 계산

02 다음 수를 곱셈 공식을 이용하여 계산하여라.

(1) 52×48　　(2) 104×96

(3) 2.7×3.3　　(4) 61×58

→ 개념1
곱셈 공식을 이용한 수의 계산

03 다음 분수의 분모를 유리화하여라.

(1) $\dfrac{\sqrt{5}}{2-\sqrt{3}}$　　(2) $\dfrac{\sqrt{3}}{3+2\sqrt{2}}$

(3) $\dfrac{3\sqrt{2}}{2\sqrt{2}+\sqrt{5}}$　　(4) $\dfrac{4\sqrt{2}}{3\sqrt{2}-2\sqrt{3}}$

→ 개념2
곱셈 공식을 이용한 분모의 유리화

04 다음 분수의 분모를 유리화하여라.

(1) $\dfrac{1-\sqrt{2}}{1+\sqrt{2}}$　　(2) $\dfrac{\sqrt{3}+\sqrt{2}}{\sqrt{3}-\sqrt{2}}$

(3) $\dfrac{6-\sqrt{2}}{3+2\sqrt{2}}$　　(4) $\dfrac{6\sqrt{2}-2\sqrt{3}}{4\sqrt{3}-3\sqrt{5}}$

→ 개념2
곱셈 공식을 이용한 분모의 유리화

16 · 곱셈 공식의 활용 (2)

개념 1 공통부분이 있는 식의 전개

공통부분이 있는 복잡한 식은 다음과 같은 방법으로 전개한다.
① 공통부분을 한 문자로 치환한다.
② 곱셈 공식을 이용하여 식을 전개한다.
③ 치환하기 전의 공통부분을 전개한 식에 대입한다.
④ 식을 전개한 후 동류항끼리 정리한다.

예 $(a-b+2)(a-b+3)$ ($a-b$를 A로 치환)
$=(A+2)(A+3)$
$=A^2+5A+6$
$=(a-b)^2+5(a-b)+6$
$=a^2-2ab+b^2+5a-5b+6$

· **치환(置換)**: 수식의 어떤 부분을 그와 대등한 무엇가로 바꿔 넣는 것을 말한다.

· 예제 1 ·

다음은 $(x+y+1)(x+y-1)$을 치환을 이용하여 전개하는 과정일 때, □ 안에 알맞은 것을 써넣어라.

주어진 식에서 □$=A$로 놓으면
$(x+y+1)(x+y-1)=(A+1)(A-1)$
$=A^2-1$
$=(□)^2-1$
$=□$

› 답 $x+y$, $x+y$, $x^2+2xy+y^2-1$

· 확인 1 ·

다음은 $(a+b)(a+b-2)$를 치환을 이용하여 전개하는 과정일 때, □ 안에 알맞은 것을 써넣어라.

주어진 식에서 □$=A$로 놓으면
$(a+b)(a+b-2)=A(A-2)$
$=A^2-2A$
$=(□)^2-2(□)$
$=□$

개념 2 곱셈 공식의 변형

곱셈 공식 (1)을 변형하여 다음과 같은 공식을 얻을 수 있다.
(1) $a^2+b^2=(a+b)^2-2ab$ (2) $a^2+b^2=(a-b)^2+2ab$
(3) $(a+b)^2=(a-b)^2+4ab$ (4) $(a-b)^2=(a+b)^2-4ab$

참고 곱셈 공식의 변형에서 b 대신 $\frac{1}{a}$을 대입하면

① $a^2+\frac{1}{a^2}=\left(a+\frac{1}{a}\right)^2-2$ ② $a^2+\frac{1}{a^2}=\left(a-\frac{1}{a}\right)^2+2$
③ $\left(a+\frac{1}{a}\right)^2=\left(a-\frac{1}{a}\right)^2+4$ ④ $\left(a-\frac{1}{a}\right)^2=\left(a+\frac{1}{a}\right)^2-4$

· **곱셈 공식 (1)**
$(a+b)^2=a^2+2ab+b^2$
$(a-b)^2=a^2-2ab+b^2$

· 예제 2 ·

다음은 $x+y=5$, $xy=4$일 때, x^2+y^2의 값을 구하는 과정이다. □ 안에 알맞은 것을 써넣어라.

$x^2+y^2=(x+y)^2-□$
$=5^2-□\times4=□$

› 답 $2xy$, 2, 17

· 확인 2 ·

다음은 $x-y=1$, $xy=6$일 때, x^2+y^2의 값을 구하는 과정이다. □ 안에 알맞은 것을 써넣어라.

$x^2+y^2=(x-y)^2+□$
$=1^2+□\times6=□$

개념 • check

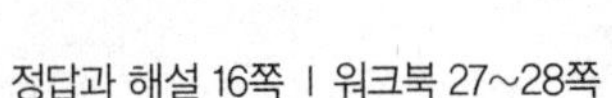
정답과 해설 16쪽 | 워크북 27~28쪽

01 다음 식을 치환을 이용하여 전개하여라.

(1) $(2x+y-1)(2x+y+3)$

(2) $(2x+3y-2)(x-3y+2)$

→ 개념1
공통부분이 있는 식의 전개

02 다음 식을 치환을 이용하여 전개하여라.

(1) $(x-2y+4)^2$　　(2) $(3a+2b-1)^2$

→ 개념1
공통부분이 있는 식의 전개

03 두 수 a, b에 대하여 $a+b=-1$, $ab=-12$일 때, 다음 값을 구하여라.

(1) a^2+b^2　　(2) $(a-b)^2$

→ 개념2
곱셈 공식의 변형

04 두 수 x, y에 대하여 $x^2+y^2=41$, $x-y=9$일 때, 다음 값을 구하여라.

(1) xy　　(2) $(x+y)^2$

→ 개념2
곱셈 공식의 변형

유형 · check

정답과 해설 16~18쪽 | 워크북 26~28쪽

유형 · 1 곱셈 공식을 이용한 수의 계산 (1)

다음 중 주어진 수의 계산을 하는데 가장 편리한 곱셈 공식을 잘못 짝지은 것은?

① 1010^2 ➡ $(a+b)^2=a^2+2ab+b^2$

② 999^2 ➡ $(a-b)^2=a^2-2ab+b^2$

③ 99×101 ➡ $(a+b)(a-b)=a^2-b^2$

④ 201×202 ➡ $(x+a)(x+b)=x^2+(a+b)x+ab$

⑤ 297×303
➡ $(ax+b)(cx+d)=acx^2+(ad+bc)x+bd$

» 닮은꼴 문제

1-1

다음 수의 계산 중 곱셈 공식 $(a+b)(a-b)=a^2-b^2$을 이용하면 가장 편리한 것은?

① 53^2　② 49^2　③ 93×94
④ 199×201　⑤ 3.03×2.99

1-2

다음 수의 계산 중 곱셈 공식 $(a-b)^2=a^2-2ab+b^2$을 이용하면 가장 편리한 것은?

① 204^2　② 999^2
③ 1.98×2.02　④ 96×102
⑤ 123×133

유형 · 2 곱셈 공식을 이용한 수의 계산 (2)

곱셈 공식을 이용하여 다음을 계산하면?

$$75\times85-77\times83$$

① -24　② -16　③ -8
④ 0　⑤ 8

» 닮은꼴 문제

2-1

곱셈 공식을 이용하여 $53\times47+62^2$을 계산하였을 때, 각 자리의 숫자의 합은?

① 14　② 15　③ 16
④ 17　⑤ 18

2-2

곱셈 공식을 이용하여 $(373\times377+4)\div375$의 값을 구하여라.

유형 3 곱셈 공식을 이용한 분모의 유리화

다음 중 분모를 유리화한 것으로 옳지 않은 것은?

① $\frac{1}{2+\sqrt{3}}=2-\sqrt{3}$

② $\frac{1}{1-\sqrt{2}}=-1-\sqrt{2}$

③ $\frac{3}{\sqrt{10}-\sqrt{7}}=3\sqrt{10}+3\sqrt{7}$

④ $\frac{\sqrt{3}}{2-\sqrt{3}}=2\sqrt{3}+3$

⑤ $\frac{\sqrt{2}}{\sqrt{5}+\sqrt{3}}=\frac{\sqrt{10}-\sqrt{6}}{2}$

» 닮은꼴 문제

3-1

$\frac{\sqrt{3}}{\sqrt{6}-\sqrt{2}}-\frac{\sqrt{3}}{\sqrt{6}+\sqrt{2}}$을 간단히 하면?

① $\frac{\sqrt{6}}{3}$ ② $\frac{\sqrt{6}}{2}$ ③ $\sqrt{2}$

④ $\sqrt{3}$ ⑤ $\sqrt{6}$

3-2

$\frac{\sqrt{3}+\sqrt{2}}{\sqrt{3}-\sqrt{2}}-\frac{\sqrt{3}-\sqrt{2}}{\sqrt{3}+\sqrt{2}}$을 간단히 하면?

① 1 ② $2\sqrt{6}$ ③ $4\sqrt{6}$

④ 10 ⑤ $10+4\sqrt{6}$

유형 4 복잡한 식의 전개 (1)

$(2x+3y-1)(2x+5y-1)$를 전개하면?

① $4x^2+4x-1-16xy+8y-15y^2$

② $4x^2+4x+1-16xy-8y-15y^2$

③ $4x^2+4x+1+16xy+8y+15y^2$

④ $4x^2-4x+1+16xy-8y+15y^2$

⑤ $4x^2-4x-1-16xy-8y-15y^2$

» 닮은꼴 문제

4-1

$(-4+2x-3y)(4+2x-3y)$의 전개식에서 xy의 계수를 a, 상수항을 b라 할 때, $b-a$의 값을 구하여라.

4-2

다음 식을 전개하여 간단히 하여라.

$$(2x-y-3)^2-(2x+1-y)(2x-1-y)$$

유형·5 복잡한 식의 전개 (2)

$A=x^2-3x$라 할 때, $x(x-1)(x-2)(x-3)$을 A를 사용한 식으로 나타내면?

① $(A-2)(A-3)$ ② $(A+3)(A-5)$
③ $A(A-3)$ ④ $A(A+2)$
⑤ $(A-5)^2$

» 닮은꼴 문제

5-1

$(x+1)(x+2)(x+5)(x-2)$의 전개식에서 x^3의 계수를 a, x의 계수를 b라 할 때, $a-b$의 값을 구하여라.

5-2

다음 식을 전개하여 간단히 하여라.

$$(x-2)(x+1)(x-3)(x+6)$$

유형·6 곱셈 공식의 변형 (1)

$x+y=7$, $xy=-2$일 때, $x-y$의 값은?

① $\pm\sqrt{41}$ ② $\pm\sqrt{43}$ ③ $\pm\sqrt{53}$
④ $\pm\sqrt{57}$ ⑤ $\pm\sqrt{65}$

» 닮은꼴 문제

6-1

$x-y=3$, $xy=4$일 때, $x^2-5xy+y^2$의 값은?

① -3 ② -1 ③ 1
④ 3 ⑤ 5

6-2

$a+b=6$, $a^2+b^2=20$일 때, $\frac{b}{a}+\frac{a}{b}$의 값을 구하여라.

유형 · 7 곱셈 공식의 변형 (2)

$a+\frac{1}{a}=2$일 때, $a^2+\frac{1}{a^2}$의 값은?

① 1 ② 2 ③ 3
④ 4 ⑤ 5

» 닮은꼴 문제

7-1

$a-\frac{1}{a}=-4$일 때, $a^2+\frac{1}{a^2}$의 값은?

① 11 ② 14 ③ 18
④ 27 ⑤ 38

7-2

$x^2-5x+1=0$일 때, $x^2+\frac{1}{x^2}$의 값을 구하여라.

유형 · 8 곱셈 공식을 이용하여 식의 값 구하기

$x=\frac{1}{3+2\sqrt{2}}$일 때, x^2-6x+4의 값은?

① -1 ② 0 ③ 1
④ 2 ⑤ 3

» 닮은꼴 문제

8-1

$a=\sqrt{7}+\sqrt{6}$, $b=\sqrt{7}-\sqrt{6}$일 때, a^2+b^2+3ab의 값을 구하여라.

8-2

$f(x)=\frac{1}{\sqrt{x+1}+\sqrt{x}}$일 때,
$f(1)+f(2)+f(3)+f(4)+f(5)+f(6)$의 값은?

① $-3-\sqrt{7}$ ② $-1-\sqrt{7}$ ③ $-1+\sqrt{7}$
④ $2+\sqrt{7}$ ⑤ $3+\sqrt{7}$

단원 • 마무리

01 다음 중 옳지 않은 것은?

① $\left(2a+\frac{1}{4}\right)^2=4a^2+a+\frac{1}{16}$

② $(8a-b)(8a+b)=64a^2-b^2$

③ $(-2+x)(-2-x)=4-x^2$

④ $\left(\frac{1}{2}x-1\right)^2=\frac{1}{4}x^2-2x+1$

⑤ $(-6-2x)(6-2x)=4x^2-36$

02 $(x+m)^2$을 전개한 식이 $x^2-nx+\frac{1}{4}$일 때, 상수 m, n에 대하여 $2m+n$의 값은? (단, $m<0$)

① -2　② -1　③ 0　④ 1　⑤ 2

03 $(4x-a)(4x+a)=bx^2-49$일 때, 상수 a, b에 대하여 $b-a$의 값은? (단, $a>0$)

① 1　② 3　③ 5　④ 7　⑤ 9

04 다음 중 □ 안에 들어갈 수가 가장 작은 것은?

① $(2x+3)^2=4x^2+\square x+9$

② $(3a+4)(3a-4)=9a^2-\square$

③ $(x+5)(x+6)=x^2+\square x+30$

④ $(2a+3)(a-5)=2a^2-\square a-15$

⑤ $(-x+5)(x-5)=-x^2+\square x-25$

05 다음 그림에서 설명하는 곱셈 공식을 이용하여 전개한 것은?

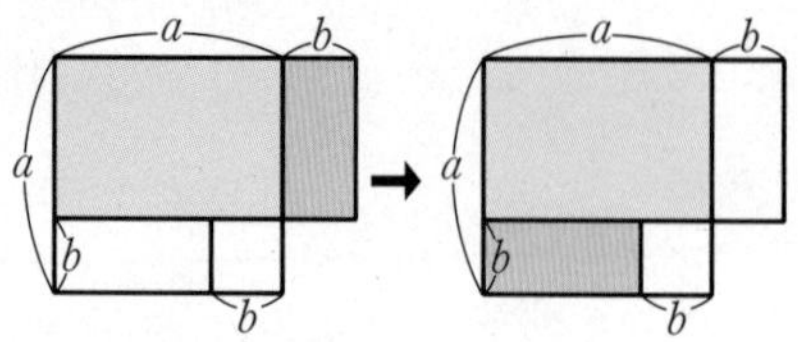

① $(a+5)^2=a^2+10a+25$

② $(3x-2)^2=9x^2-12x+4$

③ $(a+5)(a-5)=a^2-25$

④ $(x+2)(x+7)=x^2+9x+14$

⑤ $(2x+3)(4x+5)=8x^2+22x+15$

06 $(Ax+3)(x+B)=2x^2+Cx-12$일 때, 상수 A, B, C에 대하여 $A+B+C$의 값은?

① 9　② 7　③ 1　④ -1　⑤ -7

07 오른쪽 그림과 같은 집 모양의 그림에서 두 창문의 크기는 같다. 이때 지붕과 창문을 제외한 부분의 넓이는?

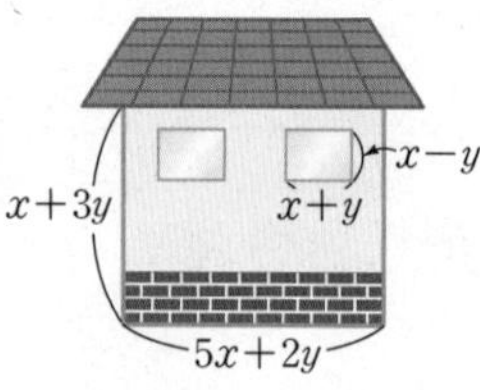

① $x^2+17xy+y^2$　② $x^2+17xy+8y^2$

③ $2x^2-xy+8y^2$　④ $3x^2+xy-8y^2$

⑤ $3x^2+17xy+8y^2$

08 다음 식을 바르게 전개한 것은?

$$(x+4)(x+1)+(2x-3)(-4x+5)$$

① $9x^2-2x-11$　② $9x^2+27x+19$　③ $-7x^2-17x+19$　④ $-7x^2-17x-11$　⑤ $-7x^2+27x-11$

09 $(5-1)(5+1)(5^2+1)(5^4+1)=5^m-n$일 때, $m-n$의 값은? (단, n은 한 자리의 자연수이다.)

① 6　② 7　③ 8　④ 9　⑤ 10

10 곱셈 공식을 이용하여 다음 식의 값을 구하여라.

$$201^2-196\times204$$

11 $\frac{\sqrt{6}}{5+2\sqrt{6}}+\frac{5+2\sqrt{6}}{5-2\sqrt{6}}=a+b\sqrt{6}$을 만족하는 유리수 a, b에 대하여 $a+b$의 값은?

① 56　② 58　③ 60　④ 62　⑤ 64

12 $ab=5$일 때, $(a+b)^2-(a-b)^2$의 값은?

① 10　② -10　③ 20　④ -20　⑤ 50

13 $x^2+2x-1=0$일 때, $x^2+\frac{1}{x^2}$의 값은?

① 3　② 4　③ 5　④ 6　⑤ 7

14 $a=\frac{2}{4-\sqrt{14}}$, $b=\frac{2}{4+\sqrt{14}}$일 때, $a^2+5ab+b^2$의 값은?

① 58　② 66　③ 70　④ $58+16\sqrt{14}$　⑤ $70+16\sqrt{14}$

15 자연수 a, b에 대하여 오른쪽 그림의 직사각형의 넓이가 $x^2+12x+A$일 때, 다음 중 A의 값이 될 수 <u>없는</u> 것은?

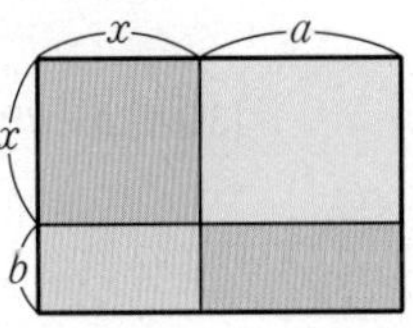

① 11　② 20　③ 27　④ 30　⑤ 32

서술형 꽉 잡기

주어진 단계에 따라 쓰는 유형

16 $(2+1)(2^2+1)(2^4+1)(2^8+1)$을 간단히 하면 2^p+q일 때, 상수 p, q에 대하여 $p-q$의 값을 구하여라. (단, q는 한 자리의 정수이다.)

· 생각해 보자 ·
구하는 것은? 상수 p, q에 대하여 $p-q$의 값
주어진 것은? $(2+1)(2^2+1)(2^4+1)(2^8+1)=2^p+q$

> 풀이

[1단계] 등식을 만들어 양변에 $(2-1)$ 곱하기 $(30\ \%)$

[2단계] 2^p+q의 꼴로 나타내기 $(50\ \%)$

[3단계] $p-q$의 값 구하기 $(20\ \%)$

> 답

풀이 과정을 자세히 쓰는 유형

17 은지는 $(4x+3)(3x-7)$을 전개하는데 $3x$의 3을 a로 잘못 보고 전개하여 $4x^2+bx-21$을 얻었다. 이때 상수 a, b에 대하여 $a+b$의 값을 구하여라.

> 풀이

> 답

18 $x+\dfrac{1}{x}=3$일 때, $x^4+\dfrac{1}{x^4}$의 값을 구하여라.

> 풀이

> 답

Ⅱ. 인수분해와 이차방정식

2. 인수분해

17 ✦ 인수분해의 뜻

개념 1 인수분해의 뜻

(1) 인수: 하나의 다항식을 두 개 이상의 다항식의 곱으로 나타낼 때, 각각의 식을 처음 식의 인수라고 한다.

(2) 인수분해: 하나의 다항식을 두 개 이상의 인수의 곱으로 나타내는 것
(인수분해: 전개의 반대 과정)

✦ 모든 다항식에서 1과 자기 자신은 그 다항식의 인수이다.

$$x^2+3x+2 \underset{\text{전개}}{\overset{\text{인수분해}}{\rightleftarrows}} (x+1)(x+2)$$

(x^2+3x+2: 합의 모양, $(x+1)(x+2)$: 곱의 모양)

인수: 1, $x+1$, $x+2$, $(x+1)(x+2)$ (1과 자기 자신도 인수이다)

✦ 전개
다항식의 곱을 괄호를 풀어서 하나의 다항식으로 나타내는 것

풍쌤의 point 인수분해는 더 이상 인수분해되지 않을 때까지 해야 해.

✦ 예제 1 ✦

다음 식은 어떤 다항식을 인수분해한 것인지 구하여라.

(1) $x(x+1)$ (2) $(x-1)(x+3)$

› 답 (1) x^2+x (2) x^2+2x-3

✦ 확인 1 ✦

다음 식은 어떤 다항식을 인수분해한 것인지 구하여라.

(1) $2a(a-b)$ (2) $(2a+1)(a-b)$

✦ 예제 2 ✦

다음 다항식의 인수를 모두 구하여라.

(1) $a(a+1)$ (2) $(x+y)(x-y)$

› 답 (1) 1, a, $a+1$, $a(a+1)$
(2) 1, $x+y$, $x-y$, $(x+y)(x-y)$

✦ 확인 2 ✦

다음 다항식의 인수를 모두 구하여라.

(1) $(a-2)(a+3)$ (2) $(x-4)^2$

개념 2 공통인수를 이용한 인수분해

(1) 공통인수: 다항식의 각 항에 공통으로 들어 있는 인수

(2) 공통인수를 이용한 인수분해: 다항식에 공통인수가 있을 때는 분배법칙을 이용하여 공통인수를 묶어 내어 인수분해한다.

$$ma+mb=m(a+b)$$
(m: 공통인수)

예 $a^2b+ab^2=ab\times a+ab\times b=ab(a+b)$ (ab: 공통인수)

✦ 인수분해할 때는 공통인수가 남지 않도록 모두 묶어 낸다.

✦ 예제 3 ✦

다음 식을 인수분해하여라.

(1) $xz+2yz$ (2) $3x^3-6x^2$

› 답 (1) $z(x+2y)$ (2) $3x^2(x-2)$

✦ 확인 3 ✦

다음 식을 인수분해하여라.

(1) y^2+3y (2) $6x^2y-9xy^2$

개념 · check

정답과 해설 19쪽 | 워크북 31쪽

01 다음 〈보기〉 중 다항식 $xy(x-y-1)$의 인수를 모두 골라라.

→ 개념1 인수분해의 뜻

보기

ㄱ. 1	ㄴ. y	ㄷ. x^2y
ㄹ. $x-y$	ㅁ. $x-y-1$	ㅂ. $x(x-y-1)$

02 다음 〈보기〉 중 다항식 $x(x+y)(x-2y)$의 인수가 아닌 것을 모두 골라라.

→ 개념1 인수분해의 뜻

보기

ㄱ. x	ㄴ. $x+y$	ㄷ. xy
ㄹ. $x-2y$	ㅁ. $y(x-2y)$	ㅂ. $x(x-y)$

03 다음 식을 인수분해하여라.

→ 개념2 공통인수를 이용한 인수분해

(1) $4ab-6a^2b-3ac$

(2) $3x^2y+6xy-9xy^2$

(3) $xy(x+y)-xy$

04 다음 식을 인수분해하여라.

→ 개념2 공통인수를 이용한 인수분해

(1) $a^2b+a^2c-ab^2$

(2) $5y^2z-10yz+15yz^2$

(3) $(a+b)c-2c$

18 · 인수분해 공식 (1)

개념 1 완전제곱식을 이용한 인수분해 공식

(1) 완전제곱식: 다항식의 제곱으로 된 식 또는 이 식에 상수를 곱한 식

예 $(a+b)^2$, $(x+2)^2$, $2(x-y)^2$

(2) 완전제곱식을 이용한 인수분해

① $a^2+2ab+b^2=(a+b)^2$

예 $x^2+2x+1=x^2+2\times1\times x+1^2=(x+1)^2$

② $a^2-2ab+b^2=(a-b)^2$

예 $x^2-6x+9=x^2-2\times3\times x+3^2=(x-3)^2$

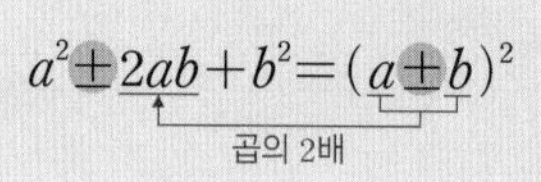

◆ 완전제곱식이 될 조건

x의 계수의 $\frac{1}{2}$

$x^2+10x+25=(x+5)^2$

x^2 5^2 ← 제곱 꼴

→ (상수항)$=\left(\frac{\text{일차항의 계수}}{2}\right)^2$

◆ 예제 1 ◆

다음 식을 인수분해하여라.

(1) x^2+4x+4 (2) $9x^2-6x+1$

> 풀이 (1) $x^2+4x+4=x^2+2\times x\times2+2^2=(x+2)^2$
> (2) $9x^2-6x+1=(3x)^2-2\times3x\times1+1^2=(3x-1)^2$

> 답 (1) $(x+2)^2$ (2) $(3x-1)^2$

◆ 확인 1 ◆

다음 식을 인수분해하여라.

(1) $y^2-8y+16$ (2) $5x^2+10x+5$

◆ 예제 2 ◆

다음 식이 완전제곱식이 되도록 □ 안에 알맞은 수를 써넣어라.

(1) x^2+10x+□ (2) x^2-8x+□

> 풀이 (1) □$=\left(10\times\frac{1}{2}\right)^2=25$ (2) □$=\left(-8\times\frac{1}{2}\right)^2=16$

> 답 (1) 25 (2) 16

◆ 확인 2 ◆

다음 식이 완전제곱식이 되도록 □ 안에 알맞은 수를 써넣어라.

(1) x^2+14x+□ (2) x^2-3x+□

개념 2 합과 차의 곱을 이용한 인수분해 공식

두 식의 제곱의 차, 즉 a^2-b^2의 꼴인 다항식은 두 식의 합과 차의 곱의 꼴로 나타낸다.

→ $a^2-b^2=(a+b)(a-b)$
제곱의 차 합 차

예 $x^2-4=x^2-2^2=(x+2)(x-2)$

◆ 특별한 조건이 없으면 다항식의 인수분해는 유리수의 범위에서 더 이상 인수분해할 수 없을 때까지 계속한다.

◆ 예제 3 ◆

다음 식을 인수분해하여라.

(1) x^2-25 (2) $-a^2+81b^2$

> 풀이 (1) $x^2-25=x^2-5^2=(x+5)(x-5)$
> (2) $-a^2+81b^2=(9b)^2-a^2=(9b+a)(9b-a)$

> 답 (1) $(x+5)(x-5)$ (2) $(9b+a)(9b-a)$

◆ 확인 3 ◆

다음 식을 인수분해하여라.

(1) $4-9x^2$ (2) $5x^2-80y^2$

개념 ◆ check

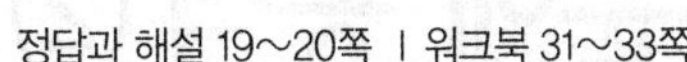
정답과 해설 19~20쪽 | 워크북 31~33쪽

01 다음 식을 인수분해하여라.

(1) $16x^2+8x+1$　　(2) $4x^2-36xy+81y^2$

(3) $4a^2+4a+1$　　(4) $3a^2-18a+27$

→ 개념1
완전제곱식을 이용한
인수분해 공식

02 다음 식을 인수분해하여라.

(1) $a^2+ab+\frac{1}{4}b^2$　　(2) $16a^2-4a+\frac{1}{4}$

(3) $\frac{1}{4}x^2+3xy+9y^2$　　(4) $x^2-\frac{1}{2}x+\frac{1}{16}$

→ 개념1
완전제곱식을 이용한
인수분해 공식

03 다음 식이 완전제곱식이 되도록 □ 안에 알맞은 것을 써넣어라.

(1) $a^2+\square+16$　　(2) $4x^2+\square+9y^2$

(3) $x^2+\square+\frac{1}{9}$　　(4) $\frac{1}{4}a^2+\square+\frac{1}{9}b^2$

→ 개념1
완전제곱식을 이용한
인수분해 공식

04 다음 식을 인수분해하여라.

(1) $81x^2-9y^2$　　(2) $4a^2-100b^2$

(3) $-\frac{1}{9}x^2+\frac{1}{4}y^2$　　(4) $-\frac{9}{25}x^2+1$

→ 개념2
합과 차의 곱을 이용한
인수분해 공식

19 ◆ 인수분해 공식 (2)

개념 1 이차항의 계수가 1인 이차식의 인수분해 공식

$x^2+(a+b)x+ab$의 인수분해 방법은 다음과 같다.

① 곱해서 상수항이 되는 두 수를 모두 찾는다.

② ①에서 찾은 두 수 중 더해서 x의 계수가 되는 두 수 a, b를 찾는다.

③ $(x+a)(x+b)$의 꼴로 나타낸다.

> ◆ $x^2+(\underset{합}{\underline{a+b}})x+\underset{곱}{\underline{ab}}$
> ⇨ $(x+a)(x+b)$

예 x^2+5x+6의 인수분해

① 곱하여 6이 되는 두 수는 1, 6 또는 -1, -6 또는 2, 3 또는 -2, -3

② 이 중 더해서 5가 되는 두 수는 2, 3

③ $x^2+5x=6=(x+2)(x+3)$

◆ 예제 1 ◆

다음 식을 인수분해하여라.

(1) x^2+3x+2 (2) $x^2-7x+10$

› 풀이 (1) 합이 3, 곱이 2인 두 수는 1과 2이므로

$x^2+3x+2=(x+1)(x+2)$

(2) 합이 -7, 곱이 10인 두 수는 -2와 -5이므로

$x^2-7x+10=(x-2)(x-5)$

› 답 (1) $(x+1)(x+2)$ (2) $(x-2)(x-5)$

◆ 확인 1 ◆

다음 식을 인수분해하여라.

(1) x^2+4x+3 (2) $x^2-8x+12$

개념 2 이차항의 계수가 1이 아닌 이차식의 인수분해 공식

$acx^2+(ad+bc)x+bd$의 인수분해 방법은 다음과 같다.

① 곱해서 x^2의 계수가 되는 두 수 a, c를 세로로 나열한다.

② 곱해서 상수항이 되는 두 수 b, d를 세로로 나열한다.

③ ①, ②의 수를 대각선으로 곱하여 합한 것이 x의 계수가 되는 것을 찾는다.

④ $(ax+b)(cx+d)$의 꼴로 나타낸다.

> ① ②
> a ╳ b ⟶ bc
> c ╳ d ⟶ ad (+
> $ad+bc$
> ③

예 $3x^2+x-2$의 인수분해

1 ╳ 1 ⟶ 3
3 ╳ -2 ⟶ -2 (+
x의 계수 ⟶ 1

$\therefore 3x^2+x-2=(x+1)(3x-2)$

◆ 예제 2 ◆

다음 □ 안에 알맞은 수를 써넣고, 주어진 식을 인수분해하여라.

$2x^2+5x+3$

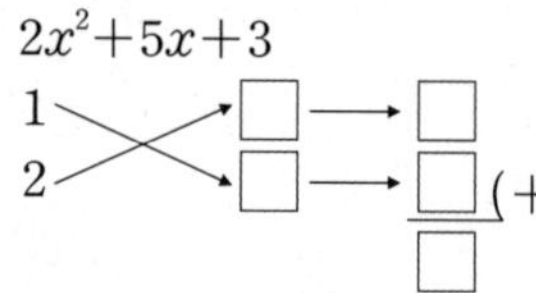

› 답 위에서부터 1, 2, 3, 3, 5, $(x+1)(2x+3)$

◆ 확인 2 ◆

다음 □ 안에 알맞은 수를 써넣고, 주어진 식을 인수분해하여라.

$3x^2-7x+2$

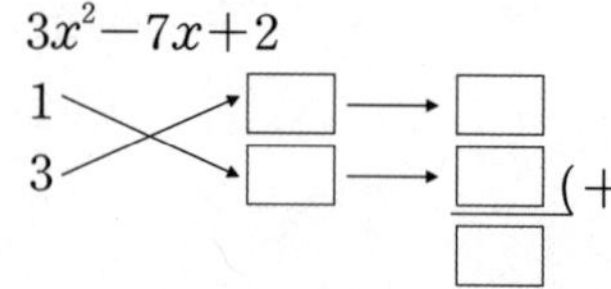

개념 · check

정답과 해설 20~21쪽 | 워크북 33~35쪽

01 다음 식을 인수분해하여라.

(1) x^2+x-2 (2) x^2+2x-3

(3) $x^2-3x-10$ (4) $x^2-4x-12$

→ 개념1
이차항의 계수가 1인 이차식의 인수분해 공식

02 다음 식을 인수분해하여라.

(1) $x^2+5xy+6y^2$ (2) $x^2-7xy+6y^2$

(3) $x^2+xy-6y^2$ (4) $x^2-5xy-6y^2$

→ 개념1
이차항의 계수가 1인 이차식의 인수분해 공식

03 다음 식을 인수분해하여라.

(1) $2x^2+x-1$ (2) $3x^2+2x-1$

(3) $3x^2-x-2$ (4) $4x^2-4x-3$

→ 개념2
이차항의 계수가 1이 아닌 이차식의 인수분해 공식

04 다음 식을 인수분해하여라.

(1) $4x^2+8xy+3y^2$ (2) $6x^2-13xy+6y^2$

(3) $12x^2+4xy-y^2$ (4) $8x^2-2xy-3y^2$

→ 개념2
이차항의 계수가 1이 아닌 이차식의 인수분해 공식

유형 · check

정답과 해설 21~22쪽 | 워크북 31~35쪽

유형 · 1 완전제곱식을 이용한 인수분해 공식

다음 중 인수분해가 잘못된 것은?

① $a^2+12a+36=(a+6)^2$

② $\frac{1}{9}x^2-\frac{2}{3}x+1=\left(\frac{1}{3}x-1\right)^2$

③ $\frac{9}{16}y^2+2y+\frac{16}{9}=\left(\frac{3}{4}y+\frac{4}{3}\right)^2$

④ $4x^2-12xy+9y^2=(2x-3y)^2$

⑤ $16a^2-16ab+4b^2=(4a-b)^2$

» 닮은꼴 문제

1-1

다음 중 완전제곱식으로 인수분해할 수 없는 것은?

① $x^2+18x+81$　② $x^2-\frac{1}{4}x+\frac{1}{64}$

③ $6+12y+6y^2$　④ $2x^2-12x+18$

⑤ $16x^2-12xy+9y^2$

1-2

다음 등식을 만족하는 상수 a, b에 대하여 $a-b$의 값을 구하여라. (단, $a>0$)

$$3x(3x-10)+25=(ax+b)^2$$

유형 · 2 완전제곱식이 될 조건

다항식 $4x^2+12x+a$가 $(bx+c)^2$으로 인수분해될 때, 양수 a, b, c의 합 $a+b+c$의 값은?

① 10　② 11　③ 12

④ 13　⑤ 14

» 닮은꼴 문제

2-1

다음 두 다항식이 모두 완전제곱식이 되도록 하는 양수 a, b의 합 $a+b$의 값을 구하여라.

$$9x^2+24x+a,\ x^2-bx+49$$

2-2

$(x-4)(x-8)+a$가 완전제곱식으로 인수분해될 때, 상수 a의 값은?

① 1　② 2　③ 4

④ 8　⑤ 16

유형 3 근호 안이 완전제곱식으로 인수분해되는 식

$-2<x<2$일 때, $\sqrt{x^2+4x+4}+\sqrt{x^2-4x+4}$를 간단히 하면?

① -4 ② 4 ③ $2x-4$
④ $2x$ ⑤ $2x+4$

» 닮은꼴 문제

3-1

$3<x<4$일 때, $\sqrt{x^2-6x+9}+\sqrt{x^2-8x+16}$의 값은?

① 0 ② 1 ③ 2
④ 3 ⑤ 4

3-2

$0<a<b$일 때, $\sqrt{a^2-2ab+b^2}-\sqrt{a^2+2ab+b^2}$의 값을 구하여라.

유형 4 합과 차의 곱을 이용한 인수분해 공식

다음 중 인수분해가 바르게 된 것은?

① $9a^2-b^2=(9a+b)(9a-b)$
② $16x^2-9=(4x+9)(4x-9)$
③ $-4x^2+y^2=(2x+y)(2x-y)$
④ $3x^2-12=3(x+2)(x-2)$
⑤ $\frac{1}{9}a^2-\frac{1}{4}=\left(\frac{1}{3}a-\frac{1}{2}\right)^2$

» 닮은꼴 문제

4-1

다음 식을 인수분해하여라.

$$(a+b)^2-(a-b)^2$$

4-2

다음 중 x^8-1의 인수가 아닌 것은?

① x^4+1 ② x^2+1 ③ x^2
④ $x+1$ ⑤ $x-1$

유형 5 이차항의 계수가 1인 이차식의 인수분해 공식 » 닮은꼴 문제

두 다항식 x^2+2x-8과 $x^2-3x-18$을 각각 인수분해하였을 때, 다음 중 나오지 않는 인수는?

① $x-6$ ② $x-4$ ③ $x-2$
④ $x+3$ ⑤ $x+4$

5-1

다항식 $(x+3)(x-4)-3x$는 일차항의 계수가 1인 두 일차식의 곱으로 인수분해된다. 이 두 일차식의 합을 구하여라.

5-2

다항식 $x^2+Ax+12$가 $(x+a)(x+b)$로 인수분해될 때, 다음 중 상수 A의 값이 될 수 없는 것은?

(단, $a<b$인 정수)

① -13 ② -7 ③ 4
④ 8 ⑤ 13

유형 6 이차항의 계수가 1이 아닌 이차식의 인수분해 공식 » 닮은꼴 문제

다항식 $2x^2-5xy+2y^2$이 두 일차식의 곱으로 인수분해될 때, 이 두 일차식의 합은?

① $x-3y$ ② $x+3y$ ③ $3x-3y$
④ $3x+y$ ⑤ $3x+3y$

6-1

다항식 $2x^2+x-21$을 인수분해하면 $(x+a)(2x+b)$일 때, 정수 a, b에 대하여 $b-a$의 값을 구하여라.

6-2

다항식 $60x^3+16x^2-12x$를 인수분해하면?

① $2x(5x+1)(6x-5)$ ② $2x(5x-1)(6x+5)$
③ $4x(5x+3)(3x-1)$ ④ $4x(5x-3)(3x+1)$
⑤ $6x(5x+2)(2x-3)$

유형 7 인수분해 공식의 종합

다음 중 □ 안에 알맞은 수가 다른 하나는?

① $9x^2-12x+4=(\square x-2)^2$

② $x^2-\square x-28=(x+4)(x-7)$

③ $9x^2-25=(\square x+5)(3x-5)$

④ $3x^2+x-2=(x+1)(\square x-2)$

⑤ $25x^2+30x+\square=(5x+3)^2$

» 닮은꼴 문제

7-1

다음 다항식 중 $x+2$를 인수로 갖지 않는 것은?

① x^2+2x　② x^2+4x+4

③ x^2-4　④ x^2+2x-8

⑤ $2x^2-x-10$

7-2

다음 등식을 만족하는 상수 a, b, c, d의 합 $a+b+c+d$의 값을 구하여라.

$$4x^2+20xy+25y^2=(2x+ay)^2$$
$$25x^2-49y^2=(5x+7y)(5x+by)$$
$$x^2+6xy-16y^2=(x+cy)(x+8y)$$
$$12x^2+13xy-4y^2=(3x+4y)(4x+dy)$$

유형 8 일차식의 인수가 주어지는 경우

다항식 x^2-x+a가 $(x+5)(x+b)$로 인수분해될 때, 상수 a, b의 합 $a+b$의 값은?

① -36　② -32　③ -28

④ -24　⑤ -20

» 닮은꼴 문제

8-1

다항식 $6x^2+5x-a$가 $2x-1$을 인수로 가질 때, 이 다항식의 다른 한 인수는? (단, a는 상수)

① $x+4$　② $3x-4$　③ $3x-1$

④ $3x+1$　⑤ $3x+4$

8-2

$x+2$가 두 다항식 $x^2+ax-10$, $2x^2-x+b$의 공통인수일 때, 상수 a, b의 곱 ab의 값을 구하여라.

20 · 복잡한 식의 인수분해

개념 1 복잡한 식의 인수분해

(1) 공통인수가 있는 식의 인수분해

각 항의 공통인수로 묶어낸 후 인수분해 공식을 이용한다.

예 $a(b^2-1)+c(b^2-1)=(b^2-1)(a+c)=(a+c)(b+1)(b-1)$

공통인수

(2) 치환을 이용한 인수분해

공통부분을 한 문자로 치환하여 인수분해한다.

예 $(x+y)^2+2(x+y)+1=A^2+2A+1=(A+1)^2=(x+y+1)^2$

A로 치환 / 원래 식 대입

· 치환하여 인수분해한 후 반드시 치환한 문자에 원래의 식을 대입하여야 한다.

(3) 항이 4개인 식의 인수분해

항이 여러 개이면 적당한 항끼리 묶어서 인수분해한다.

① (항 2개)+(항 2개)로 묶기: 공통부분이 생기도록 두 항씩 묶어 인수분해한다.

예 $xy+x+y+1=x(y+1)+y+1=(x+1)(y+1)$

공통부분

② (항 3개)+(항 1개)로 묶기: 항 3개를 완전제곱식으로 인수분해한 후 $A^2-B^2=(A+B)(A-B)$를 이용한다.

예 $x^2-2x+1-y^2=(x^2-2x+1)-y^2=(x-1)^2-y^2=(x+y-1)(x-y-1)$

· 예제 1 ·

다음 식을 인수분해하여라.

$$(a+1)(a-3)+5(a-3)$$

> 풀이 $(a+1)(a-3)+5(a-3)=(a-3)(a+1+5)$
$=(a-3)(a+6)$

> 답 $(a-3)(a+6)$

· 확인 1 ·

다음 식을 인수분해하여라.

$$x^2(x+2)-(x+2)$$

· 예제 2 ·

다음 식을 인수분해하여라.

$$(x+y)^2-4(x+y)+4$$

> 풀이 $x+y=A$로 치환하면
$(x+y)^2-4(x+y)+4=A^2-4A+4$
$=(A-2)^2$
$=(x+y-2)^2$

> 답 $(x+y-2)^2$

· 확인 2 ·

다음 식을 인수분해하여라.

$$(x-y)^2+3(x-y)+2$$

개념 ◆ check

정답과 해설 22쪽 | 워크북 36~37쪽

01 다음 식을 인수분해하여라.

(1) $(x+1)y^2-9(x+1)$

(2) $x^3y-6x^2y^2+9xy^3$

(3) $(x^2+2)^2-3(x^2+2)$

→ 개념1
복잡한 식의 인수분해

02 다음 식을 인수분해하여라.

(1) $2(x-y)^2+13(x-y)+6$

(2) $(x+y)(x+y-4)+3$

(3) $(2x+1)^2-(y-1)^2$

(4) $(x+3)^2+(x+3)(y-2)-2(y-2)^2$

→ 개념1
복잡한 식의 인수분해

03 다음 〈보기〉 중 다항식 $(x+2y)^2-(y-z)^2$의 인수인 것을 모두 골라라.

보기

ㄱ. $x-y+z$　　ㄴ. $x+y-z$　　ㄷ. $x+y+z$

ㄹ. $x+3y-z$　　ㅁ. $x+3y+z$　　ㅂ. $x-3y-z$

→ 개념1
복잡한 식의 인수분해

04 다음 식을 인수분해하여라.

(1) x^2-y^2-x+y

(2) $x^2+4x+4-y^2$

(3) x^3-x^2y-x+y

(4) $a^2-b^2-c^2+2bc$

→ 개념1
복잡한 식의 인수분해

21 · 인수분해 공식의 활용

개념 1 인수분해 공식을 이용한 수의 계산

인수분해 공식을 이용할 수 있도록 수의 모양을 바꾸어 계산한다.

(1) 공통인수로 묶어내기 ➡ $ma+mb=m(a+b)$를 이용

예 $37\times23+37\times77=37(23+77)=37\times100=3700$

(2) 완전제곱식 이용하기

➡ $a^2+2ab+b^2=(a+b)^2$, $a^2-2ab+b^2=(a-b)^2$을 이용

예 $19^2+2\times19\times1+1^2=(19+1)^2=20^2=400$

(3) 제곱의 차 이용하기 ➡ $a^2-b^2=(a+b)(a-b)$를 이용

예 $53^2-47^2=(53+47)(53-47)=100\times6=600$

· 예제 1 ·

인수분해 공식을 이용하여 다음을 계산하여라.

(1) $30\times49-30\times44$

(2) 99^2-1

> 풀이 (1) $30\times49-30\times44=30(49-44)$
$=30\times5=150$

(2) $99^2-1=(99+1)(99-1)$
$=100\times98=9800$

> 답 (1) 150 (2) 9800

· 확인 1 ·

인수분해 공식을 이용하여 다음을 계산하여라.

(1) $1.75^2-0.25^2$

(2) $26^2-2\times26\times24+24^2$

개념 2 인수분해 공식을 이용한 식의 값

(1) 문자의 값이 주어진 경우

➡ 주어진 식을 인수분해한 후, 문자의 값을 대입한다.

예 $x=97$일 때, x^2+6x+9의 값은

$x^2+6x+9=(x+3)^2=(97+3)^2=100^2=10000$

(2) 두 문자의 합, 차, 곱 등의 값이 주어진 경우

➡ 주어진 두 문자의 합, 차, 곱 등의 형태가 나올 때까지 인수분해한 후, 그 값을 대입한다.

예 $a+b=4$, $ab=3$일 때, a^2b+ab^2의 값은

$a^2b+ab^2=ab(a+b)=3\times4=12$

· 예제 2 ·

$x=198$일 때, x^2+4x+4의 값을 구하여라.

> 풀이 $x^2+4x+4=(x+2)^2$
$=(198+2)^2$
$=200^2=40000$

> 답 40000

· 확인 2 ·

$x+y=3$, $x-y=7$일 때, x^2-y^2의 값을 구하여라.

개념 ✦ check

정답과 해설 23쪽 | 워크북 37~38쪽

01 다음 중 $104^2-2\times104\times4+4^2=100^2$임을 설명하는 데 가장 적당한 인수분해 공식은?

① $ma+mb=m(a+b)$
② $a^2-2ab+b^2=(a-b)^2$
③ $a^2-b^2=(a+b)(a-b)$
④ $x^2+(a+b)x+ab=(x+a)(x+b)$
⑤ $acx^2+(ad+bc)x+bd=(ax+b)(cx+d)$

→ 개념1
인수분해 공식을 이용한 수의 계산

02 인수분해 공식을 이용하여 다음을 계산하여라.

(1) $43\times28-43\times26$
(2) $\sqrt{52^2-48^2}$
(3) $38^2+4\times38+4$

→ 개념1
인수분해 공식을 이용한 수의 계산

03 다음 식의 값을 구하여라.

(1) $x=12.5$, $y=2.5$일 때, x^2-y^2
(2) $x=2+\sqrt{3}$, $y=2-\sqrt{3}$일 때, $x^2-2xy+y^2$

→ 개념2
인수분해 공식을 이용한 식의 값

04 다음 식의 값을 구하여라.

(1) $x+y=\sqrt{3}$, $x-y=\sqrt{2}$일 때, $x^2-y^2+2x-2y$
(2) $x+y=3\sqrt{3}$, $xy=3$일 때, $x^3y+2x^2y^2+xy^3$

→ 개념2
인수분해 공식을 이용한 식의 값

유형 • check

정답과 해설 23~24쪽 | 워크북 36~38쪽

유형 • 1 치환을 이용한 인수분해 (1)

$(x-3y)^2-2x+6y-3$을 인수분해하면 $(x+ay+1)(x+by+c)$일 때, 상수 a, b, c의 합 $a+b+c$의 값은?

① -9 ② -5 ③ -3
④ 0 ⑤ 2

» 닮은꼴 문제

1-1

$(a+2b)(a+2b-7)+10$을 인수분해하면 a의 계수가 1인 두 일차식의 곱으로 나타내어질 때, 이 두 일차식의 합을 구하여라.

1-2

다음 식을 인수분해하여라.

$$(x-3)^2-2(x-3)(x+3)-8(x+3)^2$$

유형 • 2 치환을 이용한 인수분해 (2)

$(x+1)(x+2)(x-3)(x-4)+6$을 인수분해하면?

① $(x^2-2x+5)(x^2+2x-6)$
② $(x^2-2x-5)(x^2-2x-6)$
③ $(x^2-2x-5)(x^2+2x+6)$
④ $(x^2+2x-5)(x^2+2x+6)$
⑤ $(x^2+2x-5)(x^2+2x-6)$

» 닮은꼴 문제

2-1

다음 중 다항식 $x(x+1)(x+2)(x+3)-8$의 인수인 것을 모두 고르면? (정답 2개)

① x^2+3x-2 ② x^2-3x-2 ③ x^2+3x-4
④ x^2-3x+4 ⑤ x^2+3x+4

2-2

다음 식을 인수분해하여라.

$$(x+1)(x-2)(x+3)(x-4)+25$$

유형 3 항이 4개인 식의 인수분해 (1)

다음 〈보기〉 중 x^3+x^2-4x-4의 인수인 것만을 모두 고른 것은?

보기

ㄱ. $x+1$	ㄴ. $x-1$	ㄷ. $x+2$
ㄹ. $x-2$	ㅁ. $x+4$	ㅂ. $x-4$

① ㄱ, ㄴ, ㄷ ② ㄱ, ㄷ, ㄹ
③ ㄴ, ㄷ, ㄹ ④ ㄴ, ㄹ, ㅁ
⑤ ㄷ, ㄹ, ㅂ

» 닮은꼴 문제

3-1

다항식 $x^2+6x-6y-y^2$을 인수분해하면 $(x+ay)(x+by+c)$가 된다고 한다. 이때 상수 a, b, c의 합 $a+b+c$의 값을 구하여라.

3-2

다항식 $a^3+4a^2-9a-36$이 세 일차식의 곱으로 인수분해될 때, 세 일차식의 합을 구하여라.

유형 4 항이 4개인 식의 인수분해 (2)

다항식 $4x^2-4xy+y^2-9z^2$을 인수분해하면?

① $(2x+y+3z)(2x+y-3z)$
② $(2x+y+3z)(2x-y+3z)$
③ $(2x-y+3z)(2x+y-3z)$
④ $(2x-y+3z)(2x-y-3z)$
⑤ $(2x+y-3z)(2x-y-3z)$

» 닮은꼴 문제

4-1

다항식 $x^2y^2-4z^2-12xy+36$을 인수분해하면 $(xy+az+b)(xy-2z+c)$가 된다고 한다. 이때 상수 a, b, c의 합 $a+b+c$의 값을 구하여라.

4-2

다음 중 두 다항식의 공통인수인 것은?

$$x^2-y^2+2x+1,\ 2(x+1)^2+(x+1)y-y^2$$

① $x-1$ ② $x+1$ ③ $x-y+1$
④ $x-y$ ⑤ $x+y+1$

유형 5 항이 5개 이상인 식의 인수분해

다항식 $a^2-ab+a+2b-6$을 인수분해하면?

① $(a+2)(a-b+3)$
② $(a+2)(a-b-3)$
③ $(a-2)(a+b+3)$
④ $(a-2)(a-b+3)$
⑤ $(a-2)(a-b-3)$

» 닮은꼴 문제

5-1

다음 중 다항식 $2x^2+xy-7x-3y+3$의 인수인 것은?

① $x-2$ ② $x+3$
③ $2x+y-1$ ④ $2x-y+1$
⑤ $2x-y-1$

5-2

다음 식을 인수분해하여라.

$$x^2-xy-2y^2-4x+5y+3$$

유형 6 인수분해 공식을 이용한 수의 계산

다음 중 $58^2-42^2=100\times16$임을 설명하는 데 가장 적당한 인수분해 공식은?

① $ma+mb=m(a+b)$
② $a^2+2ab+b^2=(a+b)^2$
③ $a^2-2ab+b^2=(a-b)^2$
④ $a^2-b^2=(a+b)(a-b)$
⑤ $x^2+(a+b)x+ab=(x+a)(x+b)$

» 닮은꼴 문제

6-1

$\dfrac{75^2+2\times75\times25+25^2}{75^2-25^2}$의 값은?

① $\dfrac{1}{2}$ ② 1 ③ 2
④ 4 ⑤ 8

6-2

인수분해 공식을 이용하여 다음을 계산하면?

$$1^2-3^2+5^2-7^2+9^2-11^2+13^2-15^2$$

① -128 ② -64 ③ -32
④ 64 ⑤ 128

유형 7 인수분해 공식을 이용한 식의 값

$x=\frac{1}{2-\sqrt{3}}$, $y=1-\sqrt{3}$일 때, $x^2-4xy+4y^2$의 값은?

① 3　② 6　③ 18
④ 24　⑤ 27

» 닮은꼴 문제

7-1

$x^2-4y^2-x-2y=10$, $x+2y=5$일 때, $x-2y$의 값은?

① -3　② -1　③ 1
④ 3　⑤ 6

7-2

$\sqrt{6}$의 소수 부분을 x라 할 때, x^2+4x+4의 값은?

① 4　② 5　③ 6
④ 7　⑤ 8

유형 8 인수분해의 도형에의 활용

오른쪽 그림과 같이 지름의 길이가 $2a+2b$인 원에 지름의 길이가 각각 $2a$, $2b$인 반원을 그렸을 때, 색칠한 부분의 넓이는?

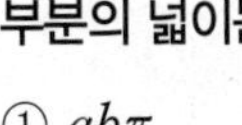

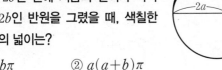

① $ab\pi$　② $a(a+b)\pi$
③ $b(a+b)\pi$　④ $2a(a+b)\pi$
⑤ $2b(a+b)\pi$

» 닮은꼴 문제

8-1

넓이가 $2x^2-3xy-2y^2$인 직사각형의 세로의 길이가 $x-2y$일 때, 이 직사각형의 둘레의 길이는?

① $3x-y$　② $3x-3y$　③ $6x-2y$
④ $6x-6y$　⑤ $6x+2y$

8-2

둘레의 길이의 합이 80 cm이고, 넓이의 차가 80 cm^2인 두 정사각형이 있다. 이 두 정사각형의 둘레의 길이의 차를 구하여라.

단원 마무리

01 다음 중 완전제곱식으로 인수분해되는 것은?

① $a^2-10a-25$ ② a^2-2a+2
③ x^2-81 ④ x^2+3x+9
⑤ $16x^2-8x+1$

02 $4x^2-(m+3)x+9$가 완전제곱식이 될 때, 양수 m의 값은?

① 1 ② 3 ③ 5
④ 7 ⑤ 9

03 다항식 x^2+4x+k가 $x-2$로 나누어떨어질 때, 상수 k의 값은?

① -12 ② -6 ③ 2
④ 6 ⑤ 12

04 다항식 $6x^2+Ax-20$을 인수분해하면 $(2x+4)(Bx-5)$일 때, 상수 A, B의 합 $A+B$의 값은?

① 1 ② 2 ③ 3
④ 4 ⑤ 5

05 두 다항식 $2x^2+5x+a$, $3x^2+bx-15$의 공통인수가 $x+3$일 때, 상수 a, b의 합 $a+b$의 값은?

① 0 ② 1 ③ 3
④ 3 ⑤ 4

06 다항식 x^2+Ax-8을 인수분해하면 $(x+a)(x+b)$일 때, 다음 중 상수 A의 값이 될 수 없는 것은? (단, a, b는 정수)

① -7 ② -2 ③ 1
④ 2 ⑤ 7

07 다음 두 다항식의 1이 아닌 공통인수는?

$$3x^2y-8xy-3y,\ (x-1)^2+6(x-1)-16$$

① $x-5$ ② $x-3$ ③ $x+3$
④ $3x-1$ ⑤ $3x+1$

08 $x^3-2x^2-9x+18$이 x의 계수가 1인 세 일차식의 곱으로 인수분해될 때, 이 세 일차식의 합은?

① $2x+1$ ② $2x-3$ ③ $3x-1$
④ $3x-2$ ⑤ $4x-3$

09 다음 그림에서 두 도형 (가), (나)의 넓이가 같을 때, 도형 (나)의 가로의 길이를 구하여라.

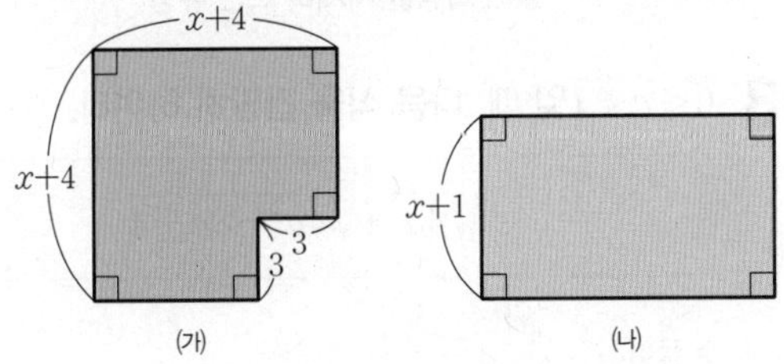

10 넓이가 $x^2y+5x-2xy-10$이고, 가로의 길이가 $x-2$인 직사각형의 둘레의 길이는?

① $xy+x-3$ ② $xy+x+3$
③ $2(xy+x-3)$ ④ $2(xy+x+3)$
⑤ $4(xy+x+3)$

11 두 실수 a, b에 대하여 $a*b=ab-a+b$라 할 때, $(x+y)*(x-y)-1$을 인수분해하면?

① $(x+y+1)^2$
② $(x-y-1)^2$
③ $(x+y-1)(x-y+1)$
④ $(x+y+1)(x-y-1)$
⑤ $(x+y+1)(x-y+1)$

12 $\left(1-\frac{1}{2^2}\right)\left(1-\frac{1}{3^2}\right)\left(1-\frac{1}{4^2}\right)\cdots\left(1-\frac{1}{10^2}\right)$의 값은?

① $\frac{21}{100}$ ② $\frac{7}{20}$ ③ $\frac{37}{100}$
④ $\frac{19}{50}$ ⑤ $\frac{11}{20}$

13 $x=\frac{1}{3+2\sqrt{2}}$, $y=\frac{1}{\sqrt{2}+1}$일 때, $x^2+4xy+4y^2$의 값은?

① 1 ② 2 ③ 3
④ 4 ⑤ 5

14 $a^2-a-4b^2-2b=3$, $a-2b=3$일 때, $a+2b$의 값은?

① $\frac{1}{3}$ ② $\frac{1}{2}$ ③ $\frac{3}{4}$
④ 1 ⑤ $\frac{3}{2}$

15 $\sqrt{5}$의 소수 부분을 a라 할 때, $(a+3)^2-3(a+3)+2$의 값은?

① $5-\sqrt{5}$ ② $\sqrt{5}$ ③ $2\sqrt{5}$
④ $5+\sqrt{5}$ ⑤ $5+2\sqrt{5}$

16 $x=4-2\sqrt{3}$, $y=\sqrt{3}-4$일 때, 다음 식의 값을 구하여라.

$$\frac{x^2+3xy+2y^2+x+2y}{x+y+1}$$

서술형 꽉 잡기

주어진 단계에 따라 쓰는 유형

17 x^2의 계수가 1인 어떤 이차식을 인수분해하는 데 정한이는 x의 계수를 잘못 보아 $(x-2)(x+5)$로 인수분해하였고, 혜경이는 상수항을 잘못 보아 $(x+3)(x-6)$으로 인수분해하였다. 이 이차식을 바르게 인수분해하여라.

• 생각해 보자 •

구하는 것은? 어떤 이차식을 바르게 인수분해하기

주어진 것은? 정한이는 x의 계수를 잘못 보아 $(x-2)(x+5)$로, 혜경이는 상수항을 잘못 보아 $(x+3)(x-6)$으로 인수분해하였다.

> 풀이

[1단계] 어떤 이차식의 상수항 구하기 (30 %)

[2단계] 어떤 이차식의 x의 계수 구하기 (30 %)

[3단계] 어떤 이차식을 구하고 바르게 인수분해하기 (40 %)

> 답

풀이 과정을 자세히 쓰는 유형

18 $0<a<1$일 때, 다음 식을 간단히 하여라.

$$\sqrt{4a^2}+\sqrt{4a^2-8a+4}$$

> 풀이

> 답

19 $a+b=2\sqrt{3}$, $a-b=\dfrac{1}{2+\sqrt{3}}$일 때, a^2-b^2-2a+1의 값을 구하여라.

> 풀이

> 답

Ⅱ. 인수분해와 이차방정식

3. 이차방정식

22 · 이차방정식의 뜻과 그 해

개념 1 이차방정식의 뜻

(1) x에 대한 이차방정식: 등식의 모든 항을 좌변으로 이항하여 정리하였을 때, (x에 대한 이차식)$=0$의 꼴로 정리되는 방정식

(2) 이차방정식의 일반형: $ax^2+bx+c=0$ (단, a, b, c는 상수, $a\neq0$)

예 $x^2-3x+2=0$, $4x^2-25=0$, $\frac{1}{2}x^2+x=0$

· 이차방정식의 뜻
(일차식)$=0$ → 일차방정식
(이차식)$=0$ → 이차방정식

풍쌤의 point a, b, c는 상수이고 $a\neq0$일 때
ax^2+bx+c는 이차식이고, $ax^2+bx+c=0$은 이차방정식이야.

· 예제 1 ·

다음 중 x에 대한 이차방정식인 것에는 ○표, 이차방정식이 아닌 것에는 ×표를 하여라.

(1) x^2+2x+1 ( )

(2) $2x^2+x-1=0$ ( )

> 풀이 (1) 이차식 (2) 이차방정식

> 답 (1) × (2) ○

· 확인 1 ·

다음 중 x에 대한 이차방정식인 것에는 ○표, 이차방정식이 아닌 것에는 ×표를 하여라.

(1) $5x^2=0$ ( )

(2) $x^2+x=x^2-1$ ( )

개념 2 이차방정식의 해(근)

(1) 이차방정식 $ax^2+bx+c=0(a\neq0)$을 참이 되게 하는 미지수 x의 값을 이차방정식의 해 또는 근이라고 한다.

예 $x=1$을 $x^2-3x+2=0$에 대입하면 $1^2-3\times1+2=0$으로 등식이 참이 되므로 $x=1$은 이차방정식 $x^2-3x+2=0$의 해이다.

(2) 이차방정식의 해를 모두 구하는 것을 '이차방정식을 푼다'고 한다.

· x에 관한 이차방정식에서 x의 값의 범위가 주어지지 않을 때에는 그 범위를 실수 전체로 생각한다.

풍쌤의 point $x=p$가 이차방정식 $ax^2+bx+c=0(a\neq0)$의 해이면 $x=p$를 대입했을 때 $ap^2+bp+c=0$이 성립해.

· 예제 2 ·

x의 값이 -1, 0, 1, 2일 때, 이차방정식 $x^2+x-6=0$에 대하여 다음 물음에 답하여라.

(1) 아래 표를 완성하여라.

x	-1	0	1	2
x^2+x-6	-6			

(2) 이차방정식 $x^2+x-6=0$의 해를 구하여라.

> 풀이 (1) $x=0$일 때 $0^2+0-6=-6$
> $x=1$일 때 $1^2+1-6=-4$
> $x=2$일 때 $2^2+2-6=0$
> (2) $x=2$일 때 $x^2+x-6=0$이므로 해는 $x=2$이다.

> 답 (1) -6, -4, 0 (2) $x=2$

· 확인 2 ·

x의 값이 -2, -1, 0, 1일 때, 이차방정식 $x^2+x-2=0$에 대하여 다음 물음에 답하여라.

(1) 아래 표를 완성하여라.

x	-2	-1	0	1
x^2+x-2	0			

(2) 이차방정식 $x^2+x-2=0$의 해를 구하여라.

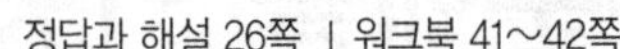

개념 ◆ check

정답과 해설 26쪽 | 워크북 41~42쪽

01 다음 〈보기〉 중 x에 대한 이차방정식인 것을 모두 골라라.

→ 개념1 이차방정식의 뜻

보기

ㄱ. $4x^2+x=(2x-1)^2$　　ㄴ. $2x^2+3x+1$

ㄷ. $x^2+3=2x^2-1$　　ㄹ. $x(x+1)=x^2-2x$

ㅁ. $x^3+4x=x^2(x-2)$　　ㅂ. $3x-4=x^2$

02 이차방정식 $(x-2)^2-x=3x-2x^2$을 $3x^2+ax+b=0$의 꼴로 나타낼 때, 상수 a, b의 합 $a+b$의 값을 구하여라.

→ 개념1 이차방정식의 뜻

03 다음 중 $x=-1$을 해로 갖는 이차방정식은?

→ 개념2 이차방정식의 해(근)

① $x^2+x-1=0$　　② $x^2-2x=3+x$

③ $2x^2-3x+1=0$　　④ $3x^2+2x-1=0$

⑤ $(x-1)(2x+3)=0$

04 다음 중 [ ] 안의 수가 주어진 이차방정식의 해가 아닌 것을 모두 고르면? (정답 2개)

→ 개념2 이차방정식의 해(근)

① $x^2-9=0$ [-3]　　② $x^2+3x=0$ [0]

③ $x^2-3x-10=0$ [2]　　④ $(x-1)(x+1)=0$ [1]

⑤ $(x+1)(2x-1)=0$ $\left[-\frac{1}{2}\right]$

05 이차방정식 $x^2-ax+10=0$의 한 근이 $x=2$일 때, 상수 a의 값을 구하여라.

→ 개념2 이차방정식의 해(근)

23 · 인수분해를 이용한 이차방정식의 풀이

개념 1 $AB=0$의 성질

두 수 또는 두 식 A, B에 대하여 $AB=0$이면 $A=0$ 또는 $B=0$

└반대 과정도 성립. 즉 $A=0$ 또는 $B=0$이면 $AB=0$

풍쌤 팁 일반적으로 두 수 또는 두 식 A, B에 대하여 $AB=0$이면
① $A=0$, $B=0$ ② $A=0$, $B\neq0$ ③ $A\neq0$, $B=0$
의 세 가지 중 어느 하나가 반드시 성립한다.

◆ 예제 1 ◆

다음은 등식 $(x-2)(x-4)=0$이 참이 되게 하는 x의 값을 구하는 과정이다. □ 안에 알맞은 수를 써넣어라.

> $(x-2)(x-4)=0$에서
> $x-2=0$ 또는 $x-4=0$이므로
> $x=2$ 또는 $x=$□

› 답 4

◆ 확인 1 ◆

다음은 등식 $x(2x-1)=0$이 참이 되게 하는 x의 값을 구하는 과정이다. □ 안에 알맞은 수를 써넣어라.

> $x(2x-1)=0$에서
> $x=$□ 또는 $2x-1=$□이므로
> $x=$□ 또는 $x=$□

개념 2 인수분해를 이용한 이차방정식의 풀이

❶ 주어진 방정식을 정리한다. ➜ (x에 대한 이차식)$=0$
❷ 좌변을 인수분해한다. ➜ $(px-q)(rx-s)=0$
❸ $AB=0$이면 $A=0$ 또는 $B=0$임을 이용한다.
➜ $\underset{px=q}{\underline{px-q=0}}$ 또는 $\underset{rx=s}{\underline{rx-s=0}}$
❹ 해를 구한다. ➜ $x=\frac{q}{p}$ 또는 $x=\frac{s}{r}$

◆ 인수분해 공식
$x^2+(a+b)x+ab$
$=(x+a)(x+b)$
$acx^2+(ad+bc)x+bd$
$=(ax+b)(cx+d)$

풍쌤의 point 이차방정식 $(ax-b)(cx-d)=0$의 해는 $x=\frac{b}{a}$ 또는 $x=\frac{d}{c}$

◆ 예제 2 ◆

다음은 이차방정식 $x^2-2x-3=0$의 해를 구하는 과정이다. □ 안에 알맞은 수를 써넣어라.

> $x^2-2x-3=0$에서 좌변을 인수분해하면
> $(x+1)(x-3)=0$
> $x+1=$□ 또는 $x-3=0$이므로
> $x=-1$ 또는 $x=$□

› 답 0, 3

◆ 확인 2 ◆

다음은 이차방정식 $4x^2-9=0$의 해를 구하는 과정이다. □ 안에 알맞은 수를 써넣어라.

> $4x^2-9=0$에서 좌변을 인수분해하면
> $(2x+3)(2x-3)=0$
> $2x+3=$□ 또는 $2x-3=$□이므로
> $x=$□ 또는 $x=$□

개념 ◆ check

정답과 해설 27쪽 | 워크북 43~44쪽

01 다음 등식이 참이 되게 하는 x의 값을 구하여라.

(1) $x(x+5)=0$　　(2) $(x+3)(x-4)=0$

(3) $(x+7)(2x-3)=0$　　(4) $(3x+5)(2x-1)=0$

→ 개념1
$AB=0$의 성질

02 두 이차방정식 $x(x-2)=0$, $(x+1)(x-2)=0$의 공통인 해를 구하여라.

→ 개념1
$AB=0$의 성질

03 인수분해를 이용하여 다음 이차방정식을 풀어라.

(1) $x^2-4x=0$　　(2) $x^2-16=0$

(3) $x^2+x-2=0$　　(4) $2x^2-5x-3=0$

→ 개념2
인수분해를 이용한 이차방정식의 풀이

04 인수분해를 이용하여 다음 이차방정식을 풀어라.

(1) $x^2-2x=8$　　(2) $x^2+14=9x$

(3) $x(x+1)=12$　　(4) $(x-2)(x+2)=3x$

→ 개념2
인수분해를 이용한 이차방정식의 풀이

24 · 이차방정식의 중근

개념 1 이차방정식의 중근

이차방정식의 두 근이 중복되어 서로 같을 때, 이 근을 중근이라고 한다.

예 $x^2-2x+1=0$ ➜ $(x-1)^2=0$, 즉 $(x-1)(x-1)=0$

➜ $x=1$ 또는 $x=1$ ➜ $x=1$(중근)

풍쌤의 point 중근을 갖는 이차방정식은 $a(x-m)^2=0(a\neq0)$의 꼴이고, 이때의 중근은 $x=m$이야.

· 예제 1 ·

다음 이차방정식이 중근을 가지면 ○표, 중근을 갖지 않으면 ×표를 하여라.

(1) $2(x-3)^2=0$ ( )

(2) $4x^2+4x+1=0$ ( )

(3) $x^2=8x-16$ ( )

(4) $(x+1)(x-1)=0$ ( )

› 풀이 (1) $x=3$ (중근)

(2) $(2x+1)^2=0$ $\therefore x=-\frac{1}{2}$ (중근)

(3) $x^2-8x+16=0$, $(x-4)^2=0$

$\therefore x=4$ (중근)

(4) $x=-1$ 또는 $x=1$

› 답 (1) ○ (2) ○ (3) ○ (4) ×

· 확인 1 ·

다음 이차방정식이 중근을 가지면 ○표, 중근을 갖지 않으면 ×표를 하여라.

(1) $x^2-10x+25=0$ ( )

(2) $(x-3)^2=9$ ( )

(3) $5\left(x-\frac{1}{2}\right)^2=0$ ( )

(4) $9x^2+4=12x$ ( )

개념 2 이차방정식이 중근을 가질 조건

(1) 이차방정식이 (완전제곱식)$=0$, 즉 $(\quad)^2=0$의 꼴로 나타내어지면 그 이차방정식은 중근을 갖는다.

(2) 이차항의 계수가 1인 이차방정식 $x^2+ax+b=0$이 중근을 갖기 위해서는 좌변이 완전제곱식이 되어야 하므로 $b=\left(\frac{a}{2}\right)^2$이어야 한다.

└ (상수항)$=\left\{\frac{(x\text{의 계수})}{2}\right\}^2$

· 완전제곱식

$(x+y)^2$, $(x-y)^2$, $2(x+y)^2$과 같이 다항식의 제곱으로 된 식 또는 이 식에 상수를 곱한 식

풍쌤의 point x^2의 계수가 1이 아닐 때는 먼저 양변을 x^2의 계수로 나누어 $x^2+ax+b=0$의 꼴로 만든 다음 위의 방법을 이용해.

· 예제 2 ·

이차방정식 $x^2-14x+a=0$이 중근을 가질 때, 상수 a의 값을 구하여라.

› 풀이 $a=\left(\frac{-14}{2}\right)^2=49$

› 답 49

· 확인 2 ·

이차방정식 $x^2=6x-a$가 중근을 가질 때, 상수 a의 값을 구하여라.

개념 • check

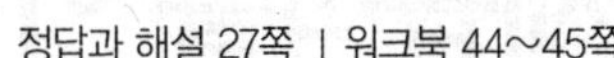

정답과 해설 27쪽 | 워크북 44~45쪽

01 다음 이차방정식을 풀어라.

(1) $(x+2)^2=0$ (2) $3(x-1)^2=0$

(3) $x^2+8x+16=0$ (4) $4x^2-4x+1=0$

→ 개념1
이차방정식의 중근

02 이차방정식 $(x+p)^2=q$가 중근을 가질 때, 다음 중 항상 옳은 것은? (단, p, q는 상수)

① $p>0$ ② $p<0$ ③ $q>0$

④ $q=0$ ⑤ $q<0$

→ 개념2
이차방정식이 중근을 가질 조건

03 다음 이차방정식이 중근을 가질 때, 상수 k의 값을 구하여라.

(1) $x^2-12x=k$

(2) $x^2+10x+k+12=0$

→ 개념2
이차방정식이 중근을 가질 조건

04 다음 이차방정식을 $(x+k)^2=0$의 꼴로 나타낼 수 있을 때, 상수 a, k의 값을 각각 구하여라.

(1) $x^2-4x+a=0$

(2) $x^2+x+a=0$

→ 개념2
이차방정식이 중근을 가질 조건

25 완전제곱식을 이용한 이차방정식의 풀이

개념 1 제곱근을 이용한 이차방정식의 풀이

(1) 이차방정식 $x^2=q$ $(q\geq 0)$의 근은 $x=\pm\sqrt{q}$

↳ x는 q의 제곱근

(2) 이차방정식 $(x+p)^2=q$ $(q\geq 0)$의 근은 $x=-p\pm\sqrt{q}$

↳ $x+p$는 q의 제곱근

- 제곱근을 이용한 이차방정식의 풀이

$a>0$, $q\geq 0$일 때

$a(x+p)^2=q$

➜ $x+p=\pm\sqrt{\dfrac{q}{a}}$

➜ $x=-p\pm\sqrt{\dfrac{q}{a}}$

예제 1

다음은 제곱근을 이용하여 이차방정식 $(x-2)^2=3$의 해를 구하는 과정이다. □ 안에 알맞은 수를 써넣어라.

$(x-2)^2=3$에서 $x-2$는 3의 제곱근이므로

$x-2=\pm\sqrt{3}$

좌변의 -2를 우변으로 이항하면

$x=\square\pm\sqrt{\square}$

> 답 2, 3

확인 1

다음은 제곱근을 이용하여 이차방정식 $(4x+1)^2=5$의 해를 구하는 과정이다. □ 안에 알맞은 수를 써넣어라.

$(4x+1)^2=5$에서 $4x+1$은 □의 제곱근이므로

$4x+1=\pm\sqrt{5}$

좌변의 1을 우변으로 이항하면

$4x=\square\pm\sqrt{\square}$

양변을 4로 나누면

$x=\dfrac{\square\pm\sqrt{\square}}{4}$

개념 2 완전제곱식을 이용한 이차방정식의 풀이

이차방정식 $ax^2+bx+c=0(a\neq 0)$에서 ➜ $2x^2+8x+6=0$에서

❶ 양변을 a로 나누어 x^2의 계수를 1로 만든다. ➜ $x^2+4x+3=0$

❷ 상수항을 우변으로 이항한다. ➜ $x^2+4x=-3$

❸ 양변에 $\left\{\dfrac{(x\text{의 계수})}{2}\right\}^2$을 각각 더한다. ➜ $x^2+4x+2^2=-3+2^2$

❹ 정리하여 $(x+p)^2=q$의 꼴로 나타낸다. ➜ $(x+2)^2=1$

❺ 제곱근의 성질을 이용하여 해를 구한다. ➜ $x+2=1$ 또는 $x+2=-1$

$\therefore x=-1$ 또는 $x=-3$

- 이차방정식 $(x+p)^2=q$가 해를 가질 조건

$(x+p)^2=q$에서

➜ ① $q<0$: 해가 없다.
② $q=0$: $x=-p$ (중근)
③ $q>0$: $x=-p\pm\sqrt{q}$

➜ 해를 가질 조건: $q\geq 0$

풍쌤의 point 이차방정식 $ax^2+bx+c=0(a\neq 0)$에서 좌변을 인수분해하기 쉽지 않을 때에는 좌변을 완전제곱식으로 만들어 이차방정식을 풀 수 있어.

예제 2

이차방정식 $x^2-8x+4=0$을 $(x+p)^2=q$꼴로 나타내어라. (단, p, q는 상수)

> 풀이 $x^2-8x+16=-4+16$이므로
> $(x-4)^2=12$

> 답 $(x-4)^2=12$

확인 2

등식 $x^2+3x+a=(x+b)^2$을 만족시키는 상수 a, b의 값을 각각 구하여라.

개념 ✦ check

정답과 해설 27~28쪽 | 워크북 45~46쪽

01 제곱근을 이용하여 다음 이차방정식을 풀어라.

(1) $x^2=36$ (2) $2x^2-18=0$

(3) $9x^2=4$ (4) $3x^2=24$

→ 개념1
제곱근을 이용한 이차방정식의 풀이

02 제곱근을 이용하여 다음 이차방정식을 풀어라.

(1) $(x-1)^2=4$ (2) $2(x+3)^2=10$

(3) $3(x+2)^2-9=0$ (4) $4(x-5)^2=3$

→ 개념1
제곱근을 이용한 이차방정식의 풀이

03 다음은 이차방정식을 $(x+p)^2=q$의 꼴로 고쳐서 해를 구하는 과정이다. □ 안에 알맞은 수를 써넣어라. (단, p, q는 상수)

(1)
$x^2+2x-2=0$
$x^2+2x=2$
$x^2+2x+\square=2+\square$
$(x+\square)^2=\square$
$\therefore x=\square$

(2)
$2x^2-8x-3=0$
$x^2-4x=\square$
$x^2-4x+4=\square$
$(x-\square)^2=\square$
$\therefore x=\square$

→ 개념2
완전제곱식을 이용한 이차방정식의 풀이

04 오른쪽은 완전제곱식을 이용하여 이차방정식 $4x^2-2x-1=0$의 해를 구하는 과정이다. ①~⑤에 들어갈 수로 옳지 않은 것은?

> $4x^2-2x-1=0$에서
> x^2- ① $x=$ ②
> $(x-$ ③ $)^2=$ ④
> $\therefore x=$ ⑤

① $\frac{1}{2}$ ② $\frac{1}{4}$

③ $\frac{1}{4}$ ④ $\frac{5}{16}$

⑤ $\frac{1\pm\sqrt{5}}{2}$

→ 개념2
완전제곱식을 이용한 이차방정식의 풀이

유형 · check

정답과 해설 28~29쪽 | 워크북 41~46쪽

유형 · 1 이차방정식의 뜻

방정식 $(k-1)x^2+5x=x^2-6$이 이차방정식이 되기 위한 상수 k의 조건은?

① $k\neq0$ ② $k\neq1$ ③ $k\neq2$
④ $k=1$ ⑤ $k=2$

» 닮은꼴 문제

1-1

다음 중 x에 대한 이차방정식인 것은?

① $3-x^2$ ② $x^3+4x^2=x(x^2+1)$
③ $x^2-x(x+1)=0$ ④ $x^2+x=(x-1)^2$
⑤ $x(x^2-1)=x$

1-2

다음 중 방정식 $x(ax-3)=4-x^2$이 이차방정식이 되도록 하는 상수 a의 값으로 적당하지 않은 것은?

① -3 ② -2 ③ -1
④ 0 ⑤ 1

유형 · 2 이차방정식의 해

$x=2$가 다음 이차방정식의 해일 때, 상수 k의 값을 구하여라.

(1) $x^2-(k+2)x+6=0$
(2) $4x^2-9x+k=0$

» 닮은꼴 문제

2-1

$x=-2$가 이차방정식 $x^2-(2a-3)x+7-3a=0$의 해일 때, 상수 a의 값을 구하여라.

2-2

$x=-1$이 이차방정식 $x^2-5x+a=0$의 해이면서 $2x^2+(b-1)x=0$의 해일 때, 상수 a, b의 합 $a+b$의 값을 구하여라.

유형 3 인수분해를 이용한 이차방정식의 풀이

다음 이차방정식을 풀어라.

(1) $x^2+6x-16=0$

(2) $3x^2+2=5x$

(3) $6x^2-6x=5x-3$

(4) $(x-2)(x-3)=6$

» 닮은꼴 문제

3-1

이차방정식 $(x+1)^2=x+7$의 두 근을 p, q라 할 때, p^2+q^2의 값을 구하여라.

3-2

다음 두 이차방정식의 공통인 해를 구하여라.

$$x^2-x-20=0,\ 2x^2+7x-4=0$$

유형 4 한 근이 주어진 이차방정식의 다른 한 근

이차방정식 $3x^2-ax-5=0$의 한 근이 $x=-1$일 때, 상수 a의 값과 다른 한 근을 각각 구하여라.

» 닮은꼴 문제

4-1

이차방정식 $x^2+2ax-a+3=0$의 한 근이 $x=3$이고, 다른 한 근이 $x=b$일 때, 상수 a, b의 합 $a+b$의 값은?

① $-\frac{5}{6}$ ② $-\frac{3}{5}$ ③ 0

④ $\frac{3}{5}$ ⑤ $\frac{5}{6}$

4-2

이차방정식 $3x^2+2x-a-1=0$의 한 근이 $x=2$이고, 다른 한 근을 $x=b$라 할 때, 상수 a, b의 곱 ab의 값은?

① -40 ② -35 ③ 30

④ 35 ⑤ 40

유형 5 이차방정식의 중근

다음 이차방정식 중 중근을 갖는 것을 모두 고르면? (정답 2개)

① $x^2=1$
② $x^2-8x+7=0$
③ $3x^2-6x-9=0$
④ $2x^2=0$
⑤ $9x^2-12x=-4$

» 닮은꼴 문제

5-1

다음 이차방정식 중 중근을 갖는 것은?

① $x^2=36$
② $x^2-3x-4=0$
③ $(x+3)(x-4)=0$
④ $x^2+14x+49=0$
⑤ $2x^2-x-3=0$

5-2

다음 〈보기〉의 이차방정식 중 중근을 갖지 않는 것을 골라라.

보기

ㄱ. $3(x+2)^2=0$
ㄴ. $4x(x+1)=-1$
ㄷ. $x^2-10x+25=0$
ㄹ. $x^2+8=6x$

유형 6 이차방정식이 중근을 가질 조건

이차방정식 $x^2+ax-2a-4=0$이 중근을 가질 때, 상수 a의 값과 그때의 중근을 각각 구하여라.

» 닮은꼴 문제

6-1

이차방정식 $x^2-8x+6a-2=0$이 중근을 가질 때, 상수 a의 값과 그때의 중근을 각각 구하여라.

6-2

이차방정식 $x^2-10x+2k+1=0$이 중근 $x=m$을 가질 때, 상수 k, m의 합 $k+m$의 값을 구하여라.

유형 · 7 제곱근을 이용한 이차방정식의 풀이

이차방정식 $3(x+4)^2-15=0$의 해가 $x=a\pm\sqrt{b}$일 때, 유리수 a, b의 합 $a+b$의 값을 구하여라.

» 닮은꼴 문제

7-1

이차방정식 $(x+a)^2=b\ (b\geq 0)$의 해가 $x=1\pm\sqrt{3}$일 때, 유리수 a, b의 값을 각각 구하여라.

7-2

이차방정식 $(3x+a)^2=18$의 해가 $x=-1\pm\sqrt{b}$일 때, 유리수 a, b의 곱 ab의 값을 구하여라.

유형 · 8 완전제곱식을 이용한 이차방정식의 풀이

이차방정식 $2x^2-3x-1=0$의 해가 $x=\frac{a\pm\sqrt{b}}{4}$일 때, 유리수 a, b의 합 $a+b$의 값을 구하여라.

» 닮은꼴 문제

8-1

이차방정식 $x^2-4x+k=0$의 해가 $x=2\pm\sqrt{5}$일 때, 유리수 k의 값을 구하여라.

8-2

이차방정식 $x^2-3x+p=0$의 해가 $x=\frac{q\pm\sqrt{17}}{2}$일 때, 유리수 p, q에 대하여 $p-q$의 값을 구하여라.

26 • 이차방정식의 근의 공식

개념 1 이차방정식의 근의 공식

(1) 근의 공식 [1]: 이차방정식 $ax^2+bx+c=0(a\neq0)$의 근은

$$x=\frac{-b\pm\sqrt{b^2-4ac}}{2a}\ (\text{단, } b^2-4ac\geq0)$$

예 $x^2-x-1=0$ ➔ $a=1$, $b=-1$, $c=-1$이므로 근의 공식에 의해

$$x=\frac{-(-1)\pm\sqrt{(-1)^2-4\times1\times(-1)}}{2\times1}=\frac{1\pm\sqrt{5}}{2}$$

(2) 근의 공식 [2] (짝수 공식): 일차항 x의 계수 b가 짝수, 즉 $b=2b'$일 때,
이차방정식 $ax^2+2b'x+c=0(a\neq0)$의 근은

$$x=\frac{-b'\pm\sqrt{b'^2-ac}}{a}\ (\text{단, } b'^2-ac\geq0)$$

예 $x^2-2x-1=0$ ➔ $a=1$, $b'=-1$, $c=-1$이므로 근의 짝수 공식에 의해

$$x=\frac{-(-1)\pm\sqrt{(-1)^2-1\times(-1)}}{1}=1\pm\sqrt{2}$$

풍쌤의 point 일차항의 계수가 짝수일 때 짝수 공식을 쓰면 계산이 간단해.

• 예제 1 •

다음은 근의 공식을 이용하여 이차방정식 $2x^2-5x-1=0$의 해를 구하는 과정이다. □ 안에 알맞은 수를 써넣어라.

> $2x^2-5x-1=0$에서 $a=2$, $b=-5$, $c=-1$을 근의 공식에 대입하면
>
> $$x=\frac{\square\pm\sqrt{(\square)^2-4\times2\times(-1)}}{2\times\square}$$
>
> $$=\frac{\square\pm\sqrt{\square}}{\square}$$

› 답 5, −5, 2, 5, 33, 4

• 확인 1 •

다음은 근의 공식을 이용하여 이차방정식 $x^2-3x+1=0$의 해를 구하는 과정이다. □ 안에 알맞은 수를 써넣어라.

> $x^2-3x+1=0$에서 $a=1$, $b=\square$, $c=\square$을 근의 공식에 대입하면
>
> $$x=\frac{\square\pm\sqrt{(\square)^2-4\times1\times1}}{2\times\square}$$
>
> $$=\frac{\square\pm\sqrt{\square}}{\square}$$

• 예제 2 •

다음은 근의 공식(짝수 공식)을 이용하여 이차방정식 $x^2+6x-2=0$의 해를 구하는 과정이다. □ 안에 알맞은 수를 써넣어라.

> $x^2+6x-2=0$에서 $a=1$, $b'=3$, $c=-2$를 근의 공식(짝수 공식)에 대입하면
>
> $$x=\frac{-3\pm\sqrt{\square^2-1\times(-2)}}{1}$$
>
> $$=\square\pm\sqrt{\square}$$

› 답 3, −3, 11

• 확인 2 •

다음은 근의 공식(짝수 공식)을 이용하여 이차방정식 $4x^2-12x+3=0$의 해를 구하는 과정이다. □ 안에 알맞은 수를 써넣어라.

> $4x^2-12x+3=0$에서 $a=4$, $b'=\square$, $c=3$을 근의 공식(짝수 공식)에 대입하면
>
> $$x=\frac{\square\pm\sqrt{(\square)^2-\square\times3}}{4}$$
>
> $$=\frac{\square\pm\sqrt{\square}}{2}$$

개념 + check

정답과 해설 29~30쪽 | 워크북 47쪽

01 다음은 완전제곱식을 이용하여 이차방정식 $ax^2+bx+c=0(a\neq0)$의 근을 구하는 과정이다. (가), (나)에 알맞은 것을 써넣어라.

> $ax^2+bx+c=0$의 양변을 a로 나누면
>
> $x^2+\frac{b}{a}x+\frac{c}{a}=0 \quad \therefore x^2+\frac{b}{a}x=-\frac{c}{a}$
>
> 좌변을 완전제곱식으로 고치면
>
> $x^2+\frac{b}{a}x+(\boxed{(가)})^2=-\frac{c}{a}+(\boxed{(가)})^2$
>
> $(x+\boxed{(가)})^2=\frac{\boxed{(나)}}{4a^2}$, $x+\boxed{(가)}=\pm\frac{\sqrt{\boxed{(나)}}}{2a}$
>
> $\therefore x=\frac{-b\pm\sqrt{\boxed{(나)}}}{2a}$

→ 개념1
이차방정식의 근의 공식

02 다음 이차방정식을 근의 공식을 이용하여 풀어라.

(1) $x^2+5x+1=0$ (2) $x^2-3x-1=0$

→ 개념1
이차방정식의 근의 공식

03 다음 이차방정식을 근의 공식을 이용하여 풀어라.

(1) $2x^2-5x+1=0$ (2) $4x^2-3x-1=0$

→ 개념1
이차방정식의 근의 공식

04 다음 이차방정식을 근의 공식을 이용하여 풀어라.

(1) $x^2+4x-2=0$ (2) $3x^2-8x-4=0$

→ 개념1
이차방정식의 근의 공식

27 ◆ 복잡한 이차방정식의 풀이

개념 1 복잡한 이차방정식의 풀이

(1) 계수가 분수 또는 소수이면 양변에 적당한 수를 곱하여 계수를 정수로 만든다.

① 계수가 분수일 때: 양변에 분모의 최소공배수를 곱한다.

② 계수가 소수일 때: 양변에 10의 거듭제곱을 곱한다.

예 $\frac{1}{4}x^2-\frac{1}{2}x-\frac{1}{2}=0$에서 양변에 분모의 최소공배수 4를 곱하면 $x^2-2x-2=0$

근의 공식을 이용하면 $x=1\pm\sqrt{3}$

풍쌤의 point 양변에 어떤 수를 곱할 때는 모든 항에 곱해 주어야 해.

(2) 괄호가 있을 때는 전개하여 $ax^2+bx+c=0$의 꼴로 정리한다.

(3) 공통부분이 있으면 공통부분을 A로 치환한 다음 인수분해 또는 근의 공식을 이용하여 해를 구한다.

◆ 이차방정식의 풀이
인수분해가 되면 인수분해를 이용하여 해를 구하고, 인수분해가 어려우면 근의 공식을 이용하여 해를 구한다.

◆ 예제 1 ◆

다음은 이차방정식 $\frac{1}{6}x^2+\frac{1}{3}x-\frac{1}{2}=0$의 해를 구하는 과정이다. □ 안에 알맞은 수를 써넣어라.

$\frac{1}{6}x^2+\frac{1}{3}x-\frac{1}{2}=0$의 양변에 □을 곱하면
$x^2+2x-\square=0$
좌변을 인수분해하여 해를 구하면
$(x+3)(x-\square)=0$
$\therefore x=\square$ 또는 $x=\square$

› 답 6, 3, 1, −3, 1

◆ 확인 1 ◆

다음은 이차방정식 $0.3x^2-0.1x-0.5=0$의 해를 구하는 과정이다. □ 안에 알맞은 수를 써넣어라.

$0.3x^2-0.1x-0.5=0$의 양변에 □을 곱하면
$3x^2-x-\square=0$
근의 공식을 이용하여 해를 구하면
$x=\frac{\square\pm\sqrt{\square}}{6}$

◆ 예제 2 ◆

다음은 이차방정식 $(x-1)^2-6(x-1)+3=0$의 해를 구하는 과정이다. □ 안에 알맞은 수를 써넣어라.

$(x-1)^2-6(x-1)+3=0$에서 $x-1=A$로 놓으면 $A^2-6A+3=0$
$\therefore A=3\pm\sqrt{\square}$
즉, $x-1=3\pm\sqrt{\square}$이므로
$x=\square\pm\sqrt{\square}$

› 답 6, 6, 4, 6

◆ 확인 2 ◆

이차방정식 $2(x+1)^2+5(x+1)-3=0$에 대하여 다음 물음에 답하여라.

(1) $x+1=A$로 놓고 주어진 이차방정식을 A에 대한 이차방정식으로 나타내어라.

(2) (1)의 이차방정식을 풀어 A의 값을 구하여라.

(3) x의 값을 구하여라.

개념 · check

정답과 해설 30쪽 | 워크북 48쪽

01 다음 이차방정식을 풀어라.

(1) $\frac{1}{2}x^2+\frac{5}{6}x-\frac{1}{3}=0$　　(2) $\frac{1}{4}x^2-\frac{1}{3}x-\frac{1}{6}=0$

(3) $0.1x^2-0.3x+0.2=0$　　(4) $x^2-0.3x-0.1=0$

→ 개념1
복잡한 이차방정식의 풀이

02 다음 이차방정식을 풀어라.

(1) $0.3x^2+\frac{1}{2}x-0.5=0$　　(2) $2x^2-0.5x-\frac{3}{4}=0$

→ 개념1
복잡한 이차방정식의 풀이

03 다음 이차방정식을 풀어라.

(1) $2x(x-3)+3=0$　　(2) $(x+2)(x+3)=4$

→ 개념1
복잡한 이차방정식의 풀이

04 다음 이차방정식을 풀어라.

(1) $(x+2)^2-7(x+2)+12=0$

(2) $(x-1)^2-3(x-1)-18=0$

→ 개념1
복잡한 이차방정식의 풀이

28 • 이차방정식의 근의 개수

개념 1 이차방정식의 근의 개수

이차방정식 $ax^2+bx+c=0\ (a\neq0)$의 서로 다른 근의 개수는 근의 공식 $x=\dfrac{-b\pm\sqrt{b^2-4ac}}{2a}$에서 b^2-4ac의 부호에 의해 결정된다.

(1) $b^2-4ac>0$이면 $x=\dfrac{-b\pm\sqrt{b^2-4ac}}{2a}$

➜ 서로 다른 두 근을 갖는다. ➜ 근이 2개

(2) $b^2-4ac=0$이면 $x=-\dfrac{b}{2a}$

➜ 한 근(중근)을 갖는다. ➜ 근이 1개

(3) $b^2-4ac<0$이면 근호 안이 음수가 된다.
근호 안이 음수인 제곱근은 없다.

➜ 근이 없다. ➜ 근이 0개

• 이차방정식 $ax^2+bx+c=0(a\neq0)$의 근이 존재할 조건은 $b^2-4ac\geq0$

풍쌤의 point 이차방정식 $ax^2+bx+c=0(a\neq0)$의 근의 공식 $x=\dfrac{-b\pm\sqrt{b^2-4ac}}{2a}$에서 근호 안의 수는 0 이상이어야 하므로 $b^2-4ac<0$이면 이차방정식의 근은 없어.

• 예제 1 •

다음 이차방정식의 근의 개수를 구하여라.

(1) $x^2-x+\dfrac{1}{4}=0$ (2) $4x^2+6x+3=0$

› 풀이 (1) $(-1)^2-4\times1\times\dfrac{1}{4}=0$이므로 1개

(2) $6^2-4\times4\times3=-12<0$이므로 0개

› 답 (1) 1개 (2) 0개

• 확인 1 •

다음 이차방정식의 근의 개수를 구하여라.

(1) $x^2-4x+6=0$ (2) $2x^2+x-3=0$

개념 2 근의 공식과 이차방정식이 중근을 가질 조건

이차방정식 $ax^2+bx+c=0\ (a\neq0)$의 중근을 가질 조건은 $b^2-4ac=0$

• 예제 2 •

이차방정식 $2x^2-3x+k=0$이 중근을 가질 때, 상수 k의 값과 이때의 중근을 구하여라.

› 풀이 $3^2-4\times2\times k=0$이어야 하므로

$8k=9 \quad \therefore k=\dfrac{9}{8}$

$k=\dfrac{9}{8}$를 주어진 이차방정식에 대입하면

$2x^2-3x+\dfrac{9}{8}=0,\ 2\left(x^2-\dfrac{3}{2}x+\dfrac{9}{16}\right)=0$

$2\left(x-\dfrac{3}{4}\right)^2=0 \quad \therefore x=\dfrac{3}{4}$ (중근)

› 답 $k=\dfrac{9}{8},\ x=\dfrac{3}{4}$ (중근)

• 확인 2 •

이차방정식 $x^2+5x+k=0$이 중근을 가질 때, 상수 k의 값과 이때의 중근을 구하여라.

개념 ◆ check

정답과 해설 30~31쪽 | 워크북 49쪽

01 다음은 이차방정식의 서로 다른 근의 개수를 구하는 과정이다. 표를 완성하여라.

→ 개념1
이차방정식의 근의 개수

$ax^2+bx+c=0$	b^2-4ac의 값	근의 개수
$4x^2+4x+1=0$	(1)	(2)
$x^2-5x-2=0$	(3)	(4)
$3x^2-4x+2=0$	(5)	(6)

02 다음 〈보기〉의 이차방정식 중에서 서로 다른 두 근을 갖는 것을 모두 골라라.

→ 개념1
이차방정식의 근의 개수

보기

ㄱ. $2x^2-3x+2=0$　　ㄴ. $x^2+6x-8=0$

ㄷ. $0.4x^2-1.2x+0.9=0$　　ㄹ. $\frac{1}{4}x^2+\frac{1}{2}x-1=0$

03 이차방정식 $x^2+x+k=0$의 근이 다음과 같을 때, 상수 k의 값 또는 k의 값의 범위를 구하여라.

→ 개념1
이차방정식의 근의 개수

(1) 서로 다른 두 근을 갖는다.

(2) 중근을 갖는다.

(3) 근을 갖지 않는다.

04 다음 이차방정식이 중근을 가질 때, 양수 k의 값을 구하여라.

→ 개념2
근의 공식과 이차방정식이 중근을 가질 조건

(1) $4x^2+2(k+1)x+1=0$

(2) $x^2+2kx+3k=0$

29 · 이차방정식 구하기

개념 1 이차방정식 구하기

(1) 두 근이 α, β이고 x^2의 계수가 a인 이차방정식은

$a(x-\alpha)(x-\beta)=0$ ➜ $a\{x^2-(\underbrace{\alpha+\beta}_{\text{두 근의 합}})x+\underbrace{\alpha\beta}_{\text{두 근의 곱}}\}=0$

예 두 근이 1, 2이고 x^2의 계수가 2인 이차방정식은

$2(x-1)(x-2)=0 \quad \therefore 2x^2-6x+4=0$

(2) 중근이 α이고 x^2의 계수가 a인 이차방정식은 $a(x-\alpha)^2=0$

예 중근이 1이고 x^2의 계수가 3인 이차방정식은

$3(x-1)^2=0 \quad \therefore 3x^2-6x+3=0$

· 예제 1 ·

다음 두 수를 근으로 하는 x에 대한 이차방정식을 $x^2+ax+b=0$의 꼴로 나타내어라.

(1) -3, 5

(2) 2 (중근)

> **풀이** (1) $(x+3)(x-5)=0$이므로 $x^2-2x-15=0$
> (2) $(x-2)^2=0$이므로 $x^2-4x+4=0$

> **답** (1) $x^2-2x-15=0$ (2) $x^2-4x+4=0$

· 확인 1 ·

다음 두 수를 근으로 하고 x^2의 계수가 2인 이차방정식을 구하여라.

(1) -4, 1

(2) -1 (중근)

개념 2 계수가 유리수인 이차방정식의 근

(1) 계수가 유리수인 이차방정식에서 한 근이 $p+q\sqrt{m}$이면 다른 한 근은 $p-q\sqrt{m}$이다. (단, p, q는 유리수, $\sqrt{m}$은 무리수)

예 이차방정식 $x^2+ax+b=0$의 한 근이 $2+\sqrt{3}$이면 다른 한 근은 $2-\sqrt{3}$이다. (단, a, b는 유리수)

(2) 두 근이 $p+q\sqrt{m}$, $p-q\sqrt{m}$이고 x^2의 계수가 a인 이차방정식은

$a\{x-(p+q\sqrt{m})\}\{x-(p-q\sqrt{m})\}=0$

➜ $a\{x^2-\underbrace{2p}_{\text{두 근의 합}}x+(\underbrace{p^2-mq^2}_{\text{두 근의 곱}})\}=0$

· 계수가 유리수인 이차방정식의 무리수인 한 근을 알면 이차방정식을 풀지 않아도 다른 한 근을 쉽게 구할 수 있다.

풍쌤의 point 두 근이 α, β이고 x^2의 계수가 a인 이차방정식은

- $a(x-\alpha)(x-\beta)=0$ ➜ 두 근이 정수일 때 편리
- $a\{x^2-(\alpha+\beta)x+\alpha\beta\}=0$, 즉 $a\{x^2-$(두 근의 합)$x+$(두 근의 곱)$\}=0$
  ➜ 두 근이 무리수일 때 편리

· 예제 2 ·

다음에 주어진 값이 계수가 모두 유리수인 이차방정식의 한 근일 때, 다른 한 근을 구하여라.

(1) $1+\sqrt{5}$

(2) $-\sqrt{7}$

> **답** (1) $1-\sqrt{5}$ (2) $\sqrt{7}$

· 확인 2 ·

다음에 주어진 값이 계수가 모두 유리수인 이차방정식의 한 근일 때, 다른 한 근을 구하여라.

(1) $3-\sqrt{2}$

(2) $-4-\sqrt{10}$

개념 • check

정답과 해설 31쪽 | 워크북 50쪽

01 다음 조건을 만족하는 이차방정식을 구하여라.

(1) 두 근이 3, -5이고 x^2의 계수가 1인 이차방정식

(2) 두 근이 $\frac{1}{2}$, $\frac{1}{3}$이고 x^2의 계수가 6인 이차방정식

→ 개념1
이차방정식 구하기

02 다음 조건을 만족하는 이차방정식을 구하여라.

(1) 중근이 -2이고 x^2의 계수가 1인 이차방정식

(2) 중근이 $\frac{1}{2}$이고 x^2의 계수가 4인 이차방정식

→ 개념1
이차방정식 구하기

03 다음 조건을 만족하는 이차방정식을 구하여라.

(1) 두 근이 $2+\sqrt{2}$, $2-\sqrt{2}$이고 x^2의 계수가 1인 이차방정식

(2) 두 근이 $-1+\sqrt{3}$, $-1-\sqrt{3}$이고 x^2의 계수가 -1인 이차방정식

→ 개념2
계수가 유리수인 이차방정식의 근

04 다음과 같이 무리수인 한 근과 x^2의 계수가 주어질 때, 계수가 모두 유리수인 이차방정식을 구하여라.

(1) 한 근: $3-2\sqrt{2}$, x^2의 계수: -1

(2) 한 근: $-2+\sqrt{5}$, x^2의 계수: 3

→ 개념2
계수가 유리수인 이차방정식의 근

유형 · check

정답과 해설 31~33쪽 | 워크북 47~50쪽

유형 · 1 근의 공식을 이용한 이차방정식의 풀이

이차방정식 $3x^2-4x=x+1$의 근이 $x=\frac{A\pm\sqrt{B}}{6}$일 때, 유리수 A, B의 합 $A+B$의 값을 구하여라.

» 닮은꼴 문제

1-1

이차방정식 $x^2+3x=7x+2$의 근이 $x=A\pm\sqrt{B}$일 때, 유리수 A, B의 곱 AB의 값을 구하여라.

1-2

이차방정식 $2x^2=8x-3$의 근이 $x=\frac{A\pm\sqrt{B}}{2}$일 때, 유리수 A, B의 합 $A+B$의 값을 구하여라.

유형 · 2 근의 공식을 이용하여 미지수의 값 구하기

이차방정식 $x^2+5x-k=0$의 근이 $x=\frac{-5\pm\sqrt{37}}{2}$일 때, 유리수 k의 값을 구하여라.

» 닮은꼴 문제

2-1

이차방정식 $x^2-6x+2k+1=0$의 근이 $x=3\pm\sqrt{2}$일 때, 유리수 k의 값을 구하여라.

2-2

이차방정식 $2x^2+4x+A=0$의 근이 $x=\frac{B\pm\sqrt{14}}{2}$일 때, 유리수 A, B의 합 $A+B$의 값을 구하여라.

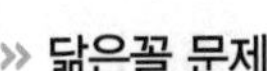

유형 · 3 계수가 분수 또는 소수인 이차방정식의 풀이

이차방정식 $0.1x^2+\frac{3}{5}x-0.4=0$의 근이 $x=A\pm\sqrt{B}$일 때, 유리수 A, B의 합 $A+B$의 값을 구하여라.

» 닮은꼴 문제

3-1

다음 두 이차방정식의 공통인 근을 구하여라.

$$\frac{1}{3}x^2-\frac{5}{6}x=\frac{1}{2},\ 0.04x^2-0.3x+0.54=0$$

3-2

이차방정식 $\frac{x(x+4)}{4}-0.5x=\frac{1}{8}$의 두 근을 α, β라 할 때, $\alpha-\beta$의 값은? (단, $\alpha>\beta$)

① 2　② $\sqrt{5}$　③ $\sqrt{6}$
④ $\sqrt{7}$　⑤ $2\sqrt{2}$

유형 · 4 공통부분이 있는 이차방정식의 풀이

이차방정식 $\left(x+\frac{1}{2}\right)^2-2=3\left(x+\frac{1}{2}\right)$을 풀면?

① $x=\frac{-1\pm\sqrt{17}}{2}$　② $x=\frac{1\pm\sqrt{17}}{2}$
③ $x=\frac{2\pm\sqrt{17}}{2}$　④ $x=\frac{3\pm\sqrt{17}}{2}$
⑤ $x=\frac{4\pm\sqrt{17}}{2}$

» 닮은꼴 문제

4-1

다음 이차방정식을 풀어라.

$$0.2(x-1)^2+0.1(x-1)-1=0$$

4-2

이차방정식 $0.3(x-4)^2-0.8=\frac{1}{5}(x-4)$의 두 근의 곱은?

① -16　② $-\frac{8}{3}$　③ -1
④ $\frac{8}{3}$　⑤ 16

유형 · 5 근의 개수에 따른 미지수의 값 구하기

이차방정식 $x^2+6x+5-k=0$이 근을 갖도록 하는 상수 k의 값의 범위는?

① $k<-4$ ② $k\geq-4$
③ $-4\leq k<4$ ④ $k\geq4$
⑤ $k>4$

» 닮은꼴 문제

5-1

이차방정식 $3x^2+2x+k-4=0$이 해를 갖지 않도록 하는 상수 k의 값 중 가장 작은 자연수를 구하여라.

5-2

이차방정식 $x^2+3x+k-4=0$이 서로 다른 두 근을 가질 때, 자연수 k의 최댓값은?

① 4 ② 5 ③ 6
④ 7 ⑤ 8

유형 · 6 근의 공식과 이차방정식이 중근을 가질 조건

이차방정식 $x^2+(k+3)x+4k=0$이 중근을 갖도록 하는 모든 상수 k의 값의 합은?

① 6 ② 8 ③ 10
④ 12 ⑤ 14

» 닮은꼴 문제

6-1

이차방정식 $x^2-2(m-1)x+4=0$이 중근을 가질 때, 양수 m의 값을 구하여라.

6-2

이차방정식 $(k+1)x^2-(k+1)x+1=0$이 중근을 갖도록 하는 상수 k의 값을 구하여라.

유형 7 이차방정식 구하기

이차방정식 $\frac{1}{2}x^2+ax+b=0$의 두 근이 -2, 4일 때, 상수 a, b에 대하여 $\frac{b}{a}$의 값은?

① 1　② 2　③ 3
④ 4　⑤ 5

» 닮은꼴 문제

7-1

이차방정식 $9x^2+ax+b=0$이 중근 $-\frac{1}{3}$을 가질 때, 상수 a, b에 대하여 $a+b$의 값을 구하여라.

7-2

이차방정식 $3x^2+ax+b=0$의 두 근이 $-\frac{2}{3}$, 1일 때, 이차방정식 $x^2+ax+b=0$의 두 근의 차를 구하여라.

(단, a, b는 상수)

유형 8 한 근이 무리수일 때 미지수의 값 구하기

이차방정식 $x^2+6x+k=0$의 한 근이 $-3+\sqrt{5}$일 때, 유리수 k의 값은?

① 1　② 2　③ 3
④ 4　⑤ 5

» 닮은꼴 문제

8-1

이차방정식 $x^2-mx+3=0$의 한 근이 $3-\sqrt{6}$일 때, 유리수 m의 값은?

① -6　② -4　③ 2
④ 4　⑤ 6

8-2

이차방정식 $x^2+2ax+2b=0$의 한 근이 $3+2\sqrt{2}$일 때, $a-b$의 값은? (단, a, b는 유리수)

① -4　② $-\frac{7}{2}$　③ $-\frac{3}{2}$
④ $\frac{1}{2}$　⑤ $\frac{5}{2}$

30 · 이차방정식의 활용 (1)

개념 1 이차방정식의 활용 (1)

(1) 이차방정식의 활용 문제를 푸는 순서

❶ 미지수 정하기: 구하려는 것을 미지수 x로 놓는다.

❷ 방정식 세우기: 문제의 뜻에 맞게 이차방정식을 세운다.

❸ 방정식 풀기: 이차방정식을 푼다.

❹ 답 구하기: 구한 해 중에서 문제의 뜻에 맞는 것을 택한다.

· 시간, 속력, 거리, 길이, 넓이, 부피 등은 양수가 되어야 하고, 개수, 나이 등은 자연수가 되어야 한다.

풍쌤의 point 이차방정식의 활용 문제에서 이차방정식의 해가 모두 답이 되는 것은 아니므로 문제의 뜻에 맞는지 반드시 확인해야 해.

(2) 이차방정식의 활용 – 수에 대한 문제

미지수를 다음과 같이 정하고 이차방정식을 세운다.

① 연속하는 두 정수 ➜ x, $x+1$ 또는 $x-1$, x

② 연속하는 세 정수 ➜ $x-1$, x, $x+1$ 또는 x, $x+1$, $x+2$

③ 연속하는 두 짝수
➜ x, $x+2$ (x는 짝수) 또는 $2x$, $2x+2$ (x는 자연수)

④ 연속하는 두 홀수
➜ x, $x+2$ (x는 홀수) 또는 $2x-1$, $2x+1$ (x는 자연수)

참고 자주 활용되는 간단한 공식

① 자연수 1부터 n까지의 합 ➜ $\frac{n(n+1)}{2}$ ② n각형의 대각선의 총 개수 ➜ $\frac{n(n-3)}{2}$개

· 예제 1 ·

연속하는 두 자연수의 곱이 30일 때, 두 수를 구하는 과정이다. □ 안에 알맞은 것을 써넣어라.

❶ 미지수 정하기
연속하는 두 자연수 중 작은 수를 x라 하면 큰 수는 □이다.

❷ 방정식 세우기
두 자연수의 곱이 30이므로
$x(\square)=30$ ······ ㉠

❸ 방정식 풀기
㉠을 정리하여 풀면 $x^2+\square-30=0$
$(x+\square)(x-\square)=0$
$\therefore x=\square$ 또는 $x=\square$

❹ 답 구하기
그런데 x는 자연수이므로 $x=\square$
따라서 곱이 30인 연속하는 두 자연수는 □, □이다.

› 답 $x+1$, $x+1$, x, 6, 5, -6, 5, 5, 5, 6

· 확인 1 ·

연속하는 짝수인 두 자연수의 제곱의 합이 100일 때, 두 수를 구하는 과정이다. □ 안에 알맞은 것을 써넣어라.

❶ 미지수 정하기
연속하는 짝수인 두 자연수 중 작은 수를 x라 하면 큰 수는 □이다.

❷ 방정식 세우기
두 자연수의 제곱의 합이 100이므로
$x^2+(\square)^2=100$ ······ ㉠

❸ 방정식 풀기
㉠을 정리하여 풀면 $x^2+2x-\square=0$
$(x+\square)(x-\square)=0$
$\therefore x=\square$ 또는 $x=\square$

❹ 답 구하기
그런데 x는 자연수이므로 $x=\square$
따라서 구하는 연속하는 짝수인 두 자연수는 □, □이다.

개념 • check

정답과 해설 33쪽 | 워크북 51쪽

01 어떤 자연수를 제곱한 수는 처음 수의 2배보다 15만큼 크다고 한다. 다음 물음에 답하여라.

→ 개념1 이차방정식의 활용 (1)

(1) 어떤 자연수를 x라 할 때, x에 대한 이차방정식을 $x^2+ax+b=0$의 꼴로 나타내어라.

(2) x의 값을 구하여라.

02 어떤 자연수를 제곱해야 할 것을 잘못하여 3배 하였더니 제곱한 것보다 28만큼 작아졌다. 다음 물음에 답하여라.

→ 개념1 이차방정식의 활용 (1)

(1) 어떤 자연수를 x라 할 때, x에 대한 이차방정식을 $x^2+ax+b=0$의 꼴로 나타내어라.

(2) x의 값을 구하여라.

03 연속하는 두 자연수의 제곱의 합이 145이다. 다음 물음에 답하여라.

→ 개념1 이차방정식의 활용 (1)

(1) 연속하는 두 자연수 중 작은 수를 x라 할 때, x에 대한 이차방정식을 $x^2+ax+b=0$의 꼴로 나타내어라.

(2) x의 값을 구하여라.

(3) 연속하는 두 자연수를 구하여라.

04 연속하는 두 홀수의 곱이 143이다. 다음 물음에 답하여라.

→ 개념1 이차방정식의 활용 (1)

(1) 연속하는 두 홀수 중 큰 수를 $2x+1$이라 할 때, 다른 한 수를 x에 대한 식으로 나타내어라. (단, x는 자연수)

(2) x의 값을 구하여라.

(3) 연속하는 두 홀수를 구하여라.

31 ◆ 이차방정식의 활용 (2)

개념 1 이차방정식의 활용 (2)

(1) 이차방정식의 활용 – 쏘아 올린 물체

t초 후의 높이가 (at^2+bt+c) m로 주어졌을 때, 높이가 h m일 때의 시각을 구하려면 t에 대한 이차방정식 $h=at^2+bt+c$의 해를 구한다.

참고 지면에서 똑바로 던져 올린 물체의 t초 후의 높이가 $h=at^2+bt+c$ (m)일 때

① p초 후 물체의 높이는 t에 p를 대입하여 구한다.

② 물체의 높이가 k m일 때의 시각은 h에 k를 대입하여 구한다.

③ 물체가 지면에 떨어질 때의 높이는 0 m이다.

(2) 이차방정식의 활용 – 도형에 대한 문제

① (삼각형의 넓이)$=\frac{1}{2}\times$(밑변의 길이)$\times$(높이)

② (직사각형의 넓이)=(가로의 길이)$\times$(세로의 길이)
(직사각형의 둘레의 길이)$=2\times$\{(가로의 길이)+(세로의 길이)\}

③ (원의 넓이)$=\pi\times$(반지름의 길이)^2
(원의 둘레의 길이)$=2\pi\times$(반지름의 길이)

④ (사다리꼴의 넓이)$=\frac{1}{2}\times$\{(윗변의 길이)+(아랫변의 길이)\}$\times$(높이)

◆ 예제 1 ◆

넓이가 108 cm^{2}이고, 세로의 길이가 가로의 길이보다 3 cm만큼 긴 직사각형의 가로의 길이와 세로의 길이를 구하는 과정이다. □ 안에 알맞은 것을 써넣어라.

❶ 미지수 정하기
직사각형의 가로의 길이를 x cm라 하면 세로의 길이는 (□) cm이다.

❷ 방정식 세우기
직사각형의 넓이가 108 cm^{2}이므로
x(□)=108 ······ ㉠

❸ 방정식 풀기
㉠을 정리하여 풀면 x^2+□$-108=0$
$(x+$□$)(x-$□$)=0$
∴ $x=$□ 또는 $x=$□

❹ 답 구하기
그런데 $x>0$이므로 $x=$□
따라서 직사각형의 가로의 길이는 □cm, 세로의 길이는 □cm이다.

> 답 $x+3$, $x+3$, $3x$, 12, 9, -12, 9, 9, 9, 12

◆ 확인 1 ◆

어떤 원의 반지름의 길이를 2 cm만큼 늘였더니 그 넓이가 처음 원의 4배가 되었을 때, 처음 원의 반지름의 길이를 구하는 과정이다. □ 안에 알맞은 것을 써넣어라.

❶ 미지수 정하기
처음 원의 반지름의 길이를 x cm라 하면 늘인 원의 반지름의 길이는 (□)cm이다.

❷ 방정식 세우기
늘인 원의 넓이가 처음 원의 넓이의 4배이므로
$\pi\times($□$)^2=$□$\times\pi\times x^2$ ······ ㉠

❸ 방정식 풀기
㉠을 정리하여 풀면 $3x^2-4x-$□$=0$
$(3x+$□$)(x-$□$)=0$
∴ $x=$□ 또는 $x=$□

❹ 답 구하기
그런데 $x>0$이므로 $x=$□
따라서 처음 원의 반지름의 길이는 □cm이다.

개념 ◆ check

정답과 해설 33쪽 | 워크북 52~53쪽

01 **지면에서 초속** 70 m**로 똑바로 던져 올린 공의** t**초 후의 지면으로부터의 높이가** $(70t-5t^2)\text{ m}$**라고 한다. 다음 물음에 답하여라.**

(1) 물체가 지면에 떨어질 때의 높이를 구하여라.

(2) 물체를 던진 후 지면에 떨어질 때까지 걸리는 시간을 구하여라.

→ 개념1 이차방정식의 활용 (2)

02 **지면에서 초속** 30 m**로 똑바로 던져 올린 공의** t**초 후의 지면으로부터의 높이가** $(30t-5t^2)\text{ m}$**라고 한다. 다음 물음에 답하여라.**

(1) 던져 올린 지 2초 후의 공의 높이를 구하여라.

(2) 공의 높이가 지면으로부터 25 m에 도달하는 것은 던져 올린 지 몇 초 후인지 구하여라.

→ 개념1 이차방정식의 활용 (2)

03 **가로, 세로의 길이가 각각** 6 m, 5 m**인 직사각형이 있다. 이 직사각형의 가로, 세로의 길이를 각각** $x\text{ m}$**씩 늘였을 때, 다음 물음에 답하여라.**

(1) 늘인 후의 직사각형의 가로, 세로의 길이를 각각 x에 대한 식으로 나타내어라.

(2) 새로운 직사각형의 넓이를 x에 대한 식으로 나타내어라.

(3) 새로운 직사각형의 넓이가 처음 직사각형의 넓이보다 12 m^2만큼 클 때, x의 값을 구하여라.

→ 개념1 이차방정식의 활용 (2)

04 **둘레의 길이가** 32 cm**이고 넓이가** 60 cm^2**인 직사각형이 있다. 이 직사각형의 가로의 길이가 세로의 길이보다 더 길 때, 다음 물음에 답하여라.**

(1) 직사각형의 가로의 길이를 $x\text{ cm}$라 할 때, 세로의 길이를 x에 대한 식으로 나타내어라.

(2) x의 값을 구하여라.

(3) 직사각형의 가로, 세로의 길이를 각각 구하여라.

→ 개념1 이차방정식의 활용 (2)

유형 • check

정답과 해설 33~35쪽 | 워크북 51~53쪽

유형 • 1 수에 대한 문제

연속하는 세 자연수의 제곱의 합이 302일 때, 세 자연수를 구하여라.

» 닮은꼴 문제

1-1

연속하는 세 자연수가 있다. 가운데 수의 제곱의 3배가 나머지 두 수의 제곱의 합보다 2만큼 클 때, 가장 작은 자연수를 구하여라.

1-2

연속하는 홀수인 두 자연수의 제곱의 합이 130일 때, 두 홀수의 합은?

① 12 ② 16 ③ 20
④ 24 ⑤ 28

유형 • 2 실생활에 대한 문제

나이 차이가 4살인 남매가 있다. 동생 나이의 제곱은 오빠 나이의 7배보다 2살이 많을 때, 동생의 나이를 구하여라.

» 닮은꼴 문제

2-1

어느 수학 문제집을 펼쳤더니 두 면에 적힌 쪽수의 곱이 210이었다. 이 두 면의 쪽수의 합을 구하여라.

2-2

수정이는 여름 캠프를 8월에 2박 3일 동안 가기로 하였는데 3일간의 날짜를 각각 제곱하여 더하였더니 194였다. 여름 캠프의 출발 날짜는?

① 8월 5일 ② 8월 6일 ③ 8월 7일
④ 8월 8일 ⑤ 8월 9일

유형 3 물건의 개수에 대한 문제

연필 144자루를 남김없이 학생들에게 똑같이 나누어 주었다. 한 학생이 받은 연필의 수가 전체 학생의 수보다 10만큼 적다고 할 때, 전체 학생의 수를 구하여라.

» 닮은꼴 문제

3-1

사탕 112개를 남김없이 어떤 모둠의 학생들에게 똑같이 나누어 주려고 한다. 한 학생이 받을 사탕 수가 모둠의 학생 수보다 6만큼 적다고 할 때, 이 모둠의 학생 수를 구하여라.

3-2

한 봉지에 30개가 들어 있는 호두과자 6봉지를 남김없이 학생들에게 똑같이 나누어 주려고 한다. 한 학생이 받을 호두과자의 수는 전체 학생의 수보다 3만큼 적다고 할 때, 전체 학생의 수를 구하여라.

유형 4 공식 활용에 대한 문제

n각형의 대각선의 총 개수는 $\frac{n(n-3)}{2}$개이다. 대각선의 개수가 다음과 같은 다각형은 몇 각형인지 구하여라.

(1) 35개 (2) 65개

» 닮은꼴 문제

4-1

자연수 1부터 n까지의 합은 $\frac{n(n+1)}{2}$이다. 합이 210이 되려면 1부터 얼마까지 더해야 하는가?

① 16 ② 17 ③ 18
④ 19 ⑤ 20

4-2

n명의 학생들이 서로 한 번씩 악수를 하면 그 총 횟수는 $\frac{n(n-1)}{2}$번이 된다. n명의 학생들이 서로 한 번씩 악수한 총 횟수가 28번일 때, 학생 수는?

① 8명 ② 9명 ③ 10명
④ 11명 ⑤ 12명

유형 · 5 쏘아 올린 물체에 대한 문제

지면에서 초속 340 m로 똑바로 쏘아 올린 공의 t초 후의 높이가 $(340t-5t^2)\text{ m}$라고 한다. 이 공이 다시 땅에 떨어지는 것은 공을 쏘아 올린 지 몇 초 후인가?

① 10초 후 ② 17초 후 ③ 34초 후
④ 68초 후 ⑤ 85초 후

» 닮은꼴 문제

5-1

지면으로부터 30 m 높이의 건물 꼭대기에서 초속 45 m로 똑바로 위로 던진 공의 t초 후의 높이가 $(30+45t-5t^2)\text{ m}$라고 한다. 지면으로부터 공의 높이가 처음으로 120 m가 되는 것은 공을 던진 지 몇 초 후인지 구하여라.

5-2

지면으로부터 100 m 높이의 옥상에서 초속 40 m로 똑바로 쏘아 올린 폭죽은 t초 후에 $(100+40t-5t^2)\text{ m}$의 높이에서 터진다고 한다. 폭죽을 쏘아 올린 지 몇 초 후에 지면으로부터 160 m의 높이에서 폭죽이 터지는지 구하여라.

유형 · 6 도형에 관한 문제 (1)

오른쪽 그림과 같이 가로, 세로의 길이가 각각 5 m, 3 m인 직사각형에서 가로, 세로의 길이를 똑같이 $x\text{ m}$씩 늘여서 그 넓이를 20 m^2만큼 넓히려고 한다. 이때 x의 값은?

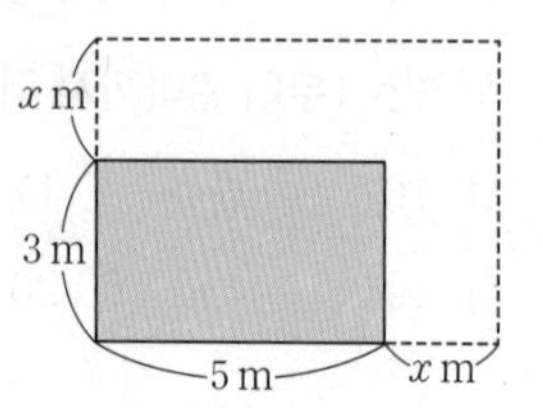

① 1 ② 2 ③ 3
④ 4 ⑤ 5

» 닮은꼴 문제

6-1

밑변의 길이와 높이가 같은 삼각형이 있다. 이 삼각형의 밑변의 길이를 6 cm, 높이를 4 cm 늘였더니 그 넓이가 처음 삼각형의 2배가 되었다. 이때 처음 삼각형의 넓이를 구하여라.

6-2

가로, 세로의 길이가 각각 12 cm, 8 cm인 직사각형이 있다. 이 직사각형의 가로의 길이는 매초 1 cm씩 줄어들고, 세로의 길이는 매초 2 cm씩 늘어날 때, 넓이가 처음과 같아지는 데 걸리는 시간은 몇 초인지 구하여라.

유형 7 도형에 관한 문제 (2)

오른쪽 그림과 같이 가로, 세로의 길이가 각각 13 m, 10 m인 직사각형 모양의 땅에 폭이 일정한 도로를 만들려고 한다. 도로를 제외한 부분의 넓이가 88 m^2가 되도록 할 때, 이 도로의 폭은?

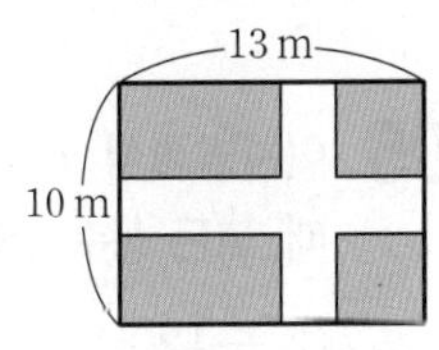

① $\frac{1}{2}$ m ② 1 m ③ $\frac{3}{2}$ m
④ 2 m ⑤ $\frac{5}{2}$ m

» 닮은꼴 문제

7-1

오른쪽 그림과 같이 가로, 세로의 길이가 각각 10 m, 6 m인 직사각형 모양의 꽃밭이 있다. 이 꽃밭의 둘레에 폭이 일정하고, 넓이가 80 m^2인 산책로를 만들려고 할 때, 산책로의 폭은 몇 m로 해야 하는지 구하여라.

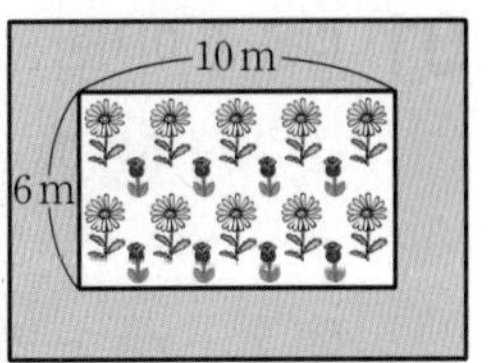

7-2

오른쪽 그림과 같이 가로, 세로의 길이가 각각 18 m, 15 m인 직사각형 모양의 땅에 폭이 일정한 도로를 만들려고 한다. 도로를 제외한 부분의 넓이가 180 m^2가 되도록 할 때, 이 도로의 폭을 몇 m로 해야 하는지 구하여라.

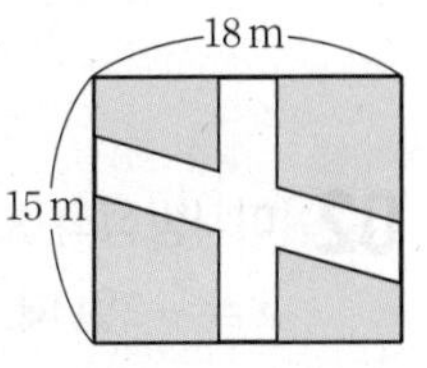

유형 8 도형에 관한 문제 (3)

오른쪽 그림과 같은 정사각형 모양의 종이의 네 귀퉁이에서 한 변의 길이가 4 cm인 정사각형을 잘라내고 나머지로 뚜껑이 없는 직육면체 모양의 상자를 만들었더니 부피가 144 cm^3가 되었다. 처음 정사각형 모양의 종이의 한 변의 길이를 구하여라.

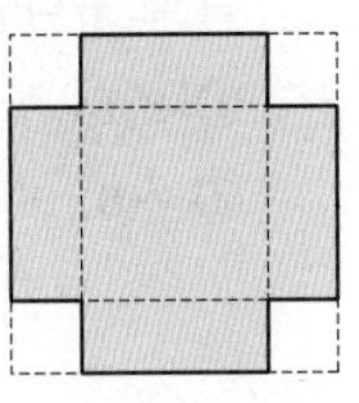

» 닮은꼴 문제

8-1

오른쪽 그림과 같이 폭이 40 cm인 철판의 양쪽을 같은 높이만큼 직각으로 접어 올려 색칠한 단면의 넓이가 150 cm^2인 물받이를 만들려고 한다. 가능한 물받이의 높이를 모두 구하여라.

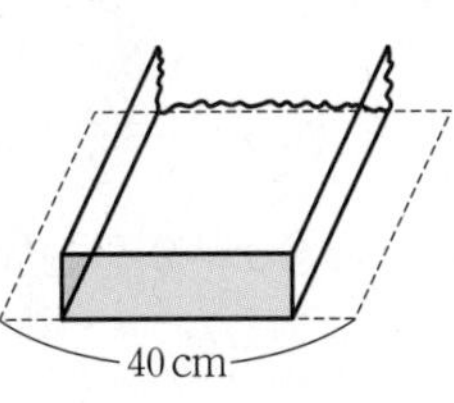

8-2

한 변의 길이가 20 cm인 정사각형 모양의 종이의 네 귀퉁이에서 한 변의 길이가 x cm인 정사각형 모양의 종이를 오려내어 직육면체 모양의 상자를 만들려고 한다. 상자의 전개도의 총 넓이가 300 cm^2일 때, x의 값을 구하여라.

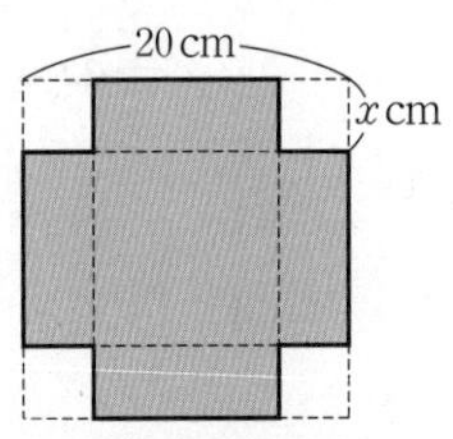

단원 • 마무리

01 다음 중 이차방정식인 것은?

① $2x+5=5x-3$
② $-x^2+x^3=2x-3+2x^2$
③ $x^3+x=-2x^2+x^3$
④ $x^2+\frac{1}{x}=3$
⑤ $x^2+2=\frac{1}{x^2}-1$

02 이차방정식 $3x^2-(a-2)x-a+3=0$의 한 근이 $x=-2$일 때, 상수 a의 값은?

① -15　② -11　③ -7
④ -3　⑤ -1

03 이차방정식 $x^2+4x-12=0$의 두 근 중 큰 근을 a라 할 때, 이차방정식 $2x^2-(a+1)x-20=0$을 풀면?

① $x=-5$ 또는 $x=2$　② $x=-4$ 또는 $x=\frac{5}{2}$
③ $x=-\frac{5}{2}$ 또는 $x=4$　④ $x=\frac{5}{2}$ 또는 $x=4$
⑤ $x=2$ 또는 $x=5$

04 다음 두 이차방정식의 근이 서로 같을 때, 상수 a, b에 대하여 $a-b$의 값은?

$$x^2+ax-a+5=0,\ (x+2)(x+b)=0$$

① 1　② 2　③ 3
④ 4　⑤ 5

05 이차방정식 $x^2-2ax+12-4a=0$이 중근을 가질 때, 모든 상수 a의 값의 곱은?

① -12　② -6　③ 0
④ 6　⑤ 12

06 이차방정식 $4(x+a)^2=b$의 해가 $x=-2\pm\sqrt{2}$일 때, 유리수 a, b의 합 $a+b$의 값은?

① 2　② 4　③ 6
④ 8　⑤ 10

07 이차방정식 $5x^2+12x+a=0$의 해가 $x=\frac{b\pm\sqrt{51}}{5}$일 때, 유리수 a, b의 합 $a+b$의 값은?

① -14　② -11　③ -9
④ -6　⑤ -2

08 이차방정식 $3x^2-2x-3=0$의 두 근 중 큰 근을 k라 고 할 때, $\frac{3}{k}+1$의 값은?

① $-\sqrt{10}+1$　② $\sqrt{10}-1$　③ $\sqrt{10}$
④ $\sqrt{10}+1$　⑤ $\sqrt{10}+2$

09 이차방정식 $0.3x^2+x=0.8(x+1)$의 두 근 중 큰 근을 k라 할 때, $15k$의 값은?

① 1　② 5　③ 10　④ 15　⑤ 20

10 $(2x+y)^2-7=12x+6y$일 때, 양수 x, y에 대하여 $2x+y$의 값은?

① 1　② 3　③ 5　④ 7　⑤ 9

11 이차방정식 $2x^2+ax+b=0$의 두 근이 $\frac{1}{4}$, -1일 때, 상수 a, b의 합 $a+b$의 값은?

① -1　② $-\frac{1}{2}$　③ 1　④ $\frac{3}{2}$　⑤ 2

12 이차방정식 $x^2+ax+b=0$의 한 근이 $2-\sqrt{5}$일 때, 유리수 a, b의 곱 ab의 값은?

① -4　② -2　③ 2　④ 4　⑤ 8

13 두 수 a, b에 대하여 $a \circledcirc b=(a+1)(b-1)$로 나타낼 때, 다음을 만족시키는 x의 값을 모두 구하면?

$$(x+2) \circledcirc 2x=4$$

① $-\frac{7}{2}$, 1　② $-\frac{5}{2}$, 1　③ -1, $\frac{3}{2}$　④ -1, $\frac{5}{2}$　⑤ $\frac{5}{2}$, $\frac{7}{2}$

14 오른쪽 그림과 같이 가로, 세로의 길이가 각각 18 cm, 12 cm인 직사각형 모양의 사진을 폭이 x cm로 일정한 테두리를 가진 액자에 끼웠다. 테두리의 넓이가 사진의 넓이와 같을 때, x의 값은?

① 1　② 2　③ 3　④ 4　⑤ 5

15 오른쪽 그림과 같이 직선 $y=-2x+6$ 위의 한 점 P를 잡아 직사각형 OAPB를 만들었다. □OAPB의 넓이가 4일 때, 점 P의 좌표를 구하여라. (단, $\overline{OA}<\overline{OB}$이고 점 P는 제1사분면 위의 점이다.)

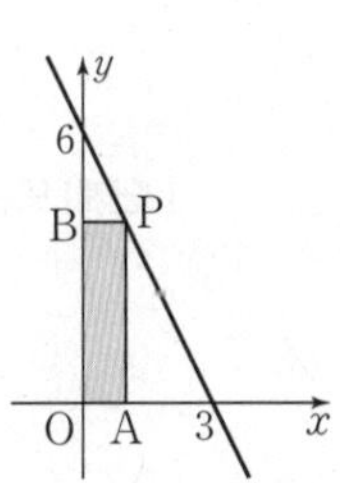

서술형 꽉 잡기

주어진 단계에 따라 쓰는 유형

16 이차방정식 $x^2+(2k+1)x+1-k^2=0$의 한 근이 $x=1$일 때, 다른 한 근을 $x=m$이라 하자. 상수 k, m에 대하여 $k-m$의 값을 모두 구하여라.

· 생각해 보자 ·

구하는 것은? $k-m$의 값

주어진 것은? ① 이차방정식 $x^2+(2k+1)x+1-k^2=0$
② 이차방정식의 한 근이 $x=1$, 다른 한 근은 $x=m$

> 풀이

[1단계] k의 값 구하기 (40 %)

[2단계] m의 값 구하기 (40 %)

[3단계] 모든 $k-m$의 값 구하기 (20 %)

> 답

풀이 과정을 자세히 쓰는 유형

17 이차방정식 $x^2+ax+b=0$의 두 근이 -6, 1이고, 이차방정식 $ax^2+bx+1=0$의 두 근이 α, β일 때, $\alpha+10\beta$의 값을 구하여라.

(단, a, b는 상수이고, $\alpha>\beta$)

> 풀이

> 답

18 x에 대한 이차방정식 $ax^2+(a+3)x+a=0$이 중근을 가질 때, 이차방정식 $2x^2+5x+a=0$을 풀어라.

(단, $a>0$)

> 풀이

> 답

III. 이차함수

1. 이차함수의 그래프 (1)

1 · 이차함수 $y=ax^2$의 그래프

2 · 이차함수 $y=a(x-p)^2+q$의 그래프

32 ◆ 이차함수 $y=x^2$의 그래프

개념 1 이차함수 $y=x^2$의 그래프

(1) 이차함수의 뜻

함수 $y=f(x)$에서 y가 x에 대한 이차식 $y=ax^2+bx+c$(a, b, c는 상수, $a\neq0$)로 나타내어질 때, 이 함수 f를 x에 대한 이차함수라 한다.

└ $a=0$, $b\neq0$이면 함수 f는 일차함수

예 $y=x^2$, $y=x^2-4$, $y=-2x^2+2x+3$

◆ 함숫값
이차함수 $f(x)=ax^2+bx+c$에서 $x=k$일 때의 함숫값은 $f(k)=ak^2+bk+c$

(2) 이차함수 $y=x^2$의 그래프

① 원점 (0, 0)을 지나고 아래로 볼록한 곡선이다.

② y축에 대하여 대칭이다.

③ (i) $x<0$일 때, x의 값이 증가하면 y의 값은 감소한다.

(ii) $x>0$일 때, x의 값이 증가하면 y의 값도 증가한다.

④ 원점을 제외한 모든 부분은 x축보다 위쪽에 있다.

⑤ $y=-x^2$의 그래프와 x축에 대하여 대칭이다.

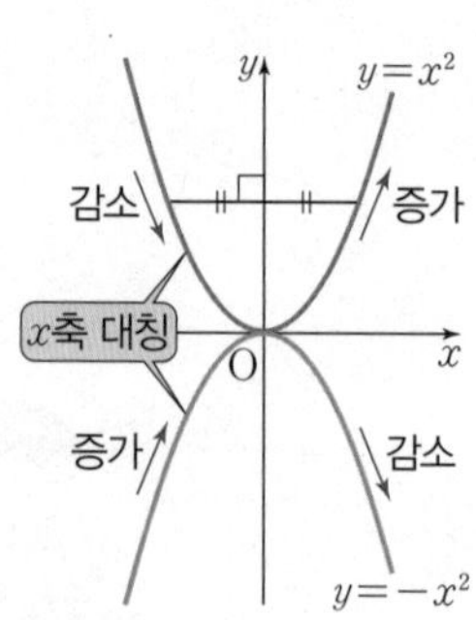

◆ x의 값의 범위에 대한 특별한 언급이 없으면 x의 값의 범위는 실수 전체로 생각한다.

참고 ① 이차함수의 그래프와 같은 모양의 곡선을 포물선이라 한다.

② 포물선은 선대칭도형이며 그 대칭축을 포물선의 축, 포물선과 축의 교점을 포물선의 꼭짓점이라 한다.

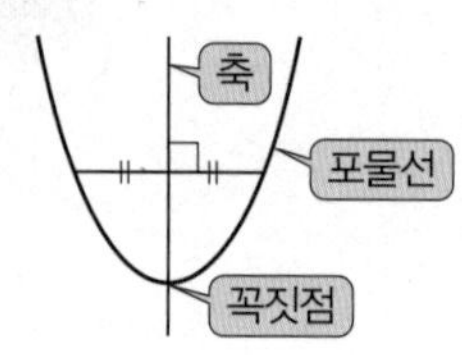

◆ 예제 1 ◆

이차함수 $y=x^2$에 대하여 다음 물음에 답하여라.

(1) 아래 표를 완성하여라.

x	⋯	-3	-2	-1	0	1	2	3	⋯
y	⋯	9							⋯

(2) (1)의 표를 이용하여 x의 값의 범위가 실수 전체일 때, 이차함수 $y=x^2$의 그래프를 오른쪽 좌표평면 위에 그려라.

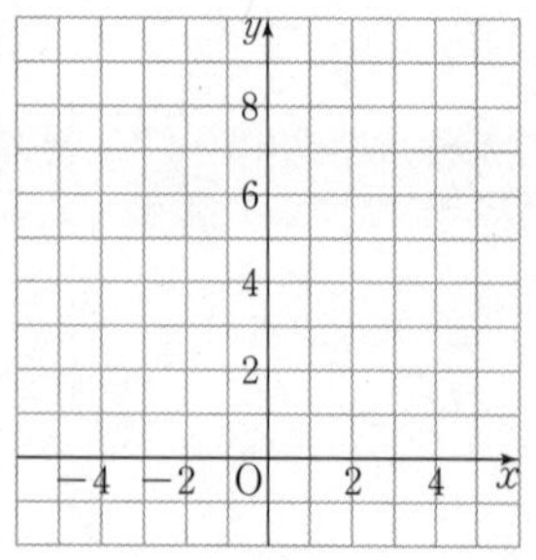

> 답 (1) 4, 1, 0, 1, 4, 9

(2)

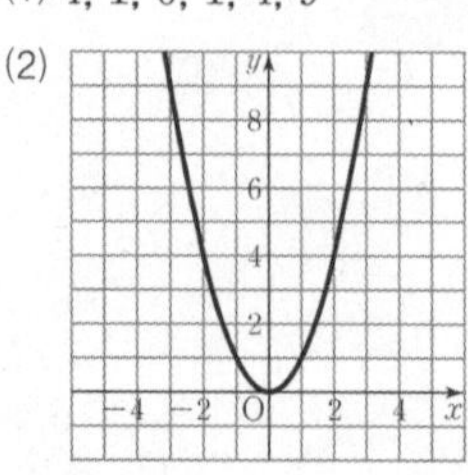

◆ 확인 1 ◆

이차함수 $y=-x^2$에 대하여 다음 물음에 답하여라.

(1) 아래 표를 완성하여라.

x	⋯	-3	-2	-1	0	1	2	3	⋯
y	⋯	-9							⋯

(2) (1)의 표를 이용하여 x의 값의 범위가 실수 전체일 때, 이차함수 $y=-x^2$의 그래프를 오른쪽 좌표평면 위에 그려라.

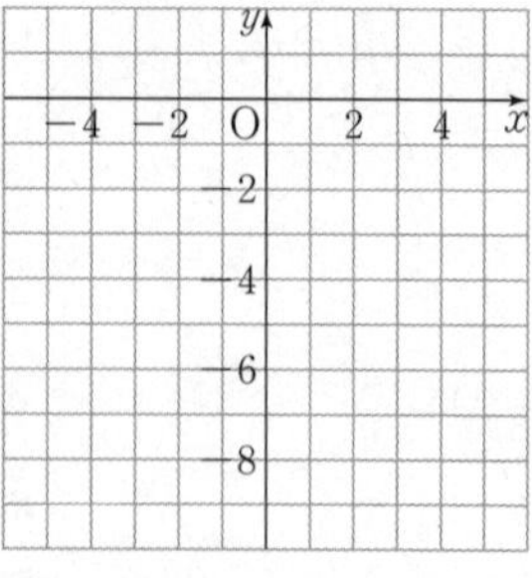

개념 · check

정답과 해설 37쪽 | 워크북 57쪽

01 다음 〈보기〉 중 이차함수인 것을 모두 골라라.

→ 개념1
이차함수 $y=x^2$의 그래프

보기

ㄱ. $y=\frac{2}{3}x^2-\frac{2}{3}$　ㄴ. $y=-x^3-3x^2+2$　ㄷ. $y=0.1x^2-(3x+4)$
ㄹ. $y=x^2-(x^2+3)$　ㅁ. $y-x^2=-x^2+2x-5$

02 다음에서 y를 x에 대한 식으로 나타내고, 이차함수인지 아닌지 말하여라.

→ 개념1
이차함수 $y=x^2$의 그래프

(1) 반지름의 길이가 x cm인 원의 넓이 y cm^2
(2) 시속 70 km로 x시간 동안 달린 거리 y km
(3) 밑면의 반지름의 길이가 x cm, 높이가 4 cm인 원기둥의 부피 y cm^3

03 두 이차함수 $y=x^2$, $y=-x^2$의 그래프에 대하여 다음 빈칸에 알맞은 것을 써넣어라.

→ 개념1
이차함수 $y=x^2$의 그래프

	$y=x^2$	$y=-x^2$
(1) 꼭짓점의 좌표		
(2) 축의 방정식		
(3) 그래프가 지나는 사분면		

04 다음 중 이차함수 $y=x^2$의 그래프에 대한 설명으로 옳지 <u>않은</u> 것은?

→ 개념1
이차함수 $y=x^2$의 그래프

① 원점을 지난다.
② 점 $(-4, 16)$을 지난다.
③ y축에 대하여 대칭이다.
④ x가 어떤 값을 갖더라도 $y>0$이다.
⑤ $x>0$일 때, x의 값이 증가하면 y의 값도 증가한다.

33 • 이차함수 $y=ax^2$의 그래프

개념 1 이차함수 $y=ax^2$의 그래프

(1) 원점 (0, 0)을 꼭짓점으로 하고, y축을 축으로 하는 포물선이다.
축의 방정식은 $x=0$

(2) a의 부호에 따라 포물선의 모양이 달라진다.
① $a>0$이면 아래로 볼록한 포물선이다.
② $a<0$이면 위로 볼록한 포물선이다.

(3) 이차함수 $y=-ax^2$의 그래프와 x축에 대하여 대칭이다.
ax^2의 값과 $-ax^2$의 값은 절댓값이 같고 부호는 다르다.

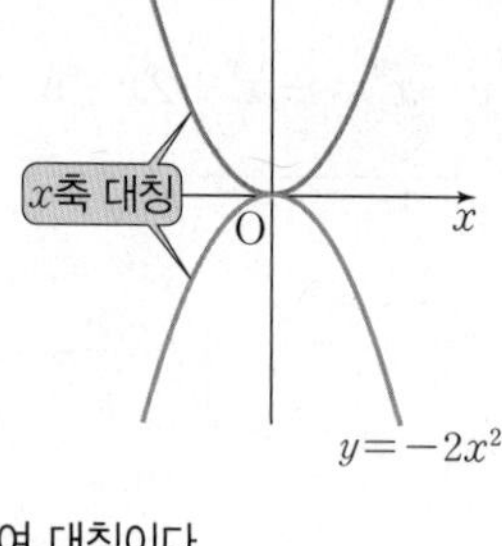

• 이차함수 $y=ax^2$의 그래프는 $a>0$일 때 제1, 2사분면을 지나고, $a<0$일 때 제3, 4사분면을 지난다.

예 이차함수 $y=2x^2$의 그래프와 $y=-2x^2$의 그래프는 x축에 대하여 대칭이다.

(4) a의 절댓값이 클수록 그래프의 폭이 좁아진다.
y축에 가까워진다.

예 이차함수 $y=2x^2$의 그래프의 폭은 이차함수 $y=x^2$의 그래프의 폭보다 좁고, 이차함수 $y=\frac{1}{2}x^2$의 그래프의 폭은 이차함수 $y=x^2$의 그래프의 폭보다 넓다.

풍쌤의 point 이차함수 $y=ax^2$에서 a의 부호는 그래프의 모양을 결정하고, $|a|$는 그래프의 폭을 결정해.

• 예제 1 •

두 이차함수 $y=x^2$, $y=2x^2$에 대하여 다음 물음에 답하여라.

(1) 아래 표를 완성하여라.

x	…	-2	-1	0	1	2	…
$y=x^2$	…	4	1	0	1	4	…
$y=2x^2$	…						…

(2) 이차함수 $y=x^2$의 그래프를 이용하여 $y=2x^2$의 그래프를 오른쪽 좌표평면 위에 그려라.

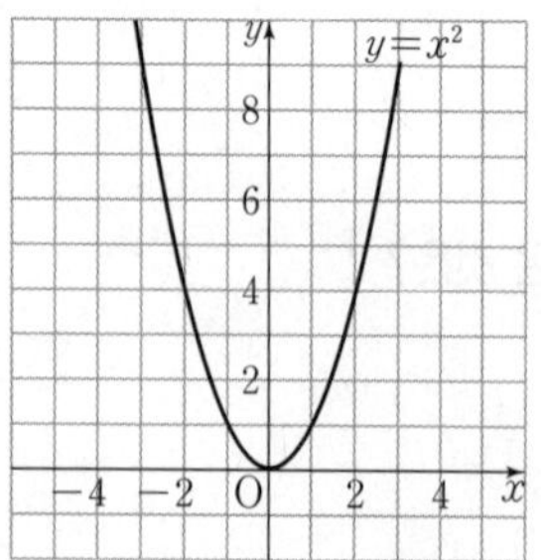

> 답 (1) 8, 2, 0, 2, 8
(2)

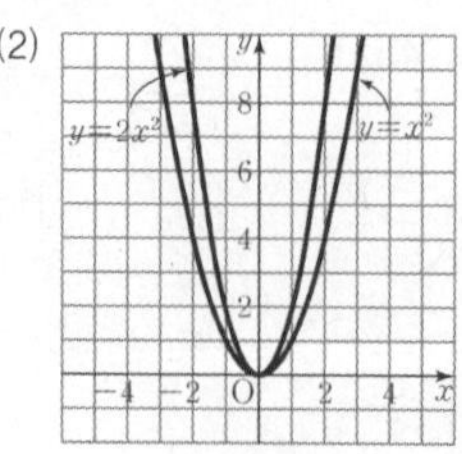

• 확인 1 •

두 이차함수 $y=-x^2$, $y=-2x^2$에 대하여 다음 물음에 답하여라.

(1) 아래 표를 완성하여라.

x	…	-2	-1	0	1	2	…
$y=-x^2$	…	-4	-1	0	-1	-4	…
$y=-2x^2$	…						…

(2) 이차함수 $y=-x^2$의 그래프를 이용하여 $y=-2x^2$의 그래프를 오른쪽 좌표평면 위에 그려라.

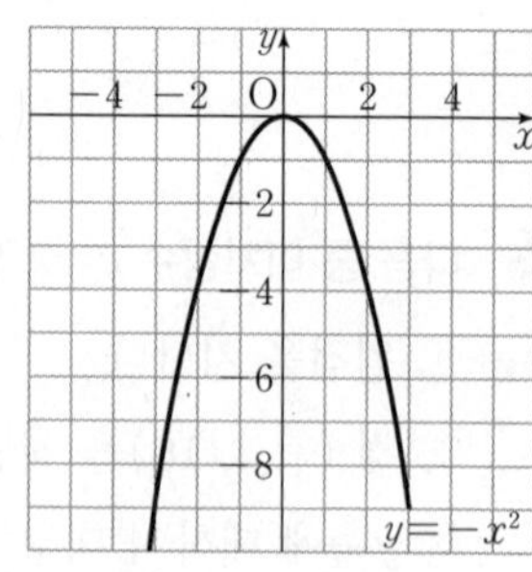

개념 • check

정답과 해설 37쪽 | 워크북 58~59쪽

01 다음 〈보기〉의 이차함수에 대하여 물음에 답하여라.

→ 개념1
이차함수 $y=ax^2$의 그래프

보기

ㄱ. $y=-x^2$　　ㄴ. $y=2x^2$　　ㄷ. $y=-\frac{3}{4}x^2$
ㄹ. $y=\frac{3}{4}x^2$　　ㅁ. $y=-2x^2$　　ㅂ. $y=\frac{4}{3}x^2$

(1) 그래프가 아래로 볼록한 것을 모두 골라라.
(2) 그래프가 x축에 대하여 대칭인 두 이차함수를 모두 골라라.

02 이차함수 $y=ax^2$의 그래프에 대한 설명 중 옳은 것에는 ○표, 옳지 않은 것에는 ×표를 하여라.

→ 개념1
이차함수 $y=ax^2$의 그래프

(1) 원점을 꼭짓점으로 하는 포물선이다. (　　)
(2) x축에 대하여 대칭이다. (　　)
(3) $a<0$이면 아래로 볼록한 포물선이다. (　　)
(4) 이차함수 $y=-ax^2$의 그래프와 x축에 대하여 대칭이다. (　　)
(5) $a=2$일 때의 그래프의 폭이 $a=5$일 때의 그래프의 폭보다 넓다. (　　)

03 다음 〈보기〉 중 이차함수 $y=\frac{1}{2}x^2$의 그래프에 대한 설명으로 옳은 것을 모두 골라라.

→ 개념1
이차함수 $y=ax^2$의 그래프

보기

ㄱ. 위로 볼록한 포물선이다.
ㄴ. 제1, 2사분면을 지난다.
ㄷ. 축의 방정식은 $x=0$이다.
ㄹ. $x<0$일 때, x의 값이 증가하면 y의 값도 증가한다.
ㅁ. 이차함수 $y=-\frac{1}{2}x^2$의 그래프와 x축에 대하여 대칭이다.

04 다음 〈보기〉의 이차함수 중 그래프의 폭이 좁은 것부터 차례로 나열하여라.

→ 개념1
이차함수 $y=ax^2$의 그래프

보기

ㄱ. $y=x^2$　　ㄴ. $y=-2x^2$
ㄷ. $y=\frac{5}{2}x^2$　　ㄹ. $y=-\frac{1}{6}x^2$

유형 • check

정답과 해설 37~38쪽 | 워크북 57~59쪽

유형 • 1 이차함수의 뜻

다음 중 y를 x에 대한 식으로 나타낼 때, 이차함수인 것을 모두 고르면? (정답 2개)

① 밑변의 길이가 $x+1$, 높이가 x^2인 삼각형의 넓이 y

② 한 모서리의 길이가 x인 정육면체의 겉넓이 y

③ 한 모서리의 길이가 x인 정육면체의 부피 y

④ 두 대각선의 길이가 각각 x, $2x$인 마름모의 넓이 y

⑤ 한 변의 길이가 x인 정사각형의 둘레의 길이 y

» 닮은꼴 문제

1-1

다음 〈보기〉 중 이차함수인 것을 모두 골라라.

보기

ㄱ. $y=\dfrac{3}{x^2}+2$

ㄴ. $y=3-x^2$

ㄷ. $y=(2x-3)^2-4x^2$

ㄹ. $y=x(2x-1)+x-1$

1-2

가로의 길이가 $x-1$, 세로의 길이가 $2-x$인 직사각형의 넓이를 y라 할 때, y를 x에 대한 식으로 나타내고, 이차함수인지 말하여라.

유형 • 2 이차함수의 함숫값

이차함수 $f(x)=x^2+3x$에서 $f(2)-f(1)$의 값은?

① 5 ② 6 ③ 7

④ 8 ⑤ 9

» 닮은꼴 문제

2-1

이차함수 $f(x)=-x^2+x+12$에서 $x=-2$일 때의 함숫값을 구하여라.

2-2

이차함수 $f(x)=2x^2+kx+1$에 대하여 $f(2)=3$일 때, 상수 k의 값은?

① -5 ② -4 ③ -3

④ -2 ⑤ -1

유형 3 이차함수 $y=ax^2$의 그래프의 성질

다음 〈보기〉의 이차함수의 그래프에 대한 설명으로 옳지 않은 것은?

보기

ㄱ. $y=4x^2$　　ㄴ. $y=\frac{2}{3}x^2$

ㄷ. $y=-3x^2$　　ㄹ. $y=-\frac{3}{2}x^2$

① 모두 y축에 대하여 대칭이다.
② 모두 원점 $(0, 0)$을 지난다.
③ 그래프의 폭이 가장 좁은 것은 ㄱ이다.
④ ㄴ과 ㄹ은 x축에 대하여 대칭이다.
⑤ 아래로 볼록한 것은 ㄱ, ㄴ이다.

» 닮은꼴 문제

3-1

이차함수 $y=(a-2)x^2$의 그래프가 위로 볼록할 때, 다음 중 상수 a의 값이 될 수 없는 것을 모두 고르면? (정답 2개)

① -1　② 0　③ 1
④ 2　⑤ 3

3-2

세 이차함수 $y=\frac{1}{3}x^2$, $y=ax^2$, $y=x^2$의 그래프가 오른쪽 그림과 같을 때, 다음 중 상수 a의 값이 될 수 있는 것을 모두 고르면? (정답 2개)

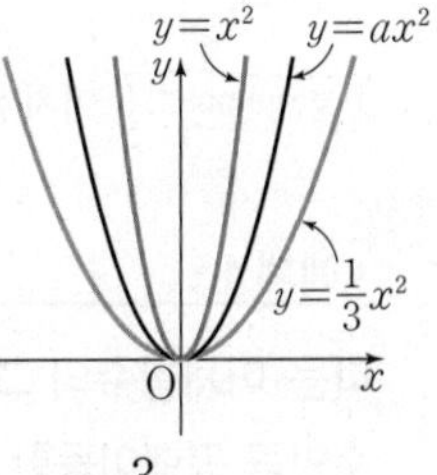

① $\frac{1}{4}$　② $\frac{1}{2}$　③ $\frac{3}{4}$
④ $\frac{3}{2}$　⑤ 2

유형 4 이차함수 $y=ax^2$의 그래프 위의 점

이차함수 $y=ax^2$의 그래프가 두 점 $(4, 8)$, $(-2, b)$를 지날 때, $a+b$의 값은? (단, a는 상수)

① 1　② $\frac{3}{2}$　③ 2
④ $\frac{5}{2}$　⑤ 3

» 닮은꼴 문제

4-1

오른쪽 그림은 꼭짓점이 원점이고 대칭축이 y축인 포물선이다. 이 포물선이 점 $(2, k)$를 지날 때, k의 값을 구하여라.

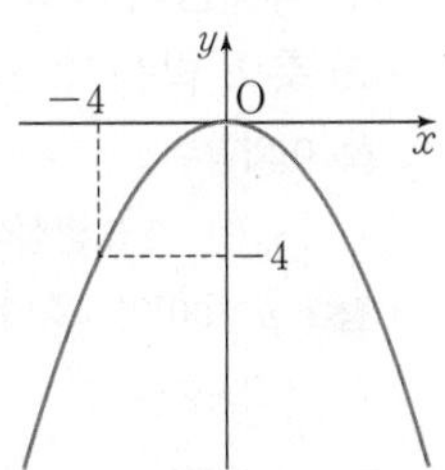

4-2

이차함수 $y=2x^2$의 그래프와 x축에 대하여 대칭인 그래프가 점 $(a, a-3)$을 지날 때, 양수 a의 값을 구하여라.

34 • 이차함수 $y=ax^2+q$와 $y=a(x-p)^2$의 그래프

개념 1 이차함수 $y=ax^2+q$의 그래프

이차함수 $y=ax^2$의 그래프를 y축의 방향으로 q만큼 평행이동한 것이다.

(1) 꼭짓점의 좌표: $(0,\ q)$

(2) 축의 방정식: $x=0$ (y축)

예 이차함수 $y=x^2+3$의 그래프의 꼭짓점의 좌표는 $(0,\ 3)$, 축의 방정식은 $x=0$이다.

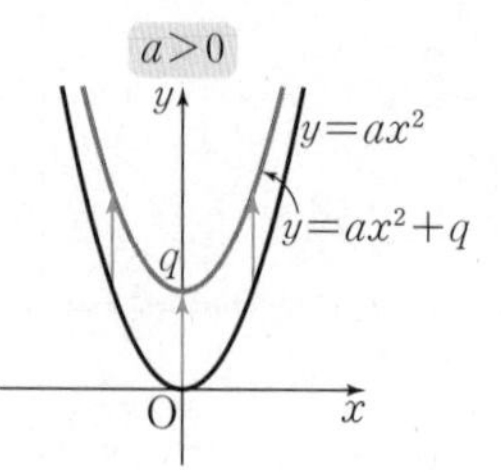

• 평행이동
한 도형을 일정한 방향으로 일정한 거리만큼 옮기는 것을 평행이동이라고 한다. 평행이동은 도형의 모양을 변화시키지 않으면서 그 위치만 변화시킨다.

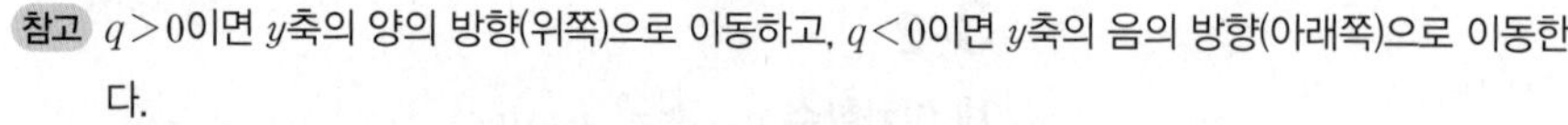
참고 $q>0$이면 y축의 양의 방향(위쪽)으로 이동하고, $q<0$이면 y축의 음의 방향(아래쪽)으로 이동한다.

풍쌤의 point 이차함수 $y=ax^2$의 그래프를 y축의 방향으로 q만큼 평행이동하려면 y 대신 $y-q$를 대입하면 돼.

• 예제 1 •

다음 이차함수의 그래프를 y축의 방향으로 [ ] 안의 수만큼 평행이동한 그래프의 식을 구하여라.

(1) $y=3x^2$ [2]

(2) $y=-\frac{1}{2}x^2$ [-1]

> 답 (1) $y=3x^2+2$ (2) $y=-\frac{1}{2}x^2-1$

• 확인 1 •

다음 이차함수의 그래프는 $y=2x^2$의 그래프를 y축의 방향으로 얼마만큼 평행이동한 것인지 구하여라.

(1) $y=2x^2-3$

(2) $y=2x^2+\frac{1}{5}$

개념 2 이차함수 $y=a(x-p)^2$의 그래프

이차함수 $y=ax^2$의 그래프를 x축의 방향으로 p만큼 평행이동한 것이다.

(1) 꼭짓점의 좌표: $(p,\ 0)$

(2) 축의 방정식: $x=p$

예 이차함수 $y=(x-3)^2$의 그래프의 꼭짓점의 좌표는 $(3,\ 0)$, 축의 방정식은 $x=3$이다.

$a>0$ $y=ax^2$ $y=a(x-p)^2$

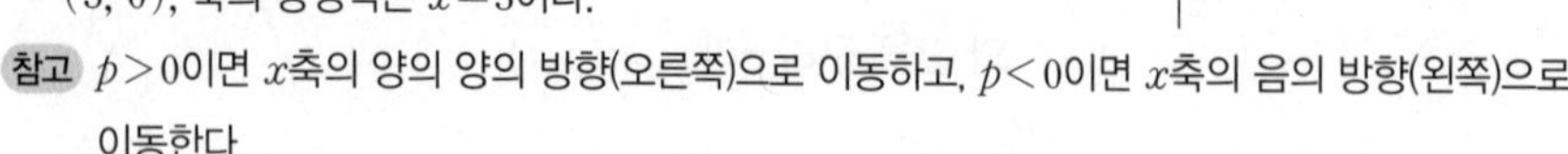
참고 $p>0$이면 x축의 양의 양의 방향(오른쪽)으로 이동하고, $p<0$이면 x축의 음의 방향(왼쪽)으로 이동한다.

풍쌤의 point 이차함수 $y=ax^2$의 그래프를 x축의 방향으로 p만큼 평행이동하려면 x 대신 $x-p$를 대입하면 돼.

• 예제 2 •

다음 이차함수의 그래프를 x축의 방향으로 [ ] 안의 수만큼 평행이동한 그래프의 식을 구하여라.

(1) $y=\frac{3}{4}x^2$ $\left[-\frac{1}{2}\right]$

(2) $y=-x^2$ [1]

> 답 (1) $y=\frac{3}{4}\left(x+\frac{1}{2}\right)^2$ (2) $y=-(x-1)^2$

• 확인 2 •

다음 이차함수의 그래프는 $y=-2x^2$의 그래프를 x축의 방향으로 얼마만큼 평행이동한 것인지 구하여라.

(1) $y=-2\left(x-\frac{2}{3}\right)^2$

(2) $y=-2(x+2)^2$

개념 • check

정답과 해설 38쪽 | 워크북 60~61쪽

01 이차함수 $y=-\frac{2}{3}x^2$의 그래프를 다음과 같이 평행이동한 그래프가 나타내는 이차함수의 식을 구하여라.

(1) y축의 방향으로 -3만큼 평행이동

(2) x축의 방향으로 5만큼 평행이동

→ 개념1, 2
이차함수 $y=ax^2+q$, $y=a(x-p)^2$의 그래프

02 주어진 그래프를 이용하여 다음 이차함수의 그래프를 그리고, 꼭짓점의 좌표와 축의 방정식을 각각 구하여라.

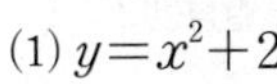

(1) $y=x^2+2$

(2) $y=-\frac{1}{2}(x+1)^2$

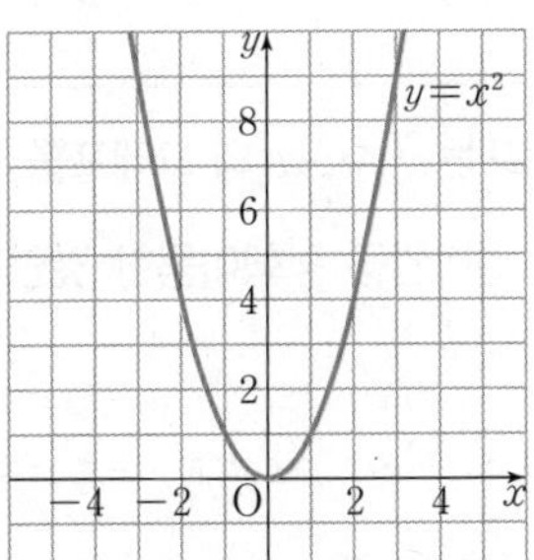

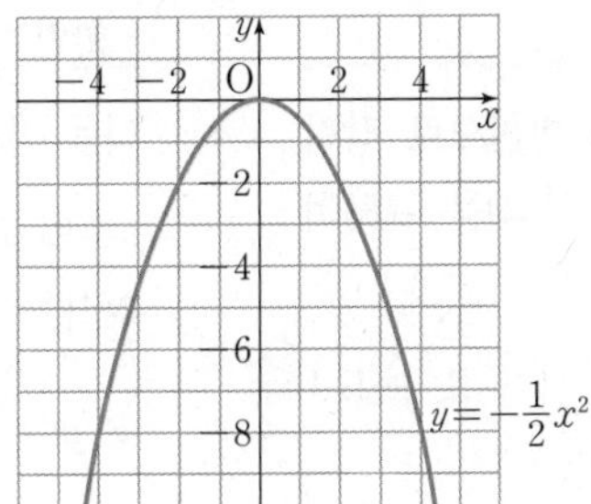

→ 개념1, 2
이차함수 $y=ax^2+q$, $y=a(x-p)^2$의 그래프

03 다음 이차함수의 그래프의 꼭짓점의 좌표와 축의 방정식을 각각 구하여라.

(1) $y=-x^2+\frac{2}{5}$

(2) $y=3(x+4)^2$

(3) $y=\frac{4}{5}x^2-1$

(4) $y=-(x-6)^2$

→ 개념1, 2
이차함수 $y=ax^2+q$, $y=a(x-p)^2$의 그래프

04 다음과 같이 주어진 이차함수의 그래프가 아래와 같을 때, a, p의 부호를 각각 구하여라.

(1) $y=ax^2+q$

(2) $y=a(x-p)^2$

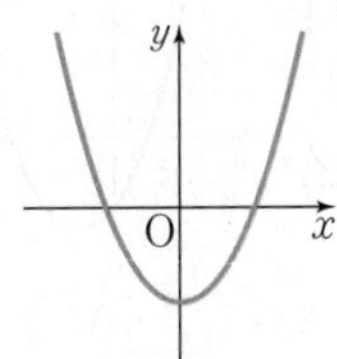

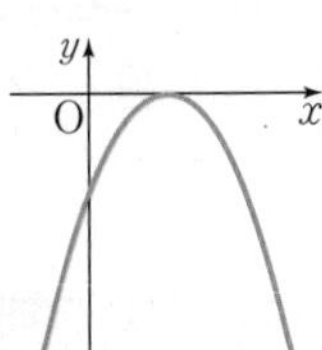

→ 개념1, 2
이차함수 $y=ax^2+q$, $y=a(x-p)^2$의 그래프

35 · 이차함수 $y=a(x-p)^2+q$의 그래프

개념 1 이차함수 $y=a(x-p)^2+q$의 그래프

이차함수 $y=ax^2$의 그래프를 x축의 방향으로 p만큼, y축의 방향으로 q만큼 평행이동한 것이다.
└ x 대신 $x-p$, y 대신 $y-q$ 대입

(1) 꼭짓점의 좌표: (p, q)

(2) 축의 방정식: $x=p$

예 이차함수 $y=(x-3)^2+4$의 그래프는

① 이차함수 $y=x^2$의 그래프를 x축의 방향으로 3만큼, y축의 방향으로 4만큼 평행이동한 것이다.

② 꼭짓점의 좌표는 $(3, 4)$, 축의 방정식은 $x=3$이다.

참고 $y=a(x-p)^2+q$ $(a\neq0)$의 꼴을 이차함수의 표준형이라 한다.

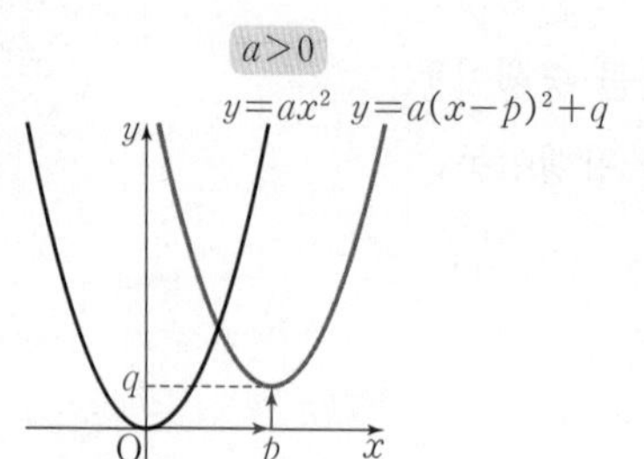

· 이차함수 $y=ax^2$의 그래프를 $y=a(x-p)^2+q$의 그래프로 평행이동할 때, x축의 방향과 y축의 방향의 평행이동의 순서는 관계가 없다.

· 이차함수 $y=a(x-p)^2+q$의 그래프에서 그래프의 모양은 a가 결정하고, 꼭짓점의 위치는 p, q가 결정한다.

예제 1

다음 이차함수의 그래프를 x축, y축의 방향으로 각각 [ ] 안의 수만큼 평행이동한 그래프의 식을 구하여라.

(1) $y=x^2$ [1, 2] (2) $y=-x^2$ [−5, −5]

> 답 (1) $y=(x-1)^2+2$ (2) $y=-(x+5)^2-5$

확인 1

다음 이차함수의 그래프는 $y=\frac{1}{3}x^2$의 그래프를 x축, y축의 방향으로 각각 얼마만큼 평행이동한 것인지 구하여라.

(1) $y=\frac{1}{3}(x-3)^2-\frac{2}{3}$ (2) $y=\frac{1}{3}(x+6)^2-3$

개념 2 이차함수 $y=a(x-p)^2+q$의 그래프에서 a, p, q의 부호

(1) a의 부호: 그래프의 모양 결정

① $a>0$ → 아래로 볼록 (∪) ② $a<0$ → 위로 볼록 (∩)

(2) p, q의 부호: 꼭짓점의 위치 결정
└ (p, q)

꼭짓점의 위치	제1사분면	제2사분면	제3사분면	제4사분면
p, q의 부호	$p>0$, $q>0$	$p<0$, $q>0$	$p<0$, $q<0$	$p>0$, $q<0$

예제 2

이차함수 $y=a(x-p)^2+q$의 그래프가 오른쪽 그림과 같을 때, 다음 □ 안에 알맞은 것을 써넣어라. (단, a, p, q는 상수)

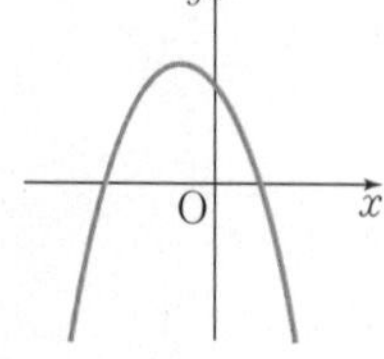

(1) 그래프가 ☐로 볼록하므로 a □ 0

(2) 꼭짓점의 □ 좌표가 음수이므로 p □ 0

(3) 꼭짓점의 □ 좌표가 양수이므로 q □ 0

> 답 (1) 위, $<$ (2) x, $<$ (3) y, $>$

확인 2

이차함수 $y=a(x-p)^2+q$의 그래프가 오른쪽 그림과 같을 때, 다음 □ 안에 알맞은 것을 써넣어라. (단, a, p, q는 상수)

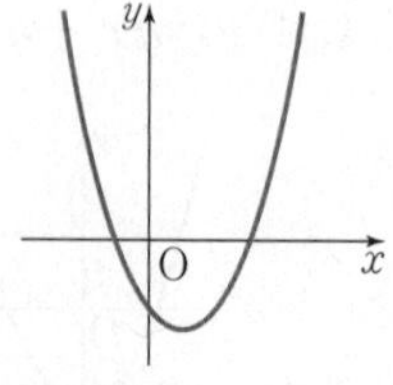

(1) 그래프가 ☐로 볼록하므로 a □ 0

(2) 꼭짓점의 □ 좌표가 양수이므로 p □ 0

(3) 꼭짓점의 □ 좌표가 음수이므로 q □ 0

개념 ✦ check

정답과 해설 38~39쪽 | 워크북 61~62쪽

01 다음 이차함수의 그래프를 x축, y축의 방향으로 각각 [ ] 안의 수만큼 평행이동한 그래프가 나타내는 이차함수의 식을 구하여라.

(1) $y=x^2$ [1, 2]　　(2) $y=-\dfrac{3}{2}x^2$ [4, −3]

→ 개념1
이차함수 $y=a(x-p)^2+q$의 그래프

02 다음 이차함수의 그래프는 이차함수 $y=-4x^2$의 그래프를 x축, y축의 방향으로 각각 얼마만큼 평행이동한 것인지 구하여라.

(1) $y=-4(x-2)^2+3$　　(2) $y=-4(x+4)^2-5$

→ 개념1
이차함수 $y=a(x-p)^2+q$의 그래프

03 다음 이차함수의 그래프에 대하여 빈칸에 알맞은 것을 써넣어라.

이차함수	꼭짓점의 좌표	축의 방정식
(1) $y=-(x+2)^2+1$		
(2) $y=2(x-2)^2+3$		

→ 개념1
이차함수 $y=a(x-p)^2+q$의 그래프

04 이차함수 $y=a(x-p)^2+q$의 그래프가 다음과 같을 때, a, p, q의 부호를 각각 구하여라.

(1)
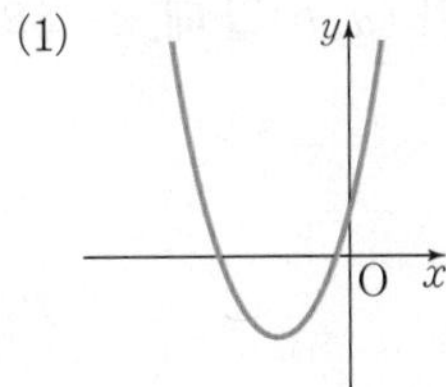

(2)
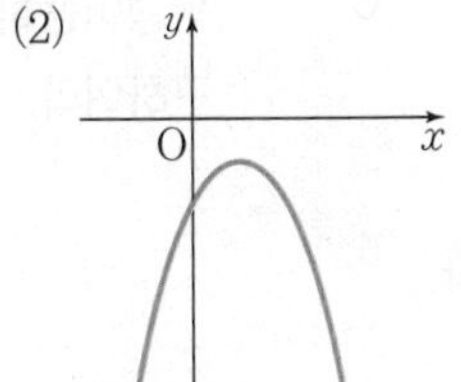

→ 개념2
이차함수 $y=a(x-p)^2+q$의 그래프에서 a, p, q의 부호

05 이차함수 $y=a(x-p)^2+q$의 그래프가 오른쪽 그림과 같을 때, 상수 a, p, q의 곱 apq의 부호를 말하여라.

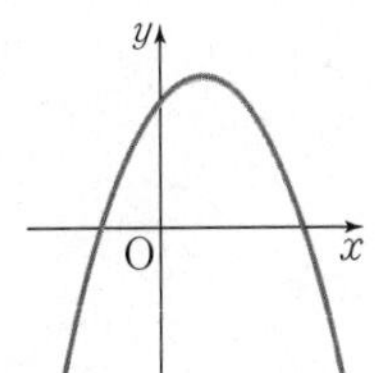

→ 개념2
이차함수 $y=a(x-p)^2+q$의 그래프에서 a, p, q의 부호

유형 · check

정답과 해설 39~40쪽 | 워크북 60~62쪽

유형 · 1 이차함수 $y=ax^2+q$의 그래프

이차함수 $y=-\frac{1}{2}x^2$의 그래프를 y축의 방향으로 3만큼 평행이동하면 점 $(2, k)$를 지난다고 할 때, k의 값은?

① -2 ② -1 ③ 1
④ 2 ⑤ 3

» 닮은꼴 문제

1-1

이차함수 $y=\frac{1}{2}x^2$의 그래프를 y축의 방향으로 k만큼 평행이동하면 점 $(-4, 3)$을 지날 때, k의 값을 구하여라.

1-2

이차함수 $y=ax^2+q$의 그래프는 점 $(2, -5)$를 지나고, 이 그래프를 y축의 방향으로 3만큼 평행이동하면 이차함수 $y=ax^2-4$의 그래프와 완전히 포개어진다. 이때 상수 a, q에 대하여 $2a+q$의 값을 구하여라.

유형 · 2 이차함수 $y=ax^2+q$의 그래프의 성질

다음 중 이차함수 $y=4x^2-3$의 그래프에 대한 설명으로 옳은 것은?

① 위로 볼록한 포물선이다.
② 축의 방정식은 $x=-3$이다.
③ 꼭짓점의 좌표는 $(-3, 0)$이다.
④ $x<0$일 때, x의 값이 증가하면 y의 값은 감소한다.
⑤ 이차함수 $y=4x^2$의 그래프를 x축의 방향으로 -3만큼 평행이동한 것이다.

» 닮은꼴 문제

2-1

이차함수 $y=-\frac{4}{5}x^2$의 그래프를 y축의 방향으로 4만큼 평행이동하면 꼭짓점의 좌표가 (a, b)일 때, $a+b$의 값을 구하여라.

2-2

다음 〈보기〉 중 이차함수 $y=-x^2+q$의 그래프에 대한 설명으로 옳은 것을 모두 골라라. (단, q는 상수)

보기

ㄱ. 꼭짓점이 y축 위에 있다.
ㄴ. 축의 방정식은 $y=0$이다.
ㄷ. $y=x^2$의 그래프와 폭이 같다.

유형 3 이차함수 $y=a(x-p)^2$의 그래프

이차함수 $y=ax^2$의 그래프를 x축의 방향으로 -1만큼 평행이동하면 점 $(1, 8)$을 지난다고 할 때, 상수 a의 값은?

① -3 ② -2 ③ -1
④ 1 ⑤ 2

» 닮은꼴 문제

3-1

이차함수 $y=-5x^2$의 그래프를 x축의 방향으로 -3만큼 평행이동한 그래프가 점 $(-4, k)$를 지날 때, k의 값을 구하여라.

3-2

이차함수 $y=2\left(x+\frac{1}{2}\right)^2$의 그래프를 x축의 방향으로 $\frac{3}{2}$만큼 평행이동한 그래프를 나타내는 이차함수의 식을 $y=f(x)$라 하자. 이때 $f(3)$의 값을 구하여라.

유형 4 이차함수 $y=a(x-p)^2$의 그래프의 성질

다음 중 이차함수 $y=4(x-2)^2$의 그래프에 대한 설명으로 옳지 않은 것은?

① 점 $(1, 4)$를 지난다.
② 꼭짓점의 좌표는 $(2, 0)$이다.
③ 축의 방정식은 $x=2$이다.
④ $x<2$일 때, x의 값이 증가하면 y의 값도 증가한다.
⑤ 이차함수 $y=4x^2$의 그래프를 x축의 방향으로 2만큼 평행이동한 것이다.

» 닮은꼴 문제

4-1

이차함수 $y=-6x^2$의 그래프를 x축의 방향으로 8만큼 평행이동한 그래프의 꼭짓점의 좌표를 (a, b), 축의 방정식을 $x=c$라 할 때, $a+b+c$의 값을 구하여라.

4-2

이차함수 $y=\frac{1}{4}(x+3)^2$의 그래프에서 x의 값이 증가할 때 y의 값이 감소하는 x의 값의 범위는?

① $x<-3$ ② $x>-3$ ③ $x>0$
④ $x<3$ ⑤ $x>3$

유형 5 이차함수 $y=a(x-p)^2+q$의 그래프

» 닮은꼴 문제

이차함수 $y=-3x^2$의 그래프를 x축의 방향으로 a만큼, y축의 방향으로 4만큼 평행이동하면 꼭짓점의 좌표는 $(-2, b)$이고, 점 $(-1, c)$를 지난다. 이때 $a+b+c$의 값을 구하여라.

5-1

이차함수 $y=3x^2$의 그래프를 x축의 방향으로 -3만큼, y축의 방향으로 -2만큼 평행이동한 그래프가 점 $(-4, k)$를 지날 때, k의 값을 구하여라.

5-2

이차함수 $y=2x^2$의 그래프를 x축의 방향으로 -2만큼, y축의 방향으로 2만큼 평행이동한 그래프에서 x의 값이 증가할 때 y의 값은 감소하는 x의 값의 범위를 구하여라.

유형 6 이차함수 $y=a(x-p)^2+q$의 그래프의 성질

» 닮은꼴 문제

다음 〈보기〉 중 이차함수 $y=-(x-2)^2-5$의 그래프에 대한 설명으로 옳은 것을 모두 골라라.

보기

ㄱ. y축과 만나는 점의 좌표는 $(0, 1)$이다.

ㄴ. 꼭짓점의 좌표는 $(2, -5)$이고, 축의 방정식은 $x=2$이다.

ㄷ. $x>2$일 때, x의 값이 증가하면 y의 값은 감소한다.

ㄹ. $y=-x^2$의 그래프를 x축의 방향으로 -2만큼, y축의 방향으로 -5만큼 평행이동한 것이다.

6-1

다음 중 이차함수 $y=2(x+3)^2-1$의 그래프에 대한 설명으로 옳지 않은 것은?

① 아래로 볼록한 포물선이다.

② 꼭짓점의 좌표는 $(-3, -1)$이다.

③ y축과 만나는 점의 y좌표는 -1이다.

④ 제4사분면을 지나지 않는다.

⑤ $y=2x^2$의 그래프를 x축의 방향으로 -3만큼, y축의 방향으로 -1만큼 평행이동한 것이다.

6-2

다음 중 이차함수 $y=-2(x-1)^2-3$의 그래프에 대한 설명으로 옳은 것은?

① 꼭짓점의 좌표는 $(1, 3)$이다.

② 아래로 볼록한 포물선이다.

③ 두 점 $(2, -5)$, $(-2, -5)$를 지난다.

④ 제2, 3, 4사분면을 지난다.

⑤ $x<-2$일 때, x의 값이 증가하면 y의 값도 증가한다.

유형 7 이차함수 $y=a(x-p)^2+q$의 그래프의 평행이동

» 닮은꼴 문제

이차함수 $y=2(x-3)^2-4$의 그래프를 x축의 방향으로 4만큼, y축의 방향으로 -1만큼 평행이동한 그래프가 나타내는 이차함수의 식을 구하여라.

7-1

이차함수 $y=(x-2)^2+1$의 그래프를 x축의 방향으로 a만큼, y축의 방향으로 b만큼 평행이동하였더니 $y=(x+1)^2-3$의 그래프와 일치하였다. 이때 ab의 값을 구하여라.

7-2

이차함수 $y=3(x-3)^2+4$의 그래프를 x축의 방향으로 -2만큼, y축의 방향으로 -5만큼 평행이동한 그래프가 점 $(3, a)$를 지날 때, a의 값을 구하여라.

유형 8 이차함수 $y=a(x-p)^2+q$의 그래프에서 a, p, q의 부호

» 닮은꼴 문제

이차함수 $y=a(x-p)^2-q$의 그래프가 오른쪽 그림과 같을 때, 상수 a, p, q의 부호는?

① $a>0$, $p>0$, $q<0$
② $a>0$, $p<0$, $q>0$
③ $a>0$, $p<0$, $q<0$
④ $a<0$, $p<0$, $q>0$
⑤ $a<0$, $p<0$, $q<0$

8-1

이차함수 $y=a(x+p)^2+q$의 그래프가 오른쪽 그림과 같을 때, 상수 a, p, q의 곱 apq의 부호를 말하여라.

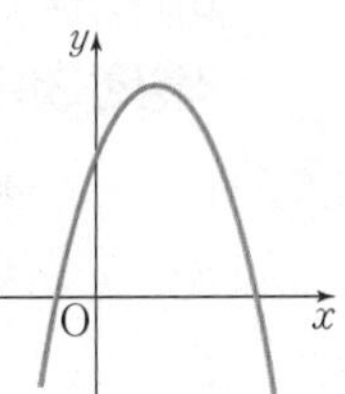

8-2

이차함수 $y=a(x+p)^2-q$의 그래프가 오른쪽 그림과 같을 때, 다음 중 나머지 넷과 부호가 다른 하나는? (단, a, p, q는 상수)

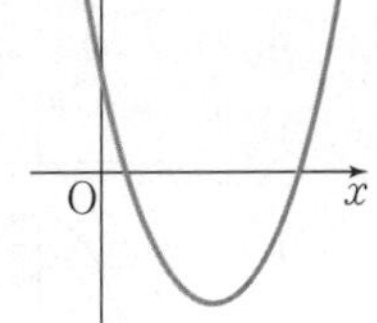

① a ② $-p$
③ q ④ aq ⑤ apq

단원 • 마무리

01 $y=x(x^2-2x)-ax^3$이 이차함수일 때, 다음 중 이차함수인 것은?

① $y=ax-3$ ② $y=ax^2-(x-1)^2$
③ $y=ax^3-4$ ④ $y=ax^2-3$
⑤ $y=a(x+1)(x+2)-x^2$

02 이차함수 $f(x)=-x^2+4x+3$에 대하여 $f(-2)+f(1)$의 값은?

① -5 ② -4 ③ -3
④ -2 ⑤ -1

03 일차함수 $y=ax+b$의 그래프가 오른쪽 그림과 같을 때, 다음 중 이차함수 $y=ax^2+b$의 그래프로 적당한 것은? (단, a, b는 상수)

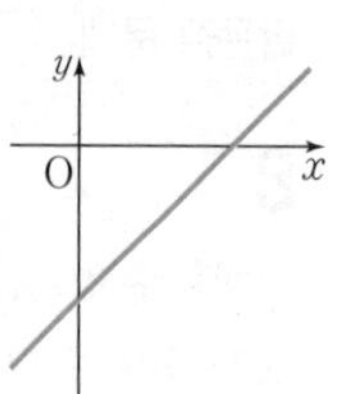

①
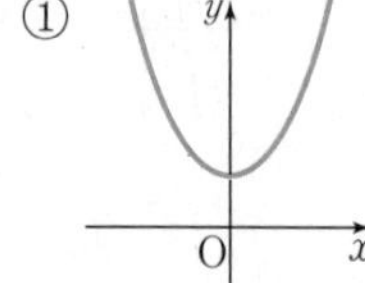

②
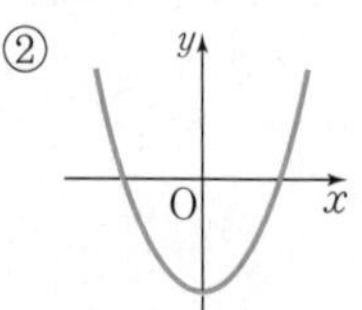

③
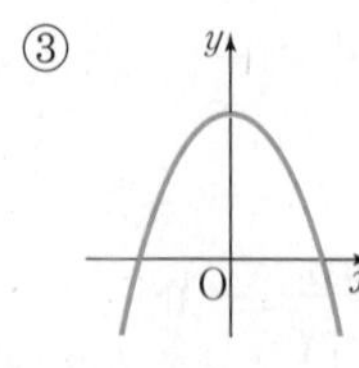

④
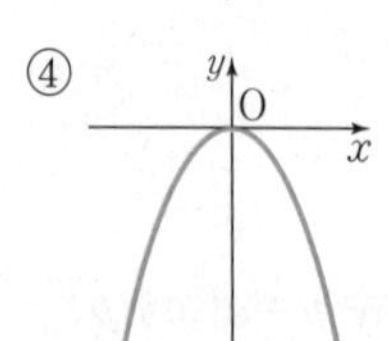

⑤
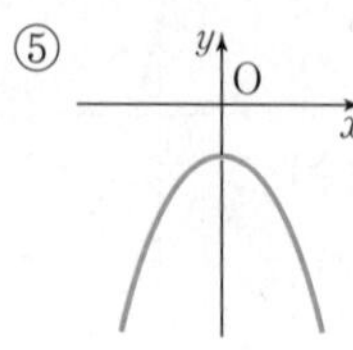

04 다음 이차함수의 그래프 중 폭이 가장 넓은 것은?

① $y=-\frac{1}{2}x^2$ ② $y=3x^2$
③ $y=-(x-1)^2+1$ ④ $y=\frac{1}{4}(x-3)^2$
⑤ $y=-4x^2+3$

05 다음 이차함수의 그래프 중 모든 사분면을 지나는 것은?

① $y=3(x+1)^2-1$ ② $y=-(x-4)^2+4$
③ $y=x^2+4$ ④ $y=-\frac{1}{2}(x-2)^2+4$
⑤ $y=-2(x-1)^2$

06 이차함수 $y=(x-a)^2+b$의 그래프는 점 $(1, 6)$을 지나고 꼭짓점이 직선 $y=2x-4$ 위에 있다. 이때 상수 a, b의 합 $a+b$의 값은? (단, $a>0$)

① -3 ② -1 ③ 1
④ 3 ⑤ 5

07 다음 조건을 모두 만족시키는 포물선을 그래프로 하는 이차함수의 식은?

> (가) 이차함수 $y=2x^2$의 그래프와 폭이 같다.
> (나) 꼭짓점의 좌표가 제3사분면 위에 있다.
> (다) 위로 볼록한 그래프이다.

① $y=-2(x-2)^2+3$
② $y=-2(x+2)^2+4$
③ $y=-2(x+3)^2-4$
④ $y=2(x-2)^2-2$
⑤ $y=2(x+3)^2-4$

08 이차함수 $y=a(x-3)^2+b$의 그래프가 직선 $x=p$를 축으로 하고 두 점 $(5,\ 9)$, $(1,\ q)$를 지날 때, $p+q$의 값은? (단, a, b는 상수)

① -12　② -6　③ 3
④ 6　⑤ 12

09 이차함수 $y=-\frac{1}{2}(x+a)^2+b$의 그래프가 오른쪽 그림과 같을 때, $\triangle$AOB의 넓이는? (단, a, b는 상수이고, 점 A는 꼭짓점이다.)

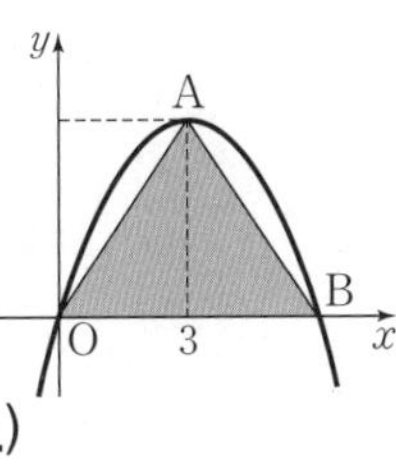

① $\frac{19}{2}$　② $\frac{23}{2}$　③ $\frac{27}{2}$
④ $\frac{31}{2}$　⑤ $\frac{35}{2}$

10 이차함수 $y=a(x-2)^2+b$의 그래프가 제3, 4사분면을 지나지 않을 때, 다음 중 옳은 것은?

① $a<0$　② $b>0$　③ $b\le 0$
④ $ab\ge 0$　⑤ $ab\le 0$

11 두 이차함수 $y=\ \ (x-3)^2+6$, $y=-(x+1)^2+6$의 그래프가 오른쪽 그림과 같을 때, 색칠한 부분의 넓이는? (단, 점 A, B는 각 그래프의 꼭짓점이다.)

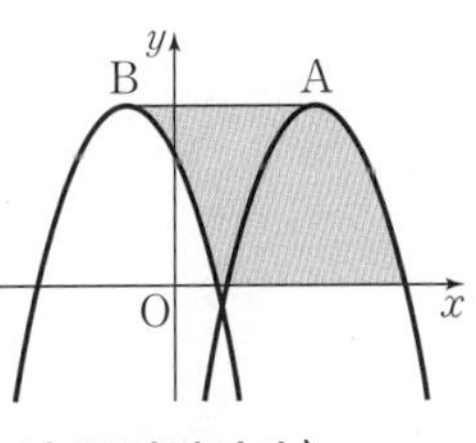

① 12　② 18　③ 24
④ 30　⑤ 36

12 이차함수 $y=(x-6)^2-28$의 그래프를 x축의 방향으로 p만큼, y축의 방향으로 q만큼 평행이동하면 이차함수 $y=(x+1)^2+2$의 그래프와 일치한다. 이때 $p+q$의 값은?

① -23　② -11　③ 5
④ 11　⑤ 23

13 이차함수 $y=-2x^2+8$의 그래프를 x축의 방향으로 p만큼, y축의 방향으로 $3-p$만큼 평행이동한 그래프의 꼭짓점이 제4사분면 위에 있을 때, p의 값의 범위는?

① $p<-11$　② $-11<p<-1$
③ $-1<p<1$　④ $1<p<11$
⑤ $p>11$

14 다음 〈보기〉의 이차함수의 그래프 중 평행이동하여 이차함수 $y=2x^2$의 그래프와 완전히 포갤 수 있는 것은 모두 몇 개인지 구하여라.

보기

ㄱ. $y=(x-2)^2-3$　ㄴ. $y=(x-1)^2+4$
ㄷ. $y=3(x+2)^2$　ㄹ. $y=2x^2+3$
ㅁ. $y=2\left(x+\frac{1}{2}\right)^2+2$　ㅂ. $y=\frac{1}{2}(x-2)^2$

15 이차함수 $y=-2(x-2)^2+3$의 그래프를 x축의 방향으로 k만큼, y축의 방향으로 $2k$만큼 평행이동한 그래프가 점 $(3,\ 1)$을 지난다. 이때 양수 k의 값을 구하여라.

서술형 꽉 잡기

주어진 단계에 따라 쓰는 유형

16 이차함수 $y=2(x-1)^2-3$의 그래프를 x축의 방향으로 a만큼, y축의 방향으로 b만큼 평행이동한 그래프는 꼭짓점의 좌표가 $(c, 2)$이고, 점 $(1, 4)$를 지난다. 이때 양수 a, b, c의 곱 abc의 값을 구하여라.

• 생각해 보자 •

구하는 것은? 양수 a, b, c의 곱 abc의 값

주어진 것은? ① 이차함수 $y=2(x-1)^2-3$의 그래프를 x축의 방향으로 a만큼, y축의 방향으로 b만큼 평행이동

② 평행이동한 그래프의 꼭짓점의 좌표는 $(c, 2)$

③ 평행이동한 그래프가 지나는 한 점의 좌표는 $(1, 4)$

> 풀이

[1단계] a, b, c에 대한 식 세우기 (30 %)

[2단계] a, b, c의 값 구하기 (60 %)

[3단계] abc의 값 구하기 (10 %)

> 답

풀이 과정을 자세히 쓰는 유형

17 이차함수 $y=-3x^2$의 그래프를 x축의 방향으로 -1만큼, y축의 방향으로 2만큼 평행이동하면 점 $(m, 2)$를 지난다. 이때 m의 값을 구하여라.

> 풀이

> 답

18 오른쪽 그림과 같은 이차함수 $y=ax^2+q$의 그래프는 두 점 $A(2, 1)$, $B(-2, 1)$을 지난다. 이 그래프 위의 두 점 C, D는 y좌표가 같고 $\overline{CD}=8$일 때, □ABCD의 넓이를 구하여라. (단, a, q는 상수)

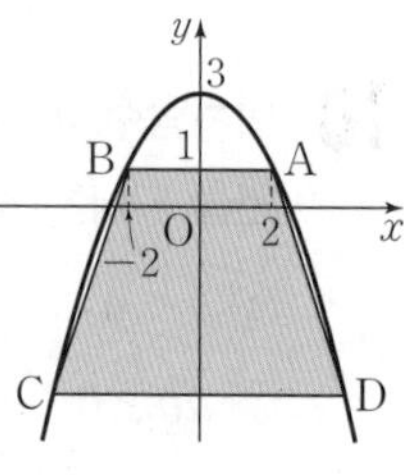

> 풀이

> 답

III. 이차함수

2. 이차함수의 그래프 (2)

36 · 이차함수 $y=ax^2+bx+c$의 그래프

개념 1 이차함수 $y=ax^2+bx+c$의 그래프

(1) 이차함수 $y=ax^2+bx+c$의 그래프는 $y=a(x-p)^2+q$의 꼴로 고쳐서 그린다.

$$y=ax^2+bx+c \rightarrow y=a\left(x+\frac{b}{2a}\right)^2-\frac{b^2-4ac}{4a}$$

(2) 꼭짓점의 좌표: $\left(-\frac{b}{2a}, -\frac{b^2-4ac}{4a}\right)$

(3) 축의 방정식: $x=-\frac{b}{2a}$ (꼭짓점의 x좌표)

(4) y축과의 교점의 좌표: $(0, c)$

참고 이차함수 $y=ax^2+bx+c$ 또는 $y=a(x-p)^2+q$의 그래프를 x축의 방향으로 m만큼, y축의 방향으로 n만큼 평행이동한 그래프가 나타내는 이차함수의 식은 (x 대신 $x-m$, y 대신 $y-n$)

$y=a(x-m)^2+b(x-m)+c+n$ 또는 $y=a(x-m-p)^2+q+n$

* $y=ax^2+bx+c$의 꼴을 이차함수의 일반형이라 하고, $y=a(x-p)^2+q$의 꼴을 이차함수의 표준형이라 한다.

· 예제 1 ·

다음은 이차함수 $y=2x^2-12x+5$를 $y=a(x-p)^2+q$ 꼴로 변형하는 과정이다. □ 안에 알맞은 수를 써넣어라.

$y=2x^2-12x+5$
$=2(x^2-\square x)+5$
$=2(x^2-\square x+\square-\square)+5$
$=2(x-\square)^2-\square$

› 답 6, 6, 9, 9, 3, 13

· 확인 1 ·

다음은 이차함수 $y=-x^2+8x-7$을 $y=a(x-p)^2+q$ 꼴로 변형하는 과정이다. □ 안에 알맞은 수를 써넣어라.

$y=-x^2+8x-7$
$=-(x^2-\square x)-7$
$=-(x^2-\square x+\square-\square)-7$
$=-(x-\square)^2+\square$

개념 2 이차함수 $y=ax^2+bx+c$의 그래프와 x축, y축과의 교점

이차함수 $y=ax^2+bx+c$에서

(1) x축과의 교점: $y=0$일 때의 x의 값을 구한다. (이차방정식 $ax^2+bx+c=0$의 해)

(2) y축과의 교점: $x=0$일 때의 y의 값을 구한다. ($y=c$)

풍쌤의 point 이차함수 $y=ax^2+bx+c$에서 이차방정식 $ax^2+bx+c=0$의 해가 $x=\alpha$ 또는 $x=\beta$이면 이차함수 $y=ax^2+bx+c$의 그래프와 x축과의 교점의 좌표는 $(\alpha, 0)$, $(\beta, 0)$이야.

· 예제 2 ·

이차함수 $y=x^2-6x+8$의 그래프와 x축과의 교점의 좌표를 모두 구하여라.

› 풀이 $x^2-6x+8=0$에서 $(x-2)(x-4)=0$
$\therefore x=2$ 또는 $x=4$
따라서 교점의 좌표는 $(2, 0)$, $(4, 0)$

› 답 $(2, 0)$, $(4, 0)$

· 확인 2 ·

이차함수 $y=-2x^2+x+3$의 그래프와 x축과의 교점의 좌표를 모두 구하여라.

개념 · check

정답과 해설 42~43쪽 | 워크북 65~66쪽

01 다음 이차함수의 식을 $y=a(x-p)^2+q$의 꼴로 고쳐라.

(1) $y=x^2-4x+5$　　(2) $y=3x^2+6x$

(3) $y=-2x^2-4x+3$　　(4) $y=\frac{1}{3}x^2-4x+8$

→ 개념1
이차함수 $y=ax^2+bx+c$의 그래프

02 다음 이차함수의 그래프의 꼭짓점의 좌표와 축의 방정식을 각각 구하여라.

(1) $y=3x^2-8x+2$　　(2) $y=-\frac{1}{2}x^2+x-2$

→ 개념1
이차함수 $y=ax^2+bx+c$의 그래프

03 다음 이차함수의 그래프는 $y=x^2$의 그래프를 x축, y축의 방향으로 각각 얼마만큼 평행이동한 것인지 구하여라.

(1) $y=x^2+10x+29$　　(2) $y=x^2-x+1$

→ 개념1
이차함수 $y=ax^2+bx+c$의 그래프

04 다음 이차함수의 그래프는 $y=-x^2$의 그래프를 x축, y축의 방향으로 각각 얼마만큼 평행이동한 것인지 구하여라.

(1) $y=-x^2+6x-10$　　(2) $y=-x^2-\frac{1}{2}x+\frac{1}{4}$

→ 개념1
이차함수 $y=ax^2+bx+c$의 그래프

05 다음 이차함수의 그래프와 x축, y축과의 교점의 좌표를 구하여라.

(1) $y=x^2+2x+1$　　(2) $y=-4x^2+5x-1$

→ 개념2
이차함수 $y=ax^2+bx+c$의 그래프와 x축, y축과의 교점

37 ◆ 이차함수 $y=ax^2+bx+c$의 그래프에서 a, b, c의 부호

개념 1 이차함수 $y=ax^2+bx+c$의 그래프에서 a, b, c의 부호

(1) a의 부호: 그래프의 모양에 따라 결정된다.

① 아래로 볼록(∪) ➔ $a>0$

② 위로 볼록(∩) ➔ $a<0$

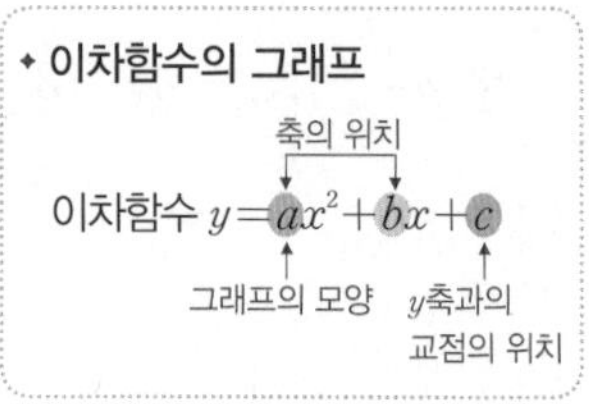

◆ 이차함수의 그래프
축의 위치
이차함수 $y=ax^2+bx+c$
그래프의 모양
y축과의 교점의 위치

(2) b의 부호: 축의 위치에 따라 결정된다.

① 축이 y축의 왼쪽에 위치

➔ a와 b는 같은 부호

② 축이 y축의 오른쪽에 위치

➔ a와 b는 다른 부호

③ 축이 y축과 일치

➔ $b=0$

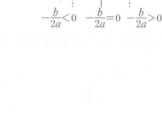

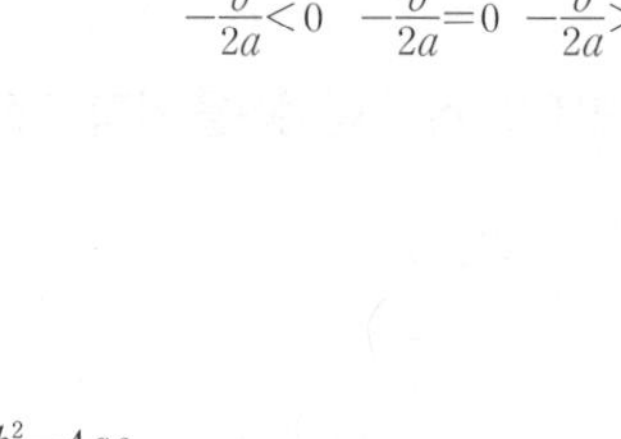

참고 이차함수 $y=ax^2+bx+c=a\left(x+\frac{b}{2a}\right)^2-\frac{b^2-4ac}{4a}$의 그래프에서

축의 방정식은 $x=-\frac{b}{2a}$이므로 축의 위치가

① y축의 왼쪽: $-\frac{b}{2a}<0$ ➔ $ab>0$ ② y축의 오른쪽: $-\frac{b}{2a}>0$ ➔ $ab<0$

(3) c의 부호: y축과의 교점의 위치에 따라 결정된다. y축과의 교점이

① x축보다 위쪽에 위치 ➔ $c>0$

② x축보다 아래쪽에 위치 ➔ $c<0$

③ 원점에 위치 ➔ $c=0$
└그래프가 원점을 지난다.

풍쌤의 point 이차함수 $y=ax^2+bx+c$에서 먼저 a의 부호를 결정한 후 b의 부호를 결정하면 편리해.

◆ 예제 1 ◆

이차함수 $y=ax^2+bx+c$의 그래프가 오른쪽 그림과 같을 때, 다음 □ 안에 알맞은 부등호를 써넣어라.

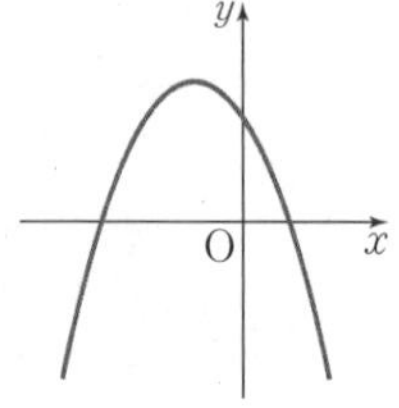

(1) 그래프가 위로 볼록하므로 a□0

(2) 축이 y축의 왼쪽에 있으므로 a와 b는 같은 부호이다. 즉, b□0

(3) y축과의 교점이 x축보다 위쪽에 있으므로 c□0

> 답 (1) $<$ (2) $<$ (3) $>$

◆ 확인 1 ◆

이차함수 $y=ax^2+bx+c$의 그래프가 오른쪽 그림과 같을 때, 다음 □ 안에 알맞은 부등호를 써넣어라.

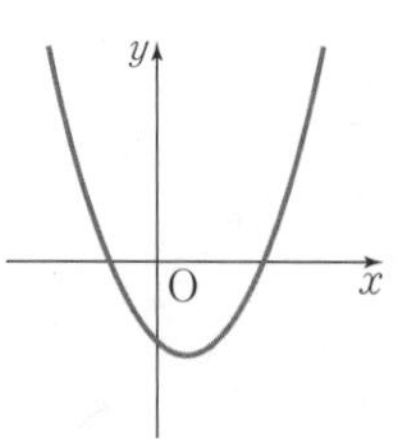

(1) 그래프가 아래로 볼록하므로 a□0

(2) 축이 y축의 오른쪽에 있으므로 a와 b는 다른 부호이다. 즉, b□0

(3) y축과의 교점이 x축보다 아래쪽에 있으므로 c□0

개념 ◆ check

정답과 해설 43쪽 I 워크북 67~68쪽

[01~02] 이차함수 $y=ax^2+bx+c$의 그래프가 오른쪽 그림과 같을 때, 물음에 답하여라. (단, a, b, c는 상수)

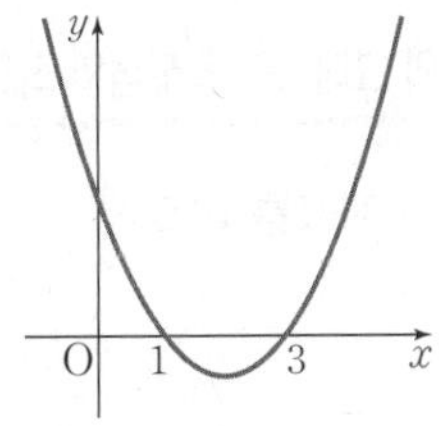

01 다음은 a, b, c의 부호를 정하는 과정이다. □ 안에 알맞은 것을 써넣어라.

> 그래프가 아래로 볼록하므로 a□0
> 축이 y축의 오른쪽에 있으므로 a와 b는 서로 □ 부호이다. 즉, b□0
> 또, y축과의 교점이 x축보다 위쪽에 있으므로 c□0

→ 개념1
이차함수 $y=ax^2+bx+c$의 그래프에서 a, b, c의 부호

02 다음 □ 안에 알맞은 것을 써넣어라.

(1) $a-b+c$의 값은 $x=$□일 때의 y의 값이므로 $a-b+c$□0

(2) $4a+2b+c$의 값은 $x=$□일 때의 y의 값이므로 $4a+2b+c$□0

→ 개념1
이차함수 $y=ax^2+bx+c$의 그래프에서 a, b, c의 부호

03 이차함수 $y=ax^2+bx+c$의 그래프가 다음 그림과 같을 때, 상수 a, b, c의 부호를 정하여라.

(1)

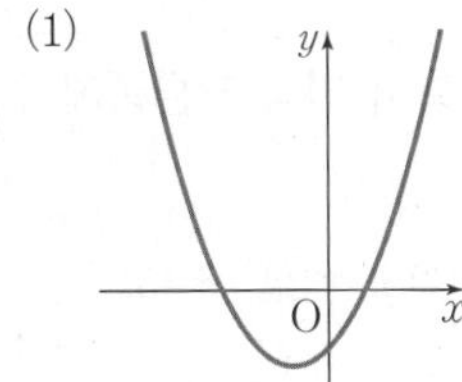

(2)

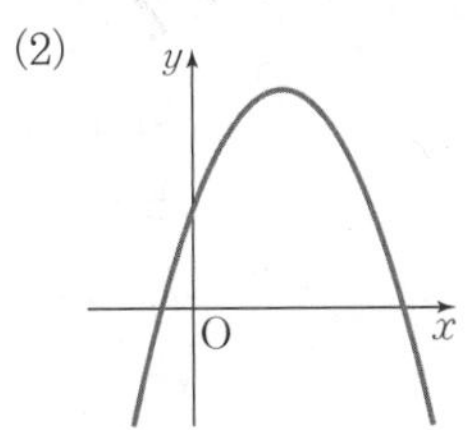

→ 개념1
이차함수 $y=ax^2+bx+c$의 그래프에서 a, b, c의 부호

04 이차함수 $y=ax^2+bx+c$의 그래프가 오른쪽 그림과 같을 때, 다음 □ 안에 알맞은 부등호를 써넣어라.

(1) $a+b+c$□0

(2) $a-b+c$□0

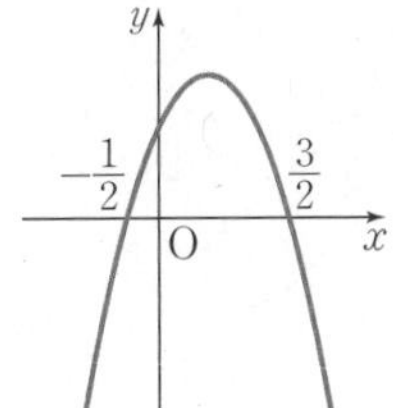

→ 개념1
이차함수 $y=ax^2+bx+c$의 그래프에서 a, b, c의 부호

유형 · check

정답과 해설 43~45쪽 | 워크북 65~68쪽

유형 · 1 이차함수 $y=ax^2+bx+c$의 그래프의 꼭짓점의 좌표

다음 중 이차함수의 그래프의 꼭짓점의 좌표를 바르게 구한 것은?

① $y=x^2-6x+10 \rightarrow (-3, 1)$
② $y=-3x^2-6x \rightarrow (-1, 3)$
③ $y=\frac{1}{2}x^2-x+3 \rightarrow (1, 2)$
④ $y=(x+2)(x-2) \rightarrow (-4, 0)$
⑤ $y=-(x+4)(x-2) \rightarrow (-1, -9)$

» 닮은꼴 문제

1-1

다음 중 이차함수의 그래프의 꼭짓점이 제4사분면 위에 있는 것은?

① $y=2x^2+1$
② $y=2x^2-8x+9$
③ $y=-x^2+4x-5$
④ $y=x(2x-4)+4$
⑤ $y=\frac{1}{2}x^2+x-1$

1-2

이차함수 $y=2x^2-4x+m-1$의 그래프의 꼭짓점이 직선 $y=x+3$ 위에 있을 때, 상수 m의 값을 구하여라.

유형 · 2 이차함수 $y=ax^2+bx+c$의 그래프의 축의 방정식

다음 이차함수의 그래프 중 축의 방정식이 나머지 넷과 다른 하나는?

① $y=x^2-4x+8$
② $y=-\frac{1}{2}x^2-4x+4$
③ $y=-2x^2+8x+4$
④ $y=(x-2)^2+4$
⑤ $y=\frac{1}{2}x^2-2x-4$

» 닮은꼴 문제

2-1

다음 이차함수의 그래프 중 축이 가장 오른쪽에 있는 것은?

① $y=-x^2+2x-1$
② $y=2x^2+4x$
③ $y=3x^2+9x+4$
④ $y=\frac{1}{2}x^2+2x-\frac{1}{2}$
⑤ $y=\frac{1}{4}x^2-x-\frac{5}{4}$

2-2

이차함수 $y=2x^2-ax+5$의 그래프의 축의 방정식이 $x=4$일 때, 상수 a의 값을 구하여라.

유형 · 3 이차함수 $y=ax^2+bx+c$의 그래프의 평행이동

이차함수 $y=x^2-4x+6$의 그래프는 이차함수 $y=(x-3)^2-2$의 그래프를 x축의 방향으로 m만큼, y축의 방향으로 n만큼 평행이동한 것이다. 이때 $m+n$의 값을 구하여라.

» 닮은꼴 문제

3-1

이차함수 $y=2x^2+12x+11$의 그래프를 x축의 방향으로 4만큼, y축의 방향으로 3만큼 평행이동하면 $y=ax^2+bx+c$의 그래프와 일치한다. 이때 상수 a, b, c에 대하여 abc의 값을 구하여라.

3-2

이차함수 $y=-x^2-2x+8$의 그래프는 이차함수 $y=-x^2-6x-4$의 그래프를 x축의 방향으로 m만큼, y축의 방향으로 n만큼 평행이동한 것이다. 이때 $m-n$의 값을 구하여라.

유형 · 4 이차함수 $y=ax^2+bx+c$의 그래프와 축과의 교점

이차함수 $y=x^2+6x+8$의 그래프가 x축과 만나는 두 점의 x좌표가 a, b이고, y축과 만나는 점의 y좌표가 c일 때, $a+b+c$의 값을 구하여라.

» 닮은꼴 문제

4-1

이차함수 $y=-x^2+x+20$의 그래프와 x축과의 두 교점을 각각 A, B라 할 때, $\overline{\mathrm{AB}}$의 길이를 구하여라.

4-2

이차함수 $y=-2x^2+7x+k$의 그래프와 y축이 만나는 점의 y좌표가 -3일 때, x축과 만나는 두 점의 x좌표는 m, n이다. 이때 $k+m+n$의 값을 구하여라. (단, k는 상수)

유형 5 이차함수 $y=ax^2+bx+c$의 그래프의 성질

다음 〈보기〉 중 이차함수 $y=-x^2-6x+1$의 그래프에 대한 설명으로 옳은 것을 모두 골라라.

보기

ㄱ. 점 $(0, 1)$을 지난다.
ㄴ. 꼭짓점의 좌표는 $(3, -8)$이다.
ㄷ. y축과의 교점의 y좌표는 1이다.
ㄹ. 이차함수 $y=-x^2$의 그래프를 x축의 방향으로 3만큼, y축의 방향으로 10만큼 평행이동한 것이다.

» 닮은꼴 문제

5-1

이차함수 $y=3x^2+6x+4$의 그래프에서 x의 값이 증가할 때, y의 값은 감소하는 x의 값의 범위를 구하여라.

5-2

다음 중 이차함수 $y=2x^2-8x+1$의 그래프에 대한 설명으로 옳지 않은 것을 모두 고르면? (정답 2개)

① 축의 방정식은 $x=-2$이다.
② 점 $(-1, 11)$을 지난다.
③ y축과 만나는 점의 y좌표는 -1이다.
④ 꼭짓점의 좌표는 $(2, -7)$이다.
⑤ 이차함수 $y=2x^2-7$의 그래프를 x축의 방향으로 2만큼 평행이동한 것이다.

유형 6 이차함수의 그래프와 도형의 넓이

오른쪽 그림은 이차함수 $y=-x^2+4x+5$의 그래프이다. 꼭짓점을 A, x축과의 교점을 각각 B, C라 할 때, △ABC의 넓이를 구하여라.

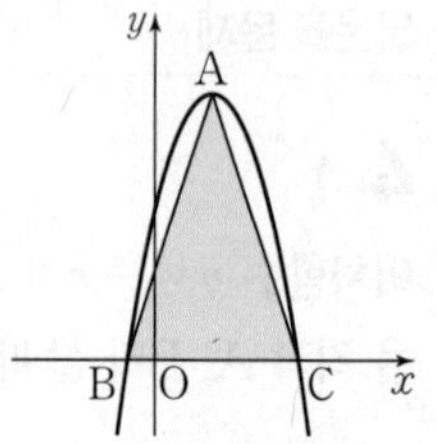

» 닮은꼴 문제

6-1

오른쪽 그림은 이차함수 $y=-2x^2+4x+1$의 그래프이다. 꼭짓점을 A, y축과의 교점을 B, 원점을 O라 할 때, △ABO의 넓이를 구하여라.

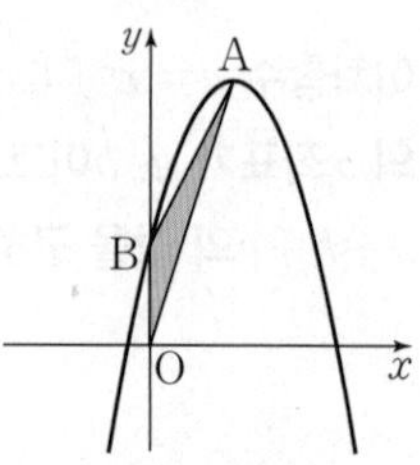

6-2

오른쪽 그림은 이차함수 $y=x^2-2x-3$의 그래프이다. x축과의 교점을 A, B, 꼭짓점을 C라 할 때, △ABC의 넓이를 구하여라.

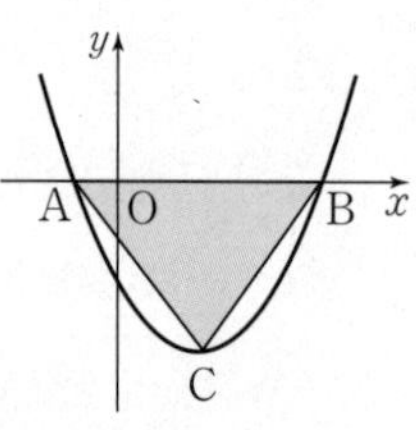

유형 · 7 이차함수 $y=ax^2+bx+c$의 그래프에서 a, b, c의 부호

» 닮은꼴 문제

이차함수 $y=ax^2+bx+c$의 그래프가 오른쪽 그림과 같을 때, a, b, c의 부호는? (단, a, b, c는 상수)

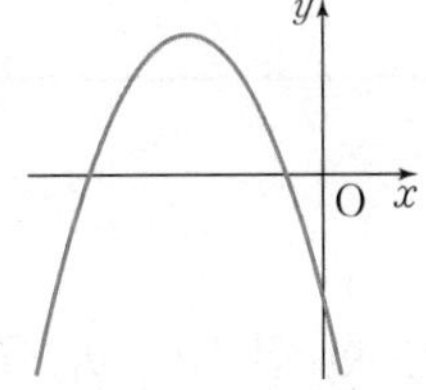

① $a>0, b>0, c>0$
② $a>0, b<0, c>0$
③ $a<0, b>0, c>0$
④ $a<0, b<0, c>0$
⑤ $a<0, b<0, c<0$

7-1

이차함수 $y=ax^2+bx+c$의 그래프가 오른쪽 그림과 같을 때, 다음 중 항상 양수인 것을 모두 고르면? (단, a, b, c는 상수, 정답 2개)

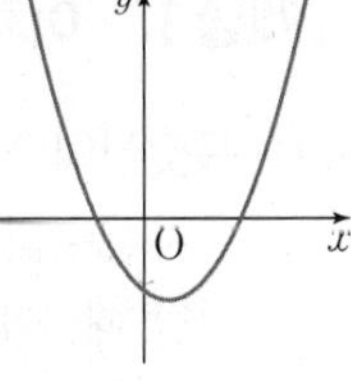

① $a-b$ ② $b+c$
③ $c-a$ ④ ab
⑤ bc

7-2

이차함수 $y=ax^2+bx+c$의 그래프가 오른쪽 그림과 같을 때, 다음 중 옳은 것은? (단, a, b, c는 상수)

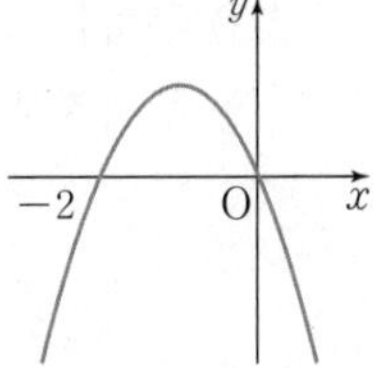

① $ab<0$ ② $a+b>0$
③ $b+c>0$ ④ $a+b+c>0$
⑤ $a-b+c>0$

유형 · 8 이차함수 $y=ax^2+bx+c$의 그래프의 개형

» 닮은꼴 문제

이차함수 $y=x^2+ax+b$의 그래프가 오른쪽 그림과 같을 때, 함수 $y=ax+b$의 그래프가 지나지 않는 사분면은? (단, a, b는 상수)

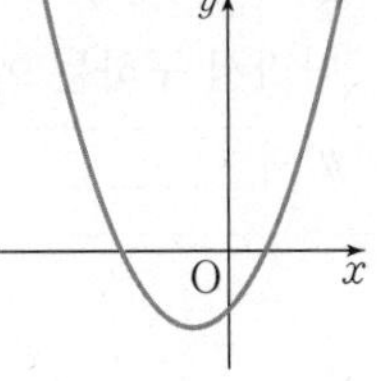

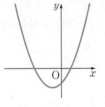

① 제1사분면
② 제2사분면
③ 제3사분면
④ 제4사분면
⑤ 모든 사분면을 지난다.

8-1

이차함수 $y=ax^2+bx+c$의 그래프가 오른쪽 그림과 같을 때, 이차함수 $y=-ax^2+bx+c$의 그래프의 꼭짓점은 제 몇 사분면 위에 있는지 구하여라. (단, a, b, c는 상수)

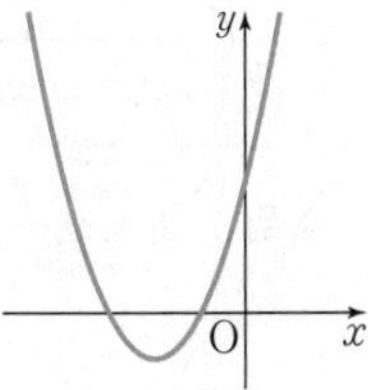

8-2

이차함수 $y=ax^2+bx+c$의 그래프의 꼭짓점이 제2사분면 위에 있고, $a<0$, $c>0$일 때, 일차함수 $y=bx+c$의 그래프가 지나지 않는 사분면은? (단, a, b, c는 상수)

① 제1사분면 ② 제2사분면
③ 제3사분면 ④ 제4사분면
⑤ 모든 사분면을 지난다.

38 · 이차함수의 식 구하기 (1)

개념 1 이차함수의 식 구하기 (1)

(1) 꼭짓점의 좌표와 그래프 위의 다른 한 점을 알 때

이차함수의 그래프의 꼭짓점의 좌표가 $(p,\ q)$이고, 다른 한 점 $(x_1,\ y_1)$을 지날 때, 이차함수의 식은 다음과 같이 구한다.

① 구하는 식을 $y=a(x-p)^2+q(a\neq0)$로 놓는다.

② 주어진 다른 한 점의 좌표를 ①의 식에 대입하여 a의 값을 구한다.
($x=x_1$, $y=y_1$을 $y=a(x-p)^2+q$에 대입)

(2) 축의 방정식과 그래프 위의 두 점을 알 때

이차함수의 그래프의 축의 방정식이 $x=p$(꼭짓점의 x좌표가 p)이고, 서로 다른 두 점 $(x_1,\ y_1)$, $(x_2,\ y_2)$를 지날 때, 이차함수의 식은 다음과 같이 구한다.

① 구하는 식을 $y=a(x-p)^2+q(a\neq0)$로 놓는다.

② 주어진 두 점의 좌표를 ①의 식에 각각 대입하여 a, q의 값을 구한다.

+ 꼭짓점에 따른 이차함수의 식
① 꼭짓점의 좌표가 $(0,\ 0)$ ➔ $y=ax^2$
② 꼭짓점의 좌표가 $(0,\ q)$ ➔ $y=ax^2+q$
③ 꼭짓점의 좌표가 $(p,\ 0)$ ➔ $y=a(x-p)^2$
④ 꼭짓점의 좌표가 $(p,\ q)$ ➔ $y=a(x-p)^2+q$

+ 축의 방정식에 따른 이차함수의 식
① 축의 방정식이 $x=0$ ➔ $y=ax^2+q$
② 축의 방정식이 $x=p$ ➔ $y=a(x-p)^2+q$

예제 1

다음은 꼭짓점의 좌표가 $(3,\ 4)$이고, 점 $(0,\ -5)$를 지나는 그래프가 나타내는 이차함수의 식을 구하는 과정이다. □ 안에 알맞은 것을 써넣어라.

> 구하는 이차함수의 식을 $y=a(x-□)^2+□$로 놓는다. 이 그래프가 점 $(0,\ -5)$를 지나므로
> $x=□$, $y=□$를 대입하면 $a=□$
> 따라서 구하는 이차함수의 식은
> $y=□$

> 답 $3,\ 4,\ 0,\ -5,\ -1,\ y=-(x-3)^2+4$

확인 1

다음은 꼭짓점의 좌표가 $(-1,\ 2)$이고, 점 $(-2,\ 4)$를 지나는 그래프가 나타내는 이차함수의 식을 구하는 과정이다. □ 안에 알맞은 것을 써넣어라.

> 구하는 이차함수의 식을 $y=a(x+□)^2+□$로 놓는다. 이 그래프가 점 $(-2,\ 4)$를 지나므로
> $x=□$, $y=□$를 대입하면 $a=□$
> 따라서 구하는 이차함수의 식은
> $y=□$

예제 2

다음은 축의 방정식이 $x=4$이고 두 점 $(2,\ 5)$, $(3,\ 2)$를 지나는 이차함수의 그래프의 식을 구하는 과정이다. □ 안에 알맞은 것을 써넣어라.

> 구하는 이차함수의 식을 $y=a(x-□)^2+q$로 놓는다. 두 점의 좌표를 각각 대입하여 풀면
> $a=□$, $q=□$
> 따라서 구하는 이차함수의 식은
> $y=□$

> 답 $4,\ 1,\ 1,\ (x-4)^2+1$

확인 2

다음은 축의 방정식이 $x=-2$이고 두 점 $(-1,\ 4)$, $(3,\ -20)$을 지나는 이차함수의 그래프의 식을 구하는 과정이다. □ 안에 알맞은 것을 써넣어라.

> 구하는 이차함수의 식을 $y=a(x+□)^2+q$로 놓는다. 두 점의 좌표를 각각 대입하여 풀면
> $a=□$, $q=□$
> 따라서 구하는 이차함수의 식은
> $y=□$

개념 + check

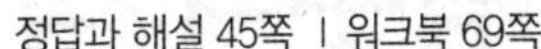

정답과 해설 45쪽 | 워크북 69쪽

01 꼭짓점의 좌표가 $(1,\ -3)$이고, 점 $(2,\ -5)$를 지나는 그래프가 나타내는 이차함수의 식을 $y=a(x-p)^2+q$의 꼴로 나타내어라.

→ 개념1
이차함수의 식 구하기 (1)

02 꼭짓점의 좌표가 $(4,\ 7)$이고, 점 $(3,\ 10)$을 지나는 그래프가 나타내는 이차함수의 식을 $y=ax^2+bx+c$의 꼴로 나타내어라.

→ 개념1
이차함수의 식 구하기 (1)

03 이차함수 $y=ax^2+bx+c$의 그래프가 오른쪽 그림과 같을 때, abc의 값을 구하여라.

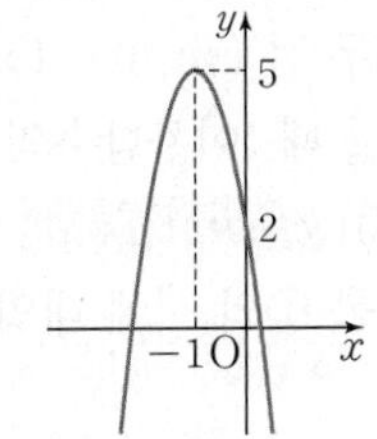

→ 개념1
이차함수의 식 구하기 (1)

04 이차함수 $y=2(x-p)^2+q$의 그래프의 축의 방정식은 $x=-1$이다. 이 그래프가 점 $(1,\ 5)$를 지날 때, 상수 $p,\ q$의 값을 각각 구하여라.

→ 개념1
이차함수의 식 구하기 (1)

05 축의 방정식이 $x=1$이고, 두 점 $(0,\ 2)$, $(3,\ 8)$을 지나는 그래프가 나타내는 이차함수의 식을 $y=ax^2+bx+c$의 꼴로 나타내어라.

→ 개념1
이차함수의 식 구하기 (1)

39 ◆ 이차함수의 식 구하기 (2)

개념 1 이차함수의 식 구하기 (2)

(1) 그래프 위의 서로 다른 세 점을 알 때

이차함수의 그래프가 서로 다른 세 점을 지날 때, 이차함수의 식은 다음과 같이 구한다.

① 구하는 식을 $y=ax^2+bx+c(a\neq0)$로 놓는다.

② 세 점의 좌표를 ①의 식에 각각 대입하여 a, b, c의 값을 구한다. (c: $x=0$일 때의 y의 값)

참고 이차함수의 그래프가 지나는 서로 다른 세 점 중 두 점의 y좌표가 같을 때, 이차함수의 식 구하기

➜ 이차함수의 그래프가 두 점 (x_1, y_1), (x_2, y_1)을 지날 때, 이 그래프의 축의 방정식은 (y_1: 같다.)

$x=\dfrac{x_1+x_2}{2}$이다. 따라서 구하는 식을 $y=a\left(x-\dfrac{x_1+x_2}{2}\right)^2+q$로 놓을 수 있다.

풍쌤의 point 이차함수의 그래프가 지나는 세 점 중 x좌표가 0인 점의 좌표를 대입하면 c의 값을 구할 수 있어.

(2) x축과의 두 교점과 그래프 위의 다른 한 점을 알 때

이차함수의 그래프가 x축과 두 점 $(m, 0)$, $(n, 0)$에서 만나고, 그래프가 지나는 다른 한 점 (x_1, y_1)을 알 때, 이차함수의 식은 다음과 같이 구한다.

① 구하는 식을 $y=a(x-m)(x-n)(a\neq0)$으로 놓는다.

② 주어진 다른 한 점의 좌표를 ①의 식에 대입하여 a의 값을 구한다. ($x=x_1$, $y=y_1$을 $y=a(x-m)(x-n)$에 대입)

◆ 예제 1 ◆

다음은 세 점 $(0, 1)$, $(1, -1)$, $(2, 1)$을 지나는 이차함수의 그래프의 식을 구하는 과정이다. □ 안에 알맞은 것을 써넣어라.

> 구하는 이차함수의 식을 $y=ax^2+bx+c$로 놓으면 이 그래프가 점 $(0, 1)$을 지나므로
> $\square=c$ ······ ㉠
> 점 $(1, -1)$을 지나므로
> $\square=a+b+c$ ······ ㉡
> 점 $(2, 1)$을 지나므로
> $\square=4a+2b+c$ ······ ㉢
> ㉠, ㉡, ㉢을 연립하여 풀면
> $a=\square$, $b=\square$, $c=\square$
> 따라서 구하는 이차함수의 식은
> $y=\square$

> 답 $1, -1, 1, 2, -4, 1, y=2x^2-4x+1$

◆ 확인 1 ◆

다음은 세 점 $(-2, 0)$, $(1, 0)$, $(0, 2)$를 지나는 이차함수의 그래프의 식을 구하는 과정이다. □ 안에 알맞은 것을 써넣어라.

> x축과 두 점 $(-2, 0)$, $(1, 0)$에서 만나므로 이차함수의 식을 $y=a(x+\square)(x-\square)$로 놓을 수 있다.
> 이 그래프가 점 $(0, 2)$를 지나므로
> $\square=-2a$
> $\therefore a=\square$
> 따라서 구하는 이차함수의 식은
> $y=\square$

개념 • check

정답과 해설 45~46쪽 | 워크북 70쪽

01 다음 세 점을 지나는 그래프가 나타내는 이차함수의 식을 구하여라.

(1) $(0,\ 1)$, $(-1,\ 3)$, $(1,\ -5)$

(2) $(1,\ 3)$, $(-1,\ -3)$, $(0,\ -2)$

→ 개념1
이차함수의 식 구하기 (2)

02 이차함수 $y=ax^2+bx+c$의 그래프가 오른쪽 그림과 같을 때, 상수 a, b, c의 값을 구하여라.

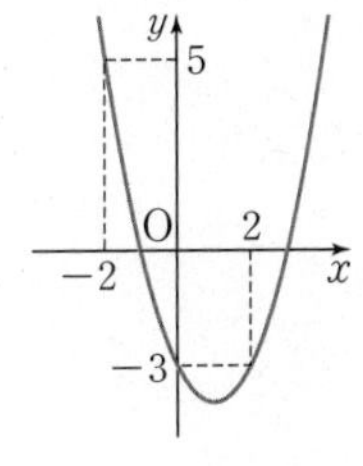

→ 개념1
이차함수의 식 구하기 (2)

03 다음 세 점을 지나는 그래프가 나타내는 이차함수의 식을 구하여라.

(1) $(-1,\ 0)$, $(2,\ 0)$, $(0,\ -6)$

(2) $(-4,\ 0)$, $(4,\ 0)$, $(3,\ 7)$

→ 개념1
이차함수의 식 구하기 (2)

04 이차함수 $y=ax^2+bx+c$의 그래프가 x축과 두 점 $(2,\ 0)$, $(6,\ 0)$에서 만나고, 점 $(0,\ 12)$를 지날 때, 상수 a, b, c의 값을 구하여라.

→ 개념1
이차함수의 식 구하기 (2)

유형 · check

정답과 해설 46~47쪽 | 워크북 69~70쪽

유형 · 1 이차함수의 식 구하기 (1)

이차함수 $y=ax^2+bx+c$의 그래프는 꼭짓점의 좌표가 $(-1,\ 4)$이고, 점 $(-2,\ 6)$을 지난다. 이때 상수 a, b, c에 대하여 $a+b-c$의 값은?

① -4　② -2　③ 0　④ 4　⑤ 6

» 닮은꼴 문제

1-1

꼭짓점의 좌표가 $(2,\ -3)$이고, 점 $(1,\ 4)$를 지나는 이차함수의 그래프가 y축과 만나는 점의 좌표를 구하여라.

1-2

오른쪽 그림과 같은 이차함수의 그래프가 점 $(4,\ k)$를 지날 때, k의 값을 구하여라.

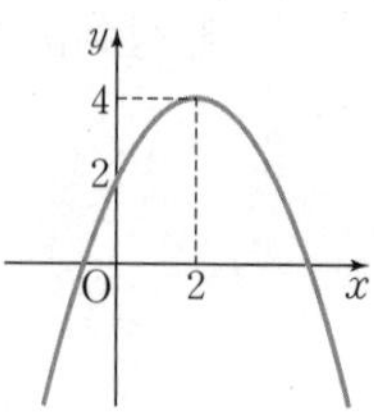

유형 · 2 이차함수의 식 구하기 (2)

오른쪽 그림과 같이 직선 $x=-2$를 축으로 하는 그래프가 나타내는 이차함수의 식을 $y=ax^2+bx+c$라고 할 때, 상수 a, b, c에 대하여 $a-b+c$의 값을 구하여라.

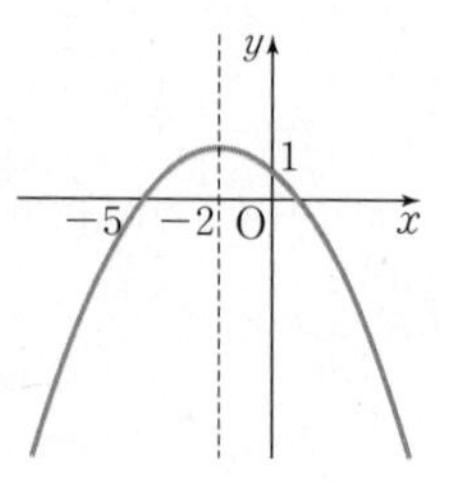

» 닮은꼴 문제

2-1

축의 방정식이 $x=3$이고, 두 점 $(1,\ 0)$, $(4,\ 3)$을 지나는 이차함수의 그래프의 꼭짓점의 좌표를 구하여라.

2-2

축의 방정식이 $x=2$이고, 두 점 $(4,\ 3)$, $(-2,\ -3)$을 지나는 이차함수의 그래프가 y축과 만나는 점의 y좌표를 구하여라.

유형 3 이차함수의 식 구하기 (3)

세 점 $(0, 2)$, $(2, 6)$, $(3, 14)$를 지나는 이차함수의 그래프가 점 $(1, k)$를 지날 때, k의 값은?

① 2 ② 1 ③ 0
④ -1 ⑤ -2

» 닮은꼴 문제

3-1

세 점 $(-2, 7)$, $(-3, 0)$, $(0, 15)$를 지나는 이차함수의 그래프가 점 $(2, k)$를 지날 때, k의 값을 구하여라.

3-2

이차함수 $y=ax^2+bx+c$의 그래프가 오른쪽 그림과 같을 때, 이 그래프의 꼭짓점의 좌표를 구하여라.
(단, a, b, c는 상수)

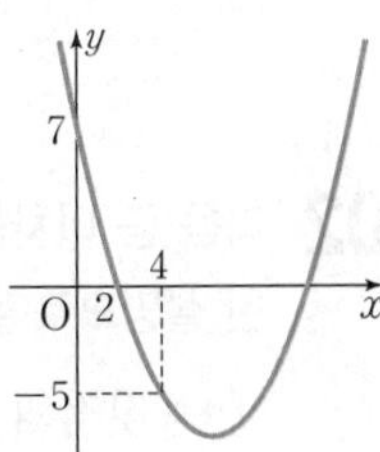

유형 4 이차함수의 식 구하기 (4)

이차함수 $y=ax^2+bx+c$의 그래프가 x축과 두 점 $(-1, 0)$, $(5, 0)$에서 만나고 점 $(2, 9)$를 지날 때, 상수 a, b, c에 대하여 $4a-2b+c$의 값을 구하여라.

» 닮은꼴 문제

4-1

x축과 만나는 두 점의 x좌표가 3, 7이고, 점 $(4, -6)$을 지나는 이차함수의 그래프가 y축과 만나는 점의 y좌표는?

① -42 ② -21 ③ 10
④ 21 ⑤ 42

4-2

오른쪽 그림과 같이 x축과 두 점 $(-2, 0)$, $(3, 0)$에서 만나고, 점 $(2, 2)$를 지나는 이차함수의 그래프가 y축과 만나는 점의 y좌표를 구하여라.

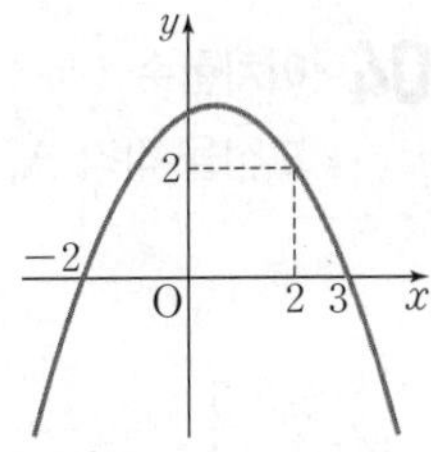

단원 마무리

01 이차함수 $y=-x^2+4x-1$의 그래프의 꼭짓점의 좌표와 축의 방정식을 차례대로 구하면?

① $(-2, -3)$, $x=2$　② $(-2, 3)$, $x=-2$
③ $(-2, 3)$, $x=3$　④ $(2, 3)$, $x=2$
⑤ $(2, 3)$, $x=-2$

02 다음 중 이차함수 $y=-x^2+4x+12$의 그래프에 대한 설명으로 옳지 않은 것은?

① 꼭짓점의 좌표는 $(2, 16)$이다.
② y축과 만나는 점의 좌표는 12이다.
③ 모든 사분면을 지난다.
④ x축과의 두 교점의 좌표는 $(-6, 0)$, $(2, 0)$이다.
⑤ $x<2$일 때, x의 값이 증가하면 y의 값도 증가한다.

03 이차함수 $y=ax^2+6ax+9a+1$의 그래프를 x축의 방향으로 2만큼, y축의 방향으로 -3만큼 평행이동한 그래프의 꼭짓점의 좌표는? (단, a는 상수)

① $(-1, -2)$　② $(-1, 3)$　③ $(1, 2)$
④ $(2, -1)$　⑤ $(3, -1)$

04 이차함수 $y=4x^2-8x-5$의 그래프와 x축과의 두 교점을 각각 A, B라 할 때, $\overline{\mathrm{AB}}$의 길이는?

① 1　② $\frac{3}{2}$　③ 2
④ $\frac{5}{2}$　⑤ 3

05 이차함수 $y=ax^2+bx+c$의 그래프가 오른쪽 그림과 같을 때, 다음 중 옳은 것은? (단, a, b, c는 상수)

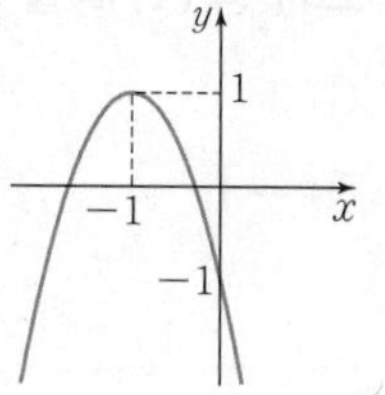

① $b>0$
② $c>0$
③ $a+b+c<-1$
④ $a-b+c<-1$
⑤ $4a-2b+c<-1$

06 $a>0$, $b<0$일 때, 이차함수 $y=ax^2-bx+b$의 그래프의 꼭짓점이 있는 곳은?

① 제2사분면　② 제3사분면
③ 제4사분면　④ x축
⑤ y축

07 이차함수 $y=ax^2+bx+c$의 그래프의 꼭짓점의 좌표가 $(2, 1)$이고, 점 $(0, -2)$를 지날 때, 상수 a, b, c의 합 $a+b+c$의 값은?

① $-\frac{1}{4}$　② $-\frac{1}{2}$　③ 0
④ $\frac{1}{2}$　⑤ $\frac{1}{4}$

08 축의 방정식이 $x=-4$인 포물선이 세 점 $(-2, 1)$, $(0, 13)$, $(1, k)$를 지날 때, k의 값은?

① -2　② 4　③ 10
④ 16　⑤ 22

09 이차함수 $y=ax^2+bx+c$의 그래프가 오른쪽 그림과 같을 때, 이차함수 $y=cx^2+bx+a$의 그래프의 개형은?

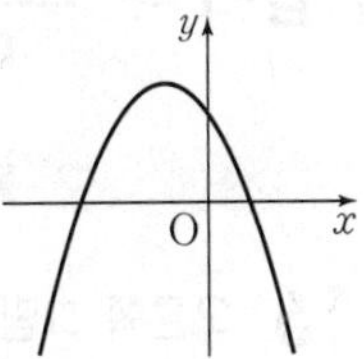

①

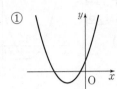

②

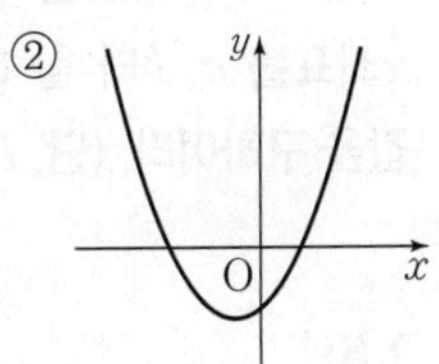

③

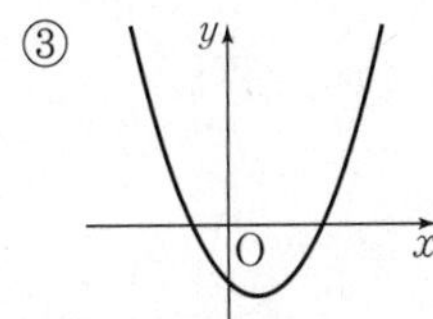

④

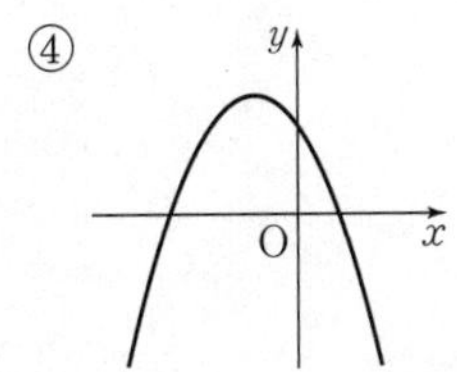

⑤

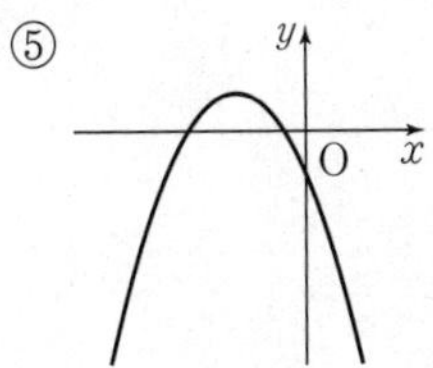

10 이차함수 $y=x^2-4ax+4a^2+3a+2$의 그래프의 꼭짓점이 제3사분면 위에 있을 때, 상수 a의 값의 범위는?

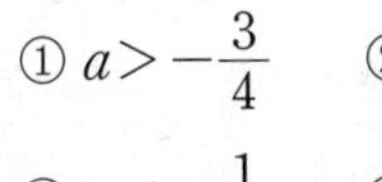

① $a>-\frac{3}{4}$ ② $a>-\frac{2}{3}$ ③ $a>-\frac{1}{2}$

④ $a<-\frac{1}{2}$ ⑤ $a<-\frac{2}{3}$

11 이차함수 $y=3x^2+3$의 그래프를 x축의 방향으로 p만큼, y축의 방향으로 q만큼 평행이동한 그래프가 점 $(2, 8)$을 지난다. 이 그래프에서 x의 값이 증가할 때 y의 값도 증가하는 x의 값의 범위가 $x>3$일 때, q의 값을 구하여라.

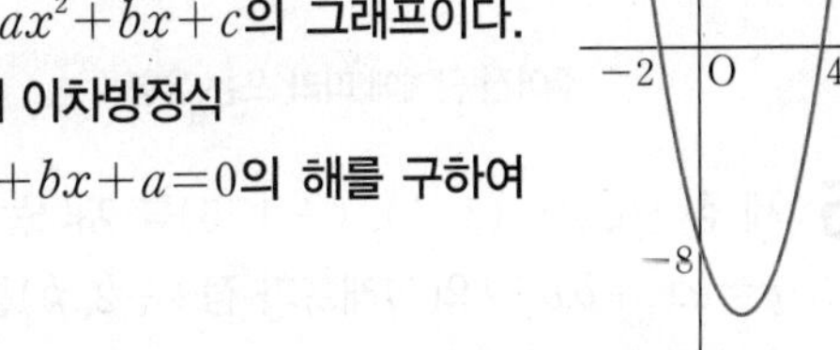

12 오른쪽 그림은 이차함수 $y=ax^2+bx+c$의 그래프이다. 이때 이차방정식 $cx^2+bx+a=0$의 해를 구하여라.

13 이차함수 $y=ax^2+bx+c$의 그래프는 오른쪽 그림과 같이 x축과 두 점 O, B에서 만난다. 이 그래프의 꼭짓점이 A이고, △OAB의 넓이가 36일 때, 상수 a, b, c에 대하여 $3a+b-c$의 값은?

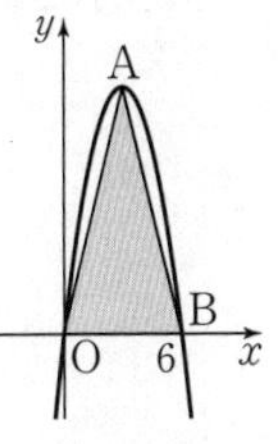

① -4 ② -2 ③ 0

④ 2 ⑤ 4

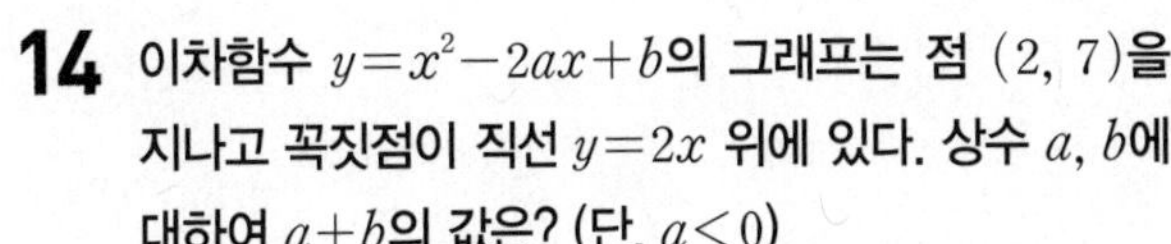

14 이차함수 $y=x^2-2ax+b$의 그래프는 점 $(2, 7)$을 지나고 꼭짓점이 직선 $y=2x$ 위에 있다. 상수 a, b에 대하여 $a+b$의 값은? (단, $a<0$)

① -2 ② -1 ③ 1

④ 2 ⑤ 3

서술형 꽉 잡기

주어진 단계에 따라 쓰는 유형

15 세 점 $(0, 2)$, $(1, 1)$, $(-1, 5)$를 지나는 이차함수 $y=ax^2+bx+c$의 그래프가 점 $(-2, k)$를 지날 때, k의 값을 구하여라. (단, a, b, c는 상수)

• 생각해 보자 •
구하는 것은? 조건을 만족시키는 k의 값
주어진 것은? 이차함수 $y=ax^2+bx+c$의 그래프가 네 점 $(0, 2)$, $(1, 1)$, $(-1, 5)$, $(-2, k)$를 지난다.

> 풀이

[1단계] c의 값 구하기 $(20\ \%)$

[2단계] a, b의 값 구하기 $(50\ \%)$

[3단계] k의 값 구하기 $(30\ \%)$

> 답

풀이 과정을 자세히 쓰는 유형

16 오른쪽 그림과 같은 이차함수의 그래프가 x축과 만나는 두 점의 x좌표를 a, b라 할 때, $b-a$의 값을 구하여라. (단, $b>a$)

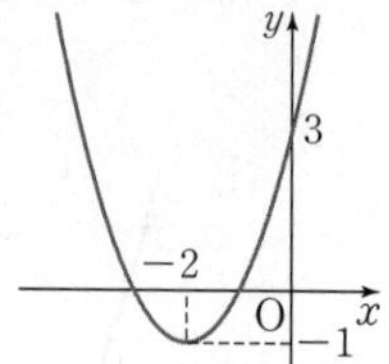

> 풀이

> 답

17 오른쪽 그림은 이차함수 $y=-\frac{1}{3}x^2+2x+1$의 그래프이다. 이 그래프의 꼭짓점을 A, y축과의 교점을 B라 할 때, $\triangle$ABO의 넓이를 구하여라.

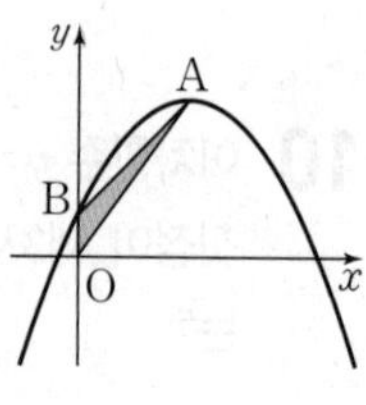

> 풀이

> 답

제곱근표 ①

수	0	1	2	3	4	5	6	7	8	9
1.0	1.000	1.005	1.010	1.015	1.020	1.025	1.030	1.034	1.039	1.044
1.1	1.049	1.054	1.058	1.063	1.068	1.072	1.077	1.082	1.086	1.091
1.2	1.095	1.100	1.105	1.109	1.114	1.118	1.122	1.127	1.131	1.136
1.3	1.140	1.145	1.149	1.153	1.158	1.162	1.166	1.170	1.175	1.179
1.4	1.183	1.187	1.192	1.196	1.200	1.204	1.208	1.212	1.217	1.221
1.5	1.225	1.229	1.233	1.237	1.241	1.245	1.249	1.253	1.257	1.261
1.6	1.265	1.269	1.273	1.277	1.281	1.285	1.288	1.292	1.296	1.300
1.7	1.304	1.308	1.311	1.315	1.319	1.323	1.327	1.330	1.334	1.338
1.8	1.342	1.345	1.349	1.353	1.356	1.360	1.364	1.367	1.371	1.375
1.9	1.378	1.382	1.386	1.389	1.393	1.396	1.400	1.404	1.407	1.411
2.0	1.414	1.418	1.421	1.425	1.428	1.432	1.435	1.439	1.442	1.446
2.1	1.449	1.453	1.456	1.459	1.463	1.466	1.470	1.473	1.476	1.480
2.2	1.483	1.487	1.490	1.493	1.497	1.500	1.503	1.507	1.510	1.513
2.3	1.517	1.520	1.523	1.526	1.530	1.533	1.536	1.539	1.543	1.546
2.4	1.549	1.552	1.556	1.559	1.562	1.565	1.568	1.572	1.575	1.578
2.5	1.581	1.584	1.587	1.591	1.594	1.597	1.600	1.603	1.606	1.609
2.6	1.612	1.616	1.619	1.622	1.625	1.628	1.631	1.634	1.637	1.640
2.7	1.643	1.646	1.649	1.652	1.655	1.658	1.661	1.664	1.667	1.670
2.8	1.673	1.676	1.679	1.682	1.685	1.688	1.691	1.694	1.697	1.700
2.9	1.703	1.706	1.709	1.712	1.715	1.718	1.720	1.723	1.726	1.729
3.0	1.732	1.735	1.738	1.741	1.744	1.746	1.749	1.752	1.755	1.758
3.1	1.761	1.764	1.766	1.769	1.772	1.775	1.778	1.780	1.783	1.786
3.2	1.789	1.792	1.794	1.797	1.800	1.803	1.806	1.808	1.811	1.814
3.3	1.817	1.819	1.822	1.825	1.828	1.830	1.833	1.836	1.838	1.841
3.4	1.844	1.847	1.849	1.852	1.855	1.857	1.860	1.863	1.865	1.868
3.5	1.871	1.873	1.876	1.879	1.881	1.884	1.887	1.889	1.892	1.895
3.6	1.897	1.900	1.903	1.905	1.908	1.910	1.913	1.916	1.918	1.921
3.7	1.924	1.926	1.929	1.931	1.934	1.936	1.939	1.942	1.944	1.947
3.8	1.949	1.952	1.954	1.957	1.960	1.962	1.965	1.967	1.970	1.972
3.9	1.975	1.977	1.980	1.982	1.985	1.987	1.990	1.992	1.995	1.997
4.0	2.000	2.002	2.005	2.007	2.010	2.012	2.015	2.017	2.020	2.022
4.1	2.025	2.027	2.030	2.032	2.035	2.037	2.040	2.042	2.045	2.047
4.2	2.049	2.052	2.054	2.057	2.059	2.062	2.064	2.066	2.069	2.071
4.3	2.074	2.076	2.078	2.081	2.083	2.086	2.088	2.090	2.093	2.095
4.4	2.098	2.100	2.102	2.105	2.107	2.110	2.112	2.114	2.117	2.119
4.5	2.121	2.124	2.126	2.128	2.131	2.133	2.135	2.138	2.140	2.142
4.6	2.145	2.147	2.149	2.152	2.154	2.156	2.159	2.161	2.163	2.166
4.7	2.168	2.170	2.173	2.175	2.177	2.179	2.182	2.184	2.186	2.189
4.8	2.191	2.193	2.195	2.198	2.200	2.202	2.205	2.207	2.209	2.211
4.9	2.214	2.216	2.218	2.220	2.223	2.225	2.227	2.229	2.232	2.234
5.0	2.236	2.238	2.241	2.243	2.245	2.247	2.249	2.252	2.254	2.256
5.1	2.258	2.261	2.263	2.265	2.267	2.269	2.272	2.274	2.276	2.278
5.2	2.280	2.283	2.285	2.287	2.289	2.291	2.293	2.296	2.298	2.300
5.3	2.302	2.304	2.307	2.309	2.311	2.313	2.315	2.317	2.319	2.322
5.4	2.324	2.326	2.328	2.330	2.332	2.335	2.337	2.339	2.341	2.343

제곱근표

수	0	1	2	3	4	5	6	7	8	9
5.5	2.345	2.347	2.349	2.352	2.354	2.356	2.358	2.360	2.362	2.364
5.6	2.366	2.369	2.371	2.373	2.375	2.377	2.379	2.381	2.383	2.385
5.7	2.387	2.390	2.392	2.394	2.396	2.398	2.400	2.402	2.404	2.406
5.8	2.408	2.410	2.412	2.415	2.417	2.419	2.421	2.423	2.425	2.427
5.9	2.429	2.431	2.433	2.435	2.437	2.439	2.441	2.443	2.445	2.447
6.0	2.449	2.452	2.454	2.456	2.458	2.460	2.462	2.464	2.466	2.468
6.1	2.470	2.472	2.474	2.476	2.478	2.480	2.482	2.484	2.486	2.488
6.2	2.490	2.492	2.494	2.496	2.498	2.500	2.502	2.504	2.506	2.508
6.3	2.510	2.512	2.514	2.516	2.518	2.520	2.522	2.524	2.526	2.528
6.4	2.530	2.532	2.534	2.536	2.538	2.540	2.542	2.544	2.546	2.548
6.5	2.550	2.551	2.553	2.555	2.557	2.559	2.561	2.563	2.565	2.567
6.6	2.569	2.571	2.573	2.575	2.577	2.579	2.581	2.583	2.585	2.587
6.7	2.588	2.590	2.592	2.594	2.596	2.598	2.600	2.602	2.604	2.606
6.8	2.608	2.610	2.612	2.613	2.615	2.617	2.619	2.621	2.623	2.625
6.9	2.627	2.629	2.631	2.632	2.634	2.636	2.638	2.640	2.642	2.644
7.0	2.646	2.648	2.650	2.651	2.653	2.655	2.657	2.659	2.661	2.663
7.1	2.665	2.666	2.668	2.670	2.672	2.674	2.676	2.678	2.680	2.681
7.2	2.683	2.685	2.687	2.689	2.691	2.693	2.694	2.696	2.698	2.700
7.3	2.702	2.704	2.706	2.707	2.709	2.711	2.713	2.715	2.717	2.718
7.4	2.720	2.722	2.724	2.726	2.728	2.729	2.731	2.733	2.735	2.737
7.5	2.739	2.740	2.742	2.744	2.746	2.748	2.750	2.751	2.753	2.755
7.6	2.757	2.759	2.760	2.762	2.764	2.766	2.768	2.769	2.771	2.773
7.7	2.775	2.777	2.778	2.780	2.782	2.784	2.786	2.787	2.789	2.791
7.8	2.793	2.795	2.796	2.798	2.800	2.802	2.804	2.805	2.807	2.809
7.9	2.811	2.812	2.814	2.816	2.818	2.820	2.821	2.823	2.825	2.827
8.0	2.828	2.830	2.832	2.834	2.835	2.837	2.839	2.841	2.843	2.844
8.1	2.846	2.848	2.850	2.851	2.853	2.855	2.857	2.858	2.860	2.862
8.2	2.864	2.865	2.867	2.869	2.871	2.872	2.874	2.876	2.877	2.879
8.3	2.881	2.883	2.884	2.886	2.888	2.890	2.891	2.893	2.895	2.897
8.4	2.898	2.900	2.902	2.903	2.905	2.907	2.909	2.910	2.912	2.914
8.5	2.915	2.917	2.919	2.921	2.922	2.924	2.926	2.927	2.929	2.931
8.6	2.933	2.934	2.936	2.938	2.939	2.941	2.943	2.944	2.946	2.948
8.7	2.950	2.951	2.953	2.955	2.956	2.958	2.960	2.961	2.963	2.965
8.8	2.966	2.968	2.970	2.972	2.973	2.975	2.977	2.978	2.980	2.982
8.9	2.983	2.985	2.987	2.988	2.990	2.992	2.993	2.995	2.997	2.998
9.0	3.000	3.002	3.003	3.005	3.007	3.008	3.010	3.012	3.013	3.015
9.1	3.017	3.018	3.020	3.022	3.023	3.025	3.027	3.028	3.030	3.032
9.2	3.033	3.035	3.036	3.038	3.040	3.041	3.043	3.045	3.046	3.048
9.3	3.050	3.051	3.053	3.055	3.056	3.058	3.059	3.061	3.063	3.064
9.4	3.066	3.068	3.069	3.071	3.072	3.074	3.076	3.077	3.079	3.081
9.5	3.082	3.084	3.085	3.087	3.089	3.090	3.092	3.094	3.095	3.097
9.6	3.098	3.100	3.102	3.103	3.105	3.106	3.108	3.110	3.111	3.113
9.7	3.114	3.116	3.118	3.119	3.121	3.122	3.124	3.126	3.127	3.129
9.8	3.130	3.132	3.134	3.135	3.137	3.138	3.140	3.142	3.143	3.145
9.9	3.146	3.148	3.150	3.151	3.153	3.154	3.156	3.158	3.159	3.161

수	0	1	2	3	4	5	6	7	8	9
10	3.162	3.178	3.194	3.209	3.225	3.240	3.256	3.271	3.286	3.302
11	3.317	3.332	3.347	3.362	3.376	3.391	3.406	3.421	3.435	3.450
12	3.464	3.479	3.493	3.507	3.521	3.536	3.550	3.564	3.578	3.592
13	3.606	3.619	3.633	3.647	3.661	3.674	3.688	3.701	3.715	3.728
14	3.742	3.755	3.768	3.782	3.795	3.808	3.821	3.834	3.847	3.860
15	3.873	3.886	3.899	3.912	3.924	3.937	3.950	3.962	3.975	3.987
16	4.000	4.012	4.025	4.037	4.050	4.062	4.074	4.087	4.099	4.111
17	4.123	4.135	4.147	4.159	4.171	4.183	4.195	4.207	4.219	4.231
18	4.243	4.254	4.266	4.278	4.290	4.301	4.313	4.324	4.336	4.347
19	4.359	4.370	4.382	4.393	4.405	4.416	4.427	4.438	4.450	4.461
20	4.472	4.483	4.494	4.506	4.517	4.528	4.539	4.550	4.561	4.572
21	4.583	4.593	4.604	4.615	4.626	4.637	4.648	4.658	4.669	4.680
22	4.690	4.701	4.712	4.722	4.733	4.743	4.754	4.764	4.775	4.785
23	4.796	4.806	4.817	4.827	4.837	4.848	4.858	4.868	4.879	4.889
24	4.899	4.909	4.919	4.930	4.940	4.950	4.960	4.970	4.980	4.990
25	5.000	5.010	5.020	5.030	5.040	5.050	5.060	5.070	5.079	5.089
26	5.099	5.109	5.119	5.128	5.138	5.148	5.158	5.167	5.177	5.187
27	5.196	5.206	5.215	5.225	5.235	5.244	5.254	5.263	5.273	5.282
28	5.292	5.301	5.310	5.320	5.329	5.339	5.348	5.357	5.367	5.376
29	5.385	5.394	5.404	5.413	5.422	5.431	5.441	5.450	5.459	5.468
30	5.477	5.486	5.495	5.505	5.514	5.523	5.532	5.541	5.550	5.559
31	5.568	5.577	5.586	5.595	5.604	5.612	5.621	5.630	5.639	5.648
32	5.657	5.666	5.675	5.683	5.692	5.701	5.710	5.718	5.727	5.736
33	5.745	5.753	5.762	5.771	5.779	5.788	5.797	5.805	5.814	5.822
34	5.831	5.840	5.848	5.857	5.865	5.874	5.882	5.891	5.899	5.908
35	5.916	5.925	5.933	5.941	5.950	5.958	5.967	5.975	5.983	5.992
36	6.000	6.008	6.017	6.025	6.033	6.042	6.050	6.058	6.066	6.075
37	6.083	6.091	6.099	6.107	6.116	6.124	6.132	6.140	6.148	6.156
38	6.164	6.173	6.181	6.189	6.197	6.205	6.213	6.221	6.229	6.237
39	6.245	6.253	6.261	6.269	6.277	6.285	6.293	6.301	6.309	6.317
40	6.325	6.332	6.340	6.348	6.356	6.364	6.372	6.380	6.387	6.395
41	6.403	6.411	6.419	6.427	6.434	6.442	6.450	6.458	6.465	6.473
42	6.481	6.488	6.496	6.504	6.512	6.519	6.527	6.535	6.542	6.550
43	6.557	6.565	6.573	6.580	6.588	6.595	6.603	6.611	6.618	6.626
44	6.633	6.641	6.648	6.656	6.663	6.671	6.678	6.686	6.693	6.701
45	6.708	6.716	6.723	6.731	6.738	6.745	6.753	6.760	6.768	6.775
46	6.782	6.790	6.797	6.804	6.812	6.819	6.826	6.834	6.841	6.848
47	6.856	6.863	6.870	6.877	6.885	6.892	6.899	6.907	6.914	6.921
48	6.928	6.935	6.943	6.950	6.957	6.964	6.971	6.979	6.986	6.993
49	7.000	7.007	7.014	7.021	7.029	7.036	7.043	7.050	7.057	7.064
50	7.071	7.078	7.085	7.092	7.099	7.106	7.113	7.120	7.127	7.134
51	7.141	7.148	7.155	7.162	7.169	7.176	7.183	7.190	7.197	7.204
52	7.211	7.218	7.225	7.232	7.239	7.246	7.253	7.259	7.266	7.273
53	7.280	7.287	7.294	7.301	7.308	7.314	7.321	7.328	7.335	7.342
54	7.348	7.355	7.362	7.369	7.376	7.382	7.389	7.396	7.403	7.409

수	0	1	2	3	4	5	6	7	8	9
55	7.416	7.423	7.430	7.436	7.443	7.450	7.457	7.463	7.470	7.477
56	7.483	7.490	7.497	7.503	7.510	7.517	7.523	7.530	7.537	7.543
57	7.550	7.556	7.563	7.570	7.576	7.583	7.589	7.596	7.603	7.609
58	7.616	7.622	7.629	7.635	7.642	7.649	7.655	7.662	7.668	7.675
59	7.681	7.688	7.694	7.701	7.707	7.714	7.720	7.727	7.733	7.740
60	7.746	7.752	7.759	7.765	7.772	7.778	7.785	7.791	7.797	7.804
61	7.810	7.817	7.823	7.829	7.836	7.842	7.849	7.855	7.861	7.868
62	7.874	7.880	7.887	7.893	7.899	7.906	7.912	7.918	7.925	7.931
63	7.937	7.944	7.950	7.956	7.962	7.969	7.975	7.981	7.987	7.994
64	8.000	8.006	8.012	8.019	8.025	8.031	8.037	8.044	8.050	8.056
65	8.062	8.068	8.075	8.081	8.087	8.093	8.099	8.106	8.112	8.118
66	8.124	8.130	8.136	8.142	8.149	8.155	8.161	8.167	8.173	8.179
67	8.185	8.191	8.198	8.204	8.210	8.216	8.222	8.228	8.234	8.240
68	8.246	8.252	8.258	8.264	8.270	8.276	8.283	8.289	8.295	8.301
69	8.307	8.313	8.319	8.325	8.331	8.337	8.343	8.349	8.355	8.361
70	8.367	8.373	8.379	8.385	8.390	8.396	8.402	8.408	8.414	8.420
71	8.426	8.432	8.438	8.444	8.450	8.456	8.462	8.468	8.473	8.479
72	8.485	8.491	8.497	8.503	8.509	8.515	8.521	8.526	8.532	8.538
73	8.544	8.550	8.556	8.562	8.567	8.573	8.579	8.585	8.591	8.597
74	8.602	8.608	8.614	8.620	8.626	8.631	8.637	8.643	8.649	8.654
75	8.660	8.666	8.672	8.678	8.683	8.689	8.695	8.701	8.706	8.712
76	8.718	8.724	8.729	8.735	8.741	8.746	8.752	8.758	8.764	8.769
77	8.775	8.781	8.786	8.792	8.798	8.803	8.809	8.815	8.820	8.826
78	8.832	8.837	8.843	8.849	8.854	8.860	8.866	8.871	8.877	8.883
79	8.888	8.894	8.899	8.905	8.911	8.916	8.922	8.927	8.933	8.939
80	8.944	8.950	8.955	8.961	8.967	8.972	8.978	8.983	8.989	8.994
81	9.000	9.006	9.011	9.017	9.022	9.028	9.033	9.039	9.044	9.050
82	9.055	9.061	9.066	9.072	9.077	9.083	9.088	9.094	9.099	9.105
83	9.110	9.116	9.121	9.127	9.132	9.138	9.143	9.149	9.154	9.160
84	9.165	9.171	9.176	9.182	9.187	9.192	9.198	9.203	9.209	9.214
85	9.220	9.225	9.230	9.236	9.241	9.247	9.252	9.257	9.263	9.268
86	9.274	9.279	9.284	9.290	9.295	9.301	9.306	9.311	9.317	9.322
87	9.327	9.333	9.338	9.343	9.349	9.354	9.359	9.365	9.370	9.375
88	9.381	9.386	9.391	9.397	9.402	9.407	9.413	9.418	9.423	9.429
89	9.434	9.439	9.445	9.450	9.455	9.460	9.466	9.471	9.476	9.482
90	9.487	9.492	9.497	9.503	9.508	9.513	9.518	9.524	9.529	9.534
91	9.539	9.545	9.550	9.555	9.560	9.566	9.571	9.576	9.581	9.586
92	9.592	9.597	9.602	9.607	9.612	9.618	9.623	9.628	9.633	9.638
93	9.644	9.649	9.654	9.659	9.664	9.670	9.675	9.680	9.685	9.690
94	9.695	9.701	9.706	9.711	9.716	9.721	9.726	9.731	9.737	9.742
95	9.747	9.752	9.757	9.762	9.767	9.772	9.778	9.783	9.788	9.793
96	9.798	9.803	9.808	9.813	9.818	9.823	9.829	9.834	9.839	9.844
97	9.849	9.854	9.859	9.864	9.869	9.874	9.879	9.884	9.889	9.894
98	9.899	9.905	9.910	9.915	9.920	9.925	9.930	9.935	9.940	9.945
99	9.950	9.955	9.960	9.965	9.970	9.975	9.980	9.985	9.990	9.995

이 책을 검토한 선생님들

서울

강현숙 유니크수학학원
길정균 교육그룹볼에이블학원
김도헌 강서명일학원
김영준 목동해법수학학원
김유미 대성제넥스학원
박미선 고릴라수학학원
박미정 최강학원
박미진 목동쌤올림학원
박부림 용경M2M학원
박성웅 M.C.M학원
박은숙 BMA유명학원
손남천 최고수수학학원
심정민 애플캠퍼스학원
안중학 에듀탑학원
유영호 UMA우마수학학원
유정선 UPI한국학원
유종호 정석수리학원
유지현 수리수리학원
이미선 휴브레인학원
이범준 편수학학원
이상덕 제이투학원
이신애 TOP명문학원
이영철 Hub수학전문학원
이은희 한솔학원
이재봉 형설학원
이지영 프라임수학학원
장미선 형설학원
전동철 남림학원
조현기 메타에듀수학학원
최원준 쌤수학학원
최장배 청산학원
최종구 최종구수학학원

강원

김순애 Kim's&청석학원
류경민 문막한빛입시학원
박준규 홍인학원

경기

강병덕 청산학원
김기범 하버드학원
김기태 수풀림학원
김지형 행신학원
김한수 최상위학원
노태환 노선생해법학원
문상현 힘수학학원
박수빈 엠탑수학학원
박은영 M245U수학학원
송인숙 영통세종학원
송혜숙 진흥학원
유시경 에이플러스수학학원
윤효상 페르마학원
이가람 현수학학원
이강국 계룡학원
이민희 유수하학원
이상진 진수학학원
이종진 한뜻학원
이창준 청산학원
이혜용 우리학원
임원국 멘토학원
정오태 정선생수학교실
조정민 바른셈학원
조주희 이츠매쓰학원
주정호 라이프니츠영수학학원
최규헌 하이베스트학원
최일규 이츠매쓰학원
최재원 이지수학학원
하재상 이헤수학학원
한은지 페르마학원
한인경 공감왕수학학원
황미라 한울학원

경상

강동일 에이원학원
강소정 정훈입시학원
강영환 정훈입시학원
강윤정 정훈입시학원
강희정 수학교실
구아름 구수한수학교습소
김성재 The쎈수학학원
김정휴 비상에듀학원
남유경 유니크수학학원
류현지 유니크수학학원
박건주 청림학원
박성규 박샘수학학원
박소현 청림학원
박재훈 달공수학학원
박현철 정훈입시학원
서명원 입시박스학원
신동훈 유니크수학학원
유병호 캔깨쓰학원
유지민 비상에듀학원
윤영진 유클리드수학과학학원
이소리 G1230학원
이은미 수학의한수학원
전현도 A스쿨학원
정재헌 에디슨아카데미
제준헌 니그학원
최혜경 프라임학원

광주

강동호 리엔학원
김국철 필즈영어수학학원
김대균 김대균수학학원
김동신 정평학원
강동석 MFA수학학원
노승균 정평학원
신선미 명문학원
양우식 정평학원
오성진 오성진선생의수학스케치학원
이수현 원수학학원
이재구 소촌엘리트학원
정민철 연승학원
정 석 정석수학전문학원
정수종 에스원수학학원
지행은 최상위영어수학학원
한병선 매쓰로드학원

대구

권영원 영원수학학원
김영숙 마스터박수학학원
김유리 최상위수학과학학원
김은진 월성해법수학학원
김정희 이레수학학원
김지수 율사학원
김태수 김태수수학학원
박미애 학림수학학원
박세열 송설수학학원
박태영 더좋은하늘수학학원
박호연 필즈수학학원
서효정 에이스학원
송유진 차수학학원
오현정 솔빛입시학원
윤기호 사인수학학원
이선미 에스엠학원
이주형 DK경대학원
장경미 휘영수학학원
전진철 전진철수학학원
조현진 수앤지학원
지현숙 클라무학원
하상희 한빛하쌤학원

대전

강현중 J학원
박재춘 제크아카데미
배용제 해마학원
윤석주 윤석주수학학원
이은혜 J학원
임진희 청담클루빌플레이팩토 황선생학원
장보영 윤석주수학학원
장현상 제크아카데미
정유진 청담클루빌플레이팩토 황선생학원
정진혁 버드내종로엠학원
홍선화 홍수학학원

부산

김선아 아연학원
김옥경 더매쓰학원
김원경 옥샘학원
김정민 이경철학원
김창기 우주수학원
김채화 채움수학전문학원
박상희 맵플러스금정캠퍼스학원
박순들 신진학원
손종규 화인수학학원
심정섭 전성학원
유소영 매쓰트리수학학원
윤한수 기능영재아카데미학원
이승윤 한길학원
이재명 청진학원
전현정 전성학원
정상원 필수통합학원
정영판 뉴피플학원
정진경 대원학원
정희경 육영재학원
조이석 레몬수학학원
천미숙 유레카학원
황보상 우진수학학원

인천

곽소윤 밀턴수학학원
김상미 밀턴수학학원
안상준 세종EM학원
이봉섭 정일학원
정은영 밀턴수학학원
채수현 밀턴수학학원
황찬욱 밀턴수학학원

전라

이강화 강승학원
최진영 필즈수학전문학원
한성수 위드클래스학원

충청

김선경 해머수학학원
김은향 루트수학학원
나종복 나는수학학원
오일영 해미수학학원
우명제 필즈수학학원
이태린 이태린으뜸수학학원
장경진 히파티아수학학원
장은희 자기주도학습센터 홀로세움학원
정한용 청록학원
정혜경 팔로스학원
현정화 멘토수학학원
홍승기 청록학원

풍산자 라인업

중학 풍산자로 개념 과 문제 를 꼼꼼히 풀면

성적이 지속적으로 향상됩니다

상위권으로의 도약을 위한 **중학 풍산자 로드맵**

풍산자 개념완성 / 풍산자 반복수학 / 풍산자 테스트북 / 풍산자 필수유형

중학 풍산자 교재		하	중하	중	상
새 교육과정 / 강남구청 인터넷수능방송 강의교재	원리 개념서 **풍산자 개념완성**	필수 문제로 개념 정복, 개념 학습 완성			
새 교육과정 / 강남구청 인터넷수능방송 강의교재	기초 반복훈련서 **풍산자 반복수학**	개념 및 기본 연산 정복, 기초 실력 완성			
새 교육과정	실전평가 테스트 **풍산자 테스트북**		단원별 엄선 문제, 실력 점검 및 실전 대비		
새 교육과정 / 강남구청 인터넷수능방송 강의교재	실전 문제유형서 **풍산자 필수유형**		모든 기출 유형 정복, 시험 준비 완료		

풍산자

개념완성

체계적인 개념 설명과
필수 핵심 문제로
개념을 확실하게 다져주는
개념기본서!

중학수학 3-1

풍산자수학연구소 지음

지학사

워크북

완벽한 개념으로 실전에 강해지는
개념기본서

풍산자 개념완성

중학수학 3-1

워크북

1 · 제곱근의 뜻과 성질

정답과 해설 50~52쪽 | 개념북 8~17쪽

01 제곱근의 뜻

01 다음 중 x가 36의 제곱근임을 나타내는 것은?

① $x^2=36$ ② $x=36$ ③ $x=6^2$
④ $x^2=36^2$ ⑤ $x=6$

02 6의 제곱근을 a, 10의 제곱근을 b라 할 때, a^2+b^2의 값을 구하여라.

03 다음 중 제곱근을 구할 수 <u>없는</u> 것은?

① $\frac{7}{11}$ ② 0 ③ $\sqrt{(-0.1)^2}$
④ $-\frac{1}{4}$ ⑤ $(-3)^2$

04 세 수 0, -3^2, $(-3)^2$의 제곱근의 개수를 각각 a, b, c라 할 때, $a+b+c$의 값을 구하여라.

02 제곱근의 표현

01 제곱근 $\frac{16}{81}$을 $\frac{a}{b}$라 할 때, $a-b$의 값을 구하여라.
(단, a, b는 서로소인 자연수)

02 다음 중 제곱근을 바르게 구한 것을 모두 고르면? (정답 2개)

① 24의 제곱근 ➔ ± 12
② 64의 제곱근 ➔ ± 8
③ $\sqrt{16}$의 제곱근 ➔ ± 4
④ $\sqrt{625}$의 제곱근 ➔ ± 5
⑤ 900의 제곱근 ➔ 30

03 $5.\dot{4}$의 음의 제곱근은?

① $-\frac{49}{9}$ ② $-\frac{7}{3}$ ③ $-\frac{7}{9}$
④ $\frac{7}{9}$ ⑤ $\frac{7}{3}$

04 3의 양의 제곱근을 a, $\frac{36}{49}$의 음의 제곱근을 b라 할 때, $2a^2-7b$의 값을 구하여라.

05 가로의 길이가 7, 세로의 길이가 3인 직사각형과 넓이가 같은 정사각형의 한 변의 길이는?

① $\sqrt{7}$ ② $\sqrt{10}$ ③ $\sqrt{14}$
④ $\sqrt{21}$ ⑤ $\sqrt{28}$

06 $\sqrt{256}$의 제곱근 중 음수인 것을 a, $(-16)^2$의 제곱근 중 양수인 것을 b라 할 때, $\frac{b}{a}$의 값을 구하여라.

07 다음 중 옳지 않은 것은?

① 0의 제곱근은 1개이다.
② 0.04의 제곱근은 ± 0.2이다.
③ -7의 제곱근은 $-\sqrt{7}$이다.
④ 제곱근 13은 $\sqrt{13}$이다.
⑤ 36의 음의 제곱근은 -6이다.

08 다음 중 그 값이 나머지 넷과 다른 하나는?

① 9의 제곱근
② 제곱근 9
③ 제곱하여 9가 되는 수
④ $x^2=9$를 만족시키는 x의 값
⑤ $\sqrt{81}$의 제곱근

09 다음 〈보기〉의 설명 중 옳은 것은 모두 몇 개인가?

보기

ㄱ. $\sqrt{625}$의 음의 제곱근은 -5이다.
ㄴ. $\sqrt{36}=\pm 6$이다.
ㄷ. $\sqrt{1.\dot{7}}$의 제곱근은 모두 유리수이다.
ㄹ. 음수가 아닌 수의 제곱근은 2개이다.
ㅁ. $a>0$일 때, a의 제곱근은 $\pm\sqrt{a}$이다.
ㅂ. $\sqrt{(-6)^2}$의 제곱근은 $\pm\sqrt{6}$이다.

① 1개 ② 2개 ③ 3개
④ 4개 ⑤ 5개

10 다음 중 근호를 사용하지 않고 나타낼 수 없는 것은?

① $\sqrt{0.25}$ ② $\sqrt{\frac{1}{100}}$ ③ $\sqrt{0.4}$
④ $-\sqrt{\frac{9}{4}}$ ⑤ $\sqrt{225}$

11 다음 수 중 근호를 사용하지 않고 제곱근을 나타낼 수 있는 것은 모두 몇 개인가?

$10,\quad \frac{4}{25},\quad \frac{5}{9},\quad 0.\dot{6},\quad \sqrt{16},\quad 1.21$

① 1개 ② 2개 ③ 3개
④ 4개 ⑤ 5개

12 다음 수 중 근호를 사용하지 않고 제곱근을 나타낼 수 없는 것을 모두 고르면? (정답 2개)

① $2.\dot{7}$ ② $\sqrt{0.09}$ ③ $\sqrt{81}$
④ $\frac{8}{9}$ ⑤ $\frac{\sqrt{81}}{4}$

03 제곱근의 성질과 대소 관계

01 다음 중 옳은 것은?

① $\left(\sqrt{\frac{3}{4}}\right)^2=-\frac{3}{4}$ ② $-\sqrt{\left(-\frac{5}{2}\right)^2}=\frac{5}{2}$

③ $(-\sqrt{0.2})^2=\sqrt{0.2}$ ④ $\sqrt{\left(-\frac{1}{2}\right)^2}=-\frac{1}{2}$

⑤ $-(-\sqrt{1.5})^2=-1.5$

02 $\sqrt{(-13)^2}+(\sqrt{3})^2-\sqrt{16}$을 계산하면?

① 8 ② 9 ③ 10
④ 11 ⑤ 12

03 다음 중 그 값이 나머지 넷과 다른 하나는?

① $\sqrt{8^2}$ ② $(-\sqrt{8})^2$ ③ $-\sqrt{(-8)^2}$
④ $(\sqrt{8})^2$ ⑤ $\sqrt{(-8)^2}$

04 $(-\sqrt{0.25})^2$의 제곱근은?

① 0.25 ② ±0.25 ③ $\pm\sqrt{0.5}$
④ 0.5 ⑤ ±0.5

05 다음 중 가장 큰 수는?

① $\sqrt{\frac{1}{9}}$ ② $\left(\frac{1}{3}\right)^2$ ③ $\sqrt{\left(-\frac{1}{4}\right)^2}$
④ $\left(-\sqrt{\frac{1}{2}}\right)^2$ ⑤ $\left(-\sqrt{\frac{1}{9}}\right)^2$

06 다음 수를 큰 수부터 차례대로 나열할 때, 세 번째에 오는 수는?

$\sqrt{5^2}$, $-(\sqrt{8})^2$, $-(-\sqrt{10})^2$, $\sqrt{(-11)^2}$, $\sqrt{12^2}$

① $\sqrt{5^2}$ ② $-(\sqrt{8})^2$ ③ $-(-\sqrt{10})^2$
④ $\sqrt{(-11)^2}$ ⑤ $\sqrt{12^2}$

07 A, B의 값이 다음과 같을 때, $A+2B$의 값은?

$A=\sqrt{81}-\sqrt{(-5)^2}-(-\sqrt{2})^2$
$B=\sqrt{5^2}\div\left(-\sqrt{\frac{10}{3}}\right)^2-\sqrt{2^2}\times\sqrt{\left(-\frac{1}{4}\right)^2}$

① 1 ② 2 ③ 3
④ 4 ⑤ 5

08 $a<0$일 때, $\sqrt{(5a)^2}$을 간단히 하여라.

09 $a>0$일 때, 다음 〈보기〉에서 옳은 것을 모두 고른 것은?

> **보기**
>
> ㄱ. $-\sqrt{a^2}=a$　　ㄴ. $\sqrt{(2a)^2}=2a$
>
> ㄷ. $\sqrt{(-3a)^2}=-3a$　　ㄹ. $-\sqrt{16a^2}=-4a$

① ㄱ, ㄴ　② ㄱ, ㄹ　③ ㄴ, ㄷ
④ ㄴ, ㄹ　⑤ ㄷ, ㄹ

10 $a<0$일 때, 다음 중 옳지 <u>않은</u> 것은?

① $\sqrt{(-2a)^2}=-2a$　② $-\sqrt{(3a)^2}=3a$
③ $\sqrt{(-6a)^2}=6a$　④ $-\sqrt{49a^2}=7a$
⑤ $-\sqrt{(-8a)^2}=8a$

11 $a<0$, $b>0$일 때, $\sqrt{9a^2}-\sqrt{(-2b)^2}$을 간단히 하면?

① $-3a-2b$　② $-3a-b$　③ $-3a+2b$
④ $3a-2b$　⑤ $3a+2b$

12 $a>0$, $b<0$일 때, 다음 식을 간단히 하여라.

$$-\sqrt{4b^2}+\sqrt{(-5a)^2}+\sqrt{25a^2}-\sqrt{(-2b)^2}$$

13 $1<a<3$일 때, $\sqrt{(a-3)^2}+\sqrt{(a-1)^2}$을 간단히 하면?

① $-2a-2$　② $-2a+4$　③ 2
④ $2a-4$　⑤ 4

14 $4<x<6$일 때, $\sqrt{4(4-x)^2}+\sqrt{9(x-6)^2}$을 간단히 하면?

① $-x-24$　② $-x+10$　③ $x-24$
④ $x+10$　⑤ $5x-10$

15 $0<a<1$일 때, $\sqrt{\left(\frac{1}{a}-a\right)^2}-\sqrt{\left(\frac{1}{a}+a\right)^2}$을 간단히 하면?

① 0　② $2a$　③ $-2a$
④ $\frac{2}{a}$　⑤ $-\frac{2}{a}$

16 두 수 x, y에 대하여 $x>y$, $xy<0$일 때, 다음 식을 간단히 하여라.

$$\sqrt{(-x+y)^2}+\sqrt{(2x)^2}-\sqrt{(-3y)^2}$$

17 다음 중 $\sqrt{3^2\times5\times x}$가 자연수가 되도록 하는 자연수 x의 값으로 옳지 않은 것은?

① 5 ② 20 ③ 30
④ 45 ⑤ 80

18 $\sqrt{120x}$가 자연수가 되도록 하는 가장 작은 자연수 x의 값을 구하여라.

19 자연수 a에 대하여 $100<a<200$일 때, $\sqrt{7a}$가 자연수가 되도록 하는 모든 a의 값의 합은?

① 200 ② 210 ③ 252
④ 287 ⑤ 295

20 $\sqrt{\dfrac{150}{x}}$이 자연수가 되도록 하는 가장 작은 자연수 x의 값을 구하여라.

21 x, y가 자연수이고 $\sqrt{\dfrac{84}{x}}=y$일 때, y의 최댓값은?

① 1 ② 2 ③ 3
④ 4 ⑤ 5

22 $\sqrt{43+x}$가 자연수가 되도록 하는 가장 작은 자연수 x의 값은?

① 5 ② 6 ③ 7
④ 8 ⑤ 9

23 $\sqrt{26-x}$가 자연수가 되도록 하는 자연수 x의 값 중에서 가장 큰 값을 M, 가장 작은 값을 m이라 할 때, $M+m$의 값을 구하여라.

24 $\sqrt{54-3x}$가 정수가 되도록 하는 모든 자연수 x의 값의 합은?

① 6 ② 15 ③ 18
④ 21 ⑤ 39

2 · 무리수와 실수

정답과 해설 52~54쪽 | 개념북 18~27쪽

04 무리수와 실수

01 다음 중 무리수를 모두 고르면? (정답 2개)

① $\sqrt{(-9)^2}$ ② $0.\dot{1}2\dot{3}$ ③ $\sqrt{0.4}$
④ $2+\sqrt{3}$ ⑤ $\sqrt{\frac{4}{25}}$

02 x는 $1<x<10$인 자연수일 때, 무리수 $\sqrt{x}$는 모두 몇 개인가?

① 4개 ② 5개 ③ 6개
④ 7개 ⑤ 8개

03 150 이하의 자연수 x에 대하여 순환하지 않는 무한소수로 나타내어지는 $\sqrt{x}$의 개수를 구하여라.

04 다음 중 옳은 것을 모두 고르면? (정답 2개)

① 순환하는 무한소수는 분수로 나타낼 수 없다.
② 무한소수는 모두 무리수이다.
③ 유한소수는 모두 유리수이다.
④ 순환하지 않는 무한소수는 모두 무리수이다.
⑤ 모든 무리수는 분모, 분자가 정수인 분수로 나타낼 수 있다.

05 다음 중 $-\sqrt{7}$에 대한 설명으로 옳지 않은 것은?

① 순환하지 않는 무한소수로 나타내어진다.
② 유리수가 아닌 실수이다.
③ 7의 음의 제곱근이다.
④ 제곱하면 무리수가 아니다.
⑤ 분모, 분자가 모두 정수인 분수로 나타낼 수 있다.

06 다음 중 그 제곱근이 (가)에 해당하는 수는?

실수 { 유리수 { 정수 / 정수가 아닌 유리수 }, (가) }

① 0 ② $\sqrt{625}$ ③ 121
④ $0.\dot{4}$ ⑤ 10

07 다음 중 (가)에 해당하는 수만으로 짝지어진 것은?

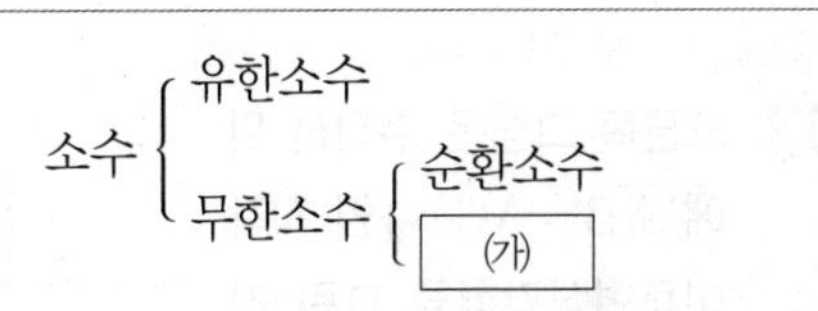

① $\sqrt{5}$, $\sqrt{7}$, -0.3 ② $\sqrt{16}$, $\sqrt{2}$, π
③ $\sqrt{10}$, $\frac{3}{5}$, $\sqrt{\frac{9}{64}}$ ④ $\sqrt{8}$, $\sqrt{12}$, $-\sqrt{14}$
⑤ $\sqrt{3}$, -1, $\sqrt{0.01}$

08 다음 수에 대한 설명으로 옳지 않은 것은?

$3-\sqrt{(-5)^2}$, $\sqrt{7}-1$, $\sqrt{0.\dot{4}}$, $\frac{\pi}{5}$, $\sqrt{3.6}$

① 정수는 1개이다.
② 유리수는 2개이다.
③ 자연수는 1개이다.
④ 정수가 아닌 유리수는 1개이다.
⑤ 순환하지 않는 무한소수는 3개이다.

05 실수와 수직선

01 오른쪽 그림은 수직선 위에 $\overline{AB}=\overline{BC}=1$인 직각이등변삼각형을 그린 것이고 $\overline{AC}=\overline{AP}$일 때, 점 P에 대응하는 수를 구하여라.

02 오른쪽 그림은 수직선 위에 $\overline{AB}=\overline{AC}=1$인 직각이등변삼각형을 그린 것이다. $\overline{BC}=\overline{BP}$일 때, 다음을 구하여라.

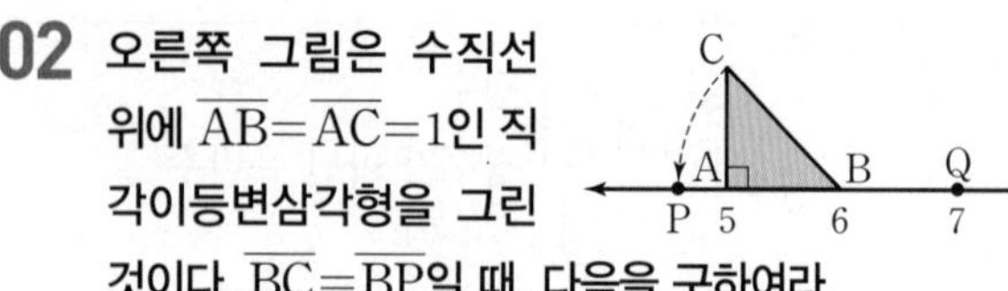

(1) 점 P에 대응하는 수

(2) $\overline{PQ}$의 길이

03 오른쪽 그림은 수직선 위에 $\overline{AB}=\overline{AC}=1$인 직각이등변삼각형을 그린 것이다. $\overline{BC}=\overline{BP}$이고, 점 P에 대응하는 수가 $5-\sqrt{2}$일 때, 점 A에 대응하는 수는?

① 1 ② 2 ③ 3
④ 4 ⑤ 5

04 오른쪽 그림과 같이 수직선 위에 직사각형 ABCD가 반원 O와 두 점 C, D에서 접한다. $\overline{AD}=1$일 때, 두 점 P, Q의 좌표를 구하여라.

05 다음 그림과 같이 한 변의 길이가 1인 4개의 정사각형을 수직선 위에 나타내었다. 점 A, B, C, D, E의 좌표로 옳지 않은 것은?

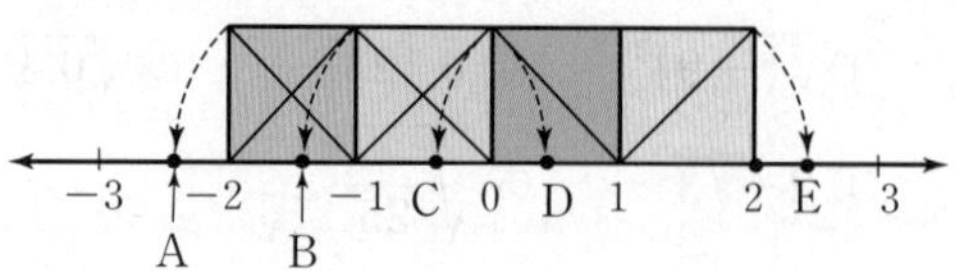

① $A(-1-\sqrt{2})$ ② $B(-\sqrt{2})$
③ $C(1-\sqrt{2})$ ④ $D(\sqrt{2})$
⑤ $E(1+\sqrt{2})$

06 오른쪽 그림에서 모눈 한 칸은 한 변의 길이가 1인 정사각형이다. $\overline{BA}=\overline{BP}$, $\overline{BC}=\overline{BQ}$일 때, 두 점 P, Q에 대응하는 수를 각각 구하여라.

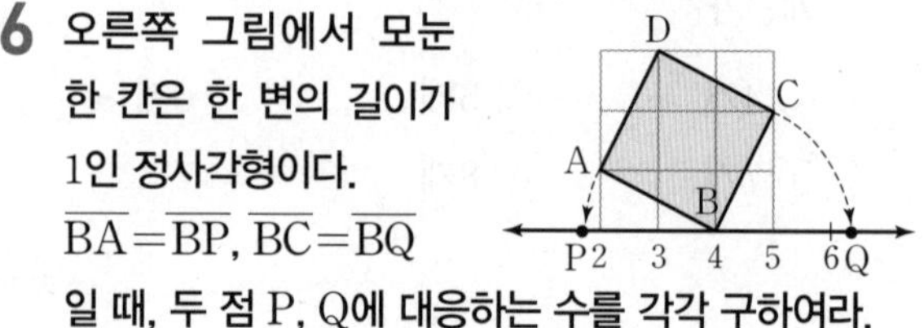

07 다음 그림에서 모눈 한 칸은 한 변의 길이가 1인 정사각형이다. $3-\sqrt{2}$에 대응하는 점을 수직선 위에 나타내어라.

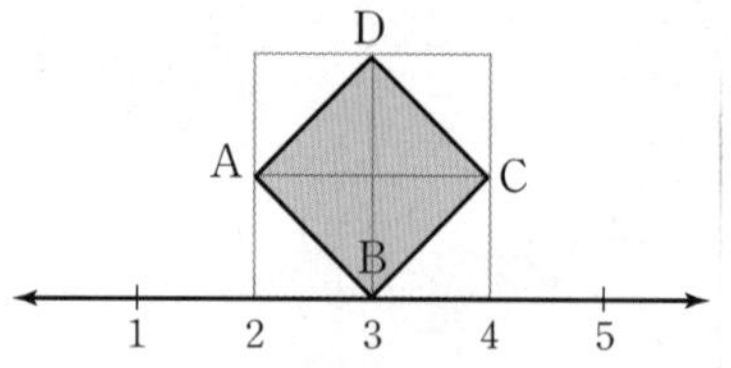

08 오른쪽 그림에서 모눈 한 칸은 한 변의 길이가 1인 정사각형이다. $\overline{BA}=\overline{BP}$일 때, 점 P에 대응하는 수는?

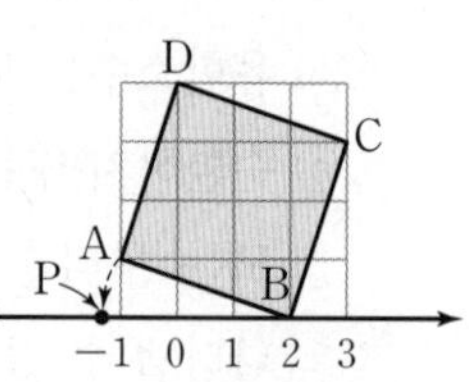

① $-\sqrt{10}$ ② $1-\sqrt{10}$ ③ $2-\sqrt{10}$
④ $1+\sqrt{10}$ ⑤ $2+\sqrt{10}$

09 아래 그림에서 모눈 한 칸은 한 변의 길이가 1인 정사각형이다. $\overline{AD}=\overline{AP}$, $\overline{AB}=\overline{AQ}$인 점 P, Q를 수직선 위에 대응시킬 때, 다음 〈보기〉 중 옳지 <u>않은</u> 것을 골라라.

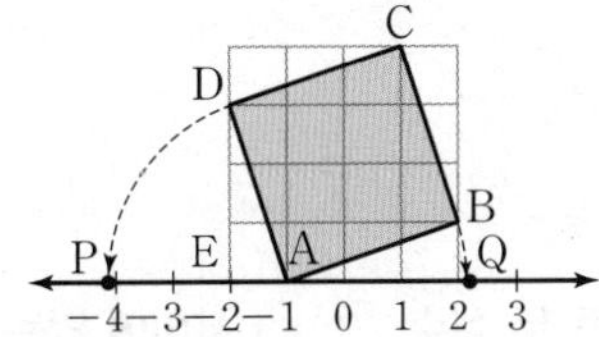

보기

ㄱ. $\overline{AB}$의 길이는 $\sqrt{10}$이다.
ㄴ. 점 P에 대응하는 수는 $-1-\sqrt{10}$이다.
ㄷ. 점 Q에 대응하는 수는 $-1+\sqrt{10}$이다.
ㄹ. $\overline{EQ}$의 길이는 $-2+\sqrt{10}$이다.

10 다음 수직선 위의 점 중에서 $\sqrt{10}-2$에 대응하는 점은?

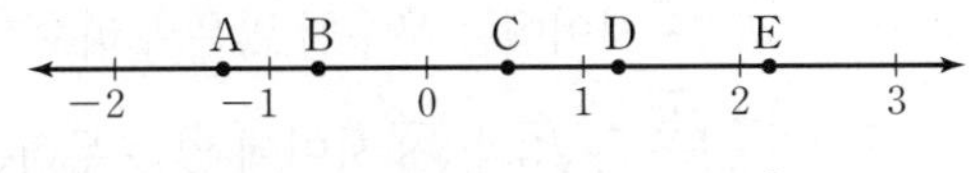

① 점 A ② 점 B ③ 점 C
④ 점 D ⑤ 점 E

11 다음 그림에서 모눈 한 칸은 한 변의 길이가 1인 정사각형이다. $\overline{BA}=\overline{BP}$, $\overline{EF}=\overline{EQ}$이고, 점 P에 대응하는 수가 $-3-\sqrt{10}$일 때, 물음에 답하여라.

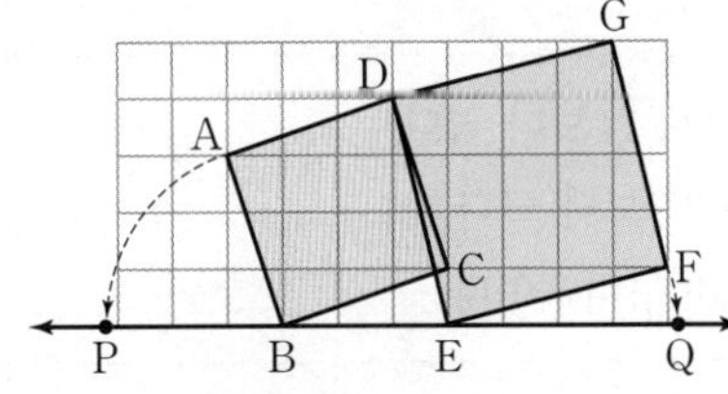

(1) $\overline{BP}$, $\overline{EQ}$의 길이를 각각 구하여라.
(2) 점 B와 점 E에 대응하는 수를 각각 구하여라.
(3) 점 Q에 대응하는 수를 구하여라.

12 다음 설명 중 옳지 <u>않은</u> 것은?

① 유리수와 무리수로 수직선을 완전히 메울 수 있다.
② $\sqrt{2}$와 2 사이에는 정수가 없다.
③ $\sqrt{3}$과 $\sqrt{5}$ 사이에는 유리수가 없다.
④ 0과 1 사이에는 무수히 많은 유리수가 있다.
⑤ 2.3과 3.5 사이에는 무수히 많은 무리수가 있다.

13 다음 설명 중 옳은 것은?

① 3에 가장 가까운 무리수는 $\sqrt{10}$이다.
② 유리수에 대응하는 점으로 수직선을 완전히 메울 수 있다.
③ 서로 다른 자연수 사이에 무수히 많은 자연수가 있다.
④ 2와 3 사이에는 3개의 무리수가 있다.
⑤ $\sqrt{2}$와 3 사이에는 무수히 많은 유리수가 있다.

14 다음 중 x의 개수가 유한개인 것을 모두 고르면? (정답 2개)

① $0<x<50$인 자연수 x
② $\sqrt{3}\le x<\sqrt{7}$인 유리수 x
③ $-\sqrt{3}<x<\sqrt{10}$인 무리수 x
④ $-\sqrt{189}<x<10^{24}$인 정수 x
⑤ $0\le x<1$인 실수 x

06 실수의 대소 관계

01 다음 중 두 실수의 대소 관계가 옳은 것은?

① $4>\sqrt{8}+2$　② $\sqrt{11}+2<5$
③ $3+\sqrt{7}<6$　④ $\sqrt{3}+5<\sqrt{2}+5$
⑤ $\sqrt{5}-3<\sqrt{5}-\sqrt{10}$

02 다음 중 □ 안에 알맞은 부등호를 써넣을 때, 부등호의 방향이 나머지 넷과 다른 하나는?

① $\sqrt{2}-7$ □ $\sqrt{3}-7$　② $\sqrt{13}+3$ □ $\sqrt{15}+3$
③ 5 □ $\sqrt{10}+2$　④ $7-\sqrt{2}$ □ $\sqrt{(-5)^2}$
⑤ $\sqrt{18}-\sqrt{20}$ □ $-\sqrt{20}+5$

03 $a=2+\sqrt{2}$, $b=\sqrt{2}+\sqrt{3}$, $c=\sqrt{3}+1$일 때, 세 실수 a, b, c의 대소 관계로 옳은 것은?

① $a<b<c$　② $a<c<b$　③ $b<c<a$
④ $c<a<b$　⑤ $c<b<a$

04 다음 세 수의 대소 관계를 부등호를 써서 나타내어라.

$a=\sqrt{11}+\sqrt{3}$,　$b=\sqrt{5}+\sqrt{11}$,　$c=\sqrt{11}+2$

05 다음 네 수를 수직선 위에 나타낼 때, 왼쪽에서 두 번째에 오는 수를 구하여라.

$\sqrt{6}+1$,　6,　$\sqrt{3}+\sqrt{6}$,　$-1-\sqrt{6}$

06 다음 중 두 실수 $\sqrt{3}$, $\sqrt{5}$ 사이에 있는 수가 아닌 것은?
(단, $\sqrt{3}$은 1.732, $\sqrt{5}$은 2.236으로 계산한다.)

① $\sqrt{3}+0.1$　② $\sqrt{3}+0.01$　③ $\dfrac{\sqrt{3}+\sqrt{5}}{2}$
④ $\dfrac{\sqrt{5}-\sqrt{3}}{2}$　⑤ $\sqrt{5}-0.004$

07 다음 중 옳지 않은 것은?
(단, $\sqrt{3}$은 1.732, $\sqrt{8}$은 2.828로 계산한다.)

① $\sqrt{3}$과 $\sqrt{8}$ 사이에는 1개의 정수가 있다.
② $\sqrt{3}$과 $\sqrt{8}$ 사이에는 무수히 많은 무리수가 있다.
③ $\dfrac{\sqrt{3}+\sqrt{8}}{2}$은 $\sqrt{3}$과 $\sqrt{8}$ 사이에 있는 무리수이다.
④ $\sqrt{8}-1$은 $\sqrt{3}$과 $\sqrt{8}$ 사이에 있는 무리수이다.
⑤ $\sqrt{3}+2$는 $\sqrt{3}$과 $\sqrt{8}$ 사이에 있는 무리수이다.

08 다음 세 조건을 만족시키는 수를 모두 고르면?
(단, $\sqrt{11}$은 약 3.317로 계산한다.) (정답 2개)

(가) $\sqrt{11}$보다 작다.
(나) 3보다 크다.
(다) 무리수이다.

① $\sqrt{10}$　② $\sqrt{11}-0.5$　③ $\sqrt{10.24}$
④ $\dfrac{\sqrt{11}-3}{2}$　⑤ $\dfrac{\sqrt{11}+3}{2}$

단원 · 마무리

정답과 해설 54~55쪽 | 개념북 28~30쪽

01 다음 중 옳은 것은?

① 15의 제곱근은 $\sqrt{15}$이다.
② 모든 정수의 제곱근은 2개이다.
③ 제곱근 $(-3)^2$은 3이다.
④ 0의 제곱근은 0개이다.
⑤ -10의 제곱근은 $\pm\sqrt{10}$이다.

02 $\frac{16}{9}$의 음의 제곱근을 a, $\sqrt{(-81)^2}$의 양의 제곱근을 b라 할 때, $\frac{1}{3}ab$의 값은?

① -12 ② -4 ③ 4
④ 8 ⑤ 12

03 $\sqrt{\frac{16}{25}}\div\sqrt{(-4)^2}+\sqrt{0.09}\times(-\sqrt{10})^2$을 계산하면?

① $\frac{16}{5}$ ② 4 ③ $\frac{45}{5}$
④ 10 ⑤ 12

04 $a>0$, $b<0$일 때, $\sqrt{(3a)^2}+\sqrt{(-2a)^2}-\sqrt{16b^2}$을 간단히 하면?

① $a-4b$ ② $a+4b$ ③ $3a+6b$
④ $5a-4b$ ⑤ $5a+4b$

05 $-2<a<1$일 때, $\sqrt{(-a-2)^2}+\sqrt{(1-a)^2}$을 간단히 하면?

① -3 ② 3 ③ 0
④ $-2a-1$ ⑤ $2a+1$

06 $\sqrt{\frac{18a}{5}}$가 자연수가 되도록 하는 가장 작은 정수 a의 값은?

① 2 ② 3 ③ 5
④ 10 ⑤ 18

07 자연수 x에 대하여 $\sqrt{x}$ 미만인 자연수의 개수를 $f(x)$라 할 때, $f(3)+f(4)+\cdots+f(15)$의 값은?

① 30 ② 31 ③ 32
④ 33 ⑤ 34

08 $\sqrt{90+a}$가 자연수가 되도록 하는 a의 값 중에서 가장 작은 자연수는?

① 8 ② 9 ③ 10
④ 11 ⑤ 12

09 다음 중 순환하지 않는 무한소수는 모두 몇 개인가?

$\sqrt{9}-2$,	$-\sqrt{102}$,	$0.\dot{5}2\dot{1}$,
$2-\pi$,	$\sqrt{10}-3$,	$\sqrt{\left(-\frac{2}{3}\right)^2}$

① 2개 ② 3개 ③ 4개 ④ 5개 ⑤ 6개

10 다음 <보기> 중 옳은 것을 모두 고른 것은?

보기

ㄱ. 무한소수로 나타내어지는 수는 모두 무리수이다.
ㄴ. 모든 실수는 수직선 위의 점에 대응시킬 수 있다.
ㄷ. $\sqrt{5}$와 $\sqrt{8}$ 사이에 있는 자연수는 1개이다.
ㄹ. 2와 3 사이에는 무수히 많은 유리수가 있다.

① ㄱ, ㄴ ② ㄱ, ㄷ ③ ㄴ, ㄷ ④ ㄴ, ㄹ ⑤ ㄷ, ㄹ

11 다음 수를 수직선 위에 나타내었을 때, -4와 -3 사이에 있는 수는?

① $-3-\sqrt{2}$ ② $-4+\sqrt{3}$ ③ $-3-\sqrt{3}$ ④ $-2-\sqrt{2}$ ⑤ $-4-\sqrt{2}$

12 다음 중 두 실수의 대소 관계가 옳지 않은 것은?

① $\sqrt{5}+2<2+\sqrt{7}$ ② $\sqrt{3}+4<5$ ③ $\sqrt{0.04}<0.5$ ④ $\sqrt{3}+\sqrt{5}>\sqrt{3}+2$ ⑤ $4-\sqrt{7}<4-\sqrt{5}$

13 아래 그림에서 모눈 한 칸은 한 변의 길이가 1인 정사각형이고, $\overline{BA}=\overline{BP}$, $\overline{EF}=\overline{EQ}$일 때, 다음 중 옳지 않은 것은?

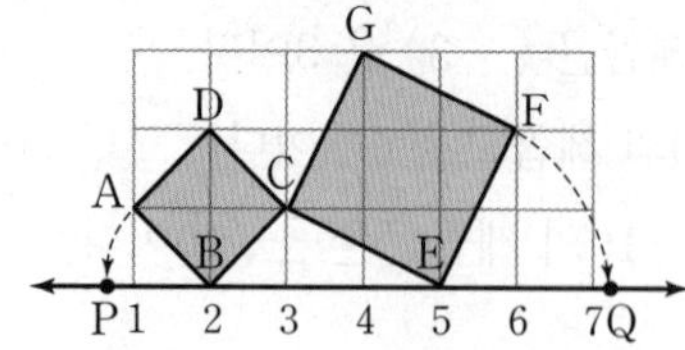

① $\overline{AB}=\sqrt{2}$, $\overline{EF}=\sqrt{5}$이다.
② 점 P와 점 Q 사이에는 무수히 많은 무리수가 있다.
③ $\overline{PE}=4-\sqrt{2}$이다.
④ $\overline{BQ}=3+\sqrt{5}$이다.
⑤ 점 P와 Q에 대응하는 수는 각각 $2-\sqrt{2}$, $5+\sqrt{5}$이다.

서술형

14 두 수 x, y에 대하여 $xy<0$, $x-y>0$일 때, $\sqrt{(2x)^2}+\sqrt{y^2}-\sqrt{(y-x)^2}$을 간단히 하여라.

서술형

15 150 이하의 자연수 n에 대하여 $\sqrt{5n}$, $\sqrt{7n}$이 모두 무리수가 되도록 하는 n의 개수를 구하여라.

1 · 근호를 포함한 식의 곱셈과 나눗셈

정답과 해설 56~57쪽 | 개념북 32~37쪽

07 제곱근의 곱셈과 나눗셈

01 다음 중 옳지 않은 것은?

① $\sqrt{5}\times\sqrt{6}=\sqrt{30}$
② $-\sqrt{3}\times\sqrt{12}=-6$
③ $2\sqrt{5}\times4\sqrt{2}=8\sqrt{10}$
④ $\sqrt{\frac{12}{5}}\times\sqrt{\frac{20}{3}}=2$
⑤ $-2\sqrt{\frac{15}{7}}\times\sqrt{\frac{14}{45}}=-2\sqrt{\frac{2}{3}}$

02 $\left(-\sqrt{\frac{5}{6}}\right)\times4\sqrt{6}\times(-2\sqrt{3})$을 간단히 하면?

① $-8\sqrt{15}$　② $-8\sqrt{5}$　③ $4\sqrt{3}$
④ $8\sqrt{5}$　⑤ $8\sqrt{15}$

03 다음을 만족시키는 유리수 a, b의 합 $a+b$의 값은?

$$a=2\sqrt{\frac{6}{5}}\times\sqrt{\frac{40}{3}},\ b=\sqrt{7}\times2\sqrt{2}\times(-\sqrt{14})$$

① -20　② -10　③ 0
④ 10　⑤ 20

04 $2\times\sqrt{5}\times\sqrt{k}=\sqrt{2}\times\sqrt{8}$을 만족시키는 양의 유리수 k의 값은?

① $\frac{3}{8}$　② $\frac{2}{5}$　③ $\frac{5}{8}$
④ $\frac{4}{5}$　⑤ $\frac{7}{8}$

05 다음 중 옳은 것은?

① $\frac{\sqrt{20}}{\sqrt{5}}=4$　② $-\frac{\sqrt{81}}{\sqrt{9}}=-3$
③ $4\sqrt{18}\div2\sqrt{6}=\frac{\sqrt{3}}{2}$　④ $3\sqrt{12}\div6\sqrt{6}=2\sqrt{2}$
⑤ $\frac{\sqrt{5}}{\sqrt{8}}\div\frac{\sqrt{15}}{\sqrt{24}}=\frac{1}{3}$

06 다음 중 계산 결과가 나머지 넷과 다른 하나는?

① $\sqrt{6}\div3\sqrt{3}$　② $\sqrt{24}\div2\sqrt{8}$
③ $\sqrt{12}\div3\sqrt{6}$　④ $\frac{\sqrt{16}}{3\sqrt{3}}\div\frac{\sqrt{8}}{\sqrt{3}}$
⑤ $\frac{\sqrt{10}}{6}\div\frac{\sqrt{5}}{2}$

07 $\frac{\sqrt{30}}{\sqrt{12}}\div\frac{3\sqrt{3}}{\sqrt{6}}\div\frac{\sqrt{15}}{2\sqrt{6}}$를 간단히 하면?

① $\frac{2\sqrt{2}}{3}$　② $\sqrt{2}$　③ $\frac{4\sqrt{2}}{3}$
④ $\frac{5\sqrt{2}}{3}$　⑤ $2\sqrt{2}$

08 $\sqrt{75}=k\sqrt{3}$일 때, 유리수 k의 값은?

① 4　② 5　③ 6
④ 7　⑤ 9

09 다음 네 수의 대소 관계를 부등호를 사용하여 나타내어라.

$3\sqrt{2}$, 5, $2\sqrt{6}$, $\sqrt{20}$

10 다음 중 그 값이 가장 큰 것은?

① $\sqrt{30}\div\sqrt{5}$ ② $\dfrac{3\sqrt{14}}{\sqrt{18}}$ ③ $\dfrac{\sqrt{40}}{2\sqrt{2}}$
④ $\sqrt{90}\div\sqrt{45}$ ⑤ $\dfrac{3\sqrt{2}}{\sqrt{6}}$

11 다음 중 두 실수의 대소 관계가 옳은 것은?

① $3\sqrt{10}<\sqrt{89}$ ② $-8\sqrt{2}>-2\sqrt{30}$
③ $3\sqrt{2}>5$ ④ $\dfrac{\sqrt{3}}{2}<\dfrac{\sqrt{6}}{\sqrt{18}}$
⑤ $-2\sqrt{3}>-3\sqrt{2}$

12 $\sqrt{0.48}=a\sqrt{3}$, $\sqrt{\dfrac{12}{50}}=b\sqrt{6}$일 때, 유리수 a, b에 대하여 $a+b$의 값을 구하여라.

08 분모의 유리화와 곱셈, 나눗셈의 혼합 계산

01 다음 중 분모를 유리화한 것으로 옳은 것은?

① $\dfrac{6}{\sqrt{3}}=\sqrt{6}$ ② $\dfrac{3}{\sqrt{6}}=\dfrac{\sqrt{6}}{2}$
③ $\dfrac{8}{\sqrt{2}}=2$ ④ $\dfrac{\sqrt{2}}{\sqrt{11}}=\sqrt{2}$
⑤ $\dfrac{\sqrt{2}}{4\sqrt{7}}=\dfrac{2\sqrt{7}}{7}$

02 $\dfrac{3}{\sqrt{12}}=a\sqrt{3}$, $\dfrac{2\sqrt{3}}{\sqrt{5}}=b\sqrt{15}$일 때, 유리수 a, b에 대하여 $\sqrt{5ab}$의 값은?

① $\dfrac{1}{2}$ ② $\dfrac{\sqrt{2}}{2}$ ③ 1
④ $\dfrac{\sqrt{10}}{2}$ ⑤ $\sqrt{5}$

03 다음 중 그 값이 나머지 넷과 <u>다른</u> 하나는?

① $2\sqrt{3}$ ② $\dfrac{12}{\sqrt{12}}$ ③ $\dfrac{2\sqrt{6}}{\sqrt{2}}$
④ $\dfrac{3\sqrt{6}}{\sqrt{3}}$ ⑤ $\dfrac{6}{\sqrt{3}}$

04 $a=\dfrac{14}{\sqrt{7}}$, $b=\dfrac{24}{\sqrt{8}}$일 때, 다음 물음에 답하여라.

(1) a의 분모를 유리화하여라.
(2) b의 분모를 유리화하여라.
(3) $\dfrac{a}{b}$의 값을 구하여라.

05 $3\sqrt{6}\times2\sqrt{2}\div\sqrt{6}$을 간단히 하면?

① $3\sqrt{2}$ ② $4\sqrt{2}$ ③ $4\sqrt{3}$
④ $6\sqrt{2}$ ⑤ $6\sqrt{3}$

06 $\frac{\sqrt{32}}{3}\div(-4\sqrt{3})\times\sqrt{50}$을 간단히 하면?

① $-\frac{10\sqrt{2}}{3}$ ② $-\frac{8\sqrt{2}}{3}$ ③ $-\frac{2\sqrt{3}}{3}$
④ $-\frac{8\sqrt{3}}{9}$ ⑤ $-\frac{10\sqrt{3}}{9}$

07 $\frac{6}{\sqrt{3}}\div\frac{\sqrt{15}}{\sqrt{8}}\times\frac{\sqrt{5}}{\sqrt{6}}=a\sqrt{3}$을 만족시키는 유리수 a의 값은?

① 1 ② $\frac{4}{3}$ ③ $\frac{5}{3}$
④ 2 ⑤ $\frac{7}{3}$

08 다음을 만족시키는 x, y에 대하여 $\frac{y}{x}$의 값을 구하여라.

$$x=4\sqrt{3}\times\sqrt{2}\div\sqrt{\frac{6}{5}},\ y=2\sqrt{5}\times\sqrt{8}\div\sqrt{15}$$

09 가로의 길이가 $\sqrt{600}$, 세로의 길이가 $2\sqrt{6}$인 직사각형과 넓이가 같은 정사각형의 한 변의 길이는?

① 9 ② 10 ③ $2\sqrt{30}$
④ $5\sqrt{6}$ ⑤ $3\sqrt{30}$

10 오른쪽 그림과 같이 밑면의 가로와 세로의 길이가 각각 $3\sqrt{2}$ cm, $6\sqrt{3}$ cm인 직육면체가 있다. 이 직육면체의 부피가 $60\sqrt{3}$ cm^3일 때, 높이는?

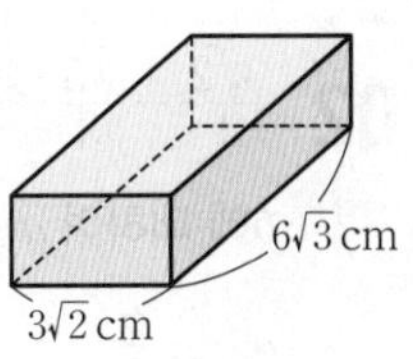

① $\frac{2\sqrt{3}}{3}$ cm ② $\frac{4\sqrt{2}}{3}$ cm ③ $\frac{5\sqrt{2}}{3}$ cm
④ $2\sqrt{2}$ cm ⑤ $2\sqrt{3}$ cm

11 오른쪽 그림은 원기둥의 전개도이다. 이 전개도로 만들어지는 원기둥의 부피를 구하여라.

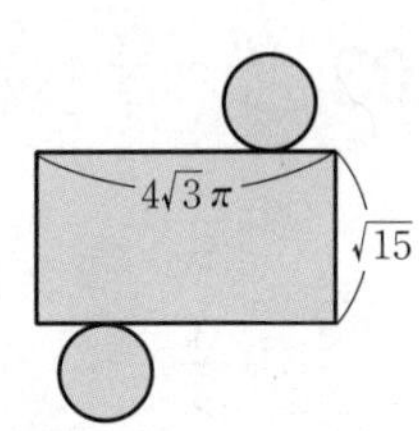

12 오른쪽 그림에서 사각형 A, B, C, D는 모두 정사각형이고, 각 사각형의 넓이 사이에는 B는 A의 2배, C는 B의 2배, D는 C의 2배인 관계가 있다고 한다. D의 넓이가 1일 때, A의 한 변의 길이를 구하여라.

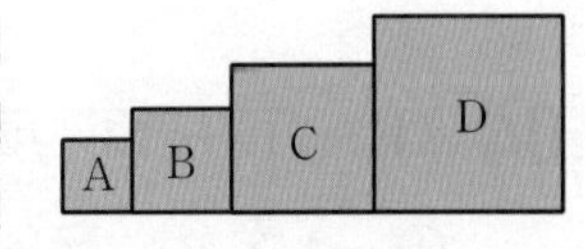

2 · 근호를 포함한 식의 덧셈과 뺄셈

정답과 해설 57~58쪽 | 개념북 38~43쪽

09 근호를 포함한 식의 덧셈과 뺄셈

01 $2\sqrt{6}-\sqrt{10}-4\sqrt{6}+3\sqrt{10}$을 간단히 하여라.

02 $\frac{3\sqrt{2}}{4}-\frac{\sqrt{5}}{3}-\frac{\sqrt{2}}{12}+\sqrt{5}=a\sqrt{2}+b\sqrt{5}$일 때, 유리수 a, b에 대하여 $a-b$의 값은?

① $-\frac{2}{3}$ ② $-\frac{1}{3}$ ③ 0
④ $\frac{1}{3}$ ⑤ $\frac{2}{3}$

03 $\frac{\sqrt{a}}{3}-\frac{\sqrt{a}}{7}=\frac{2}{7}$일 때, 양의 유리수 a의 값은?

① $\frac{4}{9}$ ② $\frac{2}{3}$ ③ 1
④ $\frac{3}{2}$ ⑤ $\frac{9}{4}$

04 $\sqrt{48}-\sqrt{12}+\sqrt{75}-\sqrt{27}$을 간단히 하면?

① $-4\sqrt{3}$ ② $-2\sqrt{3}$ ③ $\sqrt{3}$
④ $2\sqrt{3}$ ⑤ $4\sqrt{3}$

05 $\sqrt{20}-\sqrt{45}+\sqrt{80}=m\sqrt{5}$일 때, 유리수 m의 값은?

① -3 ② -2 ③ -1
④ 2 ⑤ 3

06 $4\sqrt{12}+\sqrt{54}-(2\sqrt{27}+\sqrt{24})=a\sqrt{3}+b\sqrt{6}$일 때, 유리수 a, b에 대하여 $a-b$의 값은?

① 1 ② 2 ③ 3
④ 4 ⑤ 5

07 $\sqrt{2}=a$, $\sqrt{7}=b$라 할 때, $\sqrt{8}+\sqrt{63}-\sqrt{32}+\sqrt{28}$을 a, b를 사용하여 간단히 하여라.

08 다음 〈보기〉 중 두 실수의 대소 관계가 옳은 것을 모두 고른 것은?

보기

ㄱ. $2\sqrt{7}+\sqrt{5}>-2\sqrt{5}+3\sqrt{7}$
ㄴ. $3\sqrt{3}-4\sqrt{2}<-\sqrt{12}+\sqrt{8}$
ㄷ. $2\sqrt{5}+1>8-\sqrt{5}$
ㄹ. $5\sqrt{3}-\sqrt{18}<\sqrt{12}+\sqrt{2}$

① ㄱ, ㄴ ② ㄱ, ㄹ ③ ㄴ, ㄷ
④ ㄴ, ㄹ ⑤ ㄷ, ㄹ

09 $\sqrt{12}-\frac{3\sqrt{6}}{\sqrt{2}}\times 2-\sqrt{27}$을 간단히 하면?

① $-7\sqrt{3}$ ② $-3\sqrt{3}$ ③ $-\sqrt{3}$
④ $3\sqrt{3}$ ⑤ $7\sqrt{3}$

10 $a=\sqrt{7}$, $b=a+\frac{1}{a}$일 때, b는 a의 몇 배인가?

① $\frac{1}{7}$배 ② $\frac{\sqrt{8}}{7}$배 ③ $\frac{8}{7}$배
④ $\frac{\sqrt{7}}{8}$배 ⑤ $\frac{7}{8}$배

11 $\sqrt{98}+k\sqrt{2}-\frac{16}{\sqrt{2}}=3\sqrt{2}$일 때, 유리수 k의 값은?

① -4 ② -3 ③ 2
④ 3 ⑤ 4

12 $3\sqrt{a}+\sqrt{18}-\sqrt{128}=\frac{14\sqrt{3}}{\sqrt{6}}$일 때, 자연수 a의 값은?

① 30 ② 32 ③ 34
④ 36 ⑤ 38

10 근호를 포함한 복잡한 식의 계산

01 $\sqrt{(-5)^2}-\sqrt{5}(5-\sqrt{5})+\sqrt{80}$을 계산하면?

① $-\sqrt{5}$ ② $\sqrt{5}$ ③ $10-\sqrt{5}$
④ $10+\sqrt{5}$ ⑤ $10+11\sqrt{5}$

02 $\frac{3}{\sqrt{2}}+\frac{2}{\sqrt{3}}-\frac{\sqrt{2}-3\sqrt{3}}{\sqrt{6}}$을 계산하면?

① 0 ② $\frac{\sqrt{3}}{3}$ ③ $\frac{5\sqrt{2}}{3}-\frac{\sqrt{3}}{3}$
④ $3\sqrt{2}+\frac{\sqrt{3}}{3}$ ⑤ $3\sqrt{2}+\sqrt{3}$

03 $\frac{8}{2\sqrt{2}}+\frac{12}{\sqrt{3}}-\sqrt{2}(5-3\sqrt{6})=a\sqrt{2}+b\sqrt{3}$일 때, 유리수 a, b에 대하여 $a+b$의 값을 구하여라.

04 오른쪽 그림과 같은 사다리꼴 ABCD의 넓이를 구하여라.

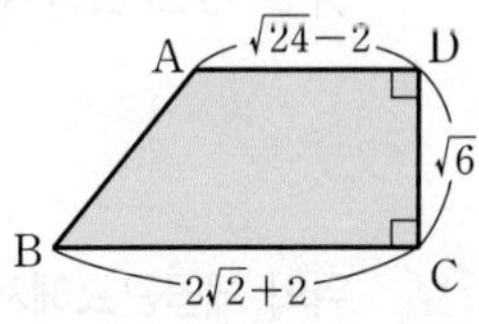

3 · 제곱근의 값

정답과 해설 58~59쪽 | 개념북 44~49쪽

11 제곱근표

[01~02] 다음 제곱근표를 보고 물음에 답하여라.

수	0	1	2	3
4.5	2.121	2.124	2.126	2.128
4.6	2.145	2.147	2.149	2.152
4.7	2.168	2.170	2.173	2.175
4.8	2.191	2.193	2.195	2.198
4.9	2.214	2.216	2.218	2.220

01 위의 제곱근표를 이용하여 제곱근의 값을 구한 것으로 옳지 않은 것은?

① $\sqrt{4.63}=2.152$ ② $\sqrt{4.5}=2.121$
③ $\sqrt{4.82}=2.198$ ④ $\sqrt{4.9}=2.214$
⑤ $\sqrt{4.71}=2.170$

02 위의 제곱근표에서 $\sqrt{4.91}$의 값이 a이고, $\sqrt{4.93}$의 값이 b일 때, $a+b$의 값을 구하여라.

[03~04] 다음 제곱근표를 보고 물음에 답하여라.

수	0	1	2	3
30	5.477	5.486	5.495	5.505
31	5.568	5.577	5.586	5.595
32	5.657	5.666	5.675	5.683

03 $\sqrt{x}=5.505$, $\sqrt{y}=5.595$를 만족시키는 x, y에 대하여 $y-x$의 값을 구하여라.

04 위의 제곱근표에서 $\sqrt{x}=5.577$, $\sqrt{32.1}=y$를 만족시키는 x, y에 대하여 $x+10y$의 값은?

① 36.76 ② 36.766 ③ 87.66
④ 87.76 ⑤ 90.12

12 제곱근의 값

01 제곱근표에서 $\sqrt{3.7}=1.924$, $\sqrt{37}=6.083$일 때, $\sqrt{3700}$의 값은?

① 0.6083 ② 19.24 ③ 60.83
④ 192.4 ⑤ 608.3

02 제곱근표에서 $\sqrt{70}=8.367$임을 이용하여 제곱근의 값을 구할 수 없는 것은?

① $\sqrt{7000}$ ② $\sqrt{0.7}$ ③ $\sqrt{280}$
④ $\sqrt{70000}$ ⑤ $\sqrt{0.007}$

03 제곱근표에서 $\sqrt{8.29}=2.879$, $\sqrt{a}=28.79$일 때, a의 값은?

① 82.9 ② 829 ③ 8290
④ 82900 ⑤ 829000

04 제곱근표에서 $\sqrt{1.1}=1.049$, $\sqrt{11}=3.317$일 때, $\sqrt{11000}$과 가장 가까운 정수는?

① 3 ② 10 ③ 33
④ 105 ⑤ 332

05 $\sqrt{2.13}=a$, $\sqrt{21.3}=b$라 할 때, 다음 중 옳은 것을 모두 고르면? (정답 2개)

① $\sqrt{0.213}=0.1a$ ② $\sqrt{0.0213}=0.1b$
③ $\sqrt{2130}=10a$ ④ $\sqrt{21300}=100a$
⑤ $\sqrt{852}=20a$

06 제곱근표에서 $\sqrt{2}=1.414$, $\sqrt{10}=3.162$일 때, $\dfrac{\sqrt{10}}{\sqrt{5}}+\sqrt{10}$의 값을 구하여라.

07 제곱근표에서 $\sqrt{2}=1.414$일 때, $\dfrac{4}{\sqrt{2}}+\sqrt{32}$의 값은?

① 4.242 ② 5.656 ③ 8.484
④ 9.696 ⑤ 10.121

08 제곱근표에서 $\sqrt{3}=1.732$일 때, $\sqrt{0.48}+\dfrac{3}{\sqrt{3}}+\sqrt{1.08}$의 값은?

① 0.1732 ② 0.866 ③ 1.732
④ 3.464 ⑤ 5.196

09 제곱근표에서 $\sqrt{3.2}=1.789$, $\sqrt{32}=5.657$일 때, $100\sqrt{0.32}-\dfrac{1}{10}\sqrt{320}$의 값은?

① 38.68 ② 54.781 ③ 122.33
④ 386.8 ⑤ 547.81

10 $\sqrt{6}$의 정수 부분을 a, 소수 부분을 b라 할 때, $3a-b$의 값은?

① $6-\sqrt{6}$ ② $8-\sqrt{6}$ ③ 8
④ $6+\sqrt{6}$ ⑤ $8+\sqrt{6}$

11 $\sqrt{10}$의 정수 부분을 a, 소수 부분을 b라 할 때, $\dfrac{a}{b+3}$의 값을 구하여라.

12 $4-\sqrt{5}$의 정수 부분을 a, 소수 부분을 b라 할 때, $a-b$의 값을 구하여라.

단원 • 마무리

정답과 해설 59~60쪽 | 개념북 50~52쪽

01 $\sqrt{50}=a\sqrt{2}$, $4\sqrt{3}=\sqrt{b}$일 때, 유리수 a, b에 대하여 $10a-b$의 값은?

① 2　② 3　③ 4
④ 5　⑤ 6

02 $\sqrt{3}=a$, $\sqrt{5}=b$일 때, $\sqrt{0.6}$을 a, b에 관한 식으로 나타내면?

① $\frac{ab}{5}$　② $\frac{ab}{3}$　③ ab
④ ab^2　⑤ a^2b

03 다음 중 옳지 않은 것은?

① $\sqrt{3}\sqrt{24}=6\sqrt{2}$
② $\sqrt{\frac{45}{18}}\div\sqrt{\frac{24}{9}}=\frac{\sqrt{15}}{4}$
③ $\sqrt{20}-\sqrt{45}=-\sqrt{5}$
④ $\sqrt{27}-\frac{2\sqrt{6}}{\sqrt{2}}=-\sqrt{3}$
⑤ $\frac{2}{\sqrt{3}}\div\frac{\sqrt{2}}{2}=\frac{2\sqrt{6}}{3}$

04 다음 중 두 실수의 대소 관계가 옳은 것은?

① $3\sqrt{3}-1>2\sqrt{7}-1$
② $4\sqrt{2}-\sqrt{3}>2\sqrt{2}+2\sqrt{3}$
③ $2-4\sqrt{3}>-2\sqrt{5}+2$
④ $6\sqrt{3}-2<2+4\sqrt{3}$
⑤ $5\sqrt{2}+3>8+2\sqrt{2}$

05 다음 식을 간단히 하면?

$$-12\left(\frac{\sqrt{3}}{2}-\frac{1}{\sqrt{3}}\right)+4\sqrt{3}-\frac{18}{\sqrt{3}}$$

① $-12\sqrt{3}$　② $-4\sqrt{3}$　③ $2\sqrt{3}$
④ $4\sqrt{3}$　⑤ $30\sqrt{3}$

06 $\frac{\sqrt{8}}{\sqrt{5}}\div\frac{1}{5\sqrt{2}}\div\frac{2}{\sqrt{10}}=k\sqrt{2}$일 때, 유리수 k의 값은?

① 2　② 4　③ 6
④ 8　⑤ 10

07 $\frac{4\sqrt{a}}{3\sqrt{6}}$의 분모를 유리화하였더니 $\frac{2\sqrt{2}}{3}$가 되었다. 이때 a의 값은?

① 3　② 5　③ 6
④ 8　⑤ 12

08 다음 식을 만족하는 유리수 a, b에 대하여 $\sqrt{2ab}$의 값은?

$$\sqrt{80}+\sqrt{75}+\sqrt{45}-\sqrt{27}=a\sqrt{3}+b\sqrt{5}$$

① $\sqrt{6}$　② $2\sqrt{7}$　③ $3\sqrt{6}$
④ $4\sqrt{7}$　⑤ $5\sqrt{6}$

09 $\dfrac{4\sqrt{3}-2\sqrt{6}}{\sqrt{24}}+\dfrac{\sqrt{45}-3\sqrt{10}}{\sqrt{5}}=a+b\sqrt{2}$일 때, 유리수 a, b의 합 $a+b$의 값은?

① -1　② 0　③ 1
④ 2　⑤ 3

10 $5\sqrt{10}-7k+2-2k\sqrt{10}$이 유리수가 되도록 하는 유리수 k의 값은?

① 0　② $\dfrac{2}{7}$　③ $\dfrac{2}{5}$
④ $\dfrac{5}{2}$　⑤ $\dfrac{7}{2}$

11 제곱근표에서 $\sqrt{5}=2.236$, $\sqrt{50}=7.071$일 때, 다음 중 옳지 않은 것은?

① $\sqrt{5000}=70.71$　② $\sqrt{50000}=223.6$
③ $\sqrt{80}=8.944$　④ $\sqrt{200}=14.142$
⑤ $\sqrt{0.0005}=0.07071$

12 $\sqrt{13}-2$의 정수 부분을 a, $5-\sqrt{7}$의 소수 부분을 b라 할 때, $a-b$의 값은?

① $-2-\sqrt{7}$　② $-3-2\sqrt{7}$
③ $-2+\sqrt{7}$　④ $-3+2\sqrt{7}$
⑤ $2-\sqrt{7}$

13 자연수 n에 대하여 $\sqrt{n}$의 정수 부분을 $f(n)$이라 할 때, $f(n)=4$인 n의 값은 모두 몇 개인가?

① 9개　② 10개　③ 11개
④ 12개　⑤ 13개

서술형

14 $a>0$, $b>0$이고 $ab=8$일 때, $\dfrac{1}{a}\sqrt{\dfrac{12a}{b}}+\dfrac{1}{b}\sqrt{\dfrac{32b}{a}}$의 값을 구하여라.

서술형

15 다음 그림과 같이 4개의 정사각형을 붙여서 새로운 도형을 만들었다. 이웃한 두 정사각형 중 큰 정사각형의 넓이는 작은 정사각형의 넓이의 3배이고, (가)의 한 변의 길이는 2일 때, $\overline{PQ}$의 길이를 구하여라.

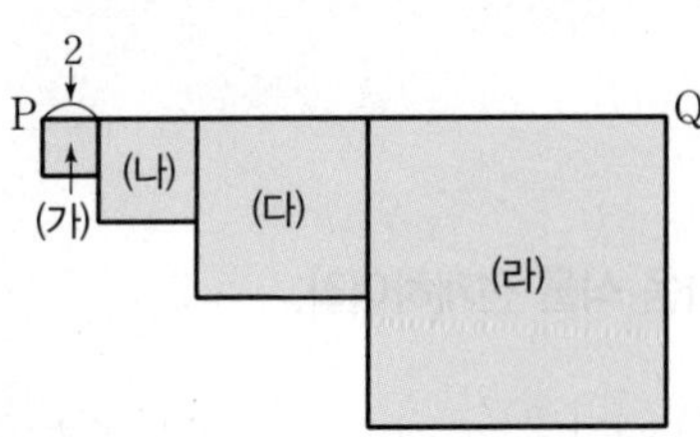

1 · 곱셈 공식

정답과 해설 61~62쪽 | 개념북 54~59쪽

13 다항식의 곱셈 (1)

01 다음 식을 전개하여라.

(1) $(a-1)(b+2)$ (2) $(a+b)(3c-d)$

(3) $(2x+3)(x-4)$ (4) $(x+7y)(-3x-2y)$

(5) $(a-b)(a+b+1)$ (6) $(x+1)(x^2-x-2)$

02 $(-x+4y)(3x-5y)$의 전개식에서 xy의 계수를 구하여라.

03 $(5x-3)(ay+4)$의 전개식에서 x의 계수와 y의 계수의 합이 11일 때, 상수 a의 값을 구하여라.

04 다음 식을 전개하여라.

(1) $(x+2)^2$ (2) $\left(x+\frac{1}{2}\right)^2$

(3) $(2a+3b)^2$ (4) $(-3a-5b)^2$

05 다음 식을 전개하여라.

(1) $(x-4)^2$ (2) $\left(x-\frac{1}{3}\right)^2$

(3) $(4a-3b)^2$ (4) $(-3a+b)^2$

06 다음 중 $\left(\frac{1}{2}x+2\right)^2$과 전개식이 같은 것은?

① $(x+2)^2$ ② $\frac{1}{4}(x+2)^2$

③ $\frac{1}{2}(x+2)^2$ ④ $\frac{1}{4}(x+4)^2$

⑤ $\frac{1}{2}(x+4)^2$

07 다음 중 $(-2x+5)^2$과 전개식이 같은 것은?

① $(2x+5)^2$ ② $(-2x-5)^2$

③ $(2x-5)^2$ ④ $-(2x+5)^2$

⑤ $-(2x-5)^2$

08 다음 식을 전개하여라.

(1) $(5a+3b)(5a-3b)$

(2) $\left(\frac{1}{2}a+\frac{1}{3}b\right)\left(\frac{1}{2}a-\frac{1}{3}b\right)$

(3) $(-x+5)(-x-5)$

(4) $(4x+y)(-4x+y)$

09 다음 식을 전개하여라.

(1) $(a-b)(a+b)(a^2+b^2)$

(2) $(x-2)(x+2)(x^2+4)$

10 $(3-1)(3+1)(3^2+1)(3^4+1)=3^a-1$일 때, 상수 a의 값은?

① 5 ② 6 ③ 7
④ 8 ⑤ 9

11 $\left(\frac{1}{5}x-\frac{1}{2}y\right)^2$을 전개한 식에서 xy의 계수는?

① $-\frac{1}{25}$ ② $-\frac{1}{5}$ ③ $-\frac{1}{2}$
④ $\frac{1}{5}$ ⑤ $\frac{1}{2}$

12 $(7-2x)(-7-2x)$를 전개하였을 때, x^2의 계수와 상수항의 합을 구하여라.

13 $\left(\frac{1}{5}x+\frac{7}{2}\right)^2$, $\left(-\frac{2}{3}x+6\right)^2$을 전개했을 때, x의 계수를 각각 a, b라 하자. $5a+b$의 값을 구하여라.

14 $(Ax+3y)(Ax-3y)=4x^2-By^2$일 때, 상수 A, B에 대하여 $B-A$의 값을 구하여라. (단, $A>0$)

15 다음을 만족하는 상수 a, b의 값을 구하여라.

(1) $(x+a)^2=x^2-bx+\frac{1}{36}$ (단, $a<0$)

(2) $(x-a)^2=x^2+\frac{1}{2}x+b$

16 다음을 만족하는 상수 A, B에 대하여 $A+B$의 값을 구하여라.

(1) $(3x-A)^2=9x^2+Bx+49$ (단, $A>0$)

(2) $(Ax-2)^2=Bx^2-20x+4$

14 다항식의 곱셈 (2)

01 다음 식을 전개하여라.

(1) $(x+1)(x+2)$　　(2) $(a+2)(a-5)$

(3) $(x-2)(x-6)$　　(4) $(x+1)(3x+2)$

(5) $(2x+5)(x-4)$　　(6) $(2a-3)(3a-2)$

02 다음 식을 전개하여라.

$$\left(\frac{1}{4}x+3\right)\left(2x-\frac{4}{3}\right)$$

03 $(x+3)(x-15)$의 전개식에서 x의 계수를 a, 상수항을 b라 할 때, $a-b$의 값을 구하여라.

04 $\left(\frac{1}{2}x+3\right)\left(-\frac{1}{3}x+1\right)$의 전개식에서 x^2의 계수와 x의 계수의 합을 구하여라.

05 다음 식을 전개할 때, a의 계수가 가장 큰 것은?

① $(a+2)^2$　　② $(a+3)(a-4)$

③ $(4a-1)(-5a+1)$　④ $\left(a+\frac{1}{2}\right)(2a+4)$

⑤ $(5a-2)(2a+3)$

06 $(x+a)(x-5)=x^2-2x+b$일 때, 상수 a, b의 값을 각각 구하여라.

07 $(x-6)(3x+a)$를 전개하였을 때, x의 계수가 -23이었다. 이때 상수 a의 값을 구하여라.

08 $(5x+A)(Bx-9)=10x^2+Cx-36$일 때, 상수 A, B, C에 대하여 $A+B-C$의 값을 구하여라.

09 다음 중 옳지 <u>않은</u> 것을 모두 고르면? (정답 2개)

① $(-2x+5)^2=4x^2-10x+25$
② $(-x-8)(-x+8)=x^2-64$
③ $(-x-y)(x-y)=-x^2+y^2$
④ $(x+3)(x-7)=x^2-4x-21$
⑤ $(5x-3)(-2x+1)=-10x^2-x-3$

10 다음 중 □ 안에 들어갈 수가 가장 큰 것은?

① $(x-2)(x+6)=x^2+\square x-12$
② $(-x+2)(3x-2)=-3x^2+\square x-4$
③ $(3x-4)(2x+5)=6x^2+\square x-20$
④ $(2x-1)(3x+5)=6x^2+\square x-5$
⑤ $(-2x+3)(5x+2)=-10x^2+\square x+6$

11 다음 식을 간단히 하여라.

(1) $(x+3)^2-(x-3)^2$
(2) $(4x-1)(3x+5)-(x-2)^2$

12 $(x+y)(x-4y)-(2x-y)^2$을 전개하였을 때, x^2의 계수와 xy의 계수의 합은?

① -2　② -1　③ 0
④ 1　⑤ 2

13 다음 중 오른쪽 그림에서 색칠한 직사각형의 넓이를 나타낸 것은?

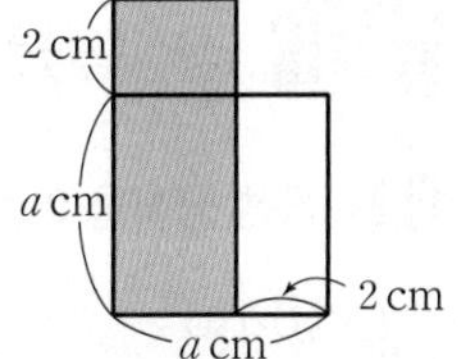

① (a^2+4a+4) cm^2
② (a^2-4) cm^2
③ (a^2-4a+4) cm^2
④ (a^2+4) cm^2
⑤ a^2 cm^2

14 오른쪽 직사각형에서 색칠한 부분의 넓이를 다항식으로 나타내어라.

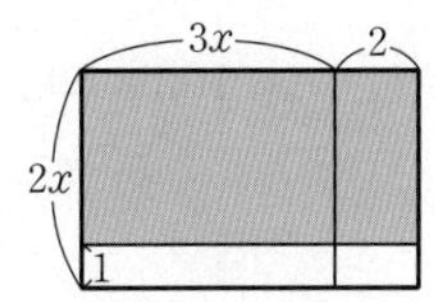

15 다음 직사각형에서 색칠한 부분의 넓이를 구하여라.

(1)
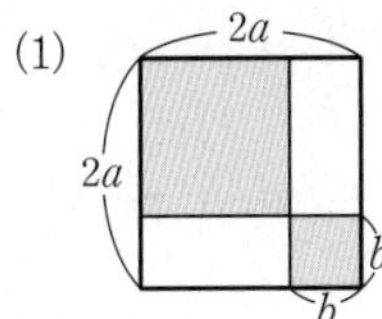

(2)
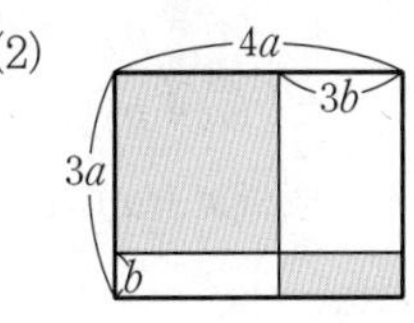

16 오른쪽 그림과 같은 직육면체의 겉넓이를 구하여라.

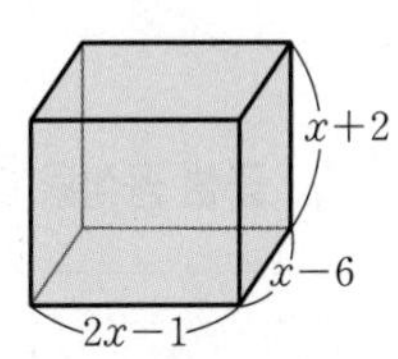

2 · 곱셈 공식의 활용

정답과 해설 62~64쪽 | 개념북 60~67쪽

15 곱셈 공식의 활용 (1)

01 곱셈 공식을 이용하여 다음을 계산하여라.

(1) 101^2 (2) 98^2

(3) 66×74 (4) 101×103

02 다음 중 곱셈 공식

$$(x+a)(x+b)=x^2+(a+b)x+ab$$

를 이용하여 계산하면 가장 편리한 것은?

① 997^2 ② 203^2 ③ 56×44

④ 103×105 ⑤ 10.2×9.8

03 다음 〈보기〉에서 아래의 수를 계산할 때 가장 편리한 곱셈 공식을 골라라.

보기

ㄱ. $(a+b)^2=a^2+2ab+b^2$

ㄴ. $(a-b)^2=a^2-2ab+b^2$

ㄷ. $(a+b)(a-b)=a^2-b^2$

ㄹ. $(x+a)(x+b)=x^2+(a+b)x+ab$

(1) 502^2 (2) 1001×1004

(3) 997^2 (4) 295×305

04 곱셈 공식을 이용하여 다음 식을 계산하여라.

$$502^2-495\times505$$

05 $\frac{4}{3-2\sqrt{2}}$의 분모를 유리화하면?

① $12+8\sqrt{2}$ ② $12-8\sqrt{2}$ ③ $8\sqrt{2}$

④ $3+2\sqrt{2}$ ⑤ $3-2\sqrt{2}$

06 $\frac{\sqrt{20}-\sqrt{15}}{\sqrt{5}}-\frac{2+\sqrt{3}}{2-\sqrt{3}}$을 간단히 하면?

① $-5-5\sqrt{3}$ ② $-5+2\sqrt{3}$

③ $5-5\sqrt{3}$ ④ $9-5\sqrt{3}$

⑤ $9+2\sqrt{3}$

07 $\frac{4}{\sqrt{11}+\sqrt{7}}-\frac{8}{\sqrt{11}-\sqrt{7}}=a\sqrt{7}+b\sqrt{11}$일 때, 유리수 a, b에 대하여 $a+b$의 값은?

① -4 ② -1 ③ 0

④ 1 ⑤ 4

08 $\frac{\sqrt{10}+3}{\sqrt{10}-3}-\frac{\sqrt{10}-3}{\sqrt{10}+3}=a+b\sqrt{10}$일 때, 유리수 a, b에 대하여 $2a-3b$의 값을 구하여라.

16 곱셈 공식의 활용 (2)

01 다음 식을 전개하여라.

(1) $(a+b-2)^2$

(2) $(2x+y-2)(2x+y-5)$

02 $(a+b+3)(a+b-3)$을 전개하였을 때, ab의 계수와 상수항의 합은?

① -9 ② -8 ③ -7
④ -6 ⑤ -5

03 다음 식을 전개하여라.

$$(x-2y-4)^2-(x+1-2y)(x-1-2y)$$

04 다음 식을 전개하여라.

$$(x-3)(x-1)(x+2)(x+4)$$

05 $a+b=5$, $ab=-2$일 때, 다음 식의 값을 구하여라.

(1) a^2+b^2 (2) $a^2-3ab+b^2$

(3) $(a-b)^2$ (4) $\frac{b}{a}+\frac{a}{b}$

06 $x-y=1$, $xy=3$일 때, 다음 식의 값을 구하여라.

(1) x^2+y^2 (2) x^2-xy+y^2 (3) $(x+y)^2$

07 $x-y=-2$, $x^2+y^2=10$일 때, $\frac{y}{x}+\frac{x}{y}$의 값을 구하여라.

08 $x-3y=1$, $xy=4$일 때, x^2+9y^2의 값을 구하여라.

09 $a-\frac{1}{a}=-5$일 때, 다음 식의 값을 구하여라.

(1) $a^2+\frac{1}{a^2}$ (2) $\left(a+\frac{1}{a}\right)^2$

10 $x^2-4x+1=0$일 때, $x^2+\frac{1}{x^2}$의 값을 구하여라.

11 $a^2-4a+2=0$일 때, $a^2+\frac{4}{a^2}$의 값을 구하여라.

12 $x=\sqrt{3}-\sqrt{2}$, $y=\sqrt{3}+\sqrt{2}$일 때, x^2+y^2+xy의 값은?

① $\frac{\sqrt{6}}{4}$ ② $3\sqrt{6}$ ③ $5\sqrt{2}$
④ 9 ⑤ 11

13 $x=\frac{1}{5-2\sqrt{6}}$일 때, $x^2-10x+7$의 값은?

① -6 ② -2 ③ 2
④ 3 ⑤ 6

14 $x=\frac{1}{2+\sqrt{3}}$, $y=\frac{1}{2-\sqrt{3}}$일 때, x^2+y^2+4xy의 값을 구하여라.

15 $x=\sqrt{5}+2$일 때, x^2-4x+6의 값을 구하여라.

16 $x=\frac{\sqrt{6}-2}{\sqrt{6}+2}$일 때, $x^2-10x+9$의 값을 구하여라.

단원 · 마무리

정답과 해설 64~65쪽 | 개념북 68~70쪽

01 $(x-1)(x^2+x+1)$을 전개하면?

① x^3-1 ② x^3+1
③ x^3+x-1 ④ x^3+2x+1
⑤ x^3+3x-1

02 다음 중 옳은 것은?

① $(2x+3y)^2=4x^2+9y^2$
② $(-x-2)(-x+2)=-x^2-4$
③ $(x-3)(x+5)=x^2-8x-15$
④ $(4x-5y)^2=16x^2-40xy-25y^2$
⑤ $(2x-y)(4x+3y)=8x^2+2xy-3y^2$

03 $(4x+Ay)(3x+2y)=12x^2+Bxy-6y^2$일 때, 상수 A, B에 대하여 $A-B$의 값은?

① 5 ② 3 ③ -1
④ -2 ⑤ -4

04 다음을 각각 전개하였을 때, x의 계수가 나머지 넷과 다른 하나는?

① $(x-6)^2$ ② $(x+4)(x-16)$
③ $(5x-2)(x-2)$ ④ $(3x+1)(3x-5)$
⑤ $(x-1)(5x+7)$

05 다음 식을 간단히 하여라.

$$(a-2)^2-(2a+5)(3a-4)$$

06 다음은 102×98을 계산하는 과정이다. □ 안에 알맞은 네 수의 합을 구하여라.

$102\times98=(\square+2)(\square-2)$
$=\square-4$
$=\square$

07 $\dfrac{\sqrt{6}-\sqrt{5}}{\sqrt{6}+\sqrt{5}}-\dfrac{\sqrt{6}+\sqrt{5}}{\sqrt{6}-\sqrt{5}}=a\sqrt{30}$일 때, 유리수 a의 값은?

① -8 ② -4 ③ -1
④ 4 ⑤ 8

08 $f(x)=\dfrac{1}{\sqrt{x+1}+\sqrt{x}}$일 때, $f(5)+f(6)+\cdots+f(12)$의 값은?

① $-\sqrt{6}+2\sqrt{3}$ ② $-\sqrt{5}+\sqrt{13}$
③ 0 ④ $\sqrt{5}-\sqrt{13}$
⑤ $\sqrt{6}-2\sqrt{3}$

09 가로, 세로의 길이가 각각 $3a\text{ cm}$, $2a\text{ cm}$인 직사각형이 있다. 이 직사각형에서 가로의 길이는 2 cm 줄이고 세로의 길이는 3 cm 늘여서 만든 직사각형의 넓이를 구하여라.

10 $(x-4)(x-2)(x+3)(x+5)$의 전개식에서 x^3의 계수를 p, x^2의 계수를 q라 할 때, $p+q$의 값을 구하여라.

11 $x^2-6x+1=0$일 때, $x^2+\frac{1}{x^2}$의 값을 구하여라.

12 $a=\sqrt{5}-2$, $b=\sqrt{5}+2$일 때, $a^2+3ab+b^2$ 의 값은?

① 20 ② 21 ③ 22
④ 23 ⑤ 24

13 $a=\frac{1}{2\sqrt{2}+3}$일 때, $a^2-6a+12$의 값은?

① 7 ② 8 ③ 9
④ 10 ⑤ 11

서술형

14 오른쪽 그림과 같이 가로의 길이, 세로의 길이, 높이가 각각 $x-2$, $3x+1$, $x-5$인 직육면체의 겉넓이를 구하여라.

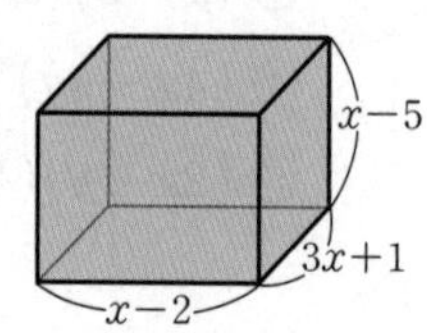

서술형

15 성현이는 $(3x-2y)(5x+4y)$를 전개하는데 $5x$의 5를 a로 잘못 보고 전개하여 $9x^2+bxy-8y^2$을 얻었다. 이때 상수 a, b에 대하여 $a+b$의 값을 구하여라.

1 · 인수분해 공식

정답과 해설 65~67쪽 | 개념북 72~81쪽

17 인수분해의 뜻

01 다음 중 다항식 $y(2x+y)$의 인수가 아닌 것은?

① 1　② y　③ $2x+y$
④ $2x$　⑤ $y(2x+y)$

02 다음 중 다항식 $b(a-3b)(a+2b)$의 인수인 것을 모두 고르면? (정답 2개)

① $a+2b$　② $a(a-3b)$　③ ab
④ ab^2　⑤ $b(a-3b)$

03 다음 중 인수분해한 것이 옳지 않은 것은?

① $xy(a+3)-3(a+3)=(a+3)(xy-3)$
② $x^3-x^2y+x^2z=x^2(x-y+z)$
③ $-2a^2b^3+4a^2b-8a^2b^2=-2a^2b(b-2a+4b)$
④ $9a^2b-3a=3a(3ab-1)$
⑤ $x(a-b)-y(b-a)=(a-b)(x+y)$

04 다음 중 두 다항식의 공통인수인 것은?

$$2a^2b+4a^2b^2,\ -3ab^3-6ab^4$$

① $ab(1+2b)$　② $ab(1-2b)$
③ $ab(a+b)$　④ $ab(a-b)$
⑤ a^2b

18 인수분해 공식 (1)

01 다음 중 완전제곱식이 아닌 것은?

① x^2+4x+4　② $9x^2-18x+9$
③ $a^2+\frac{1}{4}a+\frac{1}{36}$　④ $4b^2+8b+4$
⑤ $x^2-14x+49$

02 다음 중 인수분해한 것이 옳지 않은 것은?

① $a^2-a+\frac{1}{4}=\left(a-\frac{1}{2}\right)^2$
② $x^2-6x+9=(x-3)^2$
③ $-a^2+12ab-36b^2=-(a-6b)^2$
④ $25x^2-20x+4=(5x-2)^2$
⑤ $4a^2-6ab+9b^2=(2a-3b)^2$

03 $\frac{1}{9}ax^2+\frac{1}{2}axy+\frac{9}{16}ay^2$을 인수분해하면?

① $\frac{a}{9}\left(\frac{1}{3}x+\frac{3}{4}y\right)^2$　② $\frac{a}{9}\left(\frac{1}{3}x+\frac{1}{4}y\right)^2$
③ $a\left(\frac{1}{3}x+\frac{3}{4}y\right)^2$　④ $a\left(\frac{1}{3}x+\frac{1}{4}y\right)^2$
⑤ $a\left(\frac{1}{2}x+\frac{3}{4}y\right)^2$

04 $x^2-ax+\frac{9}{16}$가 완전제곱식이 될 때, 양수 a의 값은?

① 1　② $\frac{3}{2}$　③ 2
④ $\frac{5}{2}$　⑤ 3

05 $x^2+ax+16=(x+b)^2$을 만족시키는 상수 a, b에 대하여 $2a-b$의 값을 구하여라. (단, $a>0$)

06 다항식 $4x^2-ax+36$이 $(2x-b)^2$으로 인수분해될 때, $a+b$의 값은? (단, $a>0$, $b>0$)

① 20 ② 25 ③ 30
④ 35 ⑤ 40

07 $ax^2+32x+b=(4x+c)^2$일 때, 상수 a, b, c에 대하여 $a-b+c$의 값을 구하여라.

08 $(x+7)(x-5)+k$가 완전제곱식이 되기 위한 상수 k의 값은?

① 24 ② 27 ③ 30
④ 33 ⑤ 36

09 이차식 $ax^2+40x+25$가 완전제곱식이 될 때, 상수 a의 값은?

① 2 ② 4 ③ 9
④ 16 ⑤ 25

10 $x^2+(3a-6)xy+81y^2$이 완전제곱식이 될 때, 양수 a의 값을 구하여라.

11 $2<x<5$일 때, $\sqrt{x^2-4x+4}-\sqrt{x^2-10x+25}$를 간단히 하면?

① -7 ② $2x$ ③ $-2x-7$
④ $2x-7$ ⑤ $2x+7$

12 $16x^2-81=(ax+b)(ax-b)$일 때, 자연수 a, b에 대하여 ab의 값은?

① 28 ② 30 ③ 32
④ 34 ⑤ 36

13 다음 중 인수분해한 것이 옳지 않은 것은?

① $x^4-b^2=(x^2+b)(x^2-b)$
② $4x^2-y^2=(2x+y)(2x-y)$
③ $x^2-\frac{1}{x^2}=\left(x+\frac{1}{x}\right)\left(x-\frac{1}{x}\right)$
④ $a^4-1=(a^2+1)(a^2-1)$
⑤ $9a^2-49=(3a+7)(3a-7)$

14 다음 중 b^4-b^2의 인수가 아닌 것은?

① b^2 ② $b-1$ ③ $b+1$
④ b^2-1 ⑤ b^2+1

15 $(a-2b)x^2+(2b-a)y^2$을 인수분해하면?

① $(a-2b)(x+y)(x-y)$
② $(a+2b)(x+y)(x-y)$
③ $(a-2b)(x^2+y^2)$
④ $(a+2b)(x-y)^2$
⑤ $(a-b)(x+y^2)$

16 다음 다항식을 인수분해하여라.

$$y^{16}-1$$

19 인수분해 공식 (2)

01 $x^2-7xy+10y^2$을 인수분해하면?

① $(x+2y)(x+5y)$ ② $(x-2y)(x+5y)$
③ $(x-2y)(x-5y)$ ④ $(x-9y)(x-y)$
⑤ $(x-9y)(x+y)$

02 일차항의 계수가 1인 두 일차식의 곱이 $x^2+5x-24$일 때, 이 두 일차식의 합은?

① $2x-9$ ② $2x-5$ ③ $2x+1$
④ $2x+5$ ⑤ $2x+9$

03 $x^2+ax-35=(x+7)(x+b)$일 때, 상수 a, b에 대하여 ab의 값은?

① -10 ② -8 ③ 6
④ 8 ⑤ 10

04 두 다항식 x^2+3x+2와 x^2-2x-8의 1이 아닌 공통인수는?

① $x+3$ ② $x+2$ ③ $x+1$
④ $x-2$ ⑤ $x-4$

05 일차항의 계수가 1인 두 일차식의 곱이 $(x+5)(x+6)+6x$일 때, 이 두 일차식의 합을 구하여라.

06 $6x^2+7x-3$을 인수분해하면?

① $(2x-5)(3x-1)$ ② $(2x-3)(3x+1)$
③ $(2x-3)(3x-1)$ ④ $(2x+5)(3x+1)$
⑤ $(2x+3)(3x-1)$

07 $15x^2+17x-4=(3x+a)(5x+b)$일 때, 상수 a, b에 대하여 $a+b$의 값은?

① 2 ② 3 ③ 4
④ 5 ⑤ 6

08 다항식 $ax^2+bx-12$를 인수분해하면 $(2x+3)(3x+c)$일 때, 상수 a, b, c에 대하여 $a+b+c$의 값은?

① 1 ② 2 ③ 3
④ 4 ⑤ 5

09 $3x^2+14xy+8y^2$을 인수분해하면 x의 계수가 자연수인 두 일차식의 곱으로 인수분해된다. 이 두 일차식의 합을 구하여라.

10 다음 중 $x+2y$를 인수로 갖지 않는 것은?

① $x^2-3xy-10y^2$ ② $x^2-2xy-8y^2$
③ $x^2+3xy+2y^2$ ④ $2x^2+xy-6y^2$
⑤ $2x^2-5xy-3y^2$

11 $10x^2+(3a-1)x-14$를 인수분해하면 $(2x-7)(5x+b)$일 때, 상수 a, b에 대하여 $\frac{a}{b}$의 값을 구하여라.

12 $(x+1)(x-9)+8x$를 인수분해하여라.

13 다음 중 □ 안에 알맞은 수가 <u>다른</u> 하나는?

① $x^2-4x+4=(x+\square)^2$

② $x^2+5x-14=(x+\square)(x+7)$

③ $2x^2+x-6=(x+\square)(2x-3)$

④ $9x^2-12x+4=(3x+\square)^2$

⑤ $49x^2-4y^2=(7x+2y)(7x+\square y)$

14 $x-1$이 x^2+ax-4의 인수일 때, 상수 a의 값은?

① 3 ② 4 ③ 5
④ 6 ⑤ 7

15 x^2-6x+k가 $x-2$로 나누어떨어질 때, 상수 k의 값은?

① 2 ② 4 ③ 6
④ 8 ⑤ 10

16 $8x^2-ax-5$가 $4x-1$을 인수로 가질 때, 상수 a의 값은?

① -16 ② -18 ③ -20
④ -22 ⑤ -24

17 두 다항식 $x^2+ax+30$, $4x^2+7x+b$의 공통인수가 $x+3$일 때, 상수 a, b에 대하여 $a+b$의 값을 구하여라.

18 다항식 $4x^2+ax-15$의 인수가 $2x+3$일 때, 다항식 x^2+3x+a를 인수분해하여라. (단, a는 상수)

19 두 다항식 x^2+3x+2와 x^2+ax-7은 x의 계수가 자연수인 일차식을 공통인수로 갖는다. 이때 정수 a의 값은?

① -2 ② -3 ③ -6
④ -9 ⑤ -12

20 다항식 x^2+kx+6이 $(x+a)(x+b)$로 인수분해될 때, 다음 물음에 답하여라.

(1) 두 정수 a, b의 순서쌍 (a, b)를 모두 구하여라. (단, $a>b$)

(2) k의 최댓값을 구하여라.

2· 인수분해 공식의 활용

정답과 해설 68~69쪽 | 개념북 82~89쪽

20 복잡한 식의 인수분해

01 다음 중 $a^2(a-b)-3ab(a-b)-10b^2(a-b)$의 인수가 아닌 것을 모두 고르면? (정답 2개)

① $a-5b$ ② $a-b$ ③ $a+b$
④ $a+2b$ ⑤ $a+5b$

02 다음 두 다항식의 공통인수를 구하여라.

$3x^2-12$, $x(x-1)(x+3)-2(x+3)$

03 $(3x-1)^2-10(3x-1)+24=(3x+a)(3x+b)$일 때, 상수 a, b에 대하여 $a+b$의 값은? (단, $a>b$)

① -12 ② -10 ③ -8
④ -6 ⑤ -4

04 다음 중 $(x^2-x)^2-8(x^2-x)+12$의 인수가 아닌 것은?

① $x-3$ ② $x+2$ ③ $x+1$
④ x^2-x+2 ⑤ x^2-x-6

05 $(x-y)(x-y+3)-10$이 x의 계수가 1인 두 일차식의 곱으로 인수분해될 때, 이 두 일차식의 합을 구하여라.

06 $(5x-3y)^2-(4x-y)^2$을 인수분해하면?

① $(9x-4y)(x-4y)$ ② $(9x-4y)(x-2y)$
③ $(9x+4y)(x-4y)$ ④ $(9x+4y)(x-2y)$
⑤ $(9x+4y)(x+2y)$

07 다음 식을 인수분해하여라.

$2(a-b)^2-8(a-b)(2a+b)-10(2a+b)^2$

08 $4x^3-8x^2-9x+18$을 인수분해하면?

① $(x-3)(2x+3)(2x-3)$
② $(x-2)(2x+3)(2x-3)$
③ $(x-3)(4x^2+9)$
④ $(x-2)(4x^2+9)$
⑤ $(x-2)(2x^2+3)(2x^2-3)$

09 $x^2+6x+12y-4y^2$을 인수분해하였더니 $(x+ay)(x+by+c)$가 되었다. 이때 상수 a, b, c에 대하여 $a+b+c$의 값을 구하여라.

10 다음 중 $36-a^2-4b^2-4ab$의 인수를 모두 고르면? (정답 2개)

① $-a-2b+6$　② $a-2b+6$
③ $a+2b+6$　④ $2a-b+6$
⑤ $2a+b-6$

11 $9x^2y^2-z^2-30xy+25$를 인수분해하여라.

12 $-bc-b^2+2c^2+ab-ca$를 인수분해하면?

① $(a-b)(a+b-2c)$
② $(a+b)(a-b-2c)$
③ $(b-c)(a-b-2c)$
④ $(b-c)(a-b+2c)$
⑤ $(b+c)(a+b-2c)$

21 인수분해 공식의 활용

01 75^2-55^2의 값은?

① 2400　② 2600　③ 2800
④ 3000　⑤ 3200

02 $97^2-3^2+101^2-2\times101+1$의 값은?

① 18800　② 19000　③ 19200
④ 19400　⑤ 19600

03 $\dfrac{12.5^2-12.5+0.5^2}{5^2-1}$의 값은?

① 5　② $\dfrac{11}{2}$　③ 6
④ $\dfrac{13}{2}$　⑤ 7

04 인수분해 공식을 이용하여 $\sqrt{40\times39\times36\times35+4}$의 값을 구하여라.

05 $x=4.25$, $y=2.25$일 때, $3x^2-6xy+3y^2$의 값은?

① 8 ② 9 ③ 10
④ 11 ⑤ 12

06 $x=2\sqrt{2}-\sqrt{7}$, $y=2\sqrt{2}+\sqrt{7}$일 때, x^2-y^2의 값은?

① $-8\sqrt{14}$ ② $-6\sqrt{14}$ ③ $4\sqrt{14}$
④ $6\sqrt{14}$ ⑤ $8\sqrt{14}$

07 $x=\dfrac{3}{\sqrt{2}-1}$일 때, $(x-1)^2-4(x-1)+4$의 값은?

① 16 ② 18 ③ 20
④ 22 ⑤ 24

08 $x+y=3$, $x-y=1$일 때, $x^2+6x+9-y^2$의 값은?

① 18 ② 21 ③ 24
④ 27 ⑤ 30

09 $2x+y=17$일 때, $4x^2+y^2+4x+2y-3+4xy$의 값은?

① 260 ② 280 ③ 300
④ 320 ⑤ 340

10 $x+y=6$, $xy=8$일 때,
$x^2y+xy^2-6x-6y-4xy+24$의 값을 구하여라.

11 $\sqrt{3}$의 소수 부분을 a, $\sqrt{7}$의 정수 부분을 b라 할 때, $\dfrac{a^3+b^3-a^2b-ab^2}{a+b}$의 값을 구하여라.

12 다음 그림에서 두 도형 (가), (나)의 색칠한 부분의 넓이가 같을 때, 도형 (나)의 가로의 길이는?

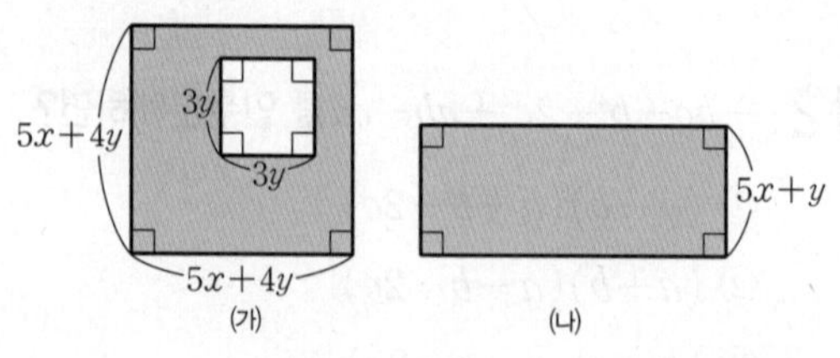

① $3y$ ② $5x$ ③ $3x+7y$
④ $5x+5y$ ⑤ $5x+7y$

단원 · 마무리

정답과 해설 69~70쪽 | 개념북 90~92쪽

01 다음 중 $a^3b^2-3a^2b$의 인수인 것을 모두 고르면? (정답 2개)

① a^3 ② a^2b ③ ab^2-3
④ $ab-3$ ⑤ $ab(a-3b)$

02 다항식 $4x^2+(a+4)xy+25y^2$이 완전제곱식이 될 때, 상수 a의 값은?

① -24 또는 -8 ② -24 또는 16
③ -16 또는 24 ④ -12 또는 8
⑤ -12 또는 16

03 $36xy^2-16xz^2$을 인수분해하면?

① $x(3y-4z)^2$
② $x(3y+2z)(3y-2z)$
③ $x(6y+4z)(6y-4z)$
④ $4x(3y-2z)^2$
⑤ $4x(3y+2z)(3y-2z)$

04 이차항의 계수가 1인 어떤 이차식을 인수분해하는데 재훈이는 x의 계수를 잘못 보아 $(x-3)(x+6)$으로 인수분해하였고, 재호는 상수항을 잘못 보아 $(x-7)(x+4)$로 인수분해하였다. 이 이차식을 바르게 인수분해한 것은?

① $(x-6)(x+3)$ ② $(x-6)(x-3)$
③ $(x-5)(x+2)$ ④ $(x-4)(x-2)$
⑤ $(x-1)(x+3)$

05 $3x^2+mx+12=(3x+a)(x+b)$일 때, 다음 중 상수 m의 값이 될 수 없는 것은? (단, a, b는 자연수)

① 12 ② 13 ③ 15
④ 20 ⑤ 36

06 두 다항식 $12x^2+ax-5$와 $2x^2-7x+b$의 공통인수가 $2x-1$일 때, $a-b$의 값은? (단, a, b는 상수)

① 0 ② 1 ③ 2
④ 3 ⑤ 4

07 다음 중 $a^2+4b^2-1-4a^2b^2$의 인수가 아닌 것은?

① $2b+1$ ② $a+1$
③ a^2+1 ④ a^2-1
⑤ $(2b+1)(2b-1)$

08 $\dfrac{24\times62-24\times58}{502^2-2\times502\times498+498^2}$을 계산하면?

① 6 ② 8 ③ 10
④ 12 ⑤ 14

09 $x=110\times99.1^2$, $y=110\times98.9^2$일 때, $\sqrt{x-y}$의 값은?

① 30 ② 33 ③ 60
④ 66 ⑤ 90

10 인수분해 공식을 이용하여 다음 식의 값을 구하여라.

$$\frac{2^2-1}{2^2}\times\frac{3^2-1}{3^2}\times\cdots\times\frac{14^2-1}{14^2}\times\frac{15^2-1}{15^2}$$

11 다음 중 13^4-1을 나누어떨어지게 하는 수가 아닌 것은?

① 3 ② 5 ③ 16
④ 17 ⑤ 18

12 $(3x-2y+2)(3x-2y-6)-20$을 인수분해하면?

① $(2x-3y-8)(2x-3y+4)$
② $(2x+3y-8)(2x+3y+4)$
③ $(3x-2y-8)(3x-2y+4)$
④ $(3x-2y+8)(3x-2y-4)$
⑤ $(3z+2y-8)(3x-2y-4)$

13 $x=2+\sqrt{5}$일 때, $\dfrac{x^3-4x-3x^2+12}{x^2-x-6}$의 값은?

① $\sqrt{5}$ ② 3 ③ $2-\sqrt{5}$
④ $2\sqrt{5}$ ⑤ $2+\sqrt{5}$

서술형

14 다음 그림에서 두 도형 (가), (나)의 넓이가 같을 때, 도형 (나)의 둘레의 길이를 구하여라.

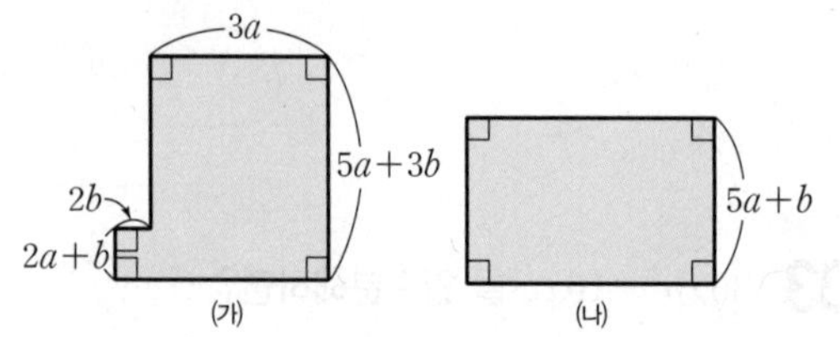

서술형

15 오른쪽 그림과 같이 지름의 길이가 각각 $3y$, $4x+6y$인 두 원이 내접하고 있다. 색칠한 부분의 넓이가 $\pi(2x+ay)(2x+by)$일 때, $\dfrac{a}{b}$의 값을 구하여라. (단, a, b는 상수이고, $a>b$)

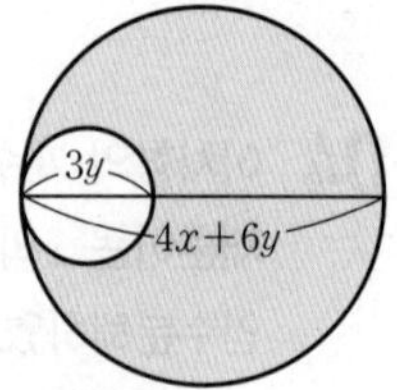

1 · 이차방정식의 풀이

정답과 해설 71~74쪽 | 개념북 94~105쪽

22 이차방정식의 뜻과 그 해

01 다음 중 x에 대한 이차방정식인 것을 모두 고르면? (정답 2개)

① x^2+3x-6　② $5x^2=3$
③ $x^2+4x=(x-1)^2$　④ $x^3-4x=x^2+x^3$
⑤ $2x^2+5x=2x^2$

02 다음 〈보기〉 중 x에 대한 이차방정식이 아닌 것을 모두 고른 것은?

보기
ㄱ. x^2+2x+3　ㄴ. $x(x-1)=x^2-2$
ㄷ. $x^2+1=2x^2-1$　ㄹ. $2(x-2)^2=x^2+x$
ㅁ. $5x-1=3(x+2)$　ㅂ. $x^2+7=2x(x-1)$

① ㄱ, ㄴ　② ㄱ, ㅁ　③ ㄱ, ㄴ, ㅁ
④ ㄴ, ㄷ, ㅂ　⑤ ㄷ, ㅁ, ㅂ

03 이차방정식 $(x+1)^2-4x=7-4x^2$을 $5x^2+ax+b=0$의 꼴로 나타낼 때, $a+b$의 값을 구하여라. (단, a, b는 상수)

04 x에 대한 방정식 $3(x-3)^2-x=5-ax^2$이 이차방정식이 되기 위한 상수 a의 조건을 구하여라.

05 다음 중 x에 대한 방정식 $(ax+1)(2x-3)=x^2+1$이 이차방정식이 되도록 하는 상수 a의 값으로 적당하지 않은 것은?

① -2　② -1　③ 0
④ $\frac{1}{2}$　⑤ 1

06 다음 이차방정식 중 $x=2$를 해로 갖는 것은?

① $x^2+2=0$　② $x^2-2=0$
③ $x^2-2x=0$　④ $2x^2-x+1=0$
⑤ $4x^2-8x-1=0$

07 다음 〈보기〉의 이차방정식 중 $x=\frac{1}{2}$을 해로 갖는 것을 모두 골라라.

보기
ㄱ. $x^2-4x=0$
ㄴ. $(x-2)(2x+1)=0$
ㄷ. $2x^2+x-1=0$
ㄹ. $4x^2-4x+1=0$

08 다음 중 [ ] 안의 수가 주어진 이차방정식의 해가 아닌 것은?

① $x^2-4=0$ $[-2]$
② $-x(x-2)=0$ $[2]$
③ $x^2-2x-3=0$ $[-1]$
④ $5x^2+x-4=0$ $[-1]$
⑤ $(x+3)(x-4)=0$ $[-4]$

09 x의 값이 0, 1, 2, 3, 4일 때, 이차방정식 $4x^2-5x-6=0$의 해를 구하여라.

10 x의 값이 $|x|<3$인 정수일 때, 이차방정식 $x^2-x-6=0$의 해는?

① $x=-2$　② $x=-1$　③ $x=3$　④ $x=-1$ 또는 $x=3$　⑤ $x=-2$ 또는 $x=3$

11 이차방정식 $x^2-(a+1)x+6=0$의 한 근이 $x=-2$일 때, 상수 a의 값은?

① -6　② -4　③ -3　④ -2　⑤ -1

12 이차방정식 $x^2+(3-2k)x+k-1=0$의 한 근이 $x=-1$일 때, 상수 k의 값은?

① -3　② -2　③ -1　④ 1　⑤ 2

13 $x=2$가 이차방정식 $x^2+4x+a=0$의 근이면서 이차방정식 $2x^2+bx+1=0$의 근일 때, 상수 a, b에 대하여 ab의 값을 구하여라.

14 두 이차방정식 $x^2-2x+a-1=0$, $x^2+x+b=0$의 공통인 해가 $x=1$일 때, 상수 a, b에 대하여 $a+b$의 값을 구하여라.

15 $x=m$이 이차방정식 $x^2+5x+3=0$의 해일 때, m^2+5m-1의 값은?

① -8　② -6　③ -4　④ -3　⑤ 3

16 이차방정식 $x^2+4x-1=0$의 한 근이 $x=a$일 때, 다음 중 옳지 않은 것은?

① $a^2+4a=1$　② $1+4a+a^2=2$　③ $2-4a-a^2=3$　④ $2a^2+8a+3=5$　⑤ $a-\frac{1}{a}=-4$

23 인수분해를 이용한 이차방정식의 풀이

01 다음 등식이 참이 되게 하는 x의 값을 구하여라.

$$(2x+5)(3x-2)=0$$

02 다음 중 해가 $x=-5$ 또는 $x=\frac{3}{4}$인 이차방정식은?

① $(x-5)(4x+3)=0$
② $(x+5)(4x-3)=0$
③ $(x-5)(3x+4)=0$
④ $(x+5)(3x-4)=0$
⑤ $(x-5)(4x-3)=0$

03 다음 이차방정식 중 해가 나머지 넷과 다른 하나는?

① $\left(x+\frac{1}{6}\right)\left(x-\frac{1}{3}\right)=0$
② $(3x+1)(6x-1)=0$
③ $(6x+1)(3x-1)=0$
④ $\left(\frac{1}{6}+x\right)+\left(\frac{1}{3}-x\right)=0$
⑤ $(3+18x)(3-9x)=0$

04 다음 이차방정식 중 해가 옳지 않은 것은?

① $x^2+x-2=0$ ➔ $x=-2$ 또는 $x=1$
② $x^2-6x+5=0$ ➔ $x=1$ 또는 $x=5$
③ $3x^2-10x-25=0$ ➔ $x=-\frac{5}{3}$ 또는 $x=5$
④ $8x^2-14x+3=0$ ➔ $x=\frac{1}{4}$ 또는 $x=\frac{3}{2}$
⑤ $6x^2-7x=3$ ➔ $x=\frac{1}{3}$ 또는 $x=-\frac{3}{2}$

05 이차방정식 $3x(x-5)=2x-10$의 두 근을 α, β라 할 때, $2\alpha+3\beta$의 값은? (단, $\alpha>\beta$)

① 11 ② 12 ③ 13
④ 14 ⑤ 15

06 두 이차방정식 $x^2-6x-7=0$, $x^2-9x+14=0$의 공통인 해를 구하여라.

07 이차방정식 $2x^2+5x-42=0$의 두 근 사이에 있는 모든 정수의 개수를 구하여라.

08 이차방정식 $x^2+x-12=0$의 두 근 중 음수인 근이 이차방정식 $4x^2-5ax+a-1=0$의 근일 때, 상수 a의 값은?

① -6 ② -5 ③ -4
④ -3 ⑤ -2

09 이차방정식 $x^2-x+k=0$의 한 근이 $x=8$일 때, 상수 k의 값과 다른 한 근을 각각 구하여라.

10 이차방정식 $x^2+(k-1)x+k+4=0$의 한 근이 $x=2$이고 다른 한 근이 $x=m$일 때, 상수 k, m에 대하여 $k+m$의 값은?

① 0　② -1　③ -2
④ -3　⑤ -4

11 두 이차방정식 $x^2-ax-27=0$, $(x+b)(x-9)=0$의 근이 같을 때, 상수 a, b에 대하여 ab의 값은?

① 6　② 9　③ 12
④ 15　⑤ 18

12 이차방정식 $(m-1)x^2-(m^2-2m+2)x-2=0$의 한 근이 $x=-2$일 때, 상수 m의 값과 다른 한 근의 곱을 구하여라.

24 이차방정식의 중근

01 다음 방정식 중 해가 나머지 넷과 다른 것은?

① $x^2-9=0$　② $(x+3)(x-3)=0$
③ $x^2=9$　④ $(x-3)^2=0$
⑤ $2x=-6$ 또는 $2x=6$

02 다음 이차방정식 중 중근을 갖는 것은?

① $x^2+x=0$　② $x^2=16$
③ $x^2+3x-18=0$　④ $9x^2+6x+1=0$
⑤ $4x^2+13x+9=0$

03 다음 〈보기〉의 이차방정식 중 중근을 갖지 않는 것을 모두 골라라.

보기

ㄱ. $10x^2=0$　ㄴ. $4x^2-4=0$
ㄷ. $x^2+49=14x$　ㄹ. $x(2x-1)=x$
ㅁ. $4x^2-20x+25=0$
ㅂ. $(x-2)^2=2x-5$

04 이차방정식 $x^2-12x+k-9=0$이 중근을 가질 때, 다음을 구하여라.

(1) 상수 k의 값
(2) 중근

05 이차방정식 $x^2+ax+2b=0$이 중근 $x=8$을 가질 때, 상수 a, b의 값을 각각 구하여라.

06 이차방정식 $9x^2+kx+16=0$이 중근을 가질 때, 모든 상수 k의 값과 그때의 중근을 각각 구하여라.

07 이차방정식 $x^2+2kx=k-6$이 중근을 가질 때, 양수 k의 값은?

① 1 ② 2 ③ 3
④ 4 ⑤ 5

08 다음 두 이차방정식이 중근을 가질 때, 상수 a, b에 대하여 ab의 값을 구하여라.

$$x^2+8x+a=0,\ x^2+(a-7)x+b=0$$

25 완전제곱식을 이용한 이차방정식의 풀이

01 다음 이차방정식 중 해가 유리수인 것을 모두 고르면? (정답 2개)

① $x^2=5$ ② $2x^2-14=0$
③ $\frac{1}{3}x^2=3$ ④ $(x-2)^2=4$
⑤ $3(x-1)^2=15$

02 이차방정식 $(x-5)^2=3$의 해가 $x=a\pm\sqrt{b}$일 때, 유리수 a, b에 대하여 ab의 값은?

① -15 ② -12 ③ -9
④ 15 ⑤ 28

03 이차방정식 $(x+a)^2-b=0$의 해가 $x=3\pm2\sqrt{3}$일 때, 상수 a, b에 대하여 $a+b$의 값을 구하여라.
(단, $b\geq0$)

04 이차방정식 $(2x+a)^2=8$의 해가 $x=-2\pm\sqrt{b}$일 때, 유리수 a, b에 대하여 ab의 값을 구하여라.

05 다음 중 이차방정식 $(x+3)^2=1-m$의 근에 대한 설명으로 옳지 않은 것은? (단, m은 상수)

① $m=-3$이면 정수인 근을 갖는다.

② $m=-1$이면 무리수인 근을 갖는다.

③ $m=\frac{1}{2}$이면 유리수인 근을 갖는다.

④ $m=1$이면 정수인 중근을 갖는다.

⑤ $m=3$이면 근은 없다.

06 이차방정식 $x^2+6x+3=0$을 $(x+p)^2=q$의 꼴로 나타낼 때, 상수 p, q의 값을 각각 구하여라.

07 이차방정식 $-2x^2+4x+8=0$을 $(x+a)^2=b$의 꼴로 나타낼 때, 상수 a, b에 대하여 $a+b$의 값을 구하여라.

08 이차방정식 $3x^2-9x+1=0$을 $(x+a)^2=b$의 꼴로 나타낼 때, 상수 a, b에 대하여 $a+b$의 값은?

① $\frac{5}{12}$ ② $\frac{5}{6}$ ③ $\frac{7}{8}$
④ $\frac{13}{6}$ ⑤ $\frac{41}{12}$

09 다음은 완전제곱식을 이용하여 이차방정식 $2x^2-8x+1=0$의 해를 구하는 과정이다. ①~⑤에 들어갈 수로 알맞지 않은 것을 모두 고르면? (정답 2개)

$2x^2-8x+1=0$에서
$x^2-4x=$ ①
x^2-4x+ ② $=$ ① $+$ ②
$(x-$ ③ $)^2=$ ④
$\therefore x=$ ⑤

① $\frac{1}{2}$ ② 4 ③ 4
④ $\frac{7}{2}$ ⑤ $\frac{4\pm\sqrt{14}}{2}$

10 다음은 완전제곱식을 이용하여 이차방정식 $x^2-6x-4=0$의 해를 구하는 과정이다. 상수 A, B, C에 대하여 $A+B+C$의 값은?

$x^2-6x-4=0$에서 $x^2-6x=4$
$x^2-6x+A=4+A$
$(x+B)^2=C$ $\quad\therefore x=-B\pm\sqrt{C}$

① 13 ② 15 ③ 17
④ 19 ⑤ 21

11 이차방정식 $x^2+8x+k=0$을 완전제곱식을 이용하여 풀었더니 해가 $x=m\pm\sqrt{6}$이었다. 이때 유리수 k, m에 대하여 $k+m$의 값을 구하여라.

2 · 이차방정식의 활용

정답과 해설 74~78쪽 | 개념북 106~125쪽

26 이차방정식의 근의 공식

01 근의 공식을 이용하여 다음 이차방정식을 풀어라.

(1) $x^2-5x+3=0$

(2) $x^2-4x-6=0$

(3) $4x^2+2x-1=0$

(4) $3x^2+4x=2-2x$

02 이차방정식 $x^2-8x+5=0$의 근이 $x=p\pm\sqrt{q}$일 때, 유리수 p, q에 대하여 pq의 값은?

① 40 ② 44 ③ 48 ④ 52 ⑤ 56

03 이차방정식 $3x^2-5x-1=0$의 근이 $x=\frac{a\pm\sqrt{b}}{6}$일 때, 유리수 a, b에 대하여 $a+b$의 값은?

① 22 ② 27 ③ 32 ④ 37 ⑤ 42

04 이차방정식 $3x^2-2x-2=x+2$의 두 근 중 큰 근을 p라 할 때, $6p-3$의 값을 구하여라.

05 이차방정식 $x^2-4x+m=0$의 근이 $x=2\pm\sqrt{7}$일 때, 상수 m의 값은?

① -5 ② -3 ③ -1 ④ 1 ⑤ 3

06 이차방정식 $x^2-ax-2=0$의 근이 $x=\frac{-3\pm\sqrt{k}}{2}$일 때, 유리수 a, k에 대하여 $a+k$의 값은?

① 12 ② 14 ③ 16 ④ 18 ⑤ 20

07 이차방정식 $3x^2-4x+a=0$의 근이 $x=\frac{b\pm2\sqrt{7}}{3}$일 때, 유리수 a, b에 대하여 $b-a$의 값을 구하여라.

08 이차방정식 $x^2+ax+b=0$의 근이 $x=\frac{-3\pm2\sqrt{2}}{2}$일 때, 상수 a, b의 값을 각각 구하여라.

27 복잡한 이차방정식의 풀이

01 오른쪽은 이차방정식 $\frac{1}{6}x^2-\frac{2}{3}x-\frac{1}{4}=0$의 해를 구하는 과정이다. 유리수 A, B, C, D에 대하여 $A+B+C+D$의 값을 구하여라.

> 양변에 12를 곱하면
> $2x^2-Ax-B=0$
> 근의 공식을 이용하면
> $x=\frac{C\pm\sqrt{D}}{2}$

02 두 이차방정식 $\frac{2}{3}x^2=0.6x-\frac{2}{15}$, $0.6x^2+0.1x-0.2=0$의 공통인 근을 구하여라.

03 다음 이차방정식의 두 근 중 큰 근을 k라 할 때, $(k+2)^2$의 값은?

$$\frac{(x-1)^2}{3}=\frac{(x+2)(x-2)}{2}$$

① 14 ② 16 ③ 18 ④ 20 ⑤ 22

04 이차방정식 $\frac{x^2+1}{3}+1=0.5x(x-1)$의 해가 $x=\frac{a\pm\sqrt{b}}{2}$일 때, 유리수 a, b에 대하여 $a+b$의 값은?

① 40 ② 41 ③ 42 ④ 43 ⑤ 44

05 이차방정식 $(x-3)^2-5(x-3)-24=0$의 두 근을 α, β라 할 때, $\alpha-\beta$의 값은? (단, $\alpha>\beta$)

① 10 ② 11 ③ 12 ④ 13 ⑤ 14

06 다음 이차방정식의 해를 구하여라.

$$2(2x-1)^2-7(2x-1)+6=0$$

07 이차방정식 $\frac{(x+2)^2}{2}-\frac{x+2}{3}=\frac{5}{6}$의 두 근을 α, β라 할 때, $3\alpha+\beta$의 값을 구하여라. (단, $\alpha>\beta$)

08 $(x-y)^2-2(x-y)-48=0$을 만족시키는 x, y에 대하여 $x-y$의 값을 구하여라. (단, $x<y$)

28 이차방정식의 근의 개수

01 다음 이차방정식 중 서로 다른 두 근을 갖는 것은?

① $x^2-x-1=0$　② $2x^2+3x+2=0$
③ $x^2+16=0$　④ $3x^2-2x+1=0$
⑤ $x^2+\frac{1}{2}x+\frac{1}{16}=0$

02 다음 이차방정식 중 근이 없는 것은?

① $x^2-15=0$　② $9x^2-6x+1=0$
③ $3x^2-3x+1=0$　④ $2x^2-1=x$
⑤ $6x^2+2x-1=0$

03 이차방정식 $x^2+2x+5-k=0$이 근을 갖도록 하는 상수 k의 값의 범위를 구하여라.

04 이차방정식 $x^2+6x+3a-2=0$이 근을 갖지 않을 때, 자연수 a의 값 중 가장 작은 수는?

① 1　② 2　③ 3
④ 4　⑤ 5

05 다음 중 이차방정식 $x^2+4x+k-1=0$이 서로 다른 두 근을 갖도록 하는 상수 k의 값은 모두 몇 개인가?

$-2,\ \ 0,\ \ 2,\ \ 5,\ \ 8$

① 1개　② 2개　③ 3개
④ 4개　⑤ 5개

06 이차방정식 $ax^2-x+1=0$이 중근을 가질 때, 상수 a의 값은?

① $\frac{1}{8}$　② $\frac{1}{4}$　③ $\frac{1}{2}$
④ 1　⑤ 4

07 이차방정식 $4x^2+mx+m+5=0$이 중근을 가질 때, 모든 상수 m의 값을 구하여라.

08 이차방정식 $x^2-kx+4=0$이 중근을 가질 때의 상수 k의 값이 이차방정식 $x^2+bx-4=0$의 해라고 한다. 이때 모든 상수 b의 값을 구하여라.

29 이차방정식 구하기

01 다음 조건을 만족시키는 x에 대한 이차방정식을 구하여라.

(1) 두 근이 1, -6이고 x^2의 계수가 1인 이차방정식

(2) $x=2$를 중근으로 하고 x^2의 계수가 2인 이차방정식

02 이차방정식 $x^2+mx+n=0$의 두 근이 2, -7일 때, 상수 m, n에 대하여 $m+n$의 값을 구하여라.

03 이차방정식 $2x^2+ax+b=0$의 두 근이 2, $-\frac{3}{2}$일 때, 상수 a, b에 대하여 $a+b$의 값은?

① -7　② -6　③ -5
④ -4　⑤ -3

04 이차방정식 $ax^2+bx+c=0$의 두 근이 2, 4일 때, 이차방정식 $cx^2+bx+a=0$의 근을 구하여라.

(단, a, b, c는 상수)

05 이차방정식 $x^2-4x+a=0$의 한 근이 $2+\sqrt{5}$일 때, 다른 한 근과 유리수 a의 값을 구하여라.

06 이차방정식 $x^2-kx+2=0$의 한 근이 $2-\sqrt{2}$일 때, 유리수 k의 값은?

① -4　② -2　③ 1
④ 2　⑤ 4

07 이차방정식 $x^2+px+q=0$의 한 근이 $-4+\sqrt{6}$일 때, 유리수 p, q에 대하여 $p-q$의 값은?

① -6　② -4　③ -2
④ 2　⑤ 4

08 이차방정식 $x^2+6x+k=0$의 한 근이 $\frac{1}{3+\sqrt{10}}$일 때, 유리수 k의 값을 구하여라.

30 이차방정식의 활용 (1)

01 연속하는 두 자연수의 곱이 506일 때, 이 두 자연수의 제곱의 차는?

① 31　② 35　③ 38　④ 41　⑤ 45

02 연속하는 짝수인 세 자연수의 제곱의 합이 200일 때, 이 세 짝수를 구하여라.

03 일의 자리의 숫자가 십의 자리의 숫자의 2배인 두 자리의 자연수가 있다. 일의 자리의 숫자와 십의 자리의 숫자의 곱이 원래의 수의 $\frac{1}{2}$배라고 할 때, 원래의 수를 구하여라.

04 오른쪽 표에서 1부터 9까지의 자연수를 한 번씩만 사용하여 가로, 세로, 대각선에 있는 수의 합을 모두 같게 만들려고 한다. 자연수 x의 값은?

x^2+2	$x-1$	8
	5	
2		

① 1　② 2　③ 3　④ 4　⑤ 5

05 어떤 양수를 제곱해야 할 것을 잘못하여 9배 하였더니 제곱한 것보다 70만큼 작게 되었다. 이때 어떤 양수는?

① 10　② 11　③ 12　④ 13　⑤ 14

06 언니와 동생의 나이 차는 3살이고, 언니의 나이의 6배는 동생의 나이의 제곱보다 2만큼 클 때, 언니의 나이는?

① 11살　② 13살　③ 15살　④ 17살　⑤ 19살

07 재연이는 사탕 168개를 사서 반 여학생들에게 남김없이 똑같이 나누어 주었다. 여학생 한 명이 받은 사탕의 개수가 반 여학생의 수보다 2만큼 작다고 할 때, 여학생의 수는?

① 14명　② 15명　③ 16명　④ 17명　⑤ 18명

08 교내 농구 대회를 리그전으로 진행하면 전체 n학급이 참가할 때 모두 $\frac{n(n-1)}{2}$번의 경기를 치른다. 모두 몇 학급이 참가하면 45번의 경기를 치르는지 구하여라.

31 이차방정식의 활용 (2)

01 지면에서 초속 65 m로 지면과 수직으로 위로 던진 물체의 t초 후의 높이는 $(65t-5t^2)$ m라고 한다. 이 물체가 지면에 떨어지는 것은 던져 올리고 몇 초 후인지 구하여라.

02 지면에서 초속 40 m로 지면과 수직으로 위로 던져 올린 공의 t초 후의 높이를 $(-5t^2+40t)$ m라고 할 때, 공의 높이가 60 m에 도달하는 것은 던져 올리고 몇 초 후인지 구하여라.

03 지면으로부터 70 m의 높이에서 초속 30 m로 쏘아 올린 물 로켓의 t초 후의 높이는 $(-5t^2+30t+70)$ m라고 한다. 이때 물 로켓이 지면으로부터 110 m의 높이 이상인 지점을 지나는 것은 몇 초 동안인지 구하여라.

04 오른쪽 그림과 같이 길이가 10 cm인 선분을 두 부분으로 나누어 각각의 길이를 한 변으로 하는 정사각형을 만들었더니 두 정사각형의 넓이의 합이 52 cm^{2}이었다. 이때 큰 정사각형의 한 변의 길이를 구하여라.

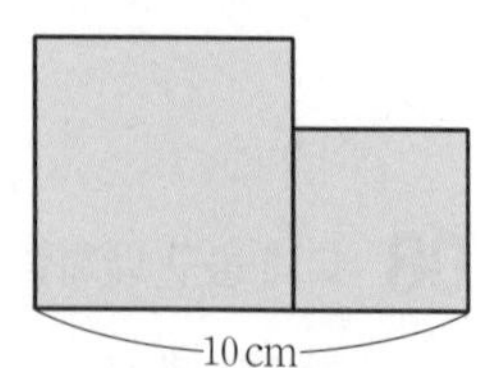

05 오른쪽 그림과 같이 정사각형의 가로의 길이를 5 cm 늘이고, 세로의 길이를 4 cm 줄여서 직사각형 모양으로 바꾸었더니 그 넓이가 220 cm^{2}가 되었다. 처음 정사각형의 한 변의 길이를 구하여라.

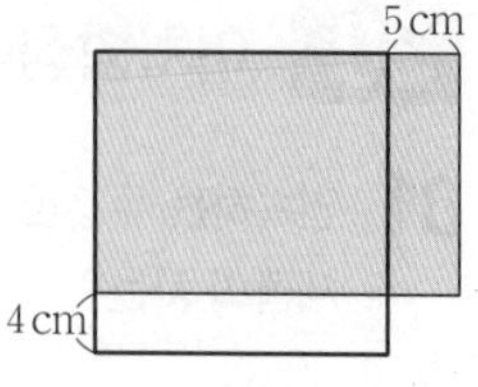

06 가로의 길이가 8 cm, 세로의 길이가 5 cm인 직사각형이 있다. 가로, 세로의 길이를 똑같은 길이만큼 늘여 만든 직사각형의 넓이는 처음 직사각형의 넓이의 2배보다 10 cm^{2}만큼 작았다. 늘인 길이를 구하여라.

07 둘레의 길이가 28 cm이고, 넓이가 48 cm인 직사각형의 가로의 길이와 세로의 길이의 차는?

① 1 cm ② 2 cm ③ 3 cm
④ 4 cm ⑤ 5 cm

08 오른쪽 그림과 같이 가로와 세로의 길이가 각각 14 m, 10 m인 직사각형 모양의 꽃밭에 폭이 일정한 길을 내었더니 남은 부분의 넓이가 80 m^{2}이었다. 이 길의 폭을 구하여라.

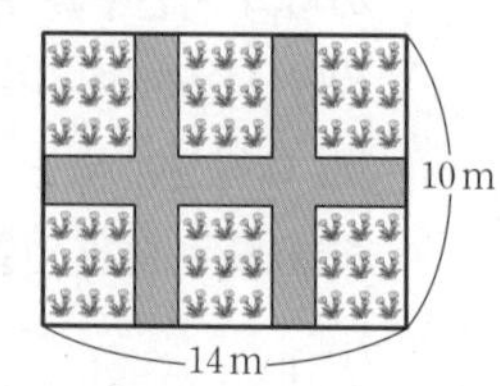

09 오른쪽 그림과 같이 가로와 세로의 길이가 각각 20 m, 14 m인 직사각형 모양의 땅에 폭이 일정한 도로를 만들려고 한다. 도로를 제외한 부분의 넓이가 160 m^{2}가 되도록 할 때, 이 도로의 폭은?

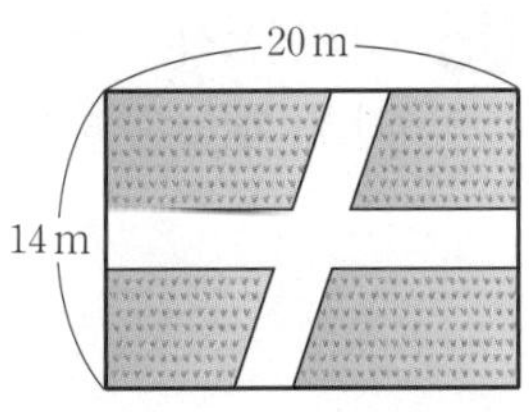

① 2 m　　② $\frac{5}{2}$ m　　③ 3 m
④ $\frac{7}{2}$ m　　⑤ 4 m

10 어떤 사다리꼴의 아랫변의 길이는 윗변의 길이보다 5 cm 길고, 높이는 윗변의 길이보다 4 cm 짧다. 이 사다리꼴의 넓이가 75 cm^{2}일 때, 높이는?

① 4 cm　　② 6 cm　　③ 10 cm
④ 12 cm　　⑤ 14 cm

11 오른쪽 그림과 같은 직사각형의 네 귀퉁이에서 한 변의 길이가 x cm인 정사각형을 잘라내고 뚜껑 없는 상자를 만들려고 한다. 이 상자의 밑면의 넓이가 700 cm^{2}일 때, x의 값을 구하여라.

12 반지름의 길이가 8 cm인 원이 있다. 이 원의 반지름의 길이를 x cm만큼 늘였더니 넓이가 36π cm^{2}만큼 증가하였을 때, x의 값은?

① 2　　② 3　　③ 4
④ 5　　⑤ 6

13 오른쪽 그림과 같이 가로와 세로의 길이가 각각 14 cm, 10 cm 인 직사각형 ABCD가 있다. 점 P는 점 A에서 출발하여 변 AB를 따라 점 B까지 매초 1 cm의 속력으로 움직이고, 점 Q는 점 B에서 출발하여 변 BC를 따라 점 C까지 매초 2 cm의 속력으로 움직이고 있다. 두 점 P, Q가 동시에 출발할 때, △PBQ의 넓이가 25 cm^{2}가 되는 것은 출발한 지 몇 초 후인지 구하여라.

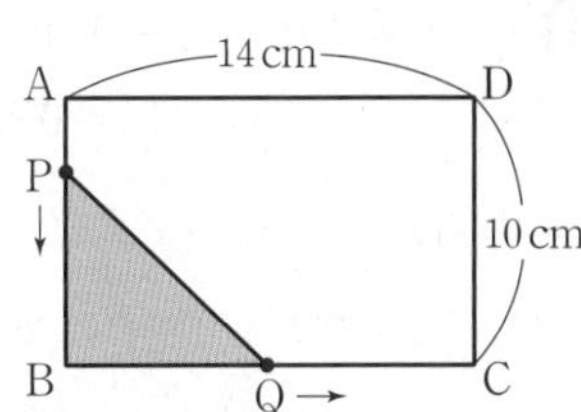

14 오른쪽 그림과 같이 원의 지름 AB 위에 한 점 C를 잡아 $\overline{AC}$, $\overline{CB}$가 지름인 두 원을 그렸다. $\overline{AB}=6$ cm이고, 색칠한 부분의 넓이가 4π cm^{2}일 때, $\overline{AC}$의 길이를 구하여라.
(단, $\overline{AC}>\overline{CB}$)

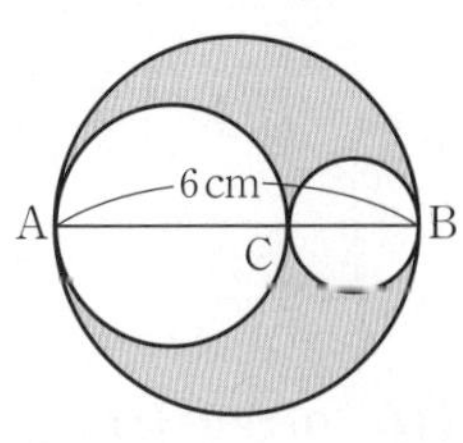

단원 · 마무리

정답과 해설 78~79쪽 | 개념북 126~128쪽

01 다음 중 x에 대한 이차방정식인 것은?

① x^2-2x+1

② $x^2=x(x+1)$

③ $(x+2)(x-5)=x^2$

④ $x^3-x^2+x-1=0$

⑤ $2x^2-1=x(x+3)$

02 x의 값이 -3, -1, 0, 1, 3일 때, 이차방정식 $(x-1)(3x+1)=0$의 해는?

① $x=-3$ ② $x=-1$ ③ $x=0$

④ $x=1$ ⑤ $x=3$

03 다음 중 [ ] 안의 수가 주어진 이차방정식의 해인 것을 모두 고르면? (정답 2개)

① $x^2-x+1=0$ $[1]$

② $2x^2-x+3=0$ $[-1]$

③ $x^2+\frac{x}{3}=0$ $\left[-\frac{1}{3}\right]$

④ $4x^2-9=0$ $\left[\frac{3}{2}\right]$

⑤ $x^2-x-6=0$ $[-3]$

04 이차방정식 $ax^2+ax+8=0$의 한 근이 $x=-2$일 때, 상수 a의 값은?

① -4 ② -2 ③ 2

④ 4 ⑤ 6

05 이차방정식 $(x+1)(x-2)=1+x$의 두 근을 α, β라 할 때, $\alpha^2-\beta^2$의 값은? (단, $\alpha>\beta$)

① 4 ② 5 ③ 6

④ 7 ⑤ 8

06 이차방정식 $x^2-8x+a=0$의 한 근이 $x=-3$일 때, 상수 a의 값과 다른 한 근은?

① $a=-33$, $x=-11$ ② $a=-33$, $x=-8$

③ $a=-33$, $x=11$ ④ $a=33$, $x=-11$

⑤ $a=33$, $x=11$

07 이차방정식 $2x^2+3x-9=0$의 두 근 사이에 있는 모든 정수의 합을 구하여라.

08 다음 이차방정식 중 중근을 갖는 것을 모두 고르면? (정답 2개)

① $x^2=9x$ ② $x^2-4=0$

③ $x^2+2x=0$ ④ $x^2+6x+9=0$

⑤ $16x^2-8x+1=0$

09 이차방정식 $(x-2)^2=2$의 두 근의 차는?

① $\sqrt{2}$ ② 2 ③ $\sqrt{6}$
④ $2\sqrt{2}$ ⑤ $2\sqrt{6}$

10 다음 중 이차방정식과 그 해가 잘못 짝지어진 것은?

① $1-9x^2=0$ ➜ $x=\pm\frac{1}{3}$
② $3(x+1)(x-2)=0$ ➜ $x=-1$ 또는 $x=2$
③ $(x-3)^2=5$ ➜ $x=3\pm\sqrt{5}$
④ $(3x-2)^2=0$ ➜ $x=\frac{2}{3}$ (중근)
⑤ $(2x+1)^2=3$ ➜ $x=-1\pm\frac{\sqrt{3}}{2}$

11 오른쪽은 완전제곱식을 이용하여 이차방정식 $3x^2-9x+2=0$의 해를 구하는 과정이다. ①~⑤에 들어갈 수로 알맞지 않은 것은?

$3x^2-9x+2=0$에서
x^2- ① $x=$ ②
$(x-$ ③ $)^2=$ ④
$\therefore$ $x=$ ⑤

① 3 ② $-\frac{2}{3}$ ③ $\frac{3}{2}$
④ $\frac{19}{12}$ ⑤ $\frac{9\pm\sqrt{19}}{6}$

12 x에 대한 이차방정식 $x^2+5x-8k=0$의 한 근이 $x=k$일 때, 이 이차방정식의 두 근의 곱은? (단, $k\neq0$인 상수)

① -12 ② -16 ③ -20
④ -24 ⑤ -32

13 이차방정식 $2x^2+12x+a+5=0$이 중근 $x=m$을 가질 때, 상수 a, m에 대하여 $a+m$의 값은?

① 6 ② 8 ③ 10
④ 12 ⑤ 14

14 이차방정식 $x^2-x-11=0$의 근이 $x=\frac{a\pm3\sqrt{b}}{2}$일 때, 유리수 a, b에 대하여 $a+b$의 값은?

① 6 ② 12 ③ 15
④ 44 ⑤ 46

15 $(x+2y+1)(x+2y-3)-5=0$을 만족시키는 x, y에 대하여 $x+2y$의 값을 모두 구하여라.

16 이차방정식 $6x^2-2x+2k+1=0$은 서로 다른 두 근을 갖고, 이차방정식 $x^2-2kx+2k+3=0$은 중근을 갖도록 하는 상수 k의 값을 구하여라.

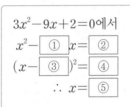

17 이차방정식 $2x^2+ax+b=0$의 두 근이 $\frac{1}{2}$, -3일 때, 이차방정식 $x^2+bx-a=0$의 두 근은?
(단, a, b는 상수)

① $x=\frac{5\pm\sqrt{21}}{2}$　② $x=\frac{3\pm\sqrt{29}}{2}$
③ $x=\frac{1\pm\sqrt{11}}{2}$　④ $x=\frac{-5\pm\sqrt{29}}{2}$
⑤ $x=\frac{-5\pm\sqrt{21}}{2}$

18 n각형의 대각선의 총 개수는 $\frac{n(n-3)}{2}$개이다. 대각선이 모두 20개인 다각형은?

① 오각형　② 육각형
③ 칠각형　④ 팔각형
⑤ 구각형

19 합이 20이고 곱이 96인 두 자연수 중 작은 수는?

① 8　② 9　③ 10
④ 11　⑤ 12

20 지면에서 초속 75 m로 지면과 수직으로 위로 던진 공의 t초 후의 높이는 $(-5t^2+75t)$ m라 한다. 이 공의 높이가 250 m에 도달하는 것은 던져 올리고 몇 초 후 인지 구하여라.

21 가로의 길이가 세로의 길이보다 5 cm 더 긴 직사각형의 넓이가 500 cm^{2}일 때, 이 직사각형의 둘레의 길이는?

① 45 cm　② 60 cm　③ 75 cm
④ 90 cm　⑤ 105 cm

서술형

22 x에 대한 이차방정식 $ax^2+(a+3)x+a=0$이 중근을 가질 때, 이차방정식 $2x^2+5x+a=0$을 풀어라.
(단, $a>0$)

서술형

23 오른쪽 그림과 같이 직선 $y=-2x+20$ 위의 한 점 P에서 x축, y축에 내린 수선의 발을 각각 A, B라고 하자. 직사각형 OAPB의 넓이가 48일 때, 점 P의 좌표를 구하여라.

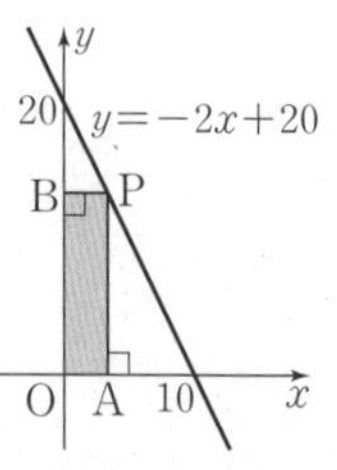

(단, 점 P는 제1사분면 위에 있다.)

1 · 이차함수 $y=ax^2$의 그래프

정답과 해설 80~81쪽 | 개념북 130~135쪽

32 이차함수 $y=x^2$의 그래프

01 다음 〈보기〉 중 이차함수인 것을 모두 골라라.

보기
ㄱ. $y=x(x^2+2)-x$
ㄴ. $y=(x+3)(x-2)$
ㄷ. $y=(x-3)^2+1$
ㄹ. $y=x^2-(x+1)(x-1)$

02 다음 중 y가 x에 대한 이차함수인 것은?

① x각형의 대각선의 개수 y개
② 500원짜리 공책 x권의 가격 y원
③ 시속 x km로 y시간 동안 달린 거리 100 km
④ 밑변의 길이가 x cm, 높이가 2 cm인 삼각형의 넓이 y cm^2
⑤ 한 변의 길이가 $2x$ cm인 정사각형의 둘레의 길이 y cm

03 함수 $y=(2x^2+1)+x(ax-1)$이 x에 대한 이차함수일 때, 다음 중 상수 a의 값이 될 수 없는 것은?

① -2　② -1　③ 1　④ 2　⑤ 3

04 이차함수 $f(x)=x^2-2x-3$에 대하여 $f(-1)-f(1)$의 값은?

① 1　② 2　③ 3　④ 4　⑤ 5

05 이차함수 $f(x)=-2x^2+3x+7$에 대하여 $f(a)=-2$일 때, 정수 a의 값을 구하여라.

06 이차함수 $f(x)=-x^2+3x+a$에 대하여 $f(-2)=-12$일 때, $f(4)$의 값을 구하여라. (단, a는 상수)

07 다음 중 이차함수 $y=x^2$의 그래프에 대한 설명으로 옳은 것은?

① 위로 볼록한 포물선이다.
② 점 $(-2, 4)$를 지난다.
③ 축의 방정식은 $y=0$이다.
④ 제1, 3 사분면을 지난다.
⑤ 이차함수 $y=-x^2$의 그래프보다 폭이 넓다.

08 이차함수 $y=-x^2$의 그래프가 두 점 $(-2, a)$, $(2, b)$를 지날 때, $a-b$의 값을 구하여라.

33 이차함수 $y=ax^2$의 그래프

01 다음 이차함수의 그래프 중 이차함수 $y=\frac{4}{3}x^2$의 그래프와 x축에 대하여 대칭인 것은?

① $y=3x^2$ ② $y=\frac{3}{4}x^2$ ③ $y=-\frac{3}{4}x^2$

④ $y=-\frac{4}{3}x^2$ ⑤ $y=-3x^2$

02 다음 중 이차함수 $y=\frac{1}{3}x^2$의 그래프에 대한 설명으로 옳은 것은?

① 점 $(-3, -3)$을 지난다.

② x축을 축으로 하는 포물선이다.

③ 위로 볼록한 포물선이다.

④ $x>0$일 때, x의 값이 증가하면 y의 값도 증가한다.

⑤ 이차함수 $y=-\frac{1}{3}x^2$의 그래프와 y축에 대하여 대칭이다.

03 다음 〈보기〉의 이차함수의 그래프에 대한 설명으로 옳지 않은 것은?

보기

ㄱ. $y=\frac{5}{2}x^2$ ㄴ. $y=-\frac{1}{3}x^2$

ㄷ. $y=-4x^2$ ㄹ. $y=\frac{2}{5}x^2$

ㅁ. $y=-3x^2$ ㅂ. $y=\frac{1}{3}x^2$

① 꼭짓점의 좌표는 모두 $(0, 0)$이다.

② 위로 볼록한 그래프는 ㄴ, ㄷ, ㅁ이다.

③ 모두 y축에 대하여 대칭이다.

④ 서로 x축에 대하여 대칭인 것은 ㅁ과 ㅂ이다.

⑤ 점 $(3, 3)$을 지나는 것은 ㅂ이다.

04 다음 〈보기〉 중 이차함수 $y=ax^2$의 그래프에 대한 설명으로 옳지 않은 것을 모두 골라라. (단, a는 상수)

보기

ㄱ. 꼭짓점의 좌표는 $(0, 0)$이다.

ㄴ. $a<0$일 때, 아래로 볼록하다.

ㄷ. 점 $(-2, 4a)$를 지난다.

ㄹ. 축의 방정식은 $y=0$이다.

ㅁ. 이차함수 $y=-ax^2$의 그래프와 x축에 대하여 대칭이다.

05 다음 이차함수의 그래프 중 위로 볼록하고 폭이 가장 넓은 것은?

① $y=-3x^2$ ② $y=-x^2$ ③ $y=-\frac{1}{2}x^2$

④ $y=2x^2$ ⑤ $y=4x^2$

06 오른쪽 그림은 네 이차함수 $y=x^2$, $y=3x^2$, $y=-\frac{1}{4}x^2$, $y=-2x^2$의 그래프를 그린 것이다. 이차함수의 식과 그래프를 알맞게 연결하여라.

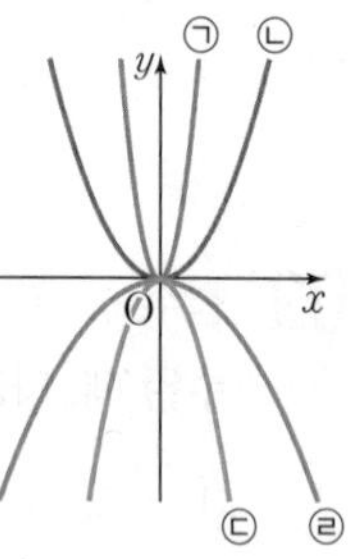

07 이차함수 ㉠~㉣의 그래프가 오른쪽 그림과 같을 때, ㉠~㉣ 중 이차함수 $y=ax^2$의 그래프로 알맞은 것을 골라라. (단, $-1<a<0$)

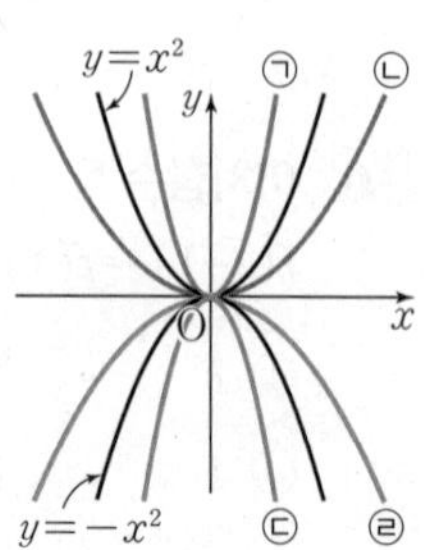

08 이차함수 $y=ax^2$의 그래프가 오른쪽 그림과 같을 때, 다음 중 상수 a의 값이 될 수 없는 것은?

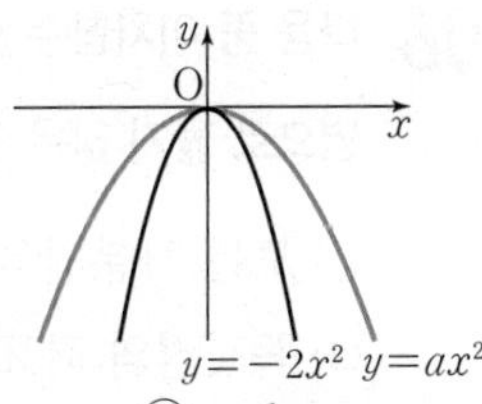

① $-\frac{1}{3}$ ② $-\frac{1}{2}$ ③ -1
④ $-\frac{3}{2}$ ⑤ -3

09 오른쪽 그림은 두 이차함수 $y=\frac{1}{2}x^2$, $y=-3x^2$의 그래프이다. 다음 이차함수 중 그 그래프가 색칠한 부분을 지나지 않는 것은? (단, 경계선은 제외한다.)

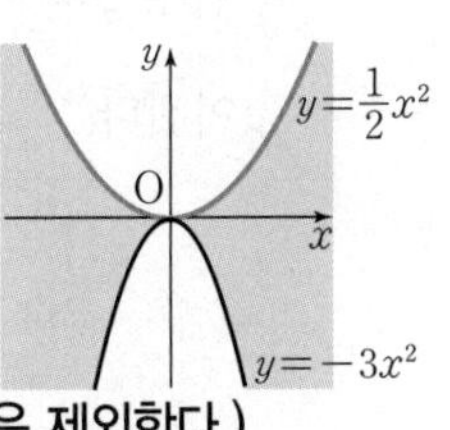

① $y=-\frac{5}{2}x^2$ ② $y=-2x^2$ ③ $y=-\frac{1}{2}x^2$
④ $y=\frac{1}{3}x^2$ ⑤ $y=x^2$

10 오른쪽 그림은 여러 가지 a의 값에 따라 이차함수 $y=ax^2$의 그래프를 그린 것이다. a의 값이 가장 큰 것과 가장 작은 것을 각각 구하여라.

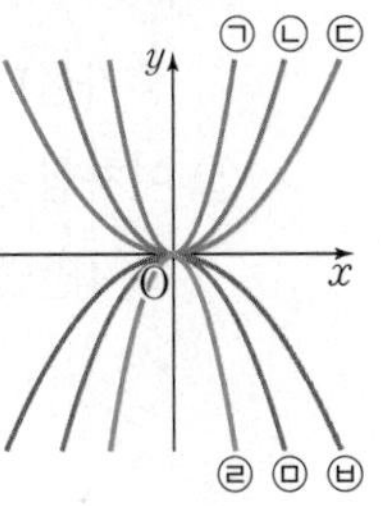

11 이차함수 $y=ax^2$의 그래프가 두 점 $(-2, -2)$, $(3, b)$를 지날 때, $a+b$의 값은? (단, a는 상수)

① -5 ② -3 ③ -1
④ 3 ⑤ 5

12 이차함수 $y=4x^2$의 그래프는 점 $(-2, a)$를 지나고, 이차함수 $y=bx^2$의 그래프와 x축에 대하여 대칭이다. 이때 $a+b$의 값은? (단, b는 상수)

① 4 ② 8 ③ 12
④ 16 ⑤ 20

13 원점을 꼭짓점으로 하고, y축을 축으로 하는 포물선이 점 $(-2, 2)$를 지난다고 할 때, 이 포물선을 그래프로 하는 이차함수의 식을 구하여라.

14 오른쪽 그림과 같이 원점을 꼭짓점으로 하고, 점 $(3, -2)$를 지나는 포물선을 그래프로 하는 이차함수의 식을 구하여라.

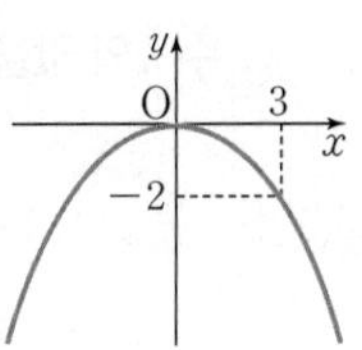

15 오른쪽 그림과 같이 두 이차함수 $y=\frac{1}{2}x^2$, $y=-x^2$의 그래프 위의 x좌표가 2인 점을 각각 A, B라고 할 때, $\overline{AB}$의 길이를 구하여라.

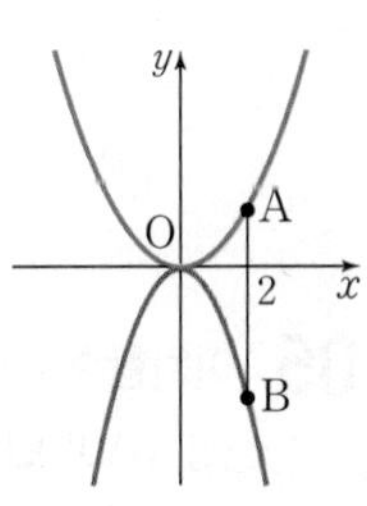

2 · 이차함수 $y=a(x-p)^2+q$의 그래프

정답과 해설 81~82쪽 | 개념북 136~143쪽

34 이차함수 $y=ax^2+q$와 $y=a(x-p)^2$의 그래프

01 이차함수 $y=\frac{1}{2}x^2$의 그래프를 y축의 방향으로 -5 만큼 평행이동한 것을 그래프로 하는 이차함수의 식을 구하여라.

02 이차함수 $y=-x^2$의 그래프를 x축의 방향으로 3만큼 평행이동한 것을 그래프로 하는 이차함수의 식을 $y=a(x-p)^2$의 꼴로 나타내어라. (단, a, p는 상수)

03 이차함수 $y=-x^2$의 그래프를 y축의 방향으로 k만큼 평행이동하였더니 점 $(2, 8)$을 지난다고 할 때, 상수 k의 값을 구하여라.

04 이차함수 $y=2x^2$의 그래프를 x축의 방향으로 -4만큼 평행이동하면 점 $(-3, k)$를 지난다고 할 때, k의 값을 구하여라.

05 이차함수 $y=2x^2$의 그래프를 꼭짓점의 좌표가 $(3, 0)$이 되도록 평행이동하면 점 $(m, 8)$을 지날 때, m의 값을 구하여라. (단, $m>3$)

06 다음 중 이차함수 $y=-\frac{1}{3}x^2+1$의 그래프에 대한 설명으로 옳지 않은 것은?

① 모든 사분면을 지난다.
② 꼭짓점의 좌표는 $(0, 1)$이다.
③ 두 점 $(3, -2)$, $(-3, -2)$를 모두 지난다.
④ 이차함수 $y=-\frac{1}{3}x^2$의 그래프를 y축의 방향으로 1만큼 평행이동한 것이다.
⑤ y축의 방향으로 -2만큼 평행이동하면 이차함수 $y=-\frac{1}{3}x^2+3$의 그래프와 완전히 포개어진다.

07 다음 중 이차함수 $y=-3(x+4)^2$의 그래프에 대한 설명으로 옳은 것을 모두 고르면? (정답 2개)

① 아래로 볼록한 포물선이다.
② 점 $(-3, -3)$을 지난다.
③ 꼭짓점의 좌표는 $(-4, 0)$이다.
④ $x>-4$일 때, x의 값이 증가하면 y의 값도 증가한다.
⑤ 이차함수 $y=-3x^2$의 그래프를 x축의 방향으로 4만큼 평행이동한 것이다.

08 다음 이차함수의 그래프 중 제1사분면을 지나지 않는 것은?

① $y=2x^2$　② $y=-x^2+2$
③ $y=2(x+1)^2$　④ $y=-x^2-4$
⑤ $y=(x-3)^2$

09 오른쪽 그림과 같이 두 이차함수 $y=x^2-4$, $y=-(x+2)^2$의 그래프는 서로의 꼭짓점을 지난다. 두 꼭짓점을 각각 A, B라 할 때, △AOB의 넓이를 구하여라.

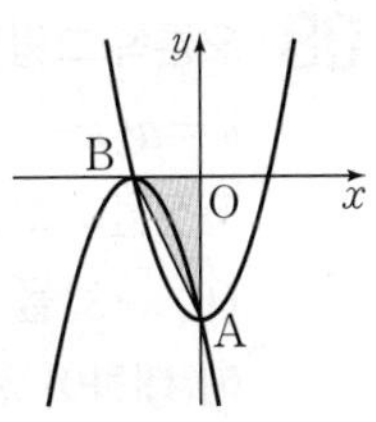

10 오른쪽 그림과 같이 꼭짓점의 좌표가 $(-2,\ 0)$이고, 점 $(0,\ 6)$을 지나는 포물선을 그래프로 하는 이차함수의 식을 구하여라.

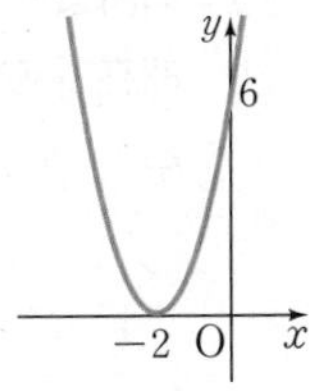

11 두 이차함수 $y=\frac{1}{4}x^2$, $y=-\frac{1}{2}x^2+q$의 그래프가 오른쪽 그림과 같을 때, □ABOC의 넓이를 구하여라. (단, q는 상수)

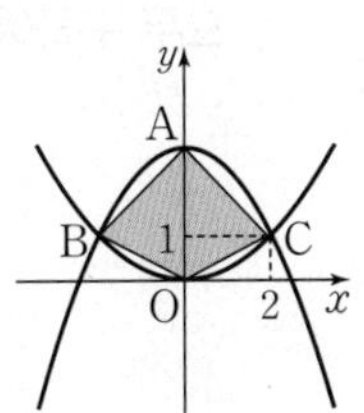

12 오른쪽 그림과 같이 이차함수 $y=a(x-p)^2$의 그래프와 y축과의 교점을 A, 점 A를 지나고 x축에 평행한 직선과의 교점을 B라고 하자. 점 A의 좌표가 $(0,\ 3)$이고, $\overline{AB}=6$일 때, 상수 a, p에 대하여 ap의 값을 구하여라.

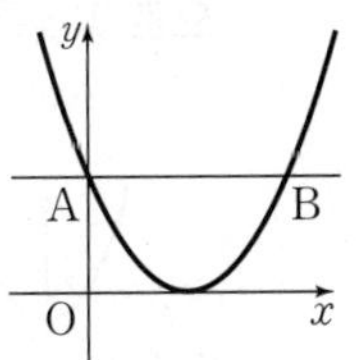

35 이차함수 $y=a(x-p)^2+q$의 그래프

01 다음 중 이차함수 $y=-(x+2)^2+3$의 그래프는?

①
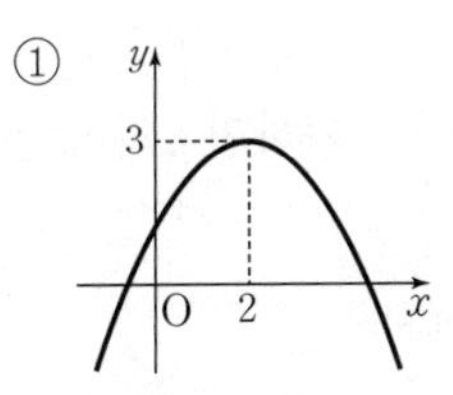

②
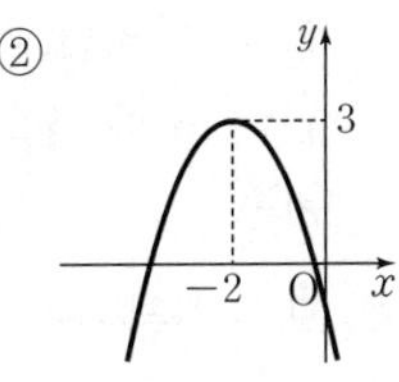

③
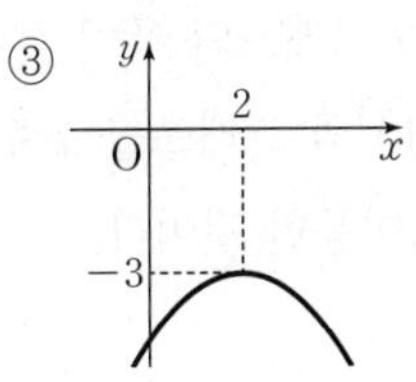

④
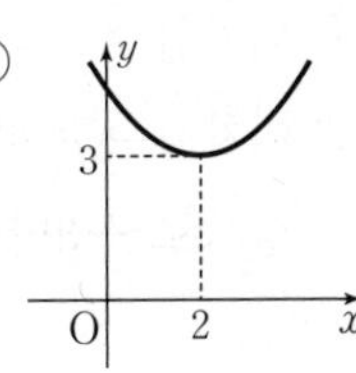

⑤
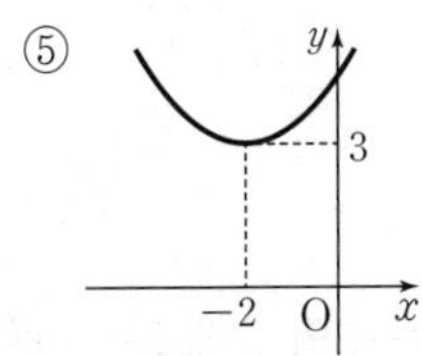

02 이차함수 $y=2(x-1)^2-8$의 그래프가 x축과 만나는 두 점의 x좌표를 각각 a, b라 하고, y축과 만나는 점의 y좌표를 c라 할 때, $a+b+c$의 값은?

① -4　② -3　③ -2
④ -1　⑤ 0

03 다음 이차함수 중 그 그래프의 꼭짓점이 제3사분면 위에 있는 것은?

① $y=(x-1)^2+2$　② $y=3(x-4)^2$
③ $y=-(x+3)^2+5$　④ $y=3(x-2)^2-1$
⑤ $y=-2(x+1)^2-6$

04
다음 중 이차함수 $y=2(x-1)^2-3$의 그래프에 대한 설명으로 옳지 않은 것은?

① 꼭짓점의 좌표는 $(1,\ -3)$이고, 축의 방정식은 $x=1$이다.
② $x<1$일 때, x의 값이 증가하면 y의 값은 감소한다.
③ 모든 사분면을 지난다.
④ 이차함수 $y=-2x^2$의 그래프와 폭이 같다.
⑤ 이차함수 $y=2(x-1)^2$의 그래프를 x축의 방향으로 -3만큼 평행이동한 것이다.

05
이차함수 $y=-2(x+3)^2-5$의 그래프는 이차함수 $y=ax^2$의 그래프를 x축의 방향으로 b만큼, y축의 방향으로 c만큼 평행이동한 것이다. 이때 상수 a, b, c에 대하여 $a+b+c$의 값을 구하여라.

06
이차함수 $y=\frac{1}{2}(x+1)^2+1$의 그래프를 x축의 방향으로 3만큼, y축의 방향으로 -2만큼 평행이동하면 점 $(3,\ k)$를 지난다고 할 때, k의 값을 구하여라.

07
이차함수 $y=-3(x+4)^2-7$의 그래프를 x축의 방향으로 5만큼, y축의 방향으로 10만큼 평행이동한 그래프가 y축과 만나는 점의 좌표를 구하여라.

08
오른쪽 그림은 이차함수 $y=a(x-p)^2+q$의 그래프이다. 꼭짓점의 좌표가 $(2,\ 5)$이고, 점 $(0,\ -3)$을 지날 때, 상수 a, p, q에 대하여 $a+p+q$의 값을 구하여라.

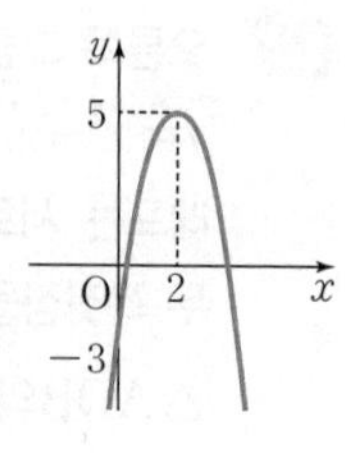

09
이차함수 $y=a(x-p)^2+q$의 그래프가 오른쪽 그림과 같을 때, 상수 a, p, q의 부호를 정하여라.

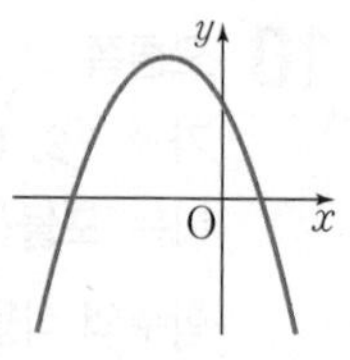

10
상수 a, p, q의 부호가 다음과 같을 때, 이차함수 $y=a(x-p)^2+q$의 그래프가 지나지 않는 사분면을 모두 구하여라.

$a>0,\ p<0,\ q>0$

11
일차함수 $y=ax+b$의 그래프가 오른쪽 그림과 같을 때, 다음 중 이차함수 $y=ax^2+b$의 그래프의 개형으로 알맞은 것은? (단, a, b는 상수)

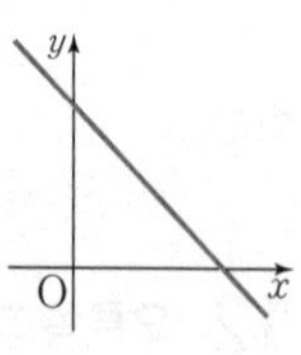

① 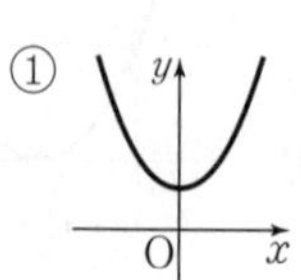
② 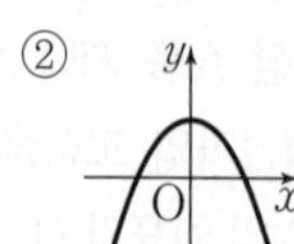
③ 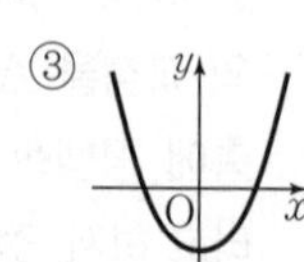
④ 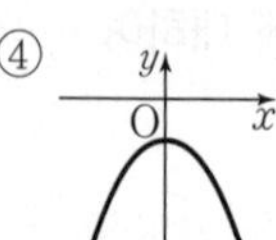
⑤ 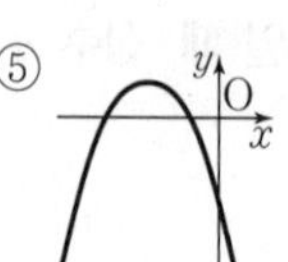

단원 · 마무리

정답과 해설 82~83쪽 | 개념북 144~146쪽

01 다음 중 이차함수인 것을 모두 고르면? (정답 2개)

① $y=15x-1$　② $y=-x^2+3$
③ $y=3(x-1)^2-3x^2$　④ $y=x^2-(x+1)^2$
⑤ $y=x^2+(1-x)^2$

02 다음 중 y가 x에 대한 이차함수인 것은?

① 1000원짜리 공책 x권의 값 y원
② 시속 80 km로 x시간 동안 달린 거리 y km
③ 한 변의 길이가 x인 정삼각형의 둘레의 길이 y
④ 반지름의 길이가 x인 원의 둘레의 길이 y
⑤ 둘레의 길이가 x인 정사각형의 넓이 y

03 다음 이차함수의 그래프 중 아래로 볼록하고 두 이차함수 $y=\frac{1}{2}x^2$, $y=x^2$의 그래프 사이에 있는 것은?

① $y=-\frac{3}{5}x^2$　② $y=-\frac{1}{3}x^2$
③ $y=\frac{1}{3}x^2$　④ $y=\frac{3}{4}x^2$
⑤ $y=2x^2$

04 다음 조건을 모두 만족시키는 이차함수의 식은?

(가) 꼭짓점의 좌표는 $(0, 0)$이다.
(나) y축을 대칭축으로 한다.
(다) 제3, 4사분면을 지난다.
(라) 점 $(-1, -2)$를 지난다.

① $y=-3x^2$　② $y=-2x^2$
③ $y=-x^2$　④ $y=x^2$
⑤ $y=2x^2$

05 이차함수 $y=-3x^2$의 그래프를 y축의 방향으로 k만큼 평행이동하면 점 $(1, 2)$를 지날 때, 상수 k의 값을 구하여라.

06 다음 이차함수의 그래프 중 축의 방정식이 $x=3$인 것은?

① $y=3x^2$　② $y=2x^2+3$
③ $y=\frac{1}{2}(x+3)^2$　④ $y=-(x-3)^2$
⑤ $y=(x-1)^2+3$

07 오른쪽 그림과 같이 꼭짓점의 좌표가 $(-3, 0)$이고, 점 $(0, 3)$을 지나는 포물선을 그래프로 하는 이차함수의 식은?

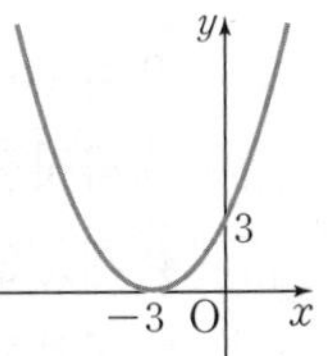

① $y=x^2$　② $y=x^2+3$
③ $y=(x-3)^2$　④ $y=\frac{1}{3}(x+3)^2$
⑤ $y=\frac{1}{3}(x-3)^2$

08 이차함수 $y=ax^2$의 그래프를 x축의 방향으로 b만큼, y축의 방향으로 c만큼 평행이동하면 이차함수 $y=2(x-3)^2-7$의 그래프와 완전히 포개어질 때, 상수 a, b, c에 대하여 $a+b+c$의 값을 구하여라.

09 이차함수 $y=-2(x+1)^2+2$의 그래프에서 x의 값이 증가하면 y의 값은 감소하는 x의 값의 범위는?

① $x<-1$　② $x>-2$　③ $x<1$
④ $x>-1$　⑤ $x<2$

10 다음 이차함수의 그래프 중 모든 사분면을 지나는 것은?

① $y=x^2+2$ ② $y=-(x-4)^2$
③ $y=(x-3)^2-10$ ④ $y=-(x+3)^2+1$
⑤ $y=2(x-1)^2-1$

11 다음 중 이차함수 $y=3(x+1)^2+2$의 그래프에 대한 설명으로 옳은 것은?

① 위로 볼록한 포물선이다.
② 점 $(0, 3)$을 지난다.
③ 꼭짓점의 좌표는 $(1, 2)$이다.
④ 제1, 2사분면을 지난다.
⑤ 이차함수 $y=3x^2$의 그래프를 x축의 방향으로 1만큼, y축의 방향으로 2만큼 평행이동한 것이다.

12 이차함수 $y=-(x+4)^2+2$의 그래프의 꼭짓점을 A, y축과의 교점을 B, 원점을 O라 할 때, $\triangle$OAB의 넓이는?

① 14 ② 16 ③ 20
④ 24 ⑤ 28

13 이차함수 $y=a(x-p)^2+q$의 그래프가 오른쪽 그림과 같을 때, 다음 중 옳은 것은? (단, a, p, q는 상수)

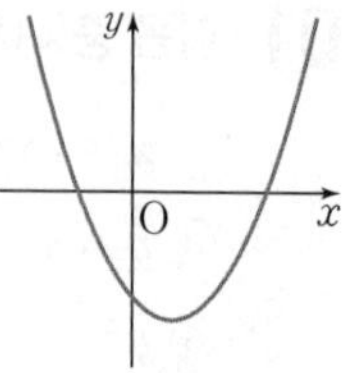

① $a>0$, $p>0$, $q>0$
② $a>0$, $p>0$, $q<0$
③ $a>0$, $p<0$, $q>0$
④ $a<0$, $p<0$, $q>0$
⑤ $a<0$, $p<0$, $q<0$

서술형

14 오른쪽 그림과 같이 두 이차함수 $y=-x^2+9$, $y=a(x-p)^2$의 그래프가 서로의 꼭짓점을 지날 때, 상수 a, p의 값을 각각 구하여라. (단, $p>0$)

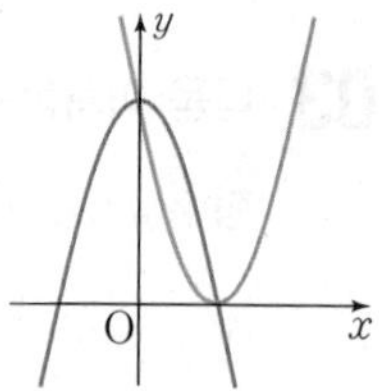

서술형

15 일차함수 $y=ax+b$의 그래프가 오른쪽 그림과 같을 때, 이차함수 $y=a(x-b)^2+ab$의 그래프가 지나는 사분면을 모두 구하여라. (단, a, b는 상수)

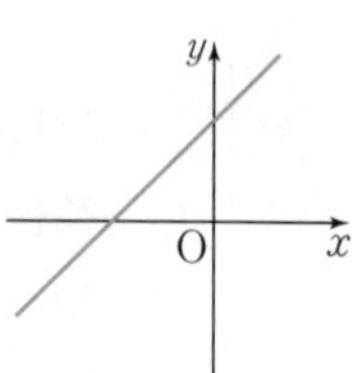

1 · 이차함수 $y=ax^2+bx+c$의 그래프

정답과 해설 84~85쪽 | 개념북 148~155쪽

36 이차함수 $y=ax^2+bx+c$의 그래프

01 이차함수 $y=3x^2-24x+40$의 그래프의 꼭짓점의 좌표와 축의 방정식을 각각 구하여라.

02 다음 이차함수의 그래프 중 꼭짓점이 제2사분면 위에 있는 것은?

① $y=x^2-4$
② $y=x^2+4x$
③ $y=-x^2+2x+3$
④ $y=x^2+2x+1$
⑤ $y=-2x^2-4x+3$

03 이차함수 $y=-x^2+ax+b$의 그래프의 꼭짓점의 좌표가 $(-2,\ 3)$일 때, 상수 a, b의 값을 각각 구하여라.

04 이차함수 $y=-x^2+ax+7$의 그래프가 점 $(2,\ -1)$을 지날 때, 이 그래프의 축의 방정식을 구하여라. (단, a는 상수)

05 이차함수 $y=\frac{1}{2}x^2-2x+7$의 그래프의 꼭짓점이 일차함수 $y=mx+1$의 그래프 위에 있을 때, 상수 m의 값을 구하여라.

06 이차함수 $y=2x^2-mx+7$의 그래프가 이차함수 $y=-\frac{1}{3}x^2+2x+1$의 그래프의 꼭짓점을 지날 때, 상수 m의 값을 구하여라.

07 이차함수 $y=-\frac{1}{2}x^2-x+3$의 그래프는 이차함수 $y=ax^2$의 그래프를 x축의 방향으로 m만큼, y축의 방향으로 n만큼 평행이동한 것과 같을 때, 상수 a, m, n에 대하여 $a+m+n$의 값을 구하여라.

08 이차함수 $y=\frac{1}{3}x^2-2x+4$의 그래프를 x축의 방향으로 -2만큼 평행이동하면 점 $(-2,\ k)$를 지난다. 이때 k의 값을 구하여라.

09 이차함수 $y=2x^2-8x+5$의 그래프를 x축의 방향으로 m만큼, y축의 방향으로 n만큼 평행이동하였더니 이차함수 $y=2x^2+4x-3$의 그래프와 일치하였다. 이때 $m+n$의 값을 구하여라.

10 이차함수 $y=ax^2+bx+c$의 그래프를 x축의 방향으로 -4만큼, y축의 방향으로 1만큼 평행이동하였더니 이차함수 $y=3x^2+6x+4$의 그래프와 일치하였다. 이때 상수 a, b, c에 대하여 $a+b+c$의 값은?

① -8 ② -3 ③ 2
④ 7 ⑤ 12

11 다음 중 이차함수 $y=x^2-4x+5$의 그래프에 대한 설명으로 옳지 않은 것은?

① 꼭짓점의 좌표는 $(2, 1)$이다.
② 점 $(0, 5)$에서 y축과 만난다.
③ 제1, 2사분면을 지난다.
④ 이차함수 $y=\frac{1}{2}x^2$의 그래프보다 폭이 좁다.
⑤ 직선 $x=-2$를 축으로 하는 아래로 볼록한 포물선이다.

12 다음 중 이차함수 $y=-2x^2-4x+1$의 그래프에 대한 설명으로 옳은 것은?

① 직선 $x=2$를 축으로 하는 포물선이다.
② 꼭짓점의 좌표는 $(1, 1)$이다.
③ y축과 만나는 점의 y좌표는 3이다.
④ 제1사분면을 지나지 않는다.
⑤ $x>-1$일 때, x의 값이 증가하면 y의 값은 감소한다.

13 다음 중 이차함수 $y=-x^2-8x+5$의 그래프에 대한 설명으로 옳지 않은 것은?

① 점 $(1, -4)$를 지난다.
② 꼭짓점의 좌표는 $(4, 13)$이다.
③ 모든 사분면을 지난다.
④ 이차함수 $y=-x^2$의 그래프와 모양이 같다.
⑤ 이차함수 $y=-x^2+21$의 그래프를 x축의 방향으로 -4만큼 평행이동한 것이다.

14 다음 〈보기〉 중 이차함수 $y=\frac{1}{2}x^2-2x-6$의 그래프에 대한 설명으로 옳은 것을 모두 고른 것은?

보기

ㄱ. x축과의 교점의 좌표는 $(-2, 0)$, $(6, 0)$이다.
ㄴ. 제3사분면을 지나지 않는다.
ㄷ. 이차함수 $y=\frac{1}{2}(x-2)^2$의 그래프를 y축의 방향으로 -6만큼 평행이동한 것이다.
ㄹ. 이차함수 $y=-\frac{1}{2}x^2$의 그래프와 폭이 같다.

① ㄱ, ㄴ ② ㄱ, ㄹ ③ ㄷ, ㄹ
④ ㄱ, ㄴ, ㄷ ⑤ ㄴ, ㄷ, ㄹ

37 이차함수 $y=ax^2+bx+c$의 그래프에서 a, b, c의 부호

01 이차함수 $y=ax^2+bx+c$의 그래프가 오른쪽 그림과 같을 때, ab의 부호를 구하여라.
(단, a, b, c는 상수)

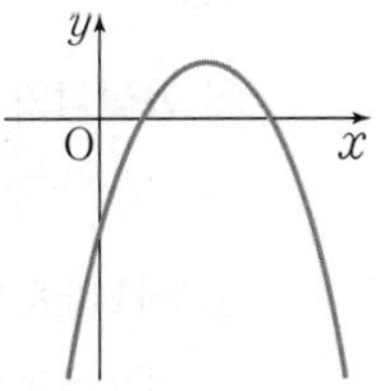

02 이차함수 $y=ax^2+bx+c$의 그래프가 오른쪽 그림과 같을 때, a, b, c의 부호는?
(단, a, b, c는 상수)

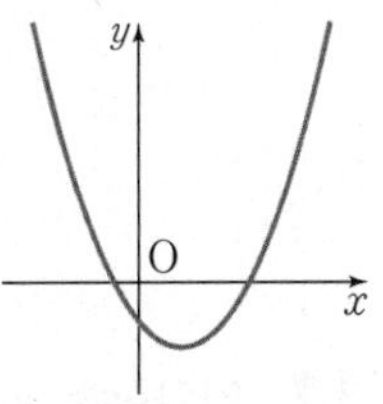

① $a>0, b>0, c<0$
② $a>0, b<0, c>0$
③ $a>0, b<0, c<0$
④ $a<0, b>0, c>0$
⑤ $a<0, b<0, c>0$

03 이차함수 $y=ax^2+bx+c$의 그래프가 다음 조건을 모두 만족시킬 때, 상수 a, b, c의 부호를 각각 정하여라. (단, $c\neq0$)

(가) 아래로 볼록한 포물선이다.
(나) 축이 y축의 왼쪽에 있다.
(다) 제1, 2, 3사분면만을 지난다.

04 이차함수 $y=ax^2+bx+c$의 그래프가 오른쪽 그림과 같을 때, 다음 중 옳은 것은?
(단, a, b, c는 상수)

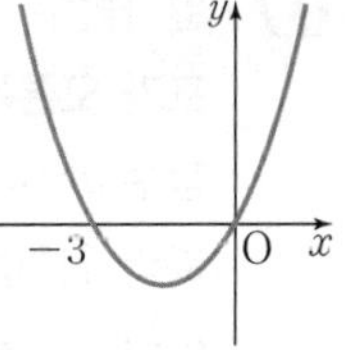

① $a+b<0$
② $a+b+c<0$
③ $abc<0$
④ $a-b+c>0$
⑤ $ac-b<0$

05 이차함수 $y=ax^2+bx+c$의 그래프가 오른쪽 그림과 같을 때, 다음 중 옳은 것은?
(단, a, b, c는 상수)

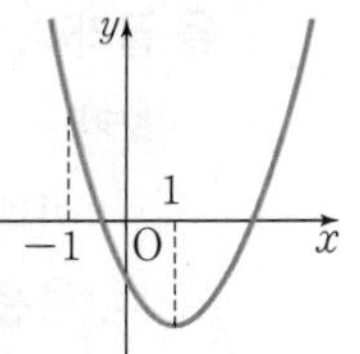

① $ab>0$
② $ac>0$
③ $abc<0$
④ $a+b+c<0$
⑤ $a-b+c<0$

06 $a>0, b>0, c<0$일 때, 다음 중 이차함수 $y=ax^2-bx+c$의 그래프의 개형으로 알맞은 것은?
(단, a, b, c는 상수)

①
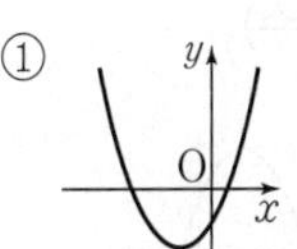
②
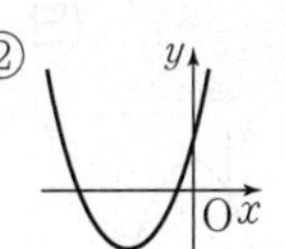
③
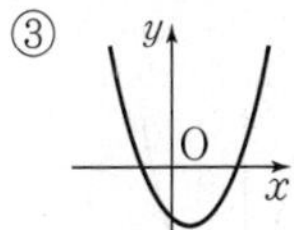
④
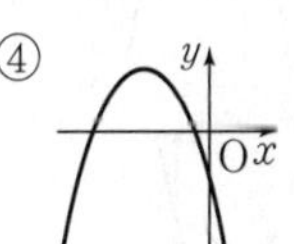
⑤
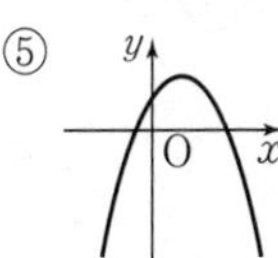

07 일차함수 $ax-by+c=0$의 그래프가 오른쪽 그림과 같을 때, 이차함수 $y=ax^2+bx+c$의 그래프의 축의 위치는 y축을 기준으로 왼쪽인지 오른쪽인지 말하여라. (단, a, b, c는 상수)

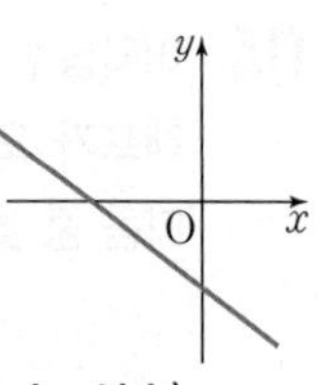

08 $a>0$, $b>0$, $c>0$일 때, 다음 〈보기〉 중 이차함수 $y=ax^2-bx-c$의 그래프에 대한 설명으로 옳은 것을 골라라. (단, a, b, c는 상수)

보기

ㄱ. 아래로 볼록하다.
ㄴ. 축은 y축의 왼쪽에 있다.
ㄷ. y축과 만나는 점의 위치는 x축의 위쪽이다.

09 이차함수 $y=ax^2+bx+c$의 그래프가 오른쪽 그림과 같을 때, 다음 중 이차함수 $y=cx^2+bx+c$의 그래프의 개형으로 알맞은 것은? (단, a, b, c는 상수)

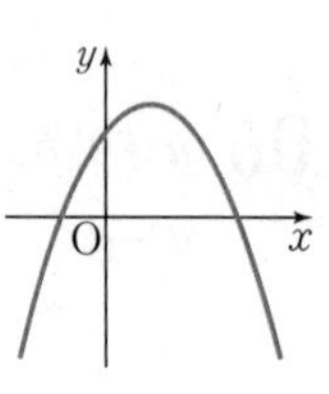

① 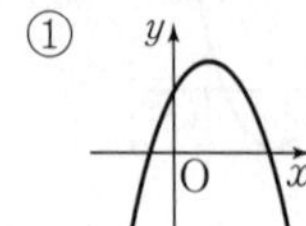
② 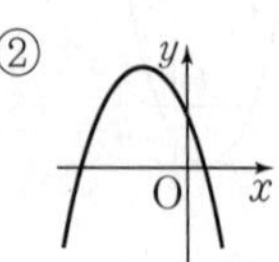
③ 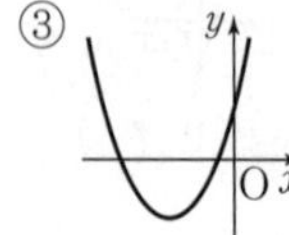
④ 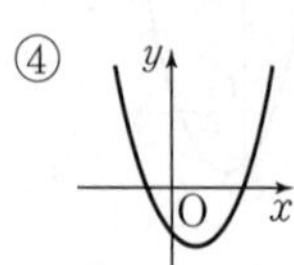
⑤ 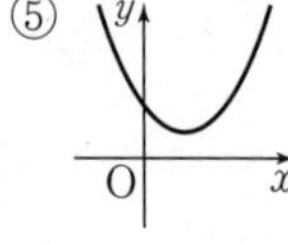

10 이차함수 $y=x^2+ax+b$의 그래프가 오른쪽 그림과 같을 때, 이차함수 $y=-x^2+bx+a$의 그래프의 꼭짓점의 위치는? (단, a, b는 상수)

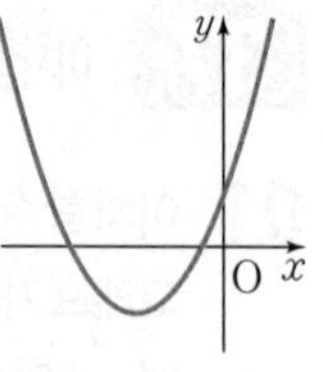

① 제1사분면 ② 제2사분면
③ 제3사분면 ④ 제4사분면
⑤ x축

11 일차함수 $y=ax+b$의 그래프가 오른쪽 그림과 같을 때, 이차함수 $y=ax^2+bx$의 그래프의 꼭짓점은 제 몇 사분면 위에 있는지 구하여라. (단, a, b는 상수)

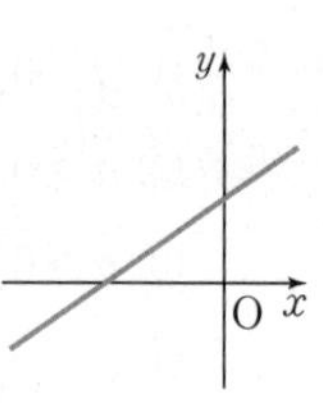

12 이차함수 $y=-x^2+ax+b(b\neq0)$의 그래프가 제2사분면만 지나지 않을 때, 이차함수 $y=x^2+bx-a$의 그래프의 꼭짓점은 제 몇 사분면 위에 있는지 구하여라. (단, a, b는 상수)

2 · 이차함수의 식 구하기

정답과 해설 86~87쪽 | 개념북 156~161쪽

38 이차함수의 식 구하기 (1)

01 꼭짓점의 좌표가 $(-1,\ -3)$이고, 점 $(1, 5)$를 지나는 이차함수의 그래프가 y축과 만나는 점의 y좌표는?

① -3　② -2　③ -1
④ 1　⑤ 2

02 이차함수 $y=2(x+1)^2+4$의 그래프와 꼭짓점이 같고, 점 $(-2,\ 2)$를 지나는 포물선을 그래프로 하는 이차함수의 식을 $y=ax^2+bx+c$의 꼴로 나타내어라. (단, a, b, c는 상수)

03 오른쪽 그림은 꼭짓점의 좌표가 $(-3, 0)$이고, 점 $(0, 9)$를 지나는 이차함수의 그래프이다. 이 그래프가 점 $(-2,\ k)$를 지날 때, k의 값은?

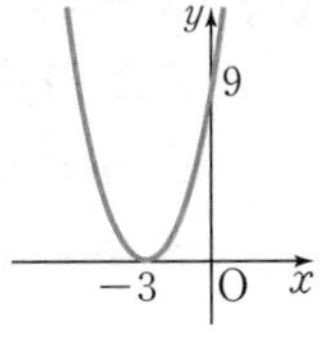

① 1　② 2　③ 3
④ 4　⑤ 5

04 꼭짓점의 좌표가 $(2,\ 9)$이고, y축과 만나는 점의 y좌표가 5인 이차함수의 그래프가 x축과 만나는 두 점을 A, B라고 할 때, $\overline{AB}$의 길이를 구하여라.

05 직선 $x=1$을 축으로 하고, 두 점 $(-1, 2)$, $(2, -4)$를 지나는 포물선을 그래프로 하는 이차함수의 식을 $y=ax^2+bx+c$의 꼴로 나타내어라.
(단, a, b, c는 상수)

06 이차함수 $y=\frac{1}{2}x^2+ax+b$의 그래프는 직선 $x=-2$를 축으로 하고, y축과의 교점의 좌표가 $(0, 3)$인 포물선이다. 이때 상수 a, b에 대하여 $a+b$의 값을 구하여라.

07 오른쪽 그림은 직선 $x=-1$을 축으로 하는 이차함수 $y=ax^2+bx+c$의 그래프이다. 이때 상수 a, b, c에 대하여 abc의 값은?

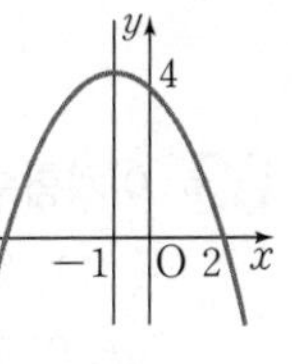

① -4　② -2　③ 1
④ 2　⑤ 4

08 축의 방정식이 $x=-3$인 이차함수의 그래프가 세 점 $(1, 6)$, $(-1, 0)$, $(3, k)$를 지날 때, k의 값을 구하여라.

39 이차함수의 식 구하기 (2)

01 이차항의 계수가 -1인 이차함수의 그래프가 두 점 $(1,\ 4)$, $(4,\ 1)$을 지날 때, 이 이차함수의 식을 구하여라.

02 오른쪽 그림은 이차함수 $y=-\frac{1}{2}x^2+ax+b$의 그래프이다. 이 그래프가 x축과 두 점 $(6,\ 0)$, $(k,\ 0)$에서 만날 때, k의 값을 구하여라. (단, a, b는 상수)

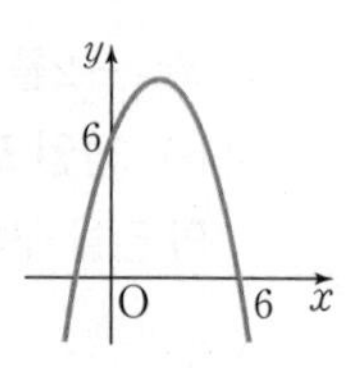

03 이차함수 $y=ax^2+bx+c$의 그래프가 세 점 $(0,\ 4)$, $(-1,\ 3)$, $(1,\ 7)$을 지날 때, 상수 a, b, c에 대하여 abc의 값은?

① 4 ② 8 ③ 12
④ 16 ⑤ 20

04 세 점 $(-1,\ 4)$, $(0,\ 1)$, $(1,\ 2)$를 지나는 포물선을 그래프로 하는 이차함수의 식을 구하여라.

05 이차함수 $y=ax^2+bx+c$의 그래프가 오른쪽 그림과 같을 때, 상수 a, b, c에 대하여 $a+b-c$의 값은?

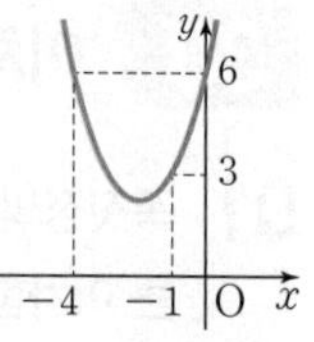

① -3 ② -2 ③ -1
④ 1 ⑤ 2

06 이차함수 $y=-2x^2$의 그래프와 모양과 폭이 같고, 두 점 $(-2,\ 0)$, $(3,\ 0)$을 지나는 이차함수의 그래프가 y축과 만나는 점의 y좌표를 구하여라.

07 오른쪽 그림과 같은 포물선을 그래프로 하는 이차함수의 식을 $y=ax^2+bx+c$의 꼴로 나타내어라. (단, a, b, c는 상수)

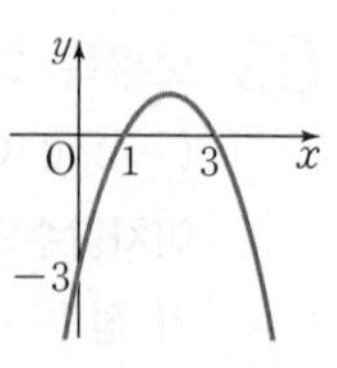

08 세 점 $(2,\ 0)$, $(4,\ 0)$, $(3,\ k)$를 지나는 포물선을 그래프로 하는 이차함수의 식을 $y=x^2+ax+b$라고 할 때, 상수 a, b, k에 대하여 $a+b+k$의 값을 구하여라.

단원 · 마무리

정답과 해설 87~88쪽 | 개념북 162~164쪽

01 다음 이차함수의 그래프 중 축의 방정식이 $x=-2$인 것은?

① $y=x^2-2x$
② $y=-x^2+4x+1$
③ $y=\frac{1}{2}x^2+x-1$
④ $y=\frac{1}{2}x^2+2x-3$
⑤ $y=-2x^2+4x-3$

02 이차함수 $y=-x^2+4ax+4$의 그래프의 꼭짓점이 일차함수 $y=2x+3$의 그래프 위에 있을 때, 상수 a의 값은?

① $-\frac{1}{2}$
② $\frac{1}{2}$
③ 2
④ $\frac{5}{2}$
⑤ 3

03 이차함수 $y=x^2-2$의 그래프를 x축의 방향으로 m만큼, y축의 방향으로 n만큼 평행이동하면 이차함수 $y=x^2+4x+5$의 그래프와 일치할 때, $m+n$의 값은?

① -2
② -1
③ 1
④ 2
⑤ 3

04 다음 중 이차함수 $y=2x^2-8x+4$의 그래프에 대한 설명으로 옳은 것을 모두 고르면? (정답 2개)

① 축의 방정식은 $x=4$이다.
② 꼭짓점이 제1사분면 위에 있다.
③ y축과의 교점의 좌표가 $(0, 4)$이다.
④ 제3사분면을 지나지 않는다.
⑤ 이차함수 $y=2x^2-4$의 그래프를 x축의 방향으로 -2만큼 평행이동한 것이다.

05 오른쪽 그림은 이차함수 $y=ax^2+bx+c$의 그래프이다. 다음 중 옳지 않은 것은? (단, a, b, c는 상수)

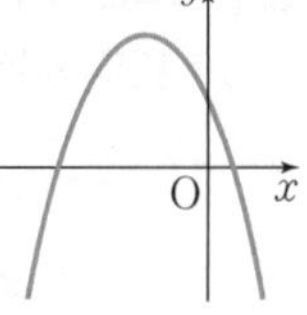

① $a<0$
② $b<0$
③ $abc>0$
④ $a+b-c>0$
⑤ $ab+c>0$

06 오른쪽 그림과 같이 이차함수 $y=ax^2+bx+c$의 그래프의 꼭짓점이 y축 위에 있을 때, 함수 $y=bx^2+cx+a$의 그래프가 지나는 사분면은?

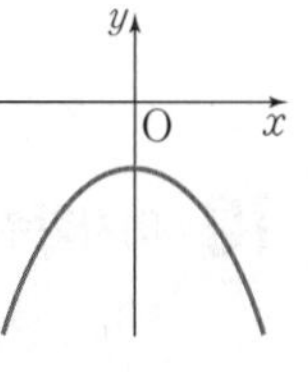

① 제2, 4사분면
② 제3, 4사분면
③ 제1, 2, 4사분면
④ 제1, 3, 4사분면
⑤ 제2, 3, 4사분면

07 이차함수 $y=ax^2+bx+c$의 그래프의 꼭짓점의 좌표가 $(-2, 4)$이고, 점 $(-1, 2)$를 지날 때, 상수 a, b, c에 대하여 $a+b+c$의 값을 구하여라.

08 다음 조건을 모두 만족시키는 이차함수의 그래프가 점 $(-1, k)$를 지날 때, k의 값은?

(가) 포물선 $y=2x^2$과 모양과 폭이 같다.
(나) 축의 방정식이 $x=-1$이다.
(다) y축과의 교점의 좌표가 $(0, 3)$이다.

① -2
② -1
③ 0
④ 1
⑤ 2

09 오른쪽 그림과 같은 포물선을 그래프로 하는 이차함수의 식은?

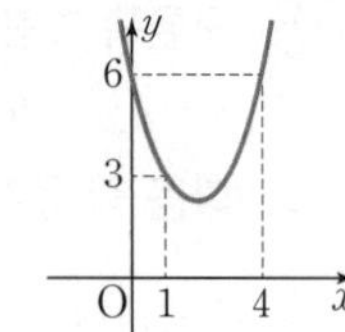

① $y=x^2-4x+6$
② $y=x^2+4x+6$
③ $y=x^2-3x+6$
④ $y=x^2+3x+6$
⑤ $y=x^2-2x+6$

10 이차함수 $y=ax^2+bx+c$의 그래프가 세 점 $(0, -3)$, $(2, 5)$, $(-1, -10)$을 지날 때, 상수 a, b, c에 대하여 abc의 값은?

① -6　② 0　③ 6
④ 12　⑤ 18

11 이차함수 $y=-2x^2+ax+2$의 그래프는 점 $(2, 2)$를 지난다. 이 그래프에서 x의 값이 증가할 때, y의 값은 감소하는 x의 값의 범위를 구하여라.
(단, a는 상수)

12 x축과 두 점 $(-2, 0)$, $(3, 0)$에서 만나고, 점 $(1, -12)$를 지나는 이차함수의 그래프의 꼭짓점의 좌표를 (p, q)라 할 때, $p+q$의 값을 구하여라.

13 이차함수 $y=2x^2-3x+a$의 그래프는 x축과 두 점에서 만난다. 한 점의 좌표가 $(-1, 0)$일 때, 다른 한 점의 좌표를 구하여라. (단, a는 상수)

서술형

14 이차함수 $y=x^2-4x+a$의 그래프와 $y=\frac{1}{2}x^2-bx+3$의 그래프의 꼭짓점이 서로 일치할 때, 상수 a, b에 대하여 $a+b$의 값을 구하여라.

서술형

15 오른쪽 그림은 이차함수 $y=-x^2+4x+5$의 그래프이다. 이 그래프의 꼭짓점을 P, x축과의 교점을 A, B, y축과의 교점을 C라고 할 때, $\triangle ABC$와 $\triangle ABP$의 넓이의 비를 가장 작은 자연수의 비로 나타내어라.

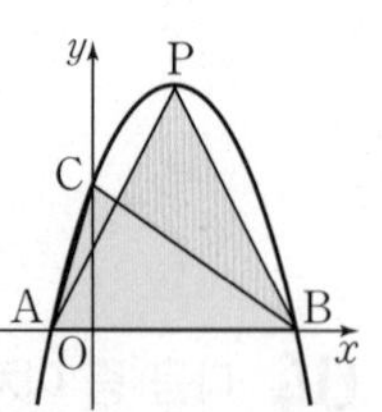

풍산자

개념완성

중학수학 3-1

고등 풍산자와 함께하면
개념부터 ~ 고난도 문제까지!

어떤 시험 문제도 익숙해집니다!

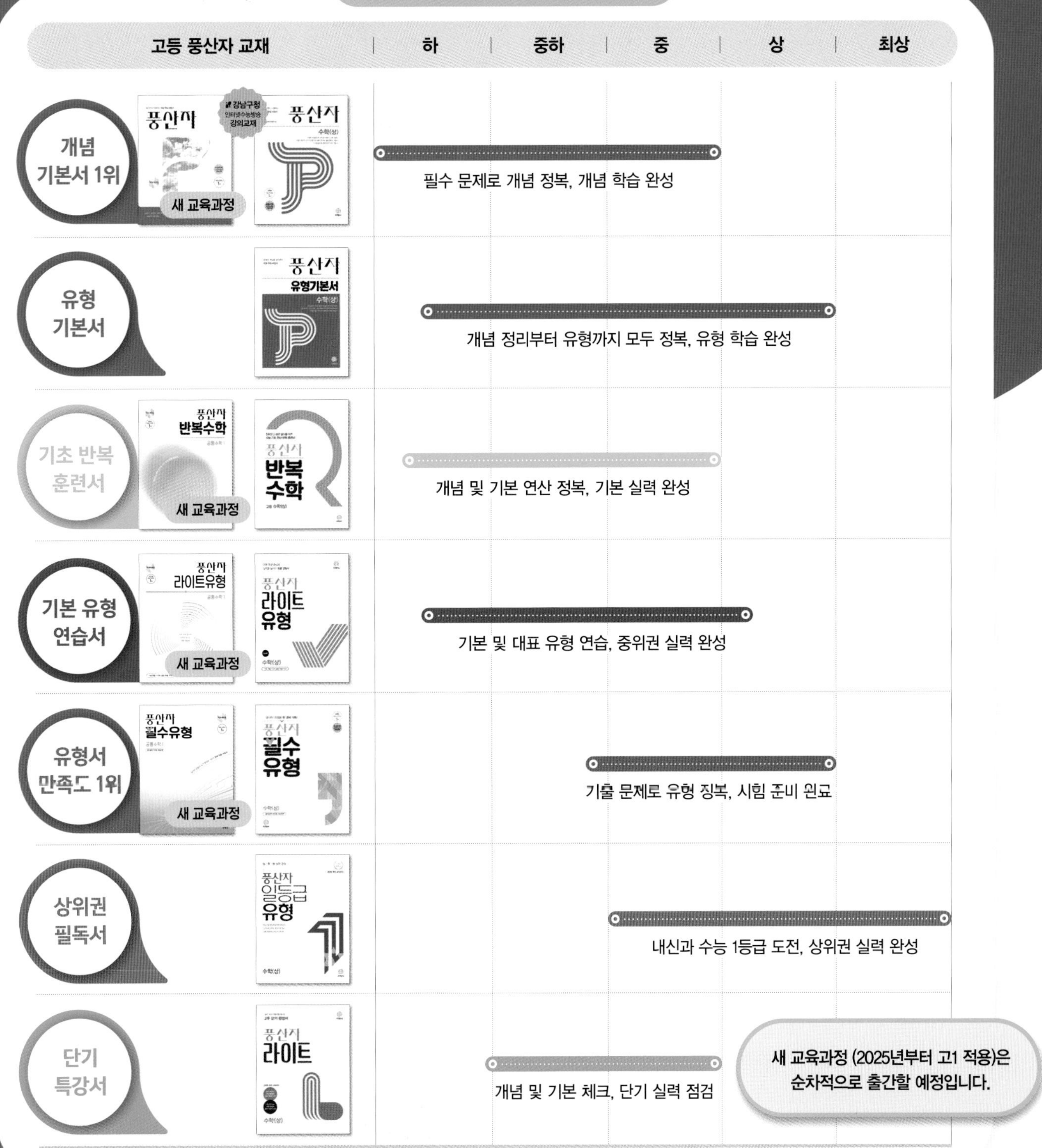

풍산자

개념완성

중학수학 3-1

풍산자

개념 완성

중학수학 3-1

풍산자수학연구소 지음

지학사

정답과 해설

완벽한 개념으로 실전에 강해지는

개념기본서

풍산자 개념완성

정답과 해설

개념북

중학수학 3-1

I | 실수와 그 계산

I-1 | 제곱근과 실수

1 제곱근의 뜻과 성질

01 제곱근의 뜻 개념북 8쪽

확인 1 답 -0.1

확인 2 답 (1) $8, -8$ (2) $\frac{1}{3}, -\frac{1}{3}$

확인 3 답 (1) ○ (2) ×

개념 check 개념북 9쪽

01 답 (1) $4, -4$ (2) $0.3, -0.3$ (3) $\frac{1}{2}, -\frac{1}{2}$

02 답 (1) $5, -5$ (2) $0.7, -0.7$ (3) $\frac{2}{3}, -\frac{2}{3}$ (4) $\frac{4}{5}, -\frac{4}{5}$

(2) $0.7^2=0.49$, $(-0.7)^2=0.49$이므로 0.49의 제곱근은 0.7, -0.7이다.

(3) $\left(\frac{2}{3}\right)^2=\frac{4}{9}$, $\left(-\frac{2}{3}\right)^2=\frac{4}{9}$이므로 $\frac{4}{9}$의 제곱근은 $\frac{2}{3}$, $-\frac{2}{3}$이다.

(4) $\left(\frac{4}{5}\right)^2=\left(-\frac{4}{5}\right)^2=\frac{16}{25}$이므로 $\left(\frac{4}{5}\right)^2$의 제곱근은 $\frac{4}{5}$, $-\frac{4}{5}$이다.

03 답 (1) 0 (2) 없다. (3) $6, -6$ (4) $0.2, -0.2$

(3) $(-6)^2=6^2=36$이므로 $(-6)^2$의 제곱근은 6, -6이다.

(4) $(-0.2)^2=0.2^2=0.04$이므로 $(-0.2)^2$의 제곱근은 0.2, -0.2이다.

04 답 (1) × (2) × (3) ○

(1) 음수의 제곱근은 없다.

(2) 0의 제곱근은 1개이고, 음수의 제곱근은 없다.

(3) 양수의 제곱근은 양수와 음수 2개가 있고, 그 절댓값은 서로 같으므로 두 수의 합은 항상 0이다.

02 제곱근의 표현 개념북 10쪽

확인 1 답 (1) $\sqrt{10}$ (2) $\sqrt{18}$

확인 2 답 $-\sqrt{81}$, 9, 9, $-\sqrt{81}$

확인 3 답 (1) $\pm\sqrt{13}$ (2) $\pm\sqrt{24}$

개념 check 개념북 11쪽

01 답 (1) $-\sqrt{3}$ (2) $\sqrt{7}$ (3) $-\sqrt{10}$

02 답 (1) $\pm\sqrt{6}$ (2) $\sqrt{\frac{4}{3}}$ (3) $\sqrt{15}$ (4) $-\sqrt{0.3}$

03 답 (1) 6 (2) 8 (3) -11 (4) -15

04 답 (1) $\frac{7}{10}$ (2) $-\frac{3}{4}$ (3) 0.3 (4) -0.5

03 제곱근의 성질과 대소 관계 개념북 12쪽

확인 1 답 25, 25, 25, 5

확인 2 답 (1) > (2) >

(2) $\sqrt{\frac{2}{3}}=\sqrt{\frac{8}{12}}$, $\frac{1}{2}=\sqrt{\frac{1}{4}}=\sqrt{\frac{3}{12}}$이므로 $\sqrt{\frac{2}{3}}>\frac{1}{2}$

개념 check 개념북 13쪽

01 답 (1) 3 (2) 0.7 (3) $\frac{2}{3}$ (4) 10

02 답 (1) $2x$ (2) $3x$

(1) $2x>0$이므로 $\therefore \sqrt{(2x)^2}=2x$

(2) $-3x<0$이므로 $\therefore \sqrt{(-3x)^2}=-(-3x)=3x$

03 답 (1) $-5x$ (2) $-x+2$

(1) $\sqrt{25x^2}=\sqrt{(5x)^2}$이고 $5x<0$이므로 $\sqrt{25x^2}=-5x$

(2) $x<2$에서 $x-2<0$이므로 $\sqrt{(x-2)^2}=-(x-2)=-x+2$

04 답 (1) 5 (2) 7 (3) 6 (4) 3

(3) x는 $2\times3\times$(자연수)^{2}의 꼴이어야 하므로 가장 작은 자연수 x는 $2\times3=6$이다.

(4) x는 $3\times$(자연수)^{2}의 꼴이어야 하므로 가장 작은 자연수 x는 3이다.

05 답 $\sqrt{19}$, $\sqrt{21}$, $\sqrt{23}$

$\sqrt{13}<\sqrt{15}<\sqrt{16}(=4)<\sqrt{19}<\sqrt{21}<\sqrt{23}<\sqrt{25}(=5)<\sqrt{29}$이므로 4와 5 사이의 수는 $\sqrt{19}$, $\sqrt{21}$, $\sqrt{23}$이다.

유형 check 개념북 14~17쪽

1 답 ①

$a^2=5$, $b^2=11$이므로 $a^2+b^2=5+11=16$

1-1 답 ②

x는 12의 제곱근이다. → x를 제곱하면 12이다.
→ $x^2=12$
→ $x=\pm\sqrt{12}$

1-2 답 ⑤

$a=(\pm0.3)^2=0.09$, $b=(\pm7)^2=49$

2 답 ⑤

$\sqrt{81}=9$

9의 양의 제곱근은 3이므로 $a=3$

$(-5)^2=25$의 음의 제곱근은 -5이므로 $b=-5$

$\therefore a-b=3-(-5)=8$

2-1 답 ①

$\frac{9}{100}$의 양의 제곱근은 $\frac{3}{10}$이므로 $a=\frac{3}{10}$

$(-15)^2=225$의 음의 제곱근은 -15이므로 $b=-15$

$\therefore ab=\frac{3}{10}\times(-15)=-\frac{9}{2}$

2-2 답 7

(삼각형의 넓이)$=\frac{1}{2}\times7\times14=49$

정사각형의 한 변의 길이를 x라 하면

$x^2=49$이고 $x>0$이므로 $x=7$

따라서 구하는 정사각형의 한 변의 길이는 7이다.

3 답 ②, ⑤

① 제곱근 3은 $\sqrt{3}$이고, 3의 제곱근은 $\pm\sqrt{3}$이므로 서로 같지 않다.

③ 음수의 제곱근은 없다.

④ $\sqrt{(-5)^2}=\sqrt{25}=5$의 제곱근은 $\pm\sqrt{5}$이다.

⑤ 제곱근 100은 $\sqrt{100}$, 즉 100의 양의 제곱근이므로 10이다.
따라서 10의 제곱근은 $\pm\sqrt{10}$이다.

3-1 답 ④

①, ②, ③, ⑤ 25의 제곱근이므로 ±5이다.

④ 제곱근 25는 $\sqrt{25}$이므로 5이다.

3-2 답 ⑤

① 음수의 제곱근은 없다.

② 0의 제곱근은 0의 1개이다.

③ $\sqrt{49}=7$이므로 제곱근 $\sqrt{49}$는 $\sqrt{7}$이다.

④ 4는 제곱근은 ±2이다.

⑤ $(-7)^2=49$이므로 제곱근 $(-7)^2$은 $\sqrt{49}=7$이다.

4 답 ④

①, ②, ③, ⑤ 7　　④ -7

4-1 답 ④

① $\frac{1}{4}$　② $\sqrt{\left(-\frac{1}{6}\right)^2}=\sqrt{\left(\frac{1}{6}\right)^2}=\frac{1}{6}$　③ $\frac{1}{16}$

④ $\left(-\sqrt{\frac{1}{3}}\right)^2=\left(\sqrt{\frac{1}{3}}\right)^2=\frac{1}{3}$　⑤ $\frac{1}{4}$

4-2 답 60

$(-\sqrt{25})^2=25$의 양의 제곱근은 $\sqrt{25}=5$이므로 $A=5$

$\sqrt{(-36)^2}=36$의 음의 제곱근은 $-\sqrt{36}=-6$이므로 $B=-6$

$\therefore \sqrt{-120AB}=\sqrt{-120\times5\times(-6)}=\sqrt{3600}=60$

5 답 (1) 11　(2) 5　(3) -4　(4) 7

(1) $(-\sqrt{8})^2+\sqrt{(-3)^2}=8+3=11$

(2) $\sqrt{12^2}-(-\sqrt{7})^2=12-7=5$

(3) $-\sqrt{36}\times\sqrt{\left(\frac{2}{3}\right)^2}=-6\times\frac{2}{3}=-4$

(4) $\sqrt{(-14)^2}\div\sqrt{2^2}=14\div2=7$

5-1 답 (1) 12　(2) 4　(3) $\frac{1}{2}$　(4) -3

(1) $\sqrt{(-7)^2}+(-\sqrt{5})^2=7+5=12$

(2) $\sqrt{10^2}-\sqrt{(-6)^2}=10-6=4$

(3) $\sqrt{\left(\frac{4}{5}\right)^2}\times\left(-\sqrt{\frac{5}{8}}\right)^2=\frac{4}{5}\times\frac{5}{8}=\frac{1}{2}$

(4) $-\sqrt{9^2}\div(\sqrt{3})^2=-9\div3=-3$

5-2 답 ④

① $\sqrt{4^2}+\sqrt{(-5)^2}=4+5=9$

② $\sqrt{0.01}\times(-\sqrt{0.5})^2=0.1\times0.5=0.05$

③ $-\sqrt{7^2}+(-\sqrt{4})^2=-7+4=-3$

④ $(\sqrt{12})^2\div(-\sqrt{3})^2=12\div3=4$

⑤ $\sqrt{\left(\frac{5}{6}\right)^2}\times\left(-\sqrt{\frac{12}{25}}\right)^2=\frac{5}{6}\times\frac{12}{25}=\frac{2}{5}$

6 답 (1) $-6a$　(2) $2a$

(1) $a<0$이므로 $3a<0$, $-3a>0$

$\therefore \sqrt{(3a)^2}+\sqrt{(-3a)^2}=-3a+(-3a)=-6a$

(2) $0<a<1$이므로 $a+1>0$, $a-1<0$

$\therefore \sqrt{(a+1)^2}-\sqrt{(a-1)^2}=a+1-\{-(a-1)\}$
$=a+1+a-1=2a$

6-1 답 ⑤

$a>0$, $b<0$에서 $-3a<0$, $3b<0$이므로

$\sqrt{a^2}+\sqrt{(-3a)^2}-\sqrt{9b^2}=\sqrt{a^2}+\sqrt{(-3a)^2}-\sqrt{(3b)^2}$
$=a-(-3a)-(-3b)$
$=4a+3b$

6-2 답 ③

$2<x<3$이므로 $x-2>0$이고, $3-x>0$

$\therefore \sqrt{(x-2)^2}-\sqrt{(3-x)^2}=x-2-(3-x)$
$=x-2-3+x$
$=2x-5$

7 답 (1) 4, 15, 28　(2) 2, 8, 18

(1) $1\le x\le30$이므로 $22\le21+x\le51$
이때 $21+x$가 제곱수이어야 하므로
$21+x=25, 36, 49$　$\therefore x=4, 15, 28$

(2) $72x=2^3\times3^2\times x$가 제곱수가 되도록 하는 자연수 x의 값은 $2\times$(자연수)^{2}의 꼴이므로
2, $2\times2^2=8$, $2\times3^2=18$

7-1 답 ②

$24-x\ge0$이므로 $x\le24$

$24-x$는 0 또는 24 이하의 제곱수이어야 하므로

$24-x=0, 1, 4, 9, 16$

따라서 x는 8, 15, 20, 23, 24의 5개이다.

7-2 답 17

$\frac{450}{x}=\frac{2\times3^2\times5^2}{x}$이므로 $\sqrt{\frac{450}{x}}$이 자연수가 되도록 하는 가장 작은 자연수 x의 값은 2이다.　$\therefore a=2$

또, 이때의 $\sqrt{\frac{450}{x}}$의 값은 $\sqrt{\frac{2\times3^2\times5^2}{x}}=\sqrt{3^2\times5^2}=15$

$\therefore b=15$

$\therefore a+b=2+15=17$

8 답 ②

① $3=\sqrt{9}$이고, $10>9$이므로 $-\sqrt{10}<-3$

③ $1.5=\sqrt{1.5^2}=\sqrt{2.25}$이고, $2<2.25$이므로 $\sqrt{2}<1.5$
④ $3=\sqrt{9}$이고, $8<9$이므로 $-\sqrt{8}>-3$
⑤ $\frac{1}{6}=\sqrt{\left(\frac{1}{6}\right)^2}=\sqrt{\frac{1}{36}}$이고, $\frac{1}{36}<\frac{1}{6}$이므로 $\frac{1}{6}<\sqrt{\frac{1}{6}}$

8-1 답 $-\sqrt{5}$, $-\sqrt{3}$, 0, $\sqrt{7}$, 3
$3=\sqrt{9}$이므로 $-\sqrt{5}<-\sqrt{3}<0<\sqrt{7}<3$

8-2 답 ④
$a=\frac{1}{4}$로 놓으면
① $a^2=\left(\frac{1}{4}\right)^2=\frac{1}{16}$ ③ $\sqrt{a}=\sqrt{\frac{1}{4}}=\frac{1}{2}$
④ $\frac{1}{a}=4$ ⑤ $\sqrt{\frac{1}{a}}=2$
따라서 그 값이 가장 큰 것은 ④ $\frac{1}{a}$이다.

2 무리수와 실수

04 무리수와 실수 개념북 18쪽

확인 1 답 (1) 무리수 (2) 유리수
(2) $0.\dot{2}=\frac{2}{9}$

확인 2 답 (1) ○ (2) × (3) ○
(1) $\sqrt{16}=4$는 유리수이다.
(2) 무한소수 중 순환소수는 유리수이다.

개념 check 개념북 19쪽

01 답 ②, ⑤
③ $2+\sqrt{9}=2+3=5$ ④ $\sqrt{\frac{169}{25}}=\frac{13}{5}$
따라서 순환하지 않는 무한소수, 즉 무리수인 것은 ②, ⑤이다.

02 답 $-\sqrt{3}$, $\sqrt{10}$, $1+\sqrt{2}$
$\sqrt{0.04}=0.2$이므로 유리수이다.
$0.\dot{5}$는 순환소수이므로 유리수이다.
$-\sqrt{\frac{9}{16}}=-\frac{3}{4}$이므로 유리수이다.
따라서 무리수인 것은 $-\sqrt{3}$, $\sqrt{10}$, $1+\sqrt{2}$이다.

03 답 (1) ○ (2) × (3) ○ (4) ×
(2) $\sqrt{9}$는 근호를 사용하여 나타낸 수이지만 $\sqrt{9}=3$이므로 유리수이다.
(3) 무한소수 중에서 순환소수는 유리수이다.
(4) $\sqrt{4}=2$이므로 유리수이다.

04 답 ④
□는 무리수를 나타낸다.
① $\sqrt{25}=5$ ② $\frac{4}{3}$ ③ $0.\dot{8}=\frac{8}{9}$
⑤ -2.34
따라서 무리수는 ④ $\sqrt{0.9}$이다.

05 실수와 수직선 개념북 20쪽

확인 1 답 $-\sqrt{2}$
$\overline{CP}=\overline{CA}=\sqrt{2}$이고, 점 P가 기준점 0의 왼쪽에 있으므로
$P(0-\sqrt{2})=P(-\sqrt{2})$

확인 2 답 (1) ○ (2) ○

개념 check 개념북 21쪽

01 답 P: $\sqrt{2}$, Q: $1-\sqrt{2}$
$\overline{BD}=\overline{CA}=\sqrt{2}$이므로 $P(\sqrt{2})$, $Q(1-\sqrt{2})$

02 답 (1) $\sqrt{5}$ (2) $\sqrt{5}$
(1) $\overline{OA}=\sqrt{2^2+1^2}=\sqrt{5}$이므로 한 변의 길이는 $\sqrt{5}$이다.
(2) $\overline{OP}=\overline{OA}=\sqrt{5}$이므로 점 P의 좌표는 $\sqrt{5}$이다.

03 답 $1+\sqrt{2}$
$\overline{AB}=\sqrt{1^2+1^2}=\sqrt{2}$
따라서 $\overline{AP}=\overline{AB}=\sqrt{2}$이므로 점 P의 좌표는 $1+\sqrt{2}$이다.

04 답 ㄷ, ㅁ
ㄱ. 1과 2 사이에는 무수히 많은 무리수가 있다.
ㄴ. 1에 가장 가까운 무리수는 정할 수 없다.
ㄹ. 실수만으로 수직선을 완전히 메울 수 있다.

06 실수의 대소 관계 개념북 22쪽

확인 1 답 $<$, $\sqrt{3}$, $<$, 2, 4, $<$

확인 2 답 (1) $<$ (2) $>$
(1) $-3+\sqrt{7}-(-3+\sqrt{11})=\sqrt{7}-\sqrt{11}<0$
(2) $4+\sqrt{2}-(\sqrt{14}+\sqrt{2})=4-\sqrt{14}=\sqrt{16}-\sqrt{14}>0$

개념 check 개념북 23쪽

01 답 (1) $<$ (2) $>$ (3) $<$ (4) $>$

02 답 (1) $>$ (2) $<$ (3) $>$ (4) $>$

03 답 (1) $<$ (2) $<$ (3) $<$ (4) $>$
(1) $\sqrt{3}+\sqrt{5}-(2+\sqrt{5})=\sqrt{3}-2<0$
(2) $2-\sqrt{2}-(\sqrt{5}-\sqrt{2})=2-\sqrt{5}<0$
(3) $-3+\sqrt{11}-(-\sqrt{8}+\sqrt{11})=-3+\sqrt{8}<0$
(4) $-\sqrt{15}-\sqrt{6}-(-4-\sqrt{6})=-\sqrt{15}+4>0$

04 답 (1) $<$ (2) $>$ (3) $<$ (4) $>$
(1) $\sqrt{3}+3-5=\sqrt{3}-2<0$
(2) $1+\sqrt{2}-\sqrt{4}=1+\sqrt{2}-2=\sqrt{2}-1>0$
(3) $\sqrt{7}-1-2=\sqrt{7}-3=\sqrt{7}-\sqrt{9}<0$
(4) $-5-(-1-\sqrt{18})=-4+\sqrt{18}=-\sqrt{16}+\sqrt{18}>0$

유형 check 개념북 24~27쪽

1 답 ②

② 순환소수는 무한소수이지만 유리수이다.

1-1 답 ⑤

⑤ $\sqrt{3}$은 무리수이고, 기약분수로 나타낼 수 있는 수는 유리수이므로 $\sqrt{3}$은 기약분수로 나타낼 수 없다.

1-2 답 ①, ④

② 소수는 유한소수와 무한소수로 이루어져 있다.
③ 무한소수 중 순환하지 않는 무한소수는 무리수이다.
⑤ 순환하는 무한소수, 즉 순환소수는 유리수이므로 $\frac{(\text{정수})}{(0\text{이 아닌 정수})}$의 꼴로 나타낼 수 있다.

2 답 ⑤

$\sqrt{144}=12$, $\sqrt{0.09}=0.3$이다.
① 정수는 -6, $\sqrt{144}$의 2개이다.
② 자연수는 $\sqrt{144}$의 1개이다.
③ 유리수는 -6, $\sqrt{144}$, $2.\dot{7}$, $\frac{3}{4}$, $\sqrt{0.09}$의 5개이다.
④ 정수가 아닌 유리수는 $2.\dot{7}$, $\frac{3}{4}$, $\sqrt{0.09}$의 3개이다.
⑤ 순환하지 않는 무한소수는 $-\sqrt{0.2}$의 1개이다.

2-1 답 ④

④ 유리수이면서 무리수인 수는 없다.

3 답 (1) $1+\sqrt{5}$ (2) $1-\sqrt{5}$

$\overline{AB}=\overline{AD}=\sqrt{2^2+1^2}=\sqrt{5}$
(1) $\overline{AP}=\overline{AB}=\sqrt{5}$이므로 점 P에 대응하는 수는 $1+\sqrt{5}$이다.
(2) $\overline{AQ}=\overline{AD}=\sqrt{5}$이므로 점 Q에 대응하는 수는 $1-\sqrt{5}$이다.

3-1 답 $-\sqrt{10}$

$\overline{OC}=\overline{OA}=\sqrt{3^2+1^2}=\sqrt{10}$
따라서 점 D에 대응하는 수는 $-\sqrt{10}$이다.

3-2 답 -2

$\overline{AB}=\overline{AD}=\sqrt{1^2+2^2}=\sqrt{5}$
$\overline{AP}=\overline{AB}=\sqrt{5}$이므로 점 P에 대응하는 수는 $-1+\sqrt{5}$,
$\overline{AQ}=\overline{AD}=\sqrt{5}$이므로 점 Q에 대응하는 수는 $-1-\sqrt{5}$
$\therefore (-1+\sqrt{5})+(-1-\sqrt{5})=-2$

4 답 점 A

$2-\sqrt{2}$에 대응하는 점은 2에서 왼쪽으로 $\sqrt{2}$만큼 떨어진 점이다.
한 변의 길이가 1인 정사각형의 대각선의 길이가 $\sqrt{2}$이므로 $2-\sqrt{2}$를 나타내는 점은 점 A이다.

4-1 답 (1) 점 B (2) 점 C

한 변의 길이가 1인 정사각형의 대각선의 길이는 $\sqrt{2}$이다.
(1) $1-\sqrt{2}$는 1에서 왼쪽으로 $\sqrt{2}$만큼 이동한 점에 대응하므로 점 B이다.
(2) $\sqrt{2}-1$은 -1에서 오른쪽으로 $\sqrt{2}$만큼 이동한 점에 대응하므로 점 C이다.

4-2 답 $3+\sqrt{2}$

$\overline{CA}=\overline{CP}=\sqrt{2}$이고, 점 C는 점 P에서 오른쪽으로 $\sqrt{2}$만큼 이동한 점이므로 점 C에 대응하는 수는 $3+\sqrt{2}$이다.

5 답 ③, ⑤

③ 수직선은 실수에 대응하는 점으로 완전히 메울 수 있다. 그러나 유리수에 대응하는 점만으로는 수직선을 완전히 메울 수 없다.
⑤ 서로 다른 두 정수 사이에는 정수가 없거나 유한개의 정수가 있다.

5-1 답 ㄷ

ㄱ, ㄴ 두 수 사이에 있는 유리수 또는 무리수는 무수히 많다.

5-2 답 ㄷ

ㄱ. $1<\sqrt{2}<2$이므로 0과 $\sqrt{2}$ 사이의 자연수는 1 하나뿐이다.
ㄷ. $\sqrt{2}-1>0$이므로 $\sqrt{2}-1$은 수직선 위에서 원점의 오른쪽에 위치한다.

6 답 ③

① $3-(\sqrt{10}-1)=4-\sqrt{10}=\sqrt{16}-\sqrt{10}>0$
$\therefore 3>\sqrt{10}-1$
② $(2+\sqrt{7})-(\sqrt{7}+\sqrt{5})=2-\sqrt{5}=\sqrt{4}-\sqrt{5}<0$
$\therefore 2+\sqrt{7}<\sqrt{7}+\sqrt{5}$
③ $\left(4-\sqrt{\frac{1}{6}}\right)-\left(4-\sqrt{\frac{1}{5}}\right)=-\sqrt{\frac{1}{6}}+\sqrt{\frac{1}{5}}>0$
$\therefore 4-\sqrt{\frac{1}{6}}>4-\sqrt{\frac{1}{5}}$
④ $(2-\sqrt{5})-(1-\sqrt{5})=1>0$
$\therefore 2-\sqrt{5}>1-\sqrt{5}$
⑤ $(\sqrt{3}+\sqrt{6})-(\sqrt{5}+\sqrt{6})=\sqrt{3}-\sqrt{5}<0$
$\therefore \sqrt{3}+\sqrt{6}<\sqrt{5}+\sqrt{6}$

6-1 답 ④

① $(\sqrt{11}-2)-(\sqrt{11}-1)=-1<0$
$\therefore \sqrt{11}-2<\sqrt{11}-1$
② $(\sqrt{7}+1)-(\sqrt{5}+1)=\sqrt{7}-\sqrt{5}>0$
$\therefore \sqrt{7}+1>\sqrt{5}+1$
③ $3-(\sqrt{5}+2)=1-\sqrt{5}<0$ $\quad\therefore 3<\sqrt{5}+2$
④ $(\sqrt{2}+1)-2=\sqrt{2}-1>0$ $\quad\therefore \sqrt{2}+1>2$
⑤ $(3+\sqrt{2})-(\sqrt{2}+\sqrt{8})=3-\sqrt{8}=\sqrt{9}-\sqrt{8}>0$
$\therefore 3+\sqrt{2}>\sqrt{2}+\sqrt{8}$

6-2 답 ④

① $(\sqrt{3}+2)-(\sqrt{3}+4)=-2<0$ $\quad\therefore \sqrt{3}+2<\sqrt{3}+4$
② $(-\sqrt{2}+2)-(-\sqrt{2}+\sqrt{3})=\sqrt{4}-\sqrt{3}>0$
$\therefore -\sqrt{2}+2>-\sqrt{2}+\sqrt{3}$
③ $(\sqrt{5}-1)-2=\sqrt{5}-3=\sqrt{5}-\sqrt{9}<0$ $\quad\therefore \sqrt{5}-1<2$
④ $(\sqrt{7}-2)-1=\sqrt{7}-3=\sqrt{7}-\sqrt{9}<0$
$\therefore \sqrt{7}-2<1$
⑤ $(5-\sqrt{8})-(5-\sqrt{6})=-\sqrt{8}+\sqrt{6}<0$
$\therefore 5-\sqrt{8}<5-\sqrt{6}$

7 답 ③

$a-b=(5-\sqrt{2})-(5-\sqrt{3})=-\sqrt{2}+\sqrt{3}>0$이므로 $a>b$
$a-c=(5-\sqrt{2})-4=1-\sqrt{2}<0$이므로 $a<c$
$\therefore b<a<c$

7-1 답 $b<a<c$

$a-b=(\sqrt{3}+\sqrt{6})-(\sqrt{6}+1)$
$=\sqrt{3}+\sqrt{6}-\sqrt{6}-1=\sqrt{3}-1>0$

이므로 $a>b$

$a-c=(\sqrt{3}+\sqrt{6})-(\sqrt{3}+3)=\sqrt{3}+\sqrt{6}-\sqrt{3}-3$
$=\sqrt{6}-3=\sqrt{6}-\sqrt{9}<0$

이므로 $a<c$

$a>b$이고 $a<c$이므로 $b<a<c$

7-2 답 $\sqrt{3}-1$

$1<\sqrt{3}$이므로 $-\sqrt{3}$, $1-\sqrt{3}$은 음수, $1+\sqrt{3}$, $\sqrt{3}-1$, 1, $\sqrt{3}$은 양수이다. 이때 $\sqrt{3}-1<\sqrt{3}<1+\sqrt{3}$이므로 $\sqrt{3}-1$과 1의 대소를 비교하면

$(\sqrt{3}-1)-1=\sqrt{3}-2=\sqrt{3}-\sqrt{4}<0 \quad \therefore \sqrt{3}-1<1$

$\therefore -\sqrt{3}<1-\sqrt{3}<\sqrt{3}-1<1<\sqrt{3}<1+\sqrt{3}$

따라서 구하는 수는 $\sqrt{3}-1$이다.

8 답 ④

①, ②, ⑤ $\sqrt{10}-\sqrt{5}$는 $3.162-2.236=0.926$이므로 0.926보다 작은 수를 $\sqrt{5}$에 더하거나 $\sqrt{10}$에서 빼서 구한 수는 $\sqrt{5}$와 $\sqrt{10}$ 사이에 있다.

③ $\frac{\sqrt{5}+\sqrt{10}}{2}$은 2.699이므로 $\sqrt{5}$와 $\sqrt{10}$ 사이에 있다.

④ $\frac{\sqrt{10}-\sqrt{5}}{2}$은 0.463이고 $0<0.463<1$이므로 $\sqrt{5}$와 $\sqrt{10}$ 사이에 있지 않다.

| 다른 풀이 | ③ $\frac{\sqrt{5}+\sqrt{10}}{2}$은 $\sqrt{5}$와 $\sqrt{10}$의 평균이므로 $\sqrt{5}$와 $\sqrt{10}$ 사이에 있다.

8-1 답 ⑤

①, ②, ④ $\sqrt{8}-\sqrt{7}$은 $2.828-2.646=0.182$이므로 0.182보다 작은 수를 $\sqrt{7}$에 더하거나 $\sqrt{8}$에서 빼서 구한 수는 $\sqrt{7}$과 $\sqrt{8}$ 사이에 있다.

③ $\frac{\sqrt{7}+\sqrt{8}}{2}$은 2.737이므로 $\sqrt{7}$과 $\sqrt{8}$ 사이에 있다.

⑤ 0.19는 0.182보다 크므로 $\sqrt{8}-0.19$는 $\sqrt{7}$과 $\sqrt{8}$ 사이에 있지 않다.

8-2 답 ③

① $(-1+\sqrt{5})-\sqrt{5}=-1<0$이므로 $-1+\sqrt{5}<\sqrt{5}$

② $\sqrt{6.25}=\sqrt{2.5^2}=2.5$이므로 $\sqrt{6.25}$는 유리수이다.

③ $\frac{\sqrt{5}+3}{2}$은 $\sqrt{5}$와 3 사이의 무리수이므로 주어진 조건을 모두 만족한다.

④ $\sqrt{10}>\sqrt{9}$이므로 $\sqrt{10}>3$이다.

⑤ $(\sqrt{5}+2)-3=\sqrt{5}-1>0$이므로 $\sqrt{5}+2>3$

단원 마무리

개념북 28~30쪽

01 ④	02 ③	03 ①	04 ②	05 ④
06 ③	07 ③	08 ①	09 ③	10 ③
11 ②, ⑤	12 ①	13 ⑤	14 ①, ④	
15 $\sqrt{5}+\sqrt{2}-3$	16 $a+2b$	17 29		

01 ①, ⑤ 음수의 제곱근은 없다.

② 제곱근 121은 $\sqrt{121}=11$이다.

③ $(-8)^2=64$의 제곱근은 ±8이다.

④ 제곱근 $\frac{16}{25}$은 $\sqrt{\frac{16}{25}}=\frac{4}{5}$이다.

02 ③ $-\sqrt{(-3)^2}=-3$

④ $\{-\sqrt{(-5)^2}\}^2=(-5)^2=25$

03 $\sqrt{(-81)^2}=81$의 음의 제곱근은 $-\sqrt{81}=-9$이므로 $a=-9$

$\frac{9}{64}$의 양의 제곱근은 $\sqrt{\frac{9}{64}}=\frac{3}{8}$이므로 $b=\frac{3}{8}$

$\therefore a\div b=(-9)\div\frac{3}{8}=(-9)\times\frac{8}{3}=-24$

04 (주어진 식)$=9-8\times\frac{3}{2}+5=9-12+5=2$

05 $\sqrt{36a^2}=\sqrt{(6a)^2}$이고, $a<0$이므로 $-a>0$, $3a<0$, $6a<0$이다.

$\therefore$ (주어진 식)$=-\sqrt{(-a)^2}+\sqrt{(3a)^2}-\sqrt{(6a)^2}$
$=-(-a)+(-3a)-(-6a)$
$=a-3a+6a=4a$

06 ① $\sqrt{13}>\sqrt{10}$

② $0.2=\sqrt{0.2^2}=\sqrt{0.04}$이므로 $0.2>\sqrt{0.02}$

③ $\sqrt{7}>\sqrt{6}$이므로 $-\sqrt{7}<-\sqrt{6}$

④ $\sqrt{(-3)^2}=3$이므로 $\sqrt{(-3)^2}>2$

⑤ $\frac{1}{7}=\sqrt{\frac{1}{49}}$이므로 $\sqrt{\frac{1}{7}}>\frac{1}{7}$

07 $\sqrt{23}-5=\sqrt{23}-\sqrt{25}<0$, $5-\sqrt{23}=\sqrt{25}-\sqrt{23}>0$이다.

$\therefore \sqrt{(\sqrt{23}-5)^2}-\sqrt{(5-\sqrt{23})^2}$
$=-(\sqrt{23}-5)-(5-\sqrt{23})$
$=-\sqrt{23}+5-5+\sqrt{23}$
$=0$

08 $\sqrt{21-x}$가 자연수가 되려면 $21-x$가 21보다 작은 (자연수)^{2}이어야 한다. 즉,

$21-x=1, 4, 9, 16$에서 $x=5, 12, 17, 20$

따라서 x의 값 중 가장 큰 값은 20, 가장 작은 값은 5이므로 $A=20$, $B=5$

$\therefore A+B=20+5=25$

09 넓이가 $18a$인 정사각형의 한 변의 길이는 $\sqrt{18a}$이고

$\sqrt{18a}=\sqrt{2\times3^2\times a}$이므로 $\sqrt{18a}$가 자연수가 되려면 a는 $2\times$(자연수)^{2}의 꼴이어야 한다. 즉, a의 값은

$2\times1^2=2$, $2\times2^2=8$, $2\times3^2=18$, $2\times4^2=32$, $\cdots$ ...... ㉠

넓이가 $17+a$인 정사각형의 한 변의 길이는 $\sqrt{17+a}$이고 $\sqrt{17+a}$가 자연수가 되려면 $17+a$는 17보다 큰 (자연수)^{2}의 꼴이어야 한다. 즉,

$17+a=25, 36, 49, \cdots$에서 $a=8, 19, 32, \cdots$ ...... ㉡

따라서 ㉠, ㉡에서 구하는 a의 값은 8이다.

10 ① $0.\dot{1}$은 순환소수이므로 유리수이다.
② $\sqrt{\frac{1}{100}}=\frac{1}{10}$이므로 유리수이다.
③ $\sqrt{2^3}=\sqrt{8}$, $\sqrt{3^3}=\sqrt{27}$, $-\sqrt{7}$이므로 모두 무리수이다.
④ 1, 0은 유리수이다.
⑤ $\sqrt{16}=4$이므로 유리수이다.

11 ② 제곱수의 제곱근은 유리수이다.
⑤ $\sqrt{81}=9$의 양의 제곱근은 $\sqrt{9}=3$이므로 유리수이다.

12 한 변의 길이가 1인 정사각형의 대각선의 길이는
$\sqrt{1^2+1^2}=\sqrt{2}$이므로 $\overline{BP}=\overline{BD}=\sqrt{2}$, $\overline{AQ}=\overline{AC}=\sqrt{2}$
따라서 점 P에 대응하는 수는 $-1-\sqrt{2}$, 점 Q에 대응하는 수는 $-2+\sqrt{2}$이므로
$a=-1-\sqrt{2}$, $b=-2+\sqrt{2}$
$\therefore a+b=(-1-\sqrt{2})+(-2+\sqrt{2})=-3$

13 ① $(3+\sqrt{2})-4=\sqrt{2}-1>0$ $\quad\therefore 3+\sqrt{2}>4$
② $(1+\sqrt{3})-3=\sqrt{3}-2=\sqrt{3}-\sqrt{4}<0$ $\quad\therefore 1+\sqrt{3}<3$
③ $(\sqrt{15}+1)-5=\sqrt{15}-4=\sqrt{15}-\sqrt{16}<0$
$\therefore \sqrt{15}+1<5$
④ $-1-(\sqrt{5}-3)=-1-\sqrt{5}+3=-\sqrt{5}+2$
$=-\sqrt{5}+\sqrt{4}<0$
$\therefore -1<\sqrt{5}-3$
⑤ $(3-\sqrt{5})-(5-\sqrt{5})=3-\sqrt{5}-5+\sqrt{5}=-2<0$
$\therefore 3-\sqrt{5}<5-\sqrt{5}$

14 ① $\sqrt{5}-1$은 $2.236-1=1.236$이므로 $\sqrt{3}$보다 작다.
② $\sqrt{2}$와 $\sqrt{5}$ 사이에 있는 정수는 2의 1개이다.
④ $\sqrt{2}+1$은 $1.414+1=2.414$이므로 $\sqrt{5}$보다 크다.
⑤ $\frac{\sqrt{2}+\sqrt{3}}{2}$은 $\sqrt{2}$와 $\sqrt{3}$의 평균이므로 $\sqrt{2}$와 $\sqrt{3}$ 사이에 있다.

15 1단계 $\overline{CD}=\sqrt{1^2+2^2}=\sqrt{5}$
$\overline{GF}=\sqrt{1^2+1^2}=\sqrt{2}$
2단계 $\overline{CP}=\overline{CD}=\sqrt{5}$이므로 점 P에 대응하는 수는 $-1+\sqrt{5}$
$\overline{GQ}=\overline{GF}=\sqrt{2}$이므로 점 Q에 대응하는 수는 $2-\sqrt{2}$
3단계 $\therefore \overline{PQ}=(-1+\sqrt{5})-(2-\sqrt{2})$
$=-1+\sqrt{5}-2+\sqrt{2}$
$=\sqrt{5}+\sqrt{2}-3$

16 $ab<0$에서 a와 b의 부호는 서로 반대이고, $a<b$이므로
$a<0$, $b>0$ ······ ❶
이때 $a-b<0$, $b-a>0$이므로 ······ ❷
$\sqrt{(a-b)^2}+\sqrt{(b-a)^2}-3\sqrt{a^2}$
$=-(a-b)+(b-a)-3\times(-a)$
$=-a+b+b-a+3a$
$=a+2b$ ······ ❸

단계	채점 기준	비율
❶	a, b의 부호 각각 구하기	30 %
❷	$a-b$, $b-a$의 부호 각각 구하기	20 %
❸	주어진 식을 간단히 하기	50 %

17 $\sqrt{\frac{12}{x}}=\sqrt{\frac{2^2\times3}{x}}$이 자연수가 되려면 x는 12의 약수이면서 $3\times(\text{자연수})^2$의 꼴이어야 한다.
즉 x의 값은 $3\times1^2=3$, $3\times2^2=12$이므로 가장 작은 x의 값은 3이다.
$\therefore a=3$ ······ ❶
$\sqrt{90-y}$가 자연수가 되려면 $90-y$는 90보다 작은 $(\text{자연수})^2$이어야 하므로
$90-y=1, 4, 9, 16, 25, 36, 49, 64, 81$에서
$y=9, 26, 41, 54, 65, 74, 81, 86, 89$
따라서 가장 작은 두 자리의 자연수 y의 값은 26이다.
$\therefore b=26$ ······ ❷
$\therefore a+b=3+26=29$ ······ ❸

단계	채점 기준	비율
❶	a의 값 구하기	40 %
❷	b의 값 구하기	40 %
❸	$a+b$의 값 구하기	20 %

I-2 | 근호를 포함한 식의 계산

1 근호를 포함한 식의 곱셈과 나눗셈

07 제곱근의 곱셈과 나눗셈 개념북 32쪽

확인 1 답 (1) $\frac{1}{5}$, $\frac{1}{15}$ (2) 2, 7

확인 2 답 (1) 2, 2 (2) 2, $\frac{1}{2}$

개념 check 개념북 33쪽

01 답 (1) $\sqrt{15}$ (2) $-\sqrt{42}$ (3) $-12\sqrt{10}$ (4) $3\sqrt{6}$

(1) $\sqrt{3}\sqrt{5}=\sqrt{3\times5}=\sqrt{15}$

(2) $\sqrt{6}\times(-\sqrt{7})=-\sqrt{6\times7}=-\sqrt{42}$

(3) $(-3\sqrt{2})\times4\sqrt{5}=-12\sqrt{2\times5}=-12\sqrt{10}$

(4) $5\sqrt{2}\times\frac{3\sqrt{3}}{5}=3\sqrt{2\times3}=3\sqrt{6}$

02 답 (1) $\sqrt{3}$ (2) -2 (3) $\frac{2\sqrt{2}}{3}$ (4) $2\sqrt{6}$

(1) $\frac{\sqrt{12}}{\sqrt{4}}=\sqrt{\frac{12}{4}}=\sqrt{3}$

(2) $-\frac{\sqrt{20}}{\sqrt{5}}=-\sqrt{\frac{20}{5}}=-\sqrt{4}=-2$

(3) $2\sqrt{4}\div3\sqrt{2}=2\sqrt{4}\times\frac{1}{3\sqrt{2}}=\frac{2}{3}\sqrt{\frac{4}{2}}=\frac{2\sqrt{2}}{3}$

(4) $6\sqrt{18}\div3\sqrt{3}=6\sqrt{18}\times\frac{1}{3\sqrt{3}}=2\sqrt{\frac{18}{3}}=2\sqrt{6}$

03 답 (1) $2\sqrt{5}$ (2) $-4\sqrt{3}$ (3) $\frac{\sqrt{7}}{6}$ (4) $-\frac{\sqrt{5}}{8}$

(1) $\sqrt{20}=\sqrt{2^2\times5}=2\sqrt{5}$

(2) $-\sqrt{48}=-\sqrt{4^2\times3}=-4\sqrt{3}$

(3) $\sqrt{\frac{7}{36}}=\sqrt{\frac{7}{6^2}}=\frac{\sqrt{7}}{6}$

(4) $-\sqrt{\frac{5}{64}}=-\sqrt{\frac{5}{8^2}}=-\frac{\sqrt{5}}{8}$

04 답 (1) $\sqrt{32}$ (2) $-\sqrt{54}$ (3) $\sqrt{\frac{7}{9}}$ (4) $-\sqrt{3}$

(1) $4\sqrt{2}=\sqrt{4^2\times2}=\sqrt{32}$

(2) $-3\sqrt{6}=-\sqrt{3^2\times6}=-\sqrt{54}$

(3) $\frac{\sqrt{7}}{3}=\sqrt{\frac{7}{3^2}}=\sqrt{\frac{7}{9}}$

(4) $-\frac{\sqrt{75}}{5}=-\sqrt{\frac{75}{5^2}}=-\sqrt{3}$

08 분모의 유리화와 곱셈, 나눗셈의 혼합 계산 개념북 34쪽

확인 1 답 풀이 참조

(1) $\frac{\sqrt{7}}{\sqrt{5}}=\frac{\sqrt{7}\times\sqrt{5}}{\sqrt{5}\times\sqrt{5}}=\frac{\sqrt{35}}{5}$

(2) $\frac{\sqrt{2}}{2\sqrt{3}}=\frac{\sqrt{2}\times\sqrt{3}}{2\sqrt{3}\times\sqrt{3}}=\frac{\sqrt{6}}{6}$

확인 2 답 (1) $\sqrt{7}$ (2) $\sqrt{14}$

(1) $\sqrt{2}\times\sqrt{21}\div\sqrt{6}=\sqrt{2}\times\sqrt{21}\times\frac{1}{\sqrt{6}}=\sqrt{7}$

(2) $\sqrt{6}\div\sqrt{15}\times\sqrt{35}=\sqrt{6}\times\frac{1}{\sqrt{15}}\times\sqrt{35}=\sqrt{14}$

개념 check 개념북 35쪽

01 답 (1) $\frac{\sqrt{6}}{2}$ (2) $-\frac{\sqrt{33}}{11}$ (3) $\frac{\sqrt{3}}{6}$ (4) $-\frac{\sqrt{10}}{8}$

(1) $\frac{3}{\sqrt{6}}=\frac{3\times\sqrt{6}}{\sqrt{6}\times\sqrt{6}}=\frac{3\sqrt{6}}{6}=\frac{\sqrt{6}}{2}$

(2) $-\frac{\sqrt{3}}{\sqrt{11}}=-\frac{\sqrt{3}\times\sqrt{11}}{\sqrt{11}\times\sqrt{11}}=-\frac{\sqrt{33}}{11}$

(3) $\frac{1}{2\sqrt{3}}=\frac{1\times\sqrt{3}}{2\sqrt{3}\times\sqrt{3}}=\frac{\sqrt{3}}{6}$

(4) $-\frac{\sqrt{5}}{4\sqrt{2}}=-\frac{\sqrt{5}\times\sqrt{2}}{4\sqrt{2}\times\sqrt{2}}=-\frac{\sqrt{10}}{8}$

02 답 (1) $\frac{\sqrt{6}}{12}$ (2) $-\frac{\sqrt{2}}{2}$ (3) $\frac{\sqrt{5}}{2}$ (4) $-\frac{\sqrt{6}}{3}$

(1) $\frac{1}{\sqrt{24}}=\frac{1}{2\sqrt{6}}=\frac{\sqrt{6}}{2\sqrt{6}\times\sqrt{6}}=\frac{\sqrt{6}}{12}$

(2) $-\frac{2}{\sqrt{8}}=-\frac{2}{2\sqrt{2}}=-\frac{1}{\sqrt{2}}=-\frac{\sqrt{2}}{\sqrt{2}\times\sqrt{2}}=-\frac{\sqrt{2}}{2}$

(3) $\frac{5}{\sqrt{20}}=\frac{5}{2\sqrt{5}}=\frac{5\sqrt{5}}{2\sqrt{5}\times\sqrt{5}}=\frac{5\sqrt{5}}{10}=\frac{\sqrt{5}}{2}$

(4) $-\frac{\sqrt{12}}{\sqrt{18}}=-\frac{2\sqrt{3}}{3\sqrt{2}}=-\frac{2\sqrt{3}\times\sqrt{2}}{3\sqrt{2}\times\sqrt{2}}=-\frac{2\sqrt{6}}{6}=-\frac{\sqrt{6}}{3}$

03 답 (1) 1 (2) $\sqrt{2}$ (3) $2\sqrt{6}$ (4) $2\sqrt{6}$

(1) $\sqrt{3}\times\sqrt{5}\div\sqrt{15}=\sqrt{3}\times\sqrt{5}\times\frac{1}{\sqrt{15}}=1$

(2) $\sqrt{5}\div\sqrt{15}\times\sqrt{6}=\frac{\sqrt{5}}{\sqrt{15}}\times\sqrt{6}=\sqrt{2}$

(3) $\sqrt{12}\times\sqrt{6}\div\sqrt{3}=\sqrt{12}\times\sqrt{6}\times\frac{1}{\sqrt{3}}=\sqrt{24}=2\sqrt{6}$

(4) $\sqrt{18}\div\sqrt{6}\times\sqrt{8}=\sqrt{18}\times\frac{1}{\sqrt{6}}\times\sqrt{8}=\sqrt{24}=2\sqrt{6}$

04 답 (1) 4 (2) $10\sqrt{2}$ (3) $\sqrt{14}$ (4) $6\sqrt{2}$

(1) $\sqrt{6}\div\frac{\sqrt{3}}{2}\times\sqrt{2}=\sqrt{6}\times\frac{2}{\sqrt{3}}\times\sqrt{2}$

$=2\sqrt{6\times\frac{1}{3}\times2}=2\sqrt{4}=4$

(2) $\sqrt{8}\times\sqrt{\frac{5}{2}}\div\frac{1}{\sqrt{10}}=\sqrt{8}\times\sqrt{\frac{5}{2}}\times\sqrt{10}$

$=\sqrt{8\times\frac{5}{2}\times10}$

$=\sqrt{200}=10\sqrt{2}$

(3) $\frac{\sqrt{3}}{2}\times\sqrt{7}\div\frac{\sqrt{6}}{4}=\frac{\sqrt{3}}{2}\times\sqrt{7}\times\frac{4}{\sqrt{6}}$

$=2\sqrt{3\times7\times\frac{1}{6}}=2\sqrt{\frac{7}{2}}=\sqrt{14}$

(4) $\frac{6}{\sqrt{3}}\times\frac{\sqrt{12}}{2}\div\frac{1}{\sqrt{2}}=\frac{6}{\sqrt{3}}\times\frac{\sqrt{12}}{2}\times\sqrt{2}$

$=3\sqrt{\frac{1}{3}\times12\times2}=3\sqrt{8}=6\sqrt{2}$

유형 • check 개념북 36~37쪽

1 답 ⑤

① $5\sqrt{2}=\sqrt{5^2\times2}=\sqrt{50}$, $7=\sqrt{49}$이므로 $5\sqrt{2}>7$

② $-2\sqrt{3}=-\sqrt{2^2\times3}=-\sqrt{12}$이므로 $-\sqrt{14}<-2\sqrt{3}$

③ $0.6=\sqrt{0.6^2}=\sqrt{0.36}$이므로 $\sqrt{0.6}>0.6$

④ $2\sqrt{2}=\sqrt{2^2\times2}=\sqrt{8}$이므로 $\sqrt{8}=2\sqrt{2}$

⑤ $\frac{1}{\sqrt{3}}=\sqrt{\frac{3}{9}}$, $\frac{2}{3}=\sqrt{\frac{4}{9}}$이므로 $\frac{1}{\sqrt{3}}<\frac{2}{3}$

1-1 답 ④

$\sqrt{150}=\sqrt{2\times3\times5^2}=\sqrt{2}\times\sqrt{3}\times5=5ab$

1-2 답 ⑤

① $\sqrt{300}=\sqrt{10^2\times3}=10\sqrt{3}=10b$

② $\sqrt{30}=\sqrt{10^2\times0.3}=10\sqrt{0.3}=10a$

③ $\sqrt{0.03}=\sqrt{\frac{3}{10^2}}=\frac{\sqrt{3}}{10}=\frac{b}{10}$

④ $\sqrt{0.003}=\sqrt{\frac{0.3}{10^2}}=\frac{\sqrt{0.3}}{10}=\frac{a}{10}$

⑤ $\sqrt{0.00003}=\sqrt{\frac{0.3}{100^2}}=\frac{\sqrt{0.3}}{100}=\frac{a}{100}$

2 답 1

$\frac{3\sqrt{2}}{\sqrt{5}}=\frac{3\sqrt{2}\times\sqrt{5}}{\sqrt{5}\times\sqrt{5}}=\frac{3\sqrt{10}}{5}$ $\quad\therefore a=\frac{3}{5}$

$\frac{4}{\sqrt{50}}=\frac{4}{5\sqrt{2}}=\frac{4\times\sqrt{2}}{5\sqrt{2}\times\sqrt{2}}=\frac{4\sqrt{2}}{10}=\frac{2\sqrt{2}}{5}$ $\quad\therefore b=\frac{2}{5}$

$\therefore a+b=\frac{3}{5}+\frac{2}{5}=1$

2-1 답 ④

④ $\sqrt{\frac{3}{32}}=\sqrt{\frac{3}{4^2\times2}}=\frac{\sqrt{3}}{4\sqrt{2}}=\frac{\sqrt{3}\times\sqrt{2}}{4\sqrt{2}\times\sqrt{2}}=\frac{\sqrt{6}}{8}$

2-2 답 $\frac{5}{2}$

$\frac{6}{\sqrt{2}}=\frac{6\times\sqrt{2}}{\sqrt{2}\times\sqrt{2}}=3\sqrt{2}$ $\quad\therefore a=3$

$\frac{5}{\sqrt{2}\sqrt{6}}=\frac{5}{2\sqrt{3}}=\frac{5\times\sqrt{3}}{2\sqrt{3}\times\sqrt{3}}=\frac{5\sqrt{3}}{6}$ $\quad\therefore b=\frac{5}{6}$

$\therefore ab=3\times\frac{5}{6}=\frac{5}{2}$

3 답 ⑤

$$\frac{\sqrt{28}}{\sqrt{12}}\times\sqrt{15}\div\frac{\sqrt{7}}{3}=\frac{\sqrt{28}}{\sqrt{12}}\times\sqrt{15}\times\frac{3}{\sqrt{7}}$$
$$=3\sqrt{\frac{28}{12}\times15\times\frac{1}{7}}=3\sqrt{5}$$

3-1 답 ②

$$\frac{\sqrt{50}}{2}\times(-4\sqrt{3})\div\frac{\sqrt{15}}{3}=\frac{\sqrt{50}}{2}\times(-4\sqrt{3})\times\frac{3}{\sqrt{15}}$$
$$=-6\sqrt{50\times3\times\frac{1}{15}}=-6\sqrt{10}$$

3-2 답 -3

$$\frac{\sqrt{18}}{2}\div\sqrt{45}\times(-6\sqrt{5})=\frac{\sqrt{18}}{2}\times\frac{1}{\sqrt{45}}\times(-6\sqrt{5})$$
$$=-3\sqrt{18\times\frac{1}{45}\times5}=-3\sqrt{2}$$

$\therefore a=-3$

4 답 ②

(삼각형의 넓이)$=\frac{1}{2}\times\sqrt{24}\times\sqrt{6}=\frac{1}{2}\times2\sqrt{6}\times\sqrt{6}=6$

따라서 (직사각형의 넓이)$=\sqrt{15}\times x=6$이므로

$x=\frac{6}{\sqrt{15}}=\frac{6\times\sqrt{15}}{\sqrt{15}\times\sqrt{15}}=\frac{6\sqrt{15}}{15}=\frac{2\sqrt{15}}{5}$

4-1 답 ③

직육면체의 높이를 x cm라 하면

$2\sqrt{3}\times3\sqrt{2}\times x=24\sqrt{30}$, $6\sqrt{6}\times x=24\sqrt{30}$

$\therefore x=24\sqrt{30}\div6\sqrt{6}=24\sqrt{30}\times\frac{1}{6\sqrt{6}}=4\sqrt{\frac{30}{6}}=4\sqrt{5}$

4-2 답 $4\sqrt{21}$

정사각형 BEFC는 넓이가 14이므로 한 변의 길이는 $\sqrt{14}$이다.

또, 정사각형 DCHG는 넓이가 24이므로 한 변의 길이는 $\sqrt{24}=2\sqrt{6}$이다.

따라서 직사각형 ABCD의 넓이는

$\sqrt{14}\times2\sqrt{6}=2\sqrt{14\times6}=2\sqrt{2^2\times3\times7}=4\sqrt{21}$

2 근호를 포함한 식의 덧셈과 뺄셈

09 근호를 포함한 식의 덧셈과 뺄셈 개념북 38쪽

• 확인 1 • 답 (1) 1, 5 (2) 6, 3

• 확인 2 • 답 (1) $12\sqrt{11}$ (2) $3\sqrt{6}$

• 확인 3 • 답 (1) $-2\sqrt{5}$ (2) $-3\sqrt{6}$

(1) $3\sqrt{5}-9\sqrt{5}+4\sqrt{5}=(3-9+4)\sqrt{5}=-2\sqrt{5}$

(2) $-4\sqrt{6}+6\sqrt{6}-5\sqrt{6}=(-4+6-5)\sqrt{6}$
$=-3\sqrt{6}$

개념 • check 개념북 39쪽

01 답 (1) $9\sqrt{2}$ (2) $5\sqrt{3}$ (3) $3\sqrt{6}$ (4) $\sqrt{5}$

(3) $\sqrt{6}+\sqrt{24}=\sqrt{6}+2\sqrt{6}=3\sqrt{6}$

(4) $\sqrt{45}-\sqrt{20}=3\sqrt{5}-2\sqrt{5}=\sqrt{5}$

02 답 (1) $3\sqrt{3}$ (2) $-2\sqrt{2}$ (3) $4\sqrt{5}$ (4) $4\sqrt{3}$

(1) $\sqrt{12}-\sqrt{48}+\sqrt{75}=2\sqrt{3}-4\sqrt{3}+5\sqrt{3}=3\sqrt{3}$

(2) $\sqrt{72}-\sqrt{50}-\sqrt{18}=6\sqrt{2}-5\sqrt{2}-3\sqrt{2}=-2\sqrt{2}$

(3) $\sqrt{45}+\frac{7}{\sqrt{5}}-\frac{4}{\sqrt{20}}=3\sqrt{5}+\frac{7\sqrt{5}}{5}-\frac{2\sqrt{5}}{5}=4\sqrt{5}$

(4) $\sqrt{27}-\frac{6}{\sqrt{3}}+\frac{18}{\sqrt{12}}=3\sqrt{3}-\frac{6\sqrt{3}}{3}+\frac{18\sqrt{3}}{6}$
$=3\sqrt{3}-2\sqrt{3}+3\sqrt{3}=4\sqrt{3}$

03 답 ④

$\sqrt{32}+\sqrt{18}-\sqrt{72}=4\sqrt{2}+3\sqrt{2}-6\sqrt{2}=\sqrt{2}$ $\quad\therefore k=1$

04 답 ①

$-\sqrt{8}-\sqrt{50}+\sqrt{24}+2\sqrt{54}=-2\sqrt{2}-5\sqrt{2}+2\sqrt{6}+6\sqrt{6}$
$=-7\sqrt{2}+8\sqrt{6}$

10 근호를 포함한 복잡한 식의 계산 개념북 40쪽

확인 1 답 $\sqrt{7}$, $\sqrt{5}$, $\sqrt{21}-\sqrt{15}$

확인 2 답 $\sqrt{3}$, $\sqrt{3}$, $\sqrt{6}$, 3

확인 3 답 (1) $4\sqrt{6}$ (2) 7

(1) $8\sqrt{6}-\sqrt{8}\times\sqrt{12}=8\sqrt{6}-\sqrt{96}=8\sqrt{6}-4\sqrt{6}=4\sqrt{6}$

(2) $\sqrt{63}\div\sqrt{7}+\sqrt{16}=\sqrt{9}+\sqrt{16}=3+4=7$

개념 • check 개념북 41쪽

01 답 (1) $6\sqrt{3}+\sqrt{15}$ (2) $\sqrt{6}-2\sqrt{3}$ (3) $5\sqrt{2}+2\sqrt{10}$ (4) $2\sqrt{14}-3\sqrt{35}$

(2) $\sqrt{2}(\sqrt{3}-\sqrt{6})=\sqrt{6}-\sqrt{12}=\sqrt{6}-2\sqrt{3}$

(3) $(\sqrt{10}+2\sqrt{2})\sqrt{5}=\sqrt{50}+2\sqrt{10}=5\sqrt{2}+2\sqrt{10}$

(4) $\sqrt{7}(\sqrt{8}-3\sqrt{5})=\sqrt{56}-3\sqrt{35}=2\sqrt{14}-3\sqrt{35}$

02 답 (1) $\frac{\sqrt{3}+3}{3}$ (2) $\frac{2\sqrt{6}-3\sqrt{2}}{6}$ (3) $\frac{\sqrt{6}+2\sqrt{3}}{2}$ (4) $\frac{5-\sqrt{35}}{15}$

(1) $\frac{1+\sqrt{3}}{\sqrt{3}}=\frac{(1+\sqrt{3})\sqrt{3}}{\sqrt{3}\times\sqrt{3}}=\frac{\sqrt{3}+3}{3}$

(2) $\frac{2-\sqrt{3}}{\sqrt{6}}=\frac{(2-\sqrt{3})\sqrt{6}}{\sqrt{6}\times\sqrt{6}}=\frac{2\sqrt{6}-\sqrt{18}}{6}=\frac{2\sqrt{6}-3\sqrt{2}}{6}$

(3) $\frac{\sqrt{3}+\sqrt{6}}{\sqrt{2}}=\frac{(\sqrt{3}+\sqrt{6})\sqrt{2}}{\sqrt{2}\times\sqrt{2}}=\frac{\sqrt{6}+\sqrt{12}}{2}=\frac{\sqrt{6}+2\sqrt{3}}{2}$

(4) $\frac{\sqrt{5}-\sqrt{7}}{3\sqrt{5}}=\frac{(\sqrt{5}-\sqrt{7})\sqrt{5}}{3\sqrt{5}\times\sqrt{5}}=\frac{5-\sqrt{35}}{15}$

03 답 (1) $2\sqrt{3}$ (2) $5\sqrt{6}$

(1) $\sqrt{27}-\sqrt{18}\div\sqrt{6}=\sqrt{27}-\frac{\sqrt{18}}{\sqrt{6}}=3\sqrt{3}-\sqrt{3}=2\sqrt{3}$

(2) $\sqrt{3}\times\sqrt{18}+4\sqrt{3}\div\sqrt{2}=\sqrt{54}+\frac{4\sqrt{3}}{\sqrt{2}}=3\sqrt{6}+2\sqrt{6}=5\sqrt{6}$

04 답 (1) $2-4\sqrt{2}$ (2) $\sqrt{5}+\sqrt{6}$

(1) $\sqrt{12}\left(\frac{1}{\sqrt{3}}-\sqrt{6}\right)+\frac{4}{\sqrt{2}}=\sqrt{4}-\sqrt{72}+2\sqrt{2}$
$=2-6\sqrt{2}+2\sqrt{2}=2-4\sqrt{2}$

(2) $\sqrt{20}-3\sqrt{2}\div\sqrt{3}+\frac{12-\sqrt{30}}{\sqrt{6}}$
$=2\sqrt{5}-\frac{3\sqrt{2}}{\sqrt{3}}+\frac{12}{\sqrt{6}}-\frac{\sqrt{30}}{\sqrt{6}}$
$=2\sqrt{5}-\sqrt{6}+2\sqrt{6}-\sqrt{5}=\sqrt{5}+\sqrt{6}$

유형 • check 개념북 42~43쪽

1 답 ②

$7\sqrt{3}+a\sqrt{2}+b\sqrt{3}-\sqrt{2}=(a-1)\sqrt{2}+(7+b)\sqrt{3}$
$=3\sqrt{2}+2\sqrt{3}$

이므로 $a-1=3$, $7+b=2$ $\therefore a=4, b=-5$

$\therefore a+b=4+(-5)=-1$

1-1 답 $\sqrt{5}-\frac{\sqrt{7}}{3}$

$3\sqrt{5}+\frac{2\sqrt{7}}{3}-2\sqrt{5}-\sqrt{7}=(3-2)\sqrt{5}+\left(\frac{2}{3}-1\right)\sqrt{7}$
$=\sqrt{5}-\frac{\sqrt{7}}{3}$

1-2 답 ④

$5\sqrt{a}-2\sqrt{a}=8+7$에서 $3\sqrt{a}=15$이므로 $\sqrt{a}=5$

$\therefore a=25$

2 답 ④

$\sqrt{24}-\sqrt{96}+\sqrt{54}=2\sqrt{6}-4\sqrt{6}+3\sqrt{6}=\sqrt{6}$ $\therefore a=1$

2-1 답 3

$\sqrt{8}+\sqrt{72}-\sqrt{50}=2\sqrt{2}+6\sqrt{2}-5\sqrt{2}=3\sqrt{2}$ $\therefore m=3$

2-2 답 ⑤

$\sqrt{27}-\sqrt{32}+2\sqrt{2}+\sqrt{12}=3\sqrt{3}-4\sqrt{2}+2\sqrt{2}+2\sqrt{3}$
$=-2\sqrt{2}+5\sqrt{3}$

따라서 $a=-2$, $b=5$이므로 $a+b=(-2)+5=3$

3 답 ①

$6\sqrt{5}-\frac{10}{\sqrt{5}}-\sqrt{75}+\sqrt{12}=6\sqrt{5}-2\sqrt{5}-5\sqrt{3}+2\sqrt{3}$
$=-3\sqrt{3}+4\sqrt{5}$

따라서 $p=-3$, $q=4$이므로 $pq=(-3)\times4=-12$

3-1 답 ③

$5\sqrt{2}+\frac{6}{\sqrt{8}}+\frac{3}{\sqrt{18}}=5\sqrt{2}+\frac{6}{2\sqrt{2}}+\frac{3}{3\sqrt{2}}$
$=5\sqrt{2}+\frac{3\sqrt{2}}{2}+\frac{\sqrt{2}}{2}$
$=7\sqrt{2}$

$\therefore k=7$

3-2 답 ①

$\frac{4}{\sqrt{2}}-\sqrt{\frac{3}{2}}-2\sqrt{2}-\sqrt{\frac{2}{3}}=2\sqrt{2}-\frac{\sqrt{6}}{2}-2\sqrt{2}-\frac{\sqrt{6}}{3}$
$=-\frac{5\sqrt{6}}{6}$

$\therefore a=-\frac{5}{6}$

4 답 ⑤

$3\sqrt{2}(\sqrt{3}-2)+\frac{\sqrt{16}+2\sqrt{3}}{\sqrt{2}}$
$=3\sqrt{6}-6\sqrt{2}+\sqrt{8}+\frac{2\sqrt{3}}{\sqrt{2}}$
$=3\sqrt{6}-6\sqrt{2}+2\sqrt{2}+\sqrt{6}$
$=4\sqrt{6}-4\sqrt{2}$

따라서 $a=4$, $b=-4$이므로 $a-b=4-(-4)=8$

4-1 답 ②

$\sqrt{3}(2\sqrt{2}+a)-\sqrt{6}(2-\sqrt{2})$
$=2\sqrt{6}+a\sqrt{3}-2\sqrt{6}+\sqrt{12}$
$=2\sqrt{6}+a\sqrt{3}-2\sqrt{6}+2\sqrt{3}$
$=(a+2)\sqrt{3}$

따라서 $a+2=0$이므로 $a=-2$

4-2 답 $16+12\sqrt{3}$

(겉넓이)$=$(밑넓이)$\times 2+$(옆넓이)

$=\{(\sqrt{6}+\sqrt{2})\times\sqrt{2}\}\times 2$

$+\{(\sqrt{6}+\sqrt{2}+\sqrt{2})\times 2\}\times\sqrt{6}$

$=(\sqrt{6}+\sqrt{2})\times 2\sqrt{2}+(\sqrt{6}+2\sqrt{2})\times 2\sqrt{6}$

$=2\sqrt{12}+4+12+4\sqrt{12}$

$=16+6\sqrt{12}=16+12\sqrt{3}$

3 제곱근의 값

11 제곱근표 개념북 44쪽

확인 1 답 (1) 1.175 (2) 1.367 (3) 1.261 (4) 1.323

확인 2 답 (1) 1.08 (2) 1.26 (3) 1.57 (4) 1.99

개념 check 개념북 45쪽

01 답 ③

$\sqrt{8.04}=2.835=a$, $\sqrt{8.42}=2.902=b$

$\therefore 10000a-1000b=28350-2902=25448$

02 답 ④

④ 희재: $\sqrt{9.14}=3.023$

03 답 ⑤

$\sqrt{x}=7.880$에서 $x=62.1$, $\sqrt{y}=8.012$에서 $y=64.2$

$\therefore x+y=62.1+64.2=126.3$

12 제곱근의 값 개념북 46쪽

확인 1 답 (1) 54.77 (2) 0.1732

(1) $\sqrt{3000}=\sqrt{100\times 30}=10\sqrt{30}=54.77$

(2) $\sqrt{0.03}=\sqrt{\frac{3}{100}}=\frac{\sqrt{3}}{10}=0.1732$

확인 2 답 3, 3, $\sqrt{13}-3$

개념 check 개념북 47쪽

01 답 (1) 100, 10 (2) 10000, 100 (3) 100, 10

02 답 (1) 29.02 (2) 91.76 (3) 0.9176 (4) 0.02902

(1) $\sqrt{842}=\sqrt{100\times 8.42}=10\sqrt{8.42}=10\times 2.902=29.02$

(2) $\sqrt{8420}=\sqrt{100\times 84.2}=10\sqrt{84.2}=10\times 9.176=91.76$

(3) $\sqrt{0.842}=\sqrt{\frac{84.2}{100}}=\frac{\sqrt{84.2}}{100}=\frac{9.176}{10}=0.9176$

(4) $\sqrt{0.000842}=\sqrt{\frac{8.42}{10000}}=\frac{\sqrt{8.42}}{100}=\frac{2.902}{100}=0.02902$

03 답 3, 3, 3, 3, $6-\sqrt{10}$

04 답 (1) (정수 부분)$=3$, (소수 부분)$=\sqrt{7}-2$

(2) (정수 부분)$=2$, (소수 부분)$=\sqrt{11}-3$

(3) (정수 부분)$=0$, (소수 부분)$=\sqrt{12}-3$

(4) (정수 부분)$=6$, (소수 부분)$=\sqrt{20}-4$

(1) $2<\sqrt{7}<3$이므로 $3<\sqrt{7}+1<4$

$\therefore$ (정수 부분)$=3$, (소수 부분)$=\sqrt{7}-2$

(2) $3<\sqrt{11}<4$이므로 $2<\sqrt{11}-1<3$

$\therefore$ (정수 부분)$=2$, (소수 부분)$=\sqrt{11}-3$

(3) $3<\sqrt{12}<4$이므로 $0<\sqrt{12}-3<1$

$\therefore$ (정수 부분)$=0$, (소수 부분)$=\sqrt{12}-3$

(4) $4<\sqrt{20}<5$이므로 $6<2+\sqrt{20}<7$

$\therefore$ (정수 부분)$=6$, (소수 부분)$=\sqrt{20}-4$

유형 check 개념북 48~49쪽

1 답 ⑤

$\sqrt{5}$를 이용하여 나타낼 수 없는 것을 찾는다.

① $\sqrt{0.05}=\sqrt{\frac{5}{100}}=\frac{\sqrt{5}}{10}$ ② $\sqrt{20}=\sqrt{4\times 5}=2\sqrt{5}$

③ $\sqrt{45}=\sqrt{9\times 5}=3\sqrt{5}$ ④ $\sqrt{500}=\sqrt{100\times 5}=10\sqrt{5}$

⑤ $\sqrt{5000}=\sqrt{100\times 50}=10\sqrt{50}$

1-1 답 ⑤

① $\sqrt{0.0007}=\sqrt{\frac{7}{10000}}=\frac{\sqrt{7}}{100}$

② $\sqrt{0.07}=\sqrt{\frac{7}{100}}=\frac{\sqrt{7}}{10}$

③ $\sqrt{\frac{14}{200}}=\sqrt{\frac{7}{100}}=\frac{\sqrt{7}}{10}$

④ $\sqrt{28}=\sqrt{4\times 7}=2\sqrt{7}$

⑤ $\sqrt{700000}=\sqrt{10000\times 70}=100\sqrt{70}$

1-2 답 ④

① $\sqrt{25800}=\sqrt{10000\times 2.58}$

$=100\times\sqrt{2.58}=100\times 1.606=160.6$

② $\sqrt{2580}=\sqrt{100\times 25.8}=10\sqrt{25.8}=10\times 5.079=50.79$

③ $\sqrt{258}=\sqrt{100\times 2.58}=10\sqrt{2.58}=10\times 1.606=16.06$

④ $\sqrt{0.258}=\sqrt{\frac{25.8}{100}}=\frac{\sqrt{25.8}}{10}=\frac{5.079}{10}=0.5079$

⑤ $\sqrt{0.00258}=\sqrt{\frac{25.8}{10000}}=\frac{\sqrt{25.8}}{100}=\frac{5.079}{100}=0.05079$

2 답 ⑤

① $\sqrt{262}=\sqrt{100\times 2.62}=10\sqrt{2.62}=16.19$

② $\sqrt{2.73}=1.652$

③ $\sqrt{240}=\sqrt{100\times 2.4}=10\sqrt{2.4}=15.49$

④ $\sqrt{0.0252}=\sqrt{\frac{2.52}{100}}=\frac{\sqrt{2.52}}{10}=0.1587$

⑤ $\sqrt{2710}=\sqrt{100\times 27.1}=10\sqrt{27.1}$

2-1 답 36.7337

$\sqrt{1320}=\sqrt{100\times 13.2}=10\sqrt{13.2}=36.33$

$\sqrt{0.163}=\sqrt{\frac{16.3}{100}}=\frac{\sqrt{16.3}}{10}=0.4037$

$\therefore \sqrt{1320}+\sqrt{0.163}=36.33+0.4037=36.7337$

3 답 ③

$100\sqrt{0.2}+\sqrt{200}=100\sqrt{\frac{20}{100}}+\sqrt{100\times 2}$

$=10\sqrt{20}+10\sqrt{2}$

$=44.72+14.14=58.86$

3-1 답 ⑤

$$\frac{15}{\sqrt{3}}+\frac{15}{\sqrt{5}}=\frac{15\times\sqrt{3}}{\sqrt{3}\times\sqrt{3}}+\frac{15\times\sqrt{5}}{\sqrt{5}\times\sqrt{5}}$$
$$=5\sqrt{3}+3\sqrt{5}$$
$$=5\times1.732+3\times2.236$$
$$=8.66+6.708=15.368$$

3-2 답 ②

$$\sqrt{0.12}+\frac{6}{5\sqrt{3}}-\sqrt{0.48}=\sqrt{\frac{4\times3}{100}}+\frac{6\times\sqrt{3}}{5\sqrt{3}\times\sqrt{3}}-\sqrt{\frac{16\times3}{100}}$$
$$=\frac{2\sqrt{3}}{10}+\frac{6\sqrt{3}}{15}-\frac{4\sqrt{3}}{10}$$
$$=\frac{\sqrt{3}}{5}+\frac{2\sqrt{3}}{5}-\frac{2\sqrt{3}}{5}$$
$$=\frac{\sqrt{3}}{5}=\frac{1.732}{5}=0.3464$$

4 답 ②

$2<\sqrt{7}<3$에서

$1<\sqrt{7}-1<2$이므로 $a=1$

$\therefore b=(\sqrt{7}-1)-1=\sqrt{7}-2$

$\therefore 2a+b=2\times1+(\sqrt{7}-2)$

$=2+\sqrt{7}-2=\sqrt{7}$

4-1 답 $\frac{4\sqrt{13}}{13}$

$3<\sqrt{11}<4$, $4<\sqrt{11}+1<5$이므로 $a=4$

$3<\sqrt{13}<4$, $1<\sqrt{13}-2<2$이므로 $b=\sqrt{13}-3$

$$\therefore \frac{a}{b+3}=\frac{4}{(\sqrt{13}-3)+3}=\frac{4}{\sqrt{13}}=\frac{4\sqrt{13}}{13}$$

4-2 답 $-2+\sqrt{6}$

$2<\sqrt{8}<3$, $1<\sqrt{8}-1<2$이므로 $x=1$

$2<\sqrt{6}<3$, $-3<-\sqrt{6}<-2$에서

$2<5-\sqrt{6}<3$이므로

$y=(5-\sqrt{6})-2=3-\sqrt{6}$

$\therefore x-y=1-(3-\sqrt{6})=-2+\sqrt{6}$

단원 마무리

개념북 50~52쪽

01 ③	02 ⑤	03 ⑤	04 ⑤	05 ④
06 ③	07 ④	08 ③	09 ①	10 ⑤
11 ⑤	12 ②	13 ③	14 ①	15 0.6708
16 ①	17 30	18 $\frac{1}{2}$	19 $(8\sqrt{5}+10\sqrt{2})$ m	

01 ① $\sqrt{5}+\sqrt{7}$은 더 이상 간단히 나타낼 수 없다.

② $\sqrt{\frac{7}{9}}=\frac{\sqrt{7}}{3}$

④ $4\sqrt{5}=\sqrt{4^2\times5}=\sqrt{80}$

⑤ $\frac{\sqrt{8}+\sqrt{12}}{\sqrt{3}}=\frac{2\sqrt{2}+2\sqrt{3}}{\sqrt{3}}=\frac{2\sqrt{2}\times\sqrt{3}+2\sqrt{3}\times\sqrt{3}}{\sqrt{3}\times\sqrt{3}}$

$=\frac{2\sqrt{6}+6}{3}$

02 $\sqrt{150}=\sqrt{5^2\times6}=5\sqrt{6}$ $\quad\therefore a=5$

$5\sqrt{3}=\sqrt{5^2\times3}=\sqrt{75}$ $\quad\therefore b=75$

$\therefore 3ab=\sqrt{3\times5\times75}=\sqrt{15^2\times5}=15\sqrt{5}$

03 $\sqrt{45}=\sqrt{3^2\times5}=(\sqrt{3})^2\times\sqrt{5}=a^2b$

04 ① $\sqrt{3}\times\sqrt{6}\times\sqrt{12}=\sqrt{3\times6\times12}$

$=\sqrt{3\times6\times2\times6}=6\sqrt{6}$

② $3\sqrt{6}\times(-2\sqrt{3})\div(-\sqrt{2})$

$=3\sqrt{6}\times(-2\sqrt{3})\times\left(-\frac{1}{\sqrt{2}}\right)$

$=6\sqrt{6\times3\times\frac{1}{2}}=6\times3=18$

③ $\frac{\sqrt{6}+1}{\sqrt{3}}=\frac{(\sqrt{6}+1)\times\sqrt{3}}{\sqrt{3}\times\sqrt{3}}=\frac{3\sqrt{2}+\sqrt{3}}{3}$

④ $\sqrt{12}(\sqrt{2}-\sqrt{3})=\sqrt{24}-\sqrt{36}=2\sqrt{6}-6$

⑤ $(\sqrt{8}-\sqrt{12})\sqrt{6}=\sqrt{48}-\sqrt{72}=4\sqrt{3}-6\sqrt{2}$

따라서 옳지 않은 것은 ⑤이다.

05 $\frac{9\sqrt{3}}{\sqrt{5}}=\frac{9\sqrt{3}\times\sqrt{5}}{\sqrt{5}\times\sqrt{5}}=\frac{9\sqrt{15}}{5}$ $\quad\therefore a=\frac{9}{5}$

$\frac{20}{\sqrt{27}}=\frac{20}{3\sqrt{3}}=\frac{20\times\sqrt{3}}{3\sqrt{3}\times\sqrt{3}}=\frac{20\sqrt{3}}{9}$ $\quad\therefore b=\frac{20}{9}$

$\therefore ab=\frac{9}{5}\times\frac{20}{9}=4$

06 $\sqrt{0.025}=\sqrt{\frac{25}{1000}}=\sqrt{\frac{1}{40}}=\sqrt{\frac{1}{2^2\times10}}$

$=\frac{1}{2\sqrt{10}}=\frac{\sqrt{10}}{2\sqrt{10}\times\sqrt{10}}=\frac{\sqrt{10}}{20}$

$\therefore k=\frac{1}{20}$

07 $2\sqrt{27}+\sqrt{125}-\sqrt{2}\left(\frac{5}{\sqrt{10}}-\frac{3}{\sqrt{6}}\right)$

$=6\sqrt{3}+5\sqrt{5}-\frac{5}{\sqrt{5}}+\frac{3}{\sqrt{3}}$

$=6\sqrt{3}+5\sqrt{5}-\sqrt{5}+\sqrt{3}=7\sqrt{3}+4\sqrt{5}$

따라서 $a=7$, $b=4$이므로

$a+b=7+4=11$

08 ㄱ. $-2\sqrt{3}-(-3\sqrt{2})=-2\sqrt{3}+3\sqrt{2}=-\sqrt{12}+\sqrt{18}>0$

$\therefore -2\sqrt{3}>-3\sqrt{2}$

ㄴ. $(\sqrt{5}-3)-(3-2\sqrt{5})=3\sqrt{5}-6=\sqrt{45}-\sqrt{36}>0$

$\therefore \sqrt{5}-3>3-2\sqrt{5}$

ㄷ. $(3-2\sqrt{7})-(3-\sqrt{15})=3-2\sqrt{7}-3+\sqrt{15}$

$=-2\sqrt{7}+\sqrt{15}$

$=-\sqrt{28}+\sqrt{15}<0$

$\therefore 3-2\sqrt{7}<3-\sqrt{15}$

ㄹ. $(5-2\sqrt{2})-4=1-2\sqrt{2}=1-\sqrt{8}<0$

$\therefore 5-2\sqrt{2}<4$

ㅁ. $(3\sqrt{5}-4\sqrt{11})-(-2\sqrt{11}-\sqrt{5})$

$=3\sqrt{5}-4\sqrt{11}+2\sqrt{11}+\sqrt{5}$

$=4\sqrt{5}-2\sqrt{11}=\sqrt{80}-\sqrt{44}>0$

$\therefore 3\sqrt{5}-4\sqrt{11}>-2\sqrt{11}-\sqrt{5}$

따라서 옳은 것은 ㄱ, ㄷ, ㅁ이다.

09 $\frac{b}{a}+\frac{a}{b}=\frac{2\sqrt{5}}{5\sqrt{2}}+\frac{5\sqrt{2}}{2\sqrt{5}}$
$=\frac{2\sqrt{5}\times\sqrt{2}}{5\sqrt{2}\times\sqrt{2}}+\frac{5\sqrt{2}\times\sqrt{5}}{2\sqrt{5}\times\sqrt{5}}$
$=\frac{2\sqrt{10}}{10}+\frac{5\sqrt{10}}{10}=\frac{7\sqrt{10}}{10}$

10 두 정사각형의 한 변의 길이는 $\sqrt{5}$이므로
$\overline{CB}=\sqrt{5}$, $\overline{FG}=\sqrt{5}$
따라서 $\overline{CP}=\overline{CB}=\sqrt{5}$이므로 점 P에 대응하는 수는
$-2-\sqrt{5}$이다.
또, $\overline{FQ}=\overline{FG}=\sqrt{5}$이므로 점 Q에 대응하는 수는
$2+\sqrt{5}$이다.
$\therefore \overline{PQ}=(2+\sqrt{5})-(-2-\sqrt{5})$
$=2+\sqrt{5}+2+\sqrt{5}$
$=4+2\sqrt{5}$

11 ① $(5\sqrt{2}+3\sqrt{2})-12=8\sqrt{2}-12=\sqrt{128}-\sqrt{144}<0$
$\therefore 5\sqrt{2}+3\sqrt{2}<12$
② $(4\sqrt{5}+3\sqrt{5})-(5\sqrt{5}-\sqrt{5})=7\sqrt{5}-4\sqrt{5}=3\sqrt{5}>0$
$\therefore 4\sqrt{5}+3\sqrt{5}>5\sqrt{5}-\sqrt{5}$
③ $(2\sqrt{5}-3\sqrt{3})-(5\sqrt{5}-5\sqrt{3})=-3\sqrt{5}+2\sqrt{3}$
$=-\sqrt{45}+\sqrt{12}<0$
$\therefore 2\sqrt{5}-3\sqrt{3}<5\sqrt{5}-5\sqrt{3}$
④ $(\sqrt{2}+\sqrt{3})-(4\sqrt{2}-\sqrt{3})=-3\sqrt{2}+2\sqrt{3}$
$=-\sqrt{18}+\sqrt{12}<0$
$\therefore \sqrt{2}+\sqrt{3}<4\sqrt{2}-\sqrt{3}$
⑤ $(\sqrt{18}+\sqrt{32})-(8\sqrt{3}-\sqrt{27})$
$=(3\sqrt{2}+4\sqrt{2})-(8\sqrt{3}-3\sqrt{3})$
$=7\sqrt{2}-5\sqrt{3}=\sqrt{98}-\sqrt{75}>0$
$\therefore \sqrt{18}+\sqrt{32}>8\sqrt{3}-\sqrt{27}$
따라서 옳지 않은 것은 ⑤이다.

12 $\sqrt{3}(2\sqrt{2}+a)-\sqrt{6}(2-\sqrt{2})$
$=2\sqrt{6}+a\sqrt{3}-2\sqrt{6}+\sqrt{12}$
$=2\sqrt{6}+a\sqrt{3}-2\sqrt{6}+2\sqrt{3}$
$=(a+2)\sqrt{3}$
이것이 유리수이려면 $a+2=0$ $\quad\therefore a=-2$

13 $x+y>0$, $xy>0$이므로 $x>0$, $y>0$
$\sqrt{\frac{y}{x}}+\sqrt{\frac{x}{y}}=\frac{\sqrt{y}}{\sqrt{x}}+\frac{\sqrt{x}}{\sqrt{y}}$
$=\frac{(\sqrt{y})^2+(\sqrt{x})^2}{\sqrt{x}\sqrt{y}}$
$=\frac{x+y}{\sqrt{xy}}=\frac{8}{\sqrt{2}}$
$=\frac{8\times\sqrt{2}}{\sqrt{2}\times\sqrt{2}}=4\sqrt{2}$

14 $\sqrt{80}=\sqrt{4\times 20}=2\sqrt{20}=2\times 4.472=8.944$

15 $\sqrt{0.45}=\sqrt{\frac{45}{100}}=\sqrt{\frac{9\times 5}{100}}=\frac{3\sqrt{5}}{10}$
$=\frac{3\times 2.236}{10}=0.6708$

16 $6<\sqrt{48}<7$이므로 $f(48)=\sqrt{48}-6=4\sqrt{3}-6$
$3<\sqrt{12}<4$이므로 $f(12)=\sqrt{12}-3=2\sqrt{3}-3$
$\therefore f(48)-f(12)=(4\sqrt{3}-6)-(2\sqrt{3}-3)$
$=4\sqrt{3}-6-2\sqrt{3}+3$
$=2\sqrt{3}-3$

17 **1단계** 직사각형의 이웃하는 두 변의 길이가 a, b ($a>0$, $b>0$)이고 그 넓이가 50이므로
$ab=50$

2단계 $a\sqrt{\frac{8b}{a}}+b\sqrt{\frac{2a}{b}}=\sqrt{a^2\times\frac{8b}{a}}+\sqrt{b^2\times\frac{2a}{b}}$
$=\sqrt{8ab}+\sqrt{2ab}$

3단계 (주어진 식)$=\sqrt{8ab}+\sqrt{2ab}$
$=\sqrt{8\times 50}+\sqrt{2\times 50}$
$=\sqrt{400}+\sqrt{100}$
$=20+10=30$

18 $\sqrt{2}(3\sqrt{2}-1)+\sqrt{8}(a-\sqrt{2})=3\times 2-\sqrt{2}+a\sqrt{8}-\sqrt{16}$
$=6-\sqrt{2}+2a\sqrt{2}-4$
$=2+(2a-1)\sqrt{2}$ ······ ❶
이것이 유리수이려면 $2a-1=0$
$\therefore a=\frac{1}{2}$ ······ ❷

단계	채점 기준	비율
❶	주어진 식 간단히 하기	60 %
❷	a의 값 구하기	40 %

19 정사각형 모양인 각 꽃밭의 한 변의 길이는
$\sqrt{20}=2\sqrt{5}$(m), $\sqrt{18}=3\sqrt{2}$(m), $\sqrt{8}=2\sqrt{2}$(m) ······ ❶

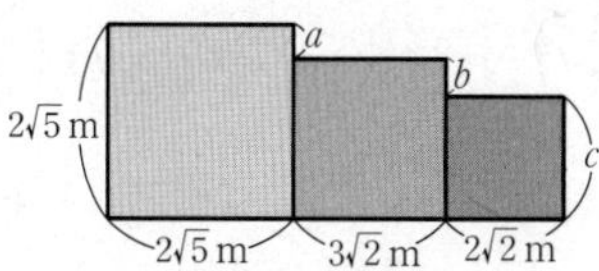

위의 그림에서 $a+b+c=2\sqrt{5}$ (m)이므로
구하는 전체 꽃밭의 둘레의 길이는
$2\times(2\sqrt{5}+3\sqrt{2}+2\sqrt{2})+2\sqrt{5}+(a+b+c)$ ······ ❷
$=4\sqrt{5}+10\sqrt{2}+2\sqrt{5}+2\sqrt{5}$
$=8\sqrt{5}+10\sqrt{2}$(m) ······ ❸

단계	채점 기준	비율
❶	정사각형 모양인 각 꽃밭의 한 변의 길이 구하기	30 %
❷	전체 꽃밭의 둘레의 길이 구하는 식 세우기	40 %
❸	전체 꽃밭의 둘레의 길이 구하기	30 %

Ⅱ 인수분해와 이차방정식

Ⅱ-1 다항식의 곱셈

1 곱셈 공식

13 다항식의 곱셈 (1)
개념북 54쪽

확인 1 답 (1) $2ac+8ad-3bc-12bd$ (2) $4a^2+4ab+b^2$ (3) $9x^2-6xy+y^2$

확인 2 답 (1) a^2-4 (2) $4x^2-y^2$

개념 check 개념북 55쪽

01 답 (1) $ab-3a+4b-12$ (2) $xy-5x-2y+10$ (3) $2ac+3ad-2bc-3bd$ (4) $-2ax+6ay+4bx-12by$ (5) $-2x^2+7x+15$ (6) $-6x^2-19xy-15y^2$

02 답 (1) a^2+6a+9 (2) $25a^2+10ab+b^2$ (3) $9a^2+24ab+16b^2$ (4) $x^2-12x+36$ (5) $4x^2-12xy+9y^2$ (6) $4a^2-20a+25$

03 답 (1) a^2-9 (2) $4x^2-1$ (3) $9x^2-25y^2$ (4) x^2-49

04 답 (1) $6a^2-ab-b^2$ (2) $4x^2+6xy+\frac{9}{4}y^2$ (3) $\frac{1}{16}x^2+2xy+16y^2$ (4) $\frac{1}{25}a^2-\frac{9}{16}b^2$

(1) $\left(3a-\frac{3}{2}b\right)\left(2a+\frac{2}{3}b\right)=6a^2+2ab-3ab-b^2$
$=6a^2-ab-b^2$

(2) $\left(2x+\frac{3}{2}y\right)^2=(2x)^2+2\times 2x\times\frac{3}{2}y+\left(\frac{3}{2}y\right)^2$
$=4x^2+6xy+\frac{9}{4}y^2$

(3) $\left(-\frac{1}{4}x-4y\right)^2=\left(\frac{1}{4}x+4y\right)^2$
$=\left(\frac{1}{4}x\right)^2+2\times\frac{1}{4}x\times 4y+(4y)^2$
$=\frac{1}{16}x^2+2xy+16y^2$

(4) $\left(\frac{1}{5}a+\frac{3}{4}b\right)\left(\frac{1}{5}a-\frac{3}{4}b\right)=\left(\frac{1}{5}a\right)^2-\left(\frac{3}{4}b\right)^2$
$=\frac{1}{25}a^2-\frac{9}{16}b^2$

14 다항식의 곱셈 (2)
개념북 56쪽

확인 1 답 (1) $x^2+3x-18$ (2) $x^2-12x+32$

확인 2 답 (1) $7x^2+23x-20$ (2) $12x^2-10x+2$

(1) $(7x-5)(x+4)=7x^2+(28-5)x-20$
$=7x^2+23x-20$

(2) $(3x-1)(4x-2)=12x^2+(-6-4)x+2$
$=12x^2-10x+2$

개념 check 개념북 57쪽

01 답 (1) $a^2+7ab+6b^2$ (2) $x^2-3xy-10y^2$ (3) $x^2+xy-12y^2$ (4) $a^2-16ab+63b^2$

02 답 (1) $6x^2+23xy+21y^2$ (2) $24x^2+34xy-10y^2$ (3) $35x^2+53xy-18y^2$ (4) $20x^2-39xy+18y^2$

(1) $(3x+7y)(2x+3y)=6x^2+(9+14)xy+21y^2$
$=6x^2+23xy+21y^2$

(2) $(3x+5y)(8x-2y)=24x^2+(-6+40)xy-10y^2$
$=24x^2+34xy-10y^2$

(3) $(7x-2y)(5x+9y)=35x^2+(63-10)xy-18y^2$
$=35x^2+53xy-18y^2$

(4) $(4x-3y)(5x-6y)=20x^2+(-24-15)xy+18y^2$
$=20x^2-39xy+18y^2$

03 답 (1) $x^2+\frac{1}{6}x-\frac{1}{6}$ (2) $-5x^2+37x-42$ (3) $\frac{1}{2}x^2+\frac{10}{3}x+2$ (4) $6x^2-19x+8$

(1) $\left(x+\frac{1}{2}\right)\left(x-\frac{1}{3}\right)$
$=x^2+\left\{\frac{1}{2}+\left(-\frac{1}{3}\right)\right\}x+\frac{1}{2}\times\left(-\frac{1}{3}\right)$
$=x^2+\frac{1}{6}x-\frac{1}{6}$

(2) $(-5x+7)(x-6)$
$=-(5x-7)(x-6)$
$=-[(5\times 1)x^2+\{5\times(-6)+(-7)\times 1\}x$
$+(-7)\times(-6)]$
$=-5x^2+37x-42$

(3) $\left(\frac{1}{2}x+3\right)\left(x+\frac{2}{3}\right)$
$=\left(\frac{1}{2}\times 1\right)x^2+\left(\frac{1}{2}\times\frac{2}{3}+3\times 1\right)x+3\times\frac{2}{3}$
$=\frac{1}{2}x^2+\frac{10}{3}x+2$

(4) $(-3x+8)(-2x+1)$
$=\{(-3)\times(-2)\}x^2+\{(-3)\times 1+8\times(-2)\}x$
$+8\times 1$
$=6x^2-19x+8$

04 답 11

$\left(\frac{2}{3}x+2\right)\left(6x-\frac{3}{2}\right)=4x^2+11x-3$이므로 x의 계수는 11이다.

유형 check 개념북 58~59쪽

1 답 ②

x의 계수: $3\times 5=15$

y의 계수: $(-4)\times a=-4a$

$15-4a=23$이므로 $4a=-8$ $\therefore a=-2$

1-1 답 ⑤

$1\times 3+(-4)\times(-2)=3+8=11$

따라서 xy의 계수는 11이다.

1-2 답 ②

$(x-3y-2z)^2=(x-3y-2z)(x-3y-2z)$

y^2항: $(-3y)\times(-3y)=9y^2$

xy항: $x\times(-3y)+(-3y)\times x=-3xy-3xy=-6xy$

$\therefore a=9,\ b=-6 \qquad \therefore a+2b=-3$

2 답 ⑤

① $(x+3)^2=x^2+6x+9$

② $(x-1)^2=x^2-2x+1$

③ $(-x-4)^2=(x+4)^2=x^2+8x+16$

④ $(-2a+3b)^2=4a^2-12ab+9b^2$

2-1 답 ③

$(3x-4)^2=9x^2-24x+16$

① $(3x+4)^2=9x^2+24x+16$

② $(-3x-4)^2=(3x+4)^2=9x^2+24x+16$

③ $(-3x+4)^2=(3x-4)^2=9x^2-24x+16$

④ $-(3x+4)^2=-(9x^2+24x+16)=-9x^2-24x-16$

⑤ $-(3x-4)^2=-(9x^2-24x+16)=-9x^2+24x-16$

2-2 답 $-\frac{1}{4}$

$\left(\frac{2}{3}x-a\right)^2=\frac{4}{9}x^2-\frac{4}{3}ax+a^2$이므로

$-\frac{4}{3}a=\frac{2}{3}$에서 $a=-\frac{1}{2},\ b=a^2=\frac{1}{4}$

$\therefore a+b=-\frac{1}{2}+\frac{1}{4}=-\frac{1}{4}$

3 답 ③

③ $(-2x+y)(2x+y)=(y-2x)(y+2x)$

$=y^2-4x^2=-4x^2+y^2$

3-1 답 ②

$(-3x-4)(-3x+4)=9x^2-16$에서

x^2의 계수는 9, 상수항은 -16, 즉 $a=9,\ b=-16$이므로

$b-a=-16-9=-25$

3-2 답 x^4-1

$(x-1)(x+1)(x^2+1)=(x^2-1)(x^2+1)=x^4-1$

4 답 ③

① $(x+5)(x-1)=x^2+\{5+(-1)\}x+5\times(-1)$

$=x^2+4x-5$

② $(-x+2)(x-3)$

$=-(x-2)(x-3)$

$=-[x^2+\{(-2)+(-3)\}x+(-2)\times(-3)]$

$=-x^2+5x-6$

③ $(2x+1)(3x-5)$

$=(2\times3)x^2+\{2\times(-5)+1\times3\}x+1\times(-5)$

$=6x^2-7x-5$

④ $(-x+y)(-x-2y)$

$=(x-y)(x+2y)$

$=x^2+\{2+(-1)\}xy+\{(-1)\times2\}y^2$

$=x^2+xy-2y^2$

⑤ $\left(5x-\frac{1}{3}\right)\left(x-\frac{1}{2}\right)$

$=(5\times1)x^2+\left\{5\times\left(-\frac{1}{2}\right)+\left(-\frac{1}{3}\right)\times1\right\}x+\left(-\frac{1}{3}\right)\times\left(-\frac{1}{2}\right)$

$=5x^2-\frac{17}{6}x+\frac{1}{6}$

4-1 답 ①

$(3x+2)(4x-3)=12x^2-x-6=ax^2+bx-6$이므로

$a=12,\ b=-1 \qquad \therefore ab=-12$

4-2 답 ③

$(4x+a)(bx-1)=4bx^2+(-4+ab)x-a=8x^2+cx-5$

에서 양변의 계수를 비교하면

$4b=8,\ -4+ab=c,\ -a=-5 \qquad \therefore a=5,\ b=2,\ c=6$

$\therefore a+b+c=13$

2 곱셈 공식의 활용

15 곱셈 공식의 활용 (1)

개념북 60쪽

확인 1 답 9991

$103\times97=(100+3)(100-3)$

$=100^2-3^2$

$=10000-9=9991$

확인 2 답 (1) $\frac{\sqrt{5}-\sqrt{2}}{3}$ (2) $\sqrt{7}+\sqrt{5}$

(1) $\frac{1}{\sqrt{5}+\sqrt{2}}=\frac{\sqrt{5}-\sqrt{2}}{(\sqrt{5}+\sqrt{2})(\sqrt{5}-\sqrt{2})}$

$=\frac{\sqrt{5}-\sqrt{2}}{5-2}=\frac{\sqrt{5}-\sqrt{2}}{3}$

(2) $\frac{2}{\sqrt{7}-\sqrt{5}}=\frac{2(\sqrt{7}+\sqrt{5})}{(\sqrt{7}-\sqrt{5})(\sqrt{7}+\sqrt{5})}$

$=\frac{2(\sqrt{7}+\sqrt{5})}{7-5}=\sqrt{7}+\sqrt{5}$

개념 check 개념북 61쪽

01 답 (1) 11449 (2) 4761 (3) 9.61 (4) 7.84

(1) $107^2=(100+7)^2=10000+1400+49=11449$

(2) $69^2=(70-1)^2=4900-140+1=4761$

(3) $3.1^2=(3+0.1)^2=9+0.6+0.01=9.61$

(4) $2.8^2=(3-0.2)^2=9-1.2+0.04=7.84$

02 답 (1) 2496 (2) 9984 (3) 8.91 (4) 3538

(1) $52\times48=(50+2)(50-2)=2500-4=2496$

(2) $104\times96=(100+4)(100-4)=10000-16=9984$

(3) $2.7\times3.3=(3-0.3)(3+0.3)=9-0.09=8.91$

(4) $61\times58=(60+1)(60-2)=3600-60-2=3538$

03 답 (1) $2\sqrt{5}+\sqrt{15}$ (2) $3\sqrt{3}-2\sqrt{6}$ (3) $4-\sqrt{10}$ (4) $\frac{12+4\sqrt{6}}{3}$

(1) $\frac{\sqrt{5}}{2-\sqrt{3}}=\frac{\sqrt{5}(2+\sqrt{3})}{(2-\sqrt{3})(2+\sqrt{3})}=2\sqrt{5}+\sqrt{15}$

(2) $\frac{\sqrt{3}}{3+2\sqrt{2}}=\frac{\sqrt{3}(3-2\sqrt{2})}{(3+2\sqrt{2})(3-2\sqrt{2})}=3\sqrt{3}-2\sqrt{6}$

(3) $\frac{3\sqrt{2}}{2\sqrt{2}+\sqrt{5}}=\frac{3\sqrt{2}(2\sqrt{2}-\sqrt{5})}{(2\sqrt{2}+\sqrt{5})(2\sqrt{2}-\sqrt{5})}=4-\sqrt{10}$

(4) $\frac{4\sqrt{2}}{3\sqrt{2}-2\sqrt{3}}=\frac{4\sqrt{2}(3\sqrt{2}+2\sqrt{3})}{(3\sqrt{2}-2\sqrt{3})(3\sqrt{2}+2\sqrt{3})}=\frac{12+4\sqrt{6}}{3}$

04 답 (1) $-3+2\sqrt{2}$ (2) $5+2\sqrt{6}$ (3) $22-15\sqrt{2}$
(4) $8\sqrt{6}+6\sqrt{10}-8-2\sqrt{15}$

(1) $\frac{1-\sqrt{2}}{1+\sqrt{2}}=\frac{(1-\sqrt{2})^2}{(1+\sqrt{2})(1-\sqrt{2})}$
$=-(1-\sqrt{2})^2=-3+2\sqrt{2}$

(2) $\frac{\sqrt{3}+\sqrt{2}}{\sqrt{3}-\sqrt{2}}=\frac{(\sqrt{3}+\sqrt{2})^2}{(\sqrt{3}-\sqrt{2})(\sqrt{3}+\sqrt{2})}$
$=(\sqrt{3}+\sqrt{2})^2=5+2\sqrt{6}$

(3) $\frac{6-\sqrt{2}}{3+2\sqrt{2}}=\frac{(6-\sqrt{2})(3-2\sqrt{2})}{(3+2\sqrt{2})(3-2\sqrt{2})}=22-15\sqrt{2}$

(4) $\frac{6\sqrt{2}-2\sqrt{3}}{4\sqrt{3}-3\sqrt{5}}=\frac{(6\sqrt{2}-2\sqrt{3})(4\sqrt{3}+3\sqrt{5})}{(4\sqrt{3}-3\sqrt{5})(4\sqrt{3}+3\sqrt{5})}$
$=\frac{24\sqrt{6}+18\sqrt{10}-24-6\sqrt{15}}{48-45}$
$=8\sqrt{6}+6\sqrt{10}-8-2\sqrt{15}$

16 곱셈 공식의 활용 (2)

개념북 62쪽

확인 1 답 $a+b$, $a+b$, $a+b$, $a^2+2ab+b^2-2a-2b$

확인 2 답 $2xy$, 2, 13

개념 check

개념북 63쪽

01 답 (1) $4x^2+4xy+y^2+4x+2y-3$
(2) $2x^2-3xy+2x-9y^2+12y-4$

(1) $2x+y=A$로 놓으면
$(2x+y-1)(2x+y+3)$
$=(A-1)(A+3)$
$=A^2+2A-3$
$=(2x+y)^2+2(2x+y)-3$
$=4x^2+4xy+y^2+4x+2y-3$

(2) $3y-2=A$로 놓으면
$(2x+3y-2)(x-3y+2)$
$=(2x+3y-2)\{x-(3y-2)\}$
$=(2x+A)(x-A)$
$=2x^2-Ax-A^2$
$=2x^2-(3y-2)x-(3y-2)^2$
$=2x^2-3xy+2x-9y^2+12y-4$

02 답 (1) $x^2-4xy+4y^2+8x-16y+16$
(2) $9a^2+12ab+4b^2-6a-4b+1$

(1) $x-2y=A$로 놓으면
$(x-2y+4)^2=(A+4)^2=A^2+8A+16$
$=(x-2y)^2+8(x-2y)+16$
$=x^2-4xy+4y^2+8x-16y+16$

(2) $3a+2b=A$로 놓으면
$(3a+2b-1)^2=(A-1)^2=A^2-2A+1$
$=(3a+2b)^2-2(3a+2b)+1$
$=9a^2+12ab+4b^2-6a-4b+1$

03 답 (1) 25 (2) 49

(1) $a^2+b^2=(a+b)^2-2ab=(-1)^2-2\times(-12)=25$

(2) $(a-b)^2=(a+b)^2-4ab=(-1)^2-4\times(-12)=49$

04 답 (1) -20 (2) 1

(1) $x^2+y^2=(x-y)^2+2xy$이므로
$41=81+2xy$ $\therefore xy=-20$

(2) $(x+y)^2=(x-y)^2+4xy=81-80=1$

유형 check

개념북 64~67쪽

1 답 ⑤

⑤ $297\times303=(300-3)(300+3)$
→ $(a+b)(a-b)=a^2-b^2$

1-1 답 ④

① $53^2=(50+3)^2$ → $(a+b)^2$
② $49^2=(50-1)^2$ → $(a-b)^2$
③ $93\times94=(100-7)(100-6)$ → $(x+a)(x+b)$
④ $199\times201=(200-1)(200+1)$ → $(a-b)(a+b)$
⑤ $3.03\times2.99=(3+0.03)(3-0.01)$ → $(x+a)(x+b)$

1-2 답 ②

① $(a+b)^2$　③ $(a+b)(a-b)$
④ $(x+a)(x+b)$　⑤ $(x+a)(x+b)$

2 답 ②

$75\times85-77\times83$
$=(80-5)(80+5)-(80-3)(80+3)$
$=(6400-25)-(6400-9)$
$=-25+9=-16$

2-1 답 ④

$53\times47+62^2=(50+3)(50-3)+(60+2)^2$
$=(2500-9)+(3600+240+4)$
$=2491+3844=6335$

따라서 각 자리의 숫자의 합은 $6+3+3+5=17$

2-2 답 375

$(373\times377+4)\div375=\frac{373\times377+4}{375}$
$=\frac{(375-2)(375+2)+4}{375}$
$=\frac{(375^2-4)+4}{375}=375$

3 답 ③

① $\frac{1}{2+\sqrt{3}}=\frac{2-\sqrt{3}}{(2+\sqrt{3})(2-\sqrt{3})}=2-\sqrt{3}$

② $\frac{1}{1-\sqrt{2}}=\frac{1+\sqrt{2}}{(1-\sqrt{2})(1+\sqrt{2})}$
$=-(1+\sqrt{2})=-1-\sqrt{2}$

③ $\frac{3}{\sqrt{10}-\sqrt{7}}=\frac{3(\sqrt{10}+\sqrt{7})}{(\sqrt{10}-\sqrt{7})(\sqrt{10}+\sqrt{7})}$

$=\frac{3(\sqrt{10}+\sqrt{7})}{3}=\sqrt{10}+\sqrt{7}$

④ $\frac{\sqrt{3}}{2-\sqrt{3}}=\frac{\sqrt{3}(2+\sqrt{3})}{(2-\sqrt{3})(2+\sqrt{3})}=2\sqrt{3}+3$

⑤ $\frac{\sqrt{2}}{\sqrt{5}+\sqrt{3}}=\frac{\sqrt{2}(\sqrt{5}-\sqrt{3})}{(\sqrt{5}+\sqrt{3})(\sqrt{5}-\sqrt{3})}$

$=\frac{\sqrt{2}(\sqrt{5}-\sqrt{3})}{2}=\frac{\sqrt{10}-\sqrt{6}}{2}$

3-1 답 ②

$\frac{\sqrt{3}}{\sqrt{6}-\sqrt{2}}-\frac{\sqrt{3}}{\sqrt{6}+\sqrt{2}}$

$=\frac{\sqrt{3}(\sqrt{6}+\sqrt{2})}{(\sqrt{6}-\sqrt{2})(\sqrt{6}+\sqrt{2})}-\frac{\sqrt{3}(\sqrt{6}-\sqrt{2})}{(\sqrt{6}+\sqrt{2})(\sqrt{6}-\sqrt{2})}$

$=\frac{\sqrt{18}+\sqrt{6}}{6-2}-\frac{\sqrt{18}-\sqrt{6}}{6-2}$

$=\frac{\sqrt{18}+\sqrt{6}-\sqrt{18}+\sqrt{6}}{4}=\frac{\sqrt{6}}{2}$

3-2 답 ③

$\frac{\sqrt{3}+\sqrt{2}}{\sqrt{3}-\sqrt{2}}-\frac{\sqrt{3}-\sqrt{2}}{\sqrt{3}+\sqrt{2}}$

$=\frac{(\sqrt{3}+\sqrt{2})^2}{(\sqrt{3}-\sqrt{2})(\sqrt{3}+\sqrt{2})}-\frac{(\sqrt{3}-\sqrt{2})^2}{(\sqrt{3}+\sqrt{2})(\sqrt{3}-\sqrt{2})}$

$=(5+2\sqrt{6})-(5-2\sqrt{6})=4\sqrt{6}$

4 답 ④

$2x-1=A$로 놓으면

$(2x+3y-1)(2x+5y-1)$

$=(A+3y)(A+5y)$

$=A^2+8Ay+15y^2$

$=(2x-1)^2+8(2x-1)y+15y^2$

$=4x^2-4x+1+16xy-8y+15y^2$

4-1 답 -4

$2x-3y=A$로 놓으면

$(-4+2x-3y)(4+2x-3y)=(-4+A)(4+A)$

$-A^2-16$

$=(2x-3y)^2-16$

$=4x^2-12xy+9y^2-16$

따라서 $a=-12$, $b=-16$이므로 $b-a=-4$

4-2 답 $-12x+6y+10$

$2x-y=A$로 놓으면

$(2x-y-3)^2-(2x+1-y)(2x-1-y)$

$=(A-3)^2-(A+1)(A-1)$

$=A^2-6A+9-A^2+1$

$=-6A+10$

$=-6(2x-y)+10=-12x+6y+10$

5 답 ④

$x(x-1)(x-2)(x-3)$

$=\{x(x-3)\}\{(x-1)(x-2)\}$

$=(x^2-3x)(x^2-3x+2)$

$x^2-3x=A$이므로

$(x^2-3x)(x^2-3x+2)=A(A+2)$

5-1 답 30

$(x+1)(x+2)(x+5)(x-2)$

$=\{(x+1)(x+2)\}\{(x+5)(x-2)\}$

$=(x^2+3x+2)(x^2+3x-10)$

$x^2+3x=A$로 놓으면

$(x^2+3x+2)(x^2+3x-10)$

$=(A+2)(A-10)=A^2-8A-20$

$=(x^2+3x)^2-8(x^2+3x)-20$

$=x^4+6x^3+x^2-24x-20$

따라서 $a=6$, $b=-24$이므로 $a-b=30$

5-2 답 $x^4+2x^3-23x^2+12x+36$

$(x-2)(x+1)(x-3)(x+6)$

$=\{(x-2)(x-3)\}\{(x+1)(x+6)\}$

$=(x^2-5x+6)(x^2+7x+6)$

$x^2+6=A$로 놓으면

$(x^2-5x+6)(x^2+7x+6)$

$=(A-5x)(A+7x)=A^2+2Ax-35x^2$

$=(x^2+6)^2+2(x^2+6)x-35x^2$

$=x^4+12x^2+36+2x^3+12x-35x^2$

$=x^4+2x^3-23x^2+12x+36$

6 답 ④

$(x-y)^2=(x+y)^2-4xy=7^2-4\times(-2)=49+8=57$

$\therefore x-y=\pm\sqrt{57}$

6-1 답 ①

$x^2-5xy+y^2=(x-y)^2-3xy=3^2-3\times4=-3$

6-2 답 $\frac{5}{2}$

$a^2+b^2=(a+b)^2-2ab$에서 $20=36-2ab$

$2ab=16$ $\quad\therefore ab=8$

$\therefore \frac{b}{a}+\frac{a}{b}=\frac{a^2+b^2}{ab}=\frac{20}{8}=\frac{5}{2}$

7 답 ②

$a^2+\frac{1}{a^2}=\left(a+\frac{1}{a}\right)^2-2=2^2-2=2$

7-1 답 ③

$a^2+\frac{1}{a^2}=\left(a-\frac{1}{a}\right)^2+2=(-4)^2+2=18$

7-2 답 23

$x^2-5x+1=0$에서 $x\neq0$이므로 양변을 x로 나누면

$x-5+\frac{1}{x}=0$, $x+\frac{1}{x}=5$

$\therefore x^2+\frac{1}{x^2}=\left(x+\frac{1}{x}\right)^2-2=5^2-2=23$

8 답 ⑤

$x=\frac{1}{3+2\sqrt{2}}=\frac{3-2\sqrt{2}}{(3+2\sqrt{2})(3-2\sqrt{2})}=3-2\sqrt{2}$

$x-3=-2\sqrt{2}$의 양변을 제곱하면

$(x-3)^2=8,\ x^2-6x+1=0$

$\therefore\ x^2-6x+4=(x^2-6x+1)+3=3$

8-1 답 29

$a^2+b^2+3ab=(a+b)^2+ab$

$a+b=(\sqrt{7}+\sqrt{6})+(\sqrt{7}-\sqrt{6})=2\sqrt{7}$

$ab=(\sqrt{7}+\sqrt{6})(\sqrt{7}-\sqrt{6})=7-6=1$

$\therefore\ a^2+b^2+3ab=(a+b)^2+ab$
$=(2\sqrt{7})^2+1$
$=28+1=29$

8-2 답 ③

$f(x)=\frac{1}{\sqrt{x+1}+\sqrt{x}}=\frac{\sqrt{x+1}-\sqrt{x}}{(\sqrt{x+1}+\sqrt{x})(\sqrt{x+1}-\sqrt{x})}$
$=\frac{\sqrt{x+1}-\sqrt{x}}{(x+1)-x}=\sqrt{x+1}-\sqrt{x}$

$\therefore\ f(1)+f(2)+f(3)+f(4)+f(5)+f(6)$
$=(\sqrt{2}-1)+(\sqrt{3}-\sqrt{2})+(\sqrt{4}-\sqrt{3})+(\sqrt{5}-\sqrt{4})$
$+(\sqrt{6}-\sqrt{5})+(\sqrt{7}-\sqrt{6})$
$=-1+\sqrt{7}$

단원 마무리

개념북 68~70쪽

01 ④	02 ③	03 ⑤	04 ④	05 ③
06 ⑤	07 ⑤	08 ⑤	09 ②	10 417
11 ④	12 ③	13 ④	14 ③	15 ④
16 17	17 −24	18 47		

01 ③ $(-2+x)(-2-x)=(-2)^2-x^2=4-x^2$

④ $\left(\frac{1}{2}x-1\right)^2=\frac{1}{4}x^2-x+1$

⑤ $(-6-2x)(6-2x)=-6^2+(-2x)^2=4x^2-36$

02 $(x+m)^2=x^2+2mx+m^2=x^2-nx+\frac{1}{4}$

$m^2=\frac{1}{4}$에서 $m=-\frac{1}{2},\ \frac{1}{2}$이고 $m<0$이므로 $m=-\frac{1}{2}$

$2m=-n$에서 $n=-2m=(-2)\times\left(-\frac{1}{2}\right)=1$

$\therefore\ 2m+n=0$

03 $16x^2-a^2=bx^2-49$에서 $b=16$

$a^2=49$에서 $a=-7,\ 7$이고 $a>0$이므로 $a=7$

$\therefore\ b-a=9$

04 ① $(2x+3)^2=4x^2+12x+9$ $\quad\therefore\ \square=12$

② $(3a+4)(3a-4)=9a^2-16$ $\quad\therefore\ \square=16$

③ $(x+5)(x+6)=x^2+11x+30$ $\quad\therefore\ \square=11$

④ $(2a+3)(a-5)=2a^2-7a-15$ $\quad\therefore\ \square=7$

⑤ $(-x+5)(x-5)=-x^2+10x-25$ $\quad\therefore\ \square=10$

05 주어진 그림에서 설명하는 곱셈 공식은

$(a+b)(a-b)=a^2-b^2$이다.

06 $(Ax+3)(x+B)=Ax^2+(AB+3)x+3B$
$=2x^2+Cx-12$

$A=2,\ AB+3=C,\ 3B=-12$

$A=2,\ B=-4$이므로 $C=-8+3=-5$

$\therefore\ A+B+C=-7$

07 (구하는 넓이)

$=(5x+2y)(x+3y)-2(x+y)(x-y)$

$=5x^2+17xy+6y^2-2x^2+2y^2$

$=3x^2+17xy+8y^2$

08 (주어진 식)$=(x^2+5x+4)+(-8x^2+22x-15)$
$=-7x^2+27x-11$

09 (주어진 식)$=\{(5-1)(5+1)\}(5^2+1)(5^4+1)$
$=\{(5^2-1)(5^2+1)\}(5^4+1)$
$=(5^4-1)(5^4+1)=5^8+1$

따라서 $m=8,\ n=1$이므로 $m-n=7$

10 $201^2-196\times204$

$=(200+1)^2-(200-4)(200+4)$

$=40000+400+1-(40000-16)$

$=417$

11 $\frac{\sqrt{6}}{5+2\sqrt{6}}+\frac{5+2\sqrt{6}}{5-2\sqrt{6}}$

$=\frac{\sqrt{6}(5-2\sqrt{6})+(5+2\sqrt{6})^2}{(5+2\sqrt{6})(5-2\sqrt{6})}$

$=\frac{5\sqrt{6}-12+49+20\sqrt{6}}{25-24}$

$=37+25\sqrt{6}$

따라서 $a=37,\ b=25$이므로 $a+b=62$

12 $(a+b)^2-(a-b)^2=(a^2+2ab+b^2)-(a^2-2ab+b^2)$
$=a^2+2ab+b^2-a^2+2ab-b^2$
$=4ab$
$=4\times5=20$

13 $x^2+2x-1=0$에서 $x\neq0$이므로 양변을 x로 나누면

$x+2-\frac{1}{x}=0 \quad\therefore\ x-\frac{1}{x}=-2$

$\therefore\ x^2+\frac{1}{x^2}=\left(x-\frac{1}{x}\right)^2+2=(-2)^2+2=4+2=6$

14 $a=\frac{2(4+\sqrt{14})}{(4-\sqrt{14})(4+\sqrt{14})}=4+\sqrt{14}$,

$b=\frac{2(4-\sqrt{14})}{(4+\sqrt{14})(4-\sqrt{14})}=4-\sqrt{14}$이므로

$a+b=(4+\sqrt{14})+(4-\sqrt{14})=8$,

$ab=(4+\sqrt{14})(4-\sqrt{14})=16-14=2$

$\therefore\ a^2+5ab+b^2=(a+b)^2+3ab=8^2+3\times2=70$

15 $(x+a)(x+b)=x^2+12x+A$에서 $a+b=12$, $ab=A$이므로 더하여 12가 되는 두 자연수 (a, b)는 $(1, 11)$, $(2, 10)$, $(3, 9)$, $(4, 8)$, $(5, 7)$, $(6, 6)$, $(7, 5)$, $(8, 4)$, $(9, 3)$, $(10, 2)$, $(11, 1)$이다.

① $11=1\times 11$ ② $20=2\times 10$

③ $27=3\times 9$ ⑤ $32=4\times 8$

16 **1단계** $(2+1)(2^2+1)(2^4+1)(2^8+1)=2^p+q$의 양변에 $(2-1)$을 곱하면

$(2-1)(2+1)(2^2+1)(2^4+1)(2^8+1)$
$=(2-1)(2^p+q)$

2단계 (좌변)$=(2^2-1)(2^2+1)(2^4+1)(2^8+1)$
$=(2^4-1)(2^4+1)(2^8+1)$
$=(2^8-1)(2^8+1)=2^{16}-1$

3단계 $p=16$, $q=-1$이므로 $p-q=17$

17 $(4x+3)(ax-7)=4ax^2+(3a-28)x-21$ ······ ❶

$4ax^2+(3a-28)x-21=4x^2+bx-21$에서 양변의 계수를 비교하면

$4a=4$, $3a-28=b$

$\therefore a=1, b=-25$ ······ ❷

$\therefore a+b=1+(-25)=-24$ ······ ❸

단계	채점 기준	비율
❶	잘못 본 식 전개하기	30 %
❷	a, b의 값 구하기	60 %
❸	$a+b$의 값 구하기	10 %

18 $x+\frac{1}{x}=3$의 양변을 제곱하면

$\left(x+\frac{1}{x}\right)^2=3^2$, $x^2+2+\frac{1}{x^2}=9$

$\therefore x^2+\frac{1}{x^2}=7$ ······ ❶

다시 $x^2+\frac{1}{x^2}=7$의 양변을 제곱하면

$\left(x^2+\frac{1}{x^2}\right)^2=7^2$, $x^4+2+\frac{1}{x^4}=49$

$\therefore x^4+\frac{1}{x^4}=47$ ······ ❷

단계	채점 기준	비율
❶	$x^2+\frac{1}{x^2}$의 값 구하기	40 %
❷	$x^4+\frac{1}{x^4}$의 값 구하기	60 %

Ⅱ-2 | 인수분해

1 인수분해 공식

17 인수분해의 뜻 개념북 72쪽

확인 1 답 (1) $2a^2-2ab$ (2) $2a^2-2ab+a-b$

확인 2 답 (1) $1, a-2, a+3, (a-2)(a+3)$
(2) $1, x-4, (x-4)^2$

확인 3 답 (1) $y(y+3)$ (2) $3xy(2x-3y)$

개념 check 개념북 73쪽

01 답 ㄱ, ㄴ, ㅁ, ㅂ

$xy(x-y-1)$의 인수는 $1, x, y, x-y-1, xy, x(x-y-1), y(x-y-1), xy(x-y-1)$이다.

02 답 ㄷ, ㅁ, ㅂ

$x(x+y)(x-2y)$의 인수는 $1, x, x+y, x-2y, x(x+y), x(x-2y), (x+y)(x-2y), x(x+y)(x-2y)$이다.

03 답 (1) $a(4b-6ab-3c)$ (2) $3xy(x+2-3y)$
(3) $xy(x+y-1)$

04 답 (1) $a(ab+ac-b^2)$ (2) $5yz(y-2+3z)$
(3) $c(a+b-2)$

18 인수분해 공식 (1) 개념북 74쪽

확인 1 답 (1) $(y-4)^2$ (2) $5(x+1)^2$

(1) $y^2-8y+16=y^2-2\times y\times 4+4^2=(y-4)^2$

(2) $5x^2+10x+5=5(x^2+2x+1)$
$=5(x^2+2\times x\times 1+1^2)$
$=5(x+1)^2$

확인 2 답 (1) 49 (2) $\frac{9}{4}$

(1) $\square=\left(14\times\frac{1}{2}\right)^2=49$ (2) $\square=\left(-3\times\frac{1}{2}\right)^2=\frac{9}{4}$

확인 3 답 (1) $(2+3x)(2-3x)$ (2) $5(x+4y)(x-4y)$

(1) $4-9x^2=2^2-(3x)^2=(2+3x)(2-3x)$

(2) $5x^2-80y^2=5\{x^2-(4y)^2\}=5(x+4y)(x-4y)$

개념 check 개념북 75쪽

01 답 (1) $(4x+1)^2$ (2) $(2x-9y)^2$ (3) $(2a+1)^2$
(4) $3(a-3)^2$

(1) $16x^2+8x+1=(4x)^2+2\times 4x\times 1+1^2$
$=(4x+1)^2$

(2) $4x^2-36xy+81y^2=(2x)^2-2\times 2x\times 9y+(9y)^2$
$=(2x-9y)^2$

(3) $4a^2+4a+1=(2a)^2+2\times 2a\times 1+1^2$
$=(2a+1)^2$

(4) $3a^2-18a+27=3(a^2-6a+9)$
$=3(a^2-2\times a\times 3+3^2)$
$=3(a-3)^2$

02 답 (1) $\left(a+\frac{1}{2}b\right)^2$ (2) $\left(4a-\frac{1}{2}\right)^2$ (3) $\left(\frac{1}{2}x+3y\right)^2$
(4) $\left(x-\frac{1}{4}\right)^2$

(1) $a^2+ab+\frac{1}{4}b^2=a^2+2\times a\times\frac{1}{2}b+\left(\frac{1}{2}b\right)^2$
$=\left(a+\frac{1}{2}b\right)^2$

(2) $16a^2-4a+\frac{1}{4}=(4a)^2-2\times 4a\times\frac{1}{2}+\left(\frac{1}{2}\right)^2$
$=\left(4a-\frac{1}{2}\right)^2$

(3) $\frac{1}{4}x^2+3xy+9y^2=\left(\frac{1}{2}x\right)^2+2\times\frac{1}{2}x\times 3y+(3y)^2$
$=\left(\frac{1}{2}x+3y\right)^2$

(4) $x^2-\frac{1}{2}x+\frac{1}{16}=x^2-2\times x\times\frac{1}{4}+\left(\frac{1}{4}\right)^2$
$=\left(x-\frac{1}{4}\right)^2$

03 답 (1) $\pm 8a$ (2) $\pm 12xy$ (3) $\pm\frac{2}{3}x$ (4) $\pm\frac{1}{3}ab$

(1) $\square=\pm 2\times a\times 4=\pm 8a$
(2) $\square=\pm 2\times 2x\times 3y=\pm 12xy$
(3) $\square=\pm 2\times x\times\frac{1}{3}=\pm\frac{2}{3}x$
(4) $\square=\pm 2\times\frac{1}{2}a\times\frac{1}{3}b=\pm\frac{1}{3}ab$

04 답 (1) $9(3x+y)(3x-y)$ (2) $4(a+5b)(a-5b)$
(3) $\left(\frac{1}{2}y+\frac{1}{3}x\right)\left(\frac{1}{2}y-\frac{1}{3}x\right)$ (4) $\left(1+\frac{3}{5}x\right)\left(1-\frac{3}{5}x\right)$

(1) $81x^2-9y^2=9\{(3x)^2-y^2\}=9(3x+y)(3x-y)$
(2) $4a^2-100b^2=4\{a^2-(5b)^2\}=4(a+5b)(a-5b)$
(3) $-\frac{1}{9}x^2+\frac{1}{4}y^2=\left(\frac{1}{2}y\right)^2-\left(\frac{1}{3}x\right)^2$
$=\left(\frac{1}{2}y+\frac{1}{3}x\right)\left(\frac{1}{2}y-\frac{1}{3}x\right)$
(4) $-\frac{9}{25}x^2+1=1^2-\left(\frac{3}{5}x\right)^2=\left(1+\frac{3}{5}x\right)\left(1-\frac{3}{5}x\right)$

19 인수분해 공식 (2)

개념북 76쪽

확인 1 답 (1) $(x+1)(x+3)$ (2) $(x-2)(x-6)$

(1) 합이 4, 곱이 3인 두 수는 1과 3이므로
$x^2+4x+3=(x+1)(x+3)$
(2) 합이 -8, 곱이 12인 두 수는 -2와 -6이므로
$x^2-8x+12=(x-2)(x-6)$

확인 2 답 -2, -6, -1, -1, -7, $(x-2)(3x-1)$

개념 • check

개념북 77쪽

01 답 (1) $(x-1)(x+2)$ (2) $(x-1)(x+3)$
(3) $(x+2)(x-5)$ (4) $(x+2)(x-6)$

(1) 곱이 -2인 두 수 중에서 합이 1인 수는 -1과 2이므로
$x^2+x-2=(x-1)(x+2)$
(2) 곱이 -3인 두 수 중에서 합이 2인 수는 -1과 3이므로
$x^2+2x-3=(x-1)(x+3)$
(3) 곱이 -10인 두 수 중에서 합이 -3인 수는 2와 -5이므로 $x^2-3x-10=(x+2)(x-5)$
(4) 곱이 -12인 두 수 중에서 합이 -4인 수는 2와 -6이므로 $x^2-4x-12=(x+2)(x-6)$

02 답 (1) $(x+2y)(x+3y)$ (2) $(x-y)(x-6y)$
(3) $(x-2y)(x+3y)$ (4) $(x+y)(x-6y)$

(1) 곱이 6인 두 수 중에서 합이 5인 수는 2와 3이므로
$x^2+5xy+6x^2=(x+2y)(x+3y)$
(2) 곱이 6인 두 수 중에서 합이 -7인 수는 -1과 -6이므로 $x^2-7xy+6y^2=(x-y)(x-6y)$
(3) 곱이 -6인 두 수 중에서 합이 1인 수는 -2와 3이므로
$x^2+xy-6y^2=(x-2y)(x+3y)$
(4) 곱이 -6인 두 수 중에서 합이 -5인 수는 1과 -6이므로 $x^2-5xy-6y^2=(x+y)(x-6y)$

03 답 (1) $(x+1)(2x-1)$ (2) $(x+1)(3x-1)$
(3) $(x-1)(3x+2)$ (4) $(2x-3)(2x+1)$

(1) $2x^2+x-1$
1 ╳ 1 → 2
2 ╳ -1 → -1
합: 1
$\therefore 2x^2+x-1=(x+1)(2x-1)$

(2) $3x^2+2x-1$
1 ╳ 1 → 3
3 ╳ -1 → -1
합: 2
$\therefore 3x^2+2x-1=(x+1)(3x-1)$

(3) $3x^2-x-2$
1 ╳ -1 → -3
3 ╳ 2 → 2
합: -1
$\therefore 3x^2-x-2=(x-1)(3x+2)$

(4) $4x^2-4x-3$
2 ╳ -3 → -6
2 ╳ 1 → 2
합: -4
$\therefore 4x^2-4x-3=(2x-3)(2x+1)$

04 답 (1) $(2x+3y)(2x+y)$ (2) $(2x-3y)(3x-2y)$
(3) $(2x+y)(6x-y)$ (4) $(2x+y)(4x-3y)$

(1) $4x^2+8xy+3y^2$
2 ╳ 3 → 6
2 ╳ 1 → 2
합: 8
$\therefore 4x^2+8xy+3y^2=(2x+3y)(2x+y)$

(2) $6x^2-13xy+6y^2$

$$\begin{array}{ccccc} 2 & \searrow\!\!\!\!\nearrow & -3 & \longrightarrow & -9 \\ 3 & & -2 & \longrightarrow & -4 \\ \hline & & & & -13 \end{array}$$

$\therefore 6x^2-13xy+6y^2=(2x-3y)(3x-2y)$

(3) $12x^2+4xy-y^2$

$$\begin{array}{ccccc} 2 & \searrow\!\!\!\!\nearrow & 1 & \longrightarrow & 6 \\ 6 & & -1 & \longrightarrow & -2 \\ \hline & & & & 4 \end{array}$$

$\therefore 12x^2+4xy-y^2=(2x+y)(6x-y)$

(4) $8x^2-2xy-3y^2$

$$\begin{array}{ccccc} 2 & \searrow\!\!\!\!\nearrow & 1 & \longrightarrow & 4 \\ 4 & & -3 & \longrightarrow & -6 \\ \hline & & & & -2 \end{array}$$

$\therefore 8x^2-2xy-3y^2=(2x+y)(4x-3y)$

유형 • check

개념북 78~81쪽

1 답 ⑤

⑤ $16a^2-16ab+4b^2=4(4a^2-4ab+b^2)=4(2a-b)^2$

1-1 답 ⑤

① $(x+9)^2$ ② $\left(x-\frac{1}{8}\right)^2$ ③ $6(y+1)^2$ ④ $2(x-3)^2$

⑤ $16x^2-12xy+9y^2=(16x^2-24xy+9y^2)+12xy$
$=(4x-3y)^2+12xy$

1-2 답 8

$3x(3x-10)+25=9x^2-30x+25=(3x-5)^2$

따라서 $a=3$, $b=-5$이므로 $a-b=8$

2 답 ⑤

$4x^2+12x+a=(2x)^2+2\times2x\times3+a$에서 $a=3^2=9$

즉, $4x^2+12x+a=4x^2+12x+9=(2x+3)^2$이므로

$b=2$, $c=3$

$\therefore a+b+c=9+2+3=14$

2-1 답 30

$9x^2+24x+a=(3x)^2+2\times3x\times4+a$ $\quad\therefore a=4^2=16$

$x^2-bx+49=(x-7)^2$, $b=2\times7=14$ $\quad\therefore a+b=30$

2-2 답 ③

$(x-4)(x-8)+a=x^2-12x+32+a$
$=x^2-2\times x\times6+32+a$이므로

$32+a=6^2=36$ $\quad\therefore a=4$

3 답 ②

$-2<x<2$이므로 $0<x+2<4$, $-4<x-2<0$

$\therefore \sqrt{x^2+4x+4}+\sqrt{x^2-4x+4}$
$=\sqrt{(x+2)^2}+\sqrt{(x-2)^2}$
$=(x+2)-(x-2)=4$

3-1 답 ②

$3<x<4$이므로 $x-3>0$, $x-4<0$

$\sqrt{x^2-6x+9}+\sqrt{x^2-8x+16}=\sqrt{(x-3)^2}+\sqrt{(x-4)^2}$
$=(x-3)-(x-4)$
$=x-3-x+4=1$

3-2 답 $-2a$

$0<a<b$에서 $a-b<0$, $a+b>0$이므로

$\sqrt{a^2-2ab+b^2}-\sqrt{a^2+2ab+b^2}$
$=\sqrt{(a-b)^2}-\sqrt{(a+b)^2}$
$=-(a-b)-(a+b)$
$=-a+b-a-b=-2a$

4 답 ④

① $9a^2-b^2=(3a+b)(3a-b)$

② $16x^2-9=(4x+3)(4x-3)$

③ $-4x^2+y^2=(y+2x)(y-2x)$

⑤ $\frac{1}{9}a^2-\frac{1}{4}=\left(\frac{1}{3}a+\frac{1}{2}\right)\left(\frac{1}{3}a-\frac{1}{2}\right)$

4-1 답 $4ab$

$(a+b)^2-(a-b)^2=\{(a+b)+(a-b)\}\{(a+b)-(a-b)\}$
$=(a+b+a-b)(a+b-a+b)$
$=2a\times2b=4ab$

4-2 답 ③

$x^8-1=(x^4+1)(x^4-1)$
$=(x^4+1)(x^2+1)(x^2-1)$
$=(x^4+1)(x^2+1)(x+1)(x-1)$

5 답 ②

$x^2+2x-8=(x+4)(x-2)$,

$x^2-3x-18=(x+3)(x-6)$

이므로 나오지 않는 인수는 ② $x-4$이다.

5-1 답 $2x-4$

$(x+3)(x-4)-3x=(x^2-x-12)-3x$
$=x^2-4x-12$
$=(x+2)(x-6)$

따라서 두 일차식의 합은 $2x-4$이다.

5-2 답 ③

상수 A는 곱이 12인 두 정수의 합이므로 두 정수를 순서쌍으로 나타내면

$(-12, -1)$, $(-6, -2)$, $(-4, -3)$, $(3, 4)$, $(2, 6)$, $(1, 12)$이다. 즉, A의 값이 될 수 있는 것은 -13, -8, -7, 7, 8, 13이다.

따라서 A의 값이 될 수 없는 것은 4이다.

6 답 ③

$2x^2-5xy+2y^2=(2x-y)(x-2y)$이므로

$(2x-y)+(x-2y)=3x-3y$

6-1 답 10

$2x^2+x-21=(x-3)(2x+7)$이므로

$a=-3$, $b=7$ $\quad\therefore b-a=7-(-3)=10$

6-2 답 ③

$60x^3+16x^2-12x=4x(15x^2+4x-3)$
$=4x(5x+3)(3x-1)$

7 답 ⑤

① $9x^2-12x+4=(3x-2)^2$ ➡ 3

② $x^2-3x-28=(x+4)(x-7)$ ➡ 3

③ $9x^2-25=(3x+5)(3x-5)$ ➡ 3

④ $3x^2+x-2=(x+1)(3x-2)$ ➡ 3

⑤ $25x^2+30x+9=(5x+3)^2$ ➡ 3

7-1 답 ④

① $x^2+2x=x(x+2)$

② $x^2+4x+4=(x+2)^2$

③ $x^2-4=(x+2)(x-2)$

④ $x^2+2x-8=(x+4)(x-2)$

⑤ $2x^2-x-10=(x+2)(2x-5)$

7-2 답 -5

$4x^2+20xy+25y^2=(2x+5y)^2$에서 $a=5$

$25x^2-49y^2=(5x+7y)(5x-7y)$에서 $b=-7$

$x^2+6xy-16y^2=(x-2y)(x+8y)$에서 $c=-2$

$12x^2+13xy-4y^2=(3x+4y)(4x-y)$이므로 $d=-1$

$\therefore a+b+c+d=-5$

8 답 ①

$x^2-x+a=(x+5)(x+b)=x^2+(b+5)x+5b$이므로

$-1=b+5$, $a=5b$

$\therefore a=-30$, $b=-6$

$\therefore a+b=(-30)+(-6)=-36$

8-1 답 ⑤

$6x^2+5x-a=(2x-1)(3x+m)$으로 놓으면

$5=2m-3$, $-a=-m$ $\quad\therefore m=4$, $a=4$

따라서 다항식의 한 인수는 ⑤ $3x+4$이다.

8-2 답 30

$x^2+ax-10=(x+2)(x+m)$이라 하면

$2m=-10$에서 $m=-5$이므로 $a=2+m=2-5=-3$

$2x^2-x+b=(x+2)(2x+n)$이라 하면

$n+4=-1$에서 $n=-5$이므로 $b=2n=2\times(-5)=-10$

$\therefore ab=30$

2 인수분해 공식의 활용

20 복잡한 식의 인수분해

개념북 82쪽

+확인 1+ 답 $(x+2)(x+1)(x-1)$

$x^2(x+2)-(x+2)=(x+2)(x^2-1)$

$=(x+2)(x+1)(x-1)$

+확인 2+ 답 $(x-y+1)(x-y+2)$

$x-y=A$로 치환하면

$(x-y)^2+3(x-y)+2=A^2+3A+2$

$=(A+1)(A+2)$

$=(x-y+1)(x-y+2)$

개념+check

개념북 83쪽

01 답 (1) $(x+1)(y+3)(y-3)$ (2) $xy(x-3y)^2$ (3) $(x^2+2)(x+1)(x-1)$

(1) $(x+1)y^2-9(x+1)=(x+1)(y^2-9)$

$=(x+1)(y+3)(y-3)$

(2) $x^3y-6x^2y^2+9xy^3=xy(x^2-6xy+9y^2)$

$=xy(x-3y)^2$

(3) $(x^2+2)^2-3(x^2+2)=(x^2+2)(x^2-1)$

$=(x^2+2)(x+1)(x-1)$

02 답 (1) $(2x-2y+1)(x-y+6)$ (2) $(x+y-1)(x+y-3)$ (3) $(2x+y)(2x-y+2)$ (4) $(x+2y-1)(x-y+5)$

(1) (주어진 식)$=2A^2+13A+6$ ⬅ $x-y=A$

$=(2A+1)(A+6)$

$=\{2(x-y)+1\}(x-y+6)$

$=(2x-2y+1)(x-y+6)$

(2) (주어진 식)$=A(A-4)+3$ ⬅ $x+y=A$

$=A^2-4A+3$

$=(A-1)(A-3)$

$=(x+y-1)(x+y-3)$

(3) (주어진 식)$=A^2-B^2$ ⬅ $2x+1=A$, $y-1=B$

$=(A+B)(A-B)$

$=\{(2x+1)+(y-1)\}\{(2x+1)-(y-1)\}$

$=(2x+y)(2x-y+2)$

(4) (주어진 식)$=A^2+AB-2B^2$ ⬅ $x+3=A$, $y-2=B$

$=(A+2B)(A-B)$

$=\{(x+3)+2(y-2)\}\{(x+3)-(y-2)\}$

$=(x+2y-1)(x-y+5)$

03 답 ㄷ, ㄹ

(주어진 식)$=A^2-B^2=(A+B)(A-B)$

$=\{(x+2y)+(y-z)\}\{(x+2y)-(y-z)\}$

$=(x+3y-z)(x+y+z)$

04 답 (1) $(x-y)(x+y-1)$ (2) $(x+y+2)(x-y+2)$ (3) $(x-y)(x+1)(x-1)$ (4) $(a+b-c)(a-b+c)$

(1) (주어진 식)$=(x^2-y^2)-(x-y)$

$=(x+y)(x-y)-(x-y)$

$=(x-y)(x+y-1)$

(2) (주어진 식)$=(x+2)^2-y^2$

$=(x+y+2)(x-y+2)$

(3) (주어진 식)$=x^2(x-y)-(x-y)$

$=(x-y)(x^2-1)$

$=(x-y)(x+1)(x-1)$

(4) (주어진 식)$=a^2-(b^2-2bc+c^2)$

$=a^2-(b-c)^2$

$=(a+b-c)\{a-(b-c)\}$

$=(a+b-c)(a-b+c)$

21 인수분해 공식의 활용

개념북 84쪽

확인 1 답 (1) 3 (2) 4

(1) $1.75^2-0.25^2=(1.75+0.25)(1.75-0.25)$
$=2\times1.5=3$

(2) $26^2-2\times26\times24+24^2=(26-24)^2=2^2=4$

확인 2 답 21

$x^2-y^2=(x+y)(x-y)=3\times7=21$

개념 check

개념북 85쪽

01 답 ②

$104^2-2\times104\times4+4^2=(104-4)^2=100^2=10000$이므로
가장 적당한 인수분해 공식은 ②이다.

02 답 (1) 86 (2) 20 (3) 1600

(1) $43\times28-43\times26=43(28-26)=43\times2=86$

(2) $\sqrt{52^2-48^2}=\sqrt{(52+48)(52-48)}$
$=\sqrt{100\times4}=\sqrt{400}=\sqrt{20^2}=20$

(3) $38^2+4\times38+4=38^2+2\times38\times2+2^2$
$=(38+2)^2=40^2=1600$

03 답 (1) 150 (2) 12

(1) $x^2-y^2=(x+y)(x-y)=(12.5+2.5)(12.5-2.5)$
$=15\times10=150$

(2) $x^2-2xy+y^2=(x-y)^2=\{(2+\sqrt{3})-(2-\sqrt{3})\}^2$
$=(2\sqrt{3})^2=12$

04 답 (1) $\sqrt{6}+2\sqrt{2}$ (2) 81

(1) $x^2-y^2+2x-2y=(x+y)(x-y)+2(x-y)$
$=(x-y)(x+y+2)$
$=\sqrt{2}(\sqrt{3}+2)=\sqrt{6}+2\sqrt{2}$

(2) $x^3y+2x^2y^2+xy^3=xy(x^2+2xy+y^2)$
$=xy(x+y)^2$
$=3\times(3\sqrt{3})^2=3\times27=81$

유형 check

개념북 86~89쪽

1 답 ①

$x-3y=A$로 치환하면
(주어진 식)$=A^2-2A-3=(A+1)(A-3)$
$=(x-3y+1)(x-3y-3)$
따라서 $a=-3$, $b=-3$, $c=-3$이므로
$a+b+c=(-3)+(-3)+(-3)=-9$

1-1 답 $2a+4b-7$

$a+2b=A$로 치환하면
$(a+2b)(a+2b-7)+10=A(A-7)+10$
$=A^2-7A+10$
$=(A-2)(A-5)$
$=(a+2b-2)(a+2b-5)$
따라서 구하는 두 일차식의 합은
$(a+2b-2)+(a+2b-5)=2a+4b-7$

1-2 답 $-9(x+1)(x+5)$

$x-3=A$, $x+3=B$로 치환하면
$(x-3)^2-2(x-3)(x+3)-8(x+3)^2$
$=A^2-2AB-8B^2=(A+2B)(A-4B)$
$=\{x-3+2(x+3)\}\{x-3-4(x+3)\}$
$=(3x+3)(-3x-15)=-9(x+1)(x+5)$

2 답 ②

(주어진 식)$=\{(x+1)(x-3)\}\{(x+2)(x-4)\}+6$
$=(x^2-2x-3)(x^2-2x-8)+6$
$=(A-3)(A-8)+6$
$=A^2-11A+30=(A-5)(A-6)$
$=(x^2-2x-5)(x^2-2x-6)$

2-1 답 ①, ⑤

$x(x+1)(x+2)(x+3)-8$
$=\{x(x+3)\}\{(x+1)(x+2)\}-8$
$=(x^2+3x)(x^2+3x+2)-8$
$x^2+3x=A$로 치환하면
$(x^2+3x)(x^2+3x+2)-8$
$=A(A+2)-8=A^2+2A-8$
$=(A+4)(A-2)$
$=(x^2+3x+4)(x^2+3x-2)$

2-2 답 $(x^2-x-7)^2$

$(x+1)(x-2)(x+3)(x-4)+25$
$=\{(x+1)(x-2)\}\{(x+3)(x-4)\}+25$
$=(x^2-x-2)(x^2-x-12)+25$
$x^2-x=A$로 치환하면
$(x^2-x-2)(x^2-x-12)+25$
$=(A-2)(A-12)+25$
$=A^2-14A+49=(A-7)^2$
$=(x^2-x-7)^2$

3 답 ②

$x^3+x^2-4x-4=x^2(x+1)-4(x+1)$
$=(x+1)(x^2-4)$
$=(x+1)(x+2)(x-2)$

3-1 답 6

$x^2+6x-6y-y^2=(x^2-y^2)+6(x-y)$
$=(x+y)(x-y)+6(x-y)$
$=(x-y)(x+y+6)$
따라서 $a=-1$, $b=1$, $c=6$이므로 $a+b+c=6$

3-2 답 $3a+4$

$a^3+4a^2-9a-36=a^2(a+4)-9(a+4)$
$=(a+4)(a^2-9)$
$=(a+4)(a+3)(a-3)$
$\therefore (a+4)+(a+3)+(a-3)=3a+4$

4 답 ④

$4x^2-4xy+y^2-9z^2=(4x^2-4xy+y^2)-9z^2$
$=(2x-y)^2-(3z)^2$
$=(2x-y+3z)(2x-y-3z)$

4-1 답 -10

$x^2y^2-4z^2-12xy+36=(x^2y^2-12xy+36)-4z^2$
$=(xy-6)^2-(2z)^2$
$=(xy+2z-6)(xy-2z-6)$

따라서 $a=2$, $b=-6$, $c=-6$이므로 $a+b+c=-10$

4-2 답 ⑤

$x^2-y^2+2x+1=x^2+2x+1-y^2$
$=(x+1)^2-y^2$
$=(x+y+1)(x-y+1)$

또, $2(x+1)^2+(x+1)y-y^2$에서 $x+1=A$로 치환하면

(주어진 식)$=2A^2+Ay-y^2$
$=(2A-y)(A+y)$
$=\{2(x+1)-y\}(x+1+y)$
$=(2x-y+2)(x+y+1)$

따라서 공통인수는 $x+y+1$이다.

5 답 ④

$a^2-ab+a+2b-6=(-ab+2b)+(a^2+a-6)$
$=-b(a-2)+(a+3)(a-2)$
$=(a-2)(a-b+3)$

5-1 답 ③

$2x^2+xy-7x-3y+3=(xy-3y)+(2x^2-7x+3)$
$=y(x-3)+(2x-1)(x-3)$
$=(x-3)(2x+y-1)$

5-2 답 $(x-2y-1)(x+y-3)$

$x^2-xy-2y^2-4x+5y+3$
$=x^2+(-y-4)x-(2y^2-5y-3)$
$=x^2+(-y-4)x-(2y+1)(y-3)$

여기서 합이 $-y-4$이고 곱이 $-(2y+1)(y-3)$인 두 식은 $-(2y+1)$과 $y-3$이므로

$x^2+(-y-4)x-(2y+1)(y-3)$
$=\{x-(2y+1)\}\{x+(y-3)\}$
$=(x-2y-1)(x+y-3)$

6 답 ④

$58^2-42^2=(58+42)(58-42)=100\times16=1600$

이므로 가장 적당한 인수분해 공식은 ④이다.

6-1 답 ③

$\dfrac{75^2+2\times75\times25+25^2}{75^2-25^2}=\dfrac{(75+25)^2}{(75+25)(75-25)}$
$=\dfrac{100^2}{100\times50}=2$

6-2 답 ①

$(1^2-3^2)+(5^2-7^2)+(9^2-11^2)+(13^2-15^2)$
$=(1+3)(1-3)+(5+7)(5-7)+(9+11)(9-11)$
$+(13+15)(13-15)$
$=4\times(-2)+12\times(-2)+20\times(-2)+28\times(-2)$
$=(4+12+20+28)\times(-2)=-128$

7 답 ⑤

$x=\dfrac{2+\sqrt{3}}{(2-\sqrt{3})(2+\sqrt{3})}=2+\sqrt{3}$, $y=1-\sqrt{3}$이므로

$x^2-4xy+4y^2=(x-2y)^2=\{2+\sqrt{3}-2(1-\sqrt{3})\}^2$
$=(2+\sqrt{3}-2+2\sqrt{3})^2$
$=(3\sqrt{3})^2=27$

7-1 답 ④

$x^2-4y^2-x-2y=(x+2y)(x-2y)-(x+2y)$
$=(x+2y)(x-2y-1)$
$=5(x-2y-1)=10$

따라서 $x-2y-1=2$이므로 $x-2y=3$

7-2 답 ③

$2<\sqrt{6}<3$이므로 $\sqrt{6}$의 정수 부분은 2이다.

$\therefore x=\sqrt{6}-2$

$\therefore x^2+4x+4=(x+2)^2=(\sqrt{6}-2+2)^2=(\sqrt{6})^2=6$

8 답 ③

(색칠한 부분의 넓이)$=\dfrac{1}{2}\pi(a+b)^2-\dfrac{1}{2}\pi a^2+\dfrac{1}{2}\pi b^2$
$=\dfrac{1}{2}\pi\{(a+b)^2-(a^2-b^2)\}$
$=\dfrac{1}{2}\pi\{(a+b)^2-(a+b)(a-b)\}$
$=\dfrac{1}{2}\pi(a+b)(a+b-a+b)$
$=b(a+b)\pi$

8-1 답 ③

$2x^2-3xy-2y^2=(2x+y)(x-2y)$이고 세로의 길이가 $x-2y$이므로 가로의 길이는 $2x+y$이다.

따라서 직사각형의 둘레의 길이는

$2\times\{(2x+y)+(x-2y)\}=6x-2y$

8-2 답 16 cm

두 정사각형의 한 변의 길이를 각각 a cm, b cm$(a>b)$라 하면 둘레의 길이의 합이 80 cm이므로 $4a+4b=80$

$\therefore a+b=20$

넓이의 차가 80 cm^{2}이므로 $a^2-b^2=80$

$(a+b)(a-b)=20(a-b)=80$

$\therefore a-b=4$

따라서 두 정사각형의 둘레의 길이의 차는

$4a-4b=4(a-b)=4\times4=16$(cm)

단원 마무리

개념북 90~92쪽

01 ⑤	02 ⑤	03 ①	04 ⑤	05 ②
06 ③	07 ②	08 ④	09 $x+7$	
10 ④	11 ④	12 ⑤	13 ①	14 ⑤
15 ①	16 -4	17 $(x+2)(x-5)$	18 2	
19 $3\sqrt{3}-7$				

01 ⑤ $16x^2-8x+1=(4x)^2-2\times4x\times1+1^2=(4x-1)^2$

02 $4x^2-(m+3)x+9=(2x\pm3)^2$이어야 하므로
$-(m+3)x=\pm2\times2x\times3=\pm12x$
$m>0$이므로 $m+3=12$ $\therefore m=9$

03 $x^2+4x+k=(x-2)(x+a)$로 놓으면
$4=a-2,\ k=-2a$
$\therefore a=6,\ k=-12$

04 $6x^2+Ax-20=(2x+4)(Bx-5)$
$=2Bx^2+(-10+4B)x-20$
따라서 $6=2B,\ A=-10+4B$이므로 $A=2,\ B=3$
$\therefore A+B=2+3=5$

05 $2x^2+5x+a=(x+3)(2x+m)$으로 놓으면
$5=m+6,\ a=3m$ $\therefore m=-1,\ a=-3$
또, $3x^2+bx-15=(x+3)(3x+n)$으로 놓으면
$b=n+9,\ -15=3n$ $\therefore n=-5,\ b=4$
$\therefore a+b=(-3)+4=1$

06 $ab=-8$이고,
$-8=(-1)\times8=1\times(-8)=(-2)\times4=2\times(-4)$
이므로 정수 $a,\ b$는
$-1,\ 8$ 또는 $1,\ -8$ 또는 $-2,\ 4$ 또는 $2,\ -4$
이때 $A=a+b$이므로 가능한 A의 값은
$(-1)+8=7,\ 1+(-8)=-7,\ (-2)+4=2,$
$2+(-4)=-2$이다.

07 $3x^2y-8xy-3y=y(3x^2-8x-3)$
$=y(3x+1)(x-3)$
$(x-1)^2+6(x-1)-16$에서 $x-1=A$로 치환하면
$(x-1)^2+6(x-1)-16=A^2+6A-16$
$=(A-2)(A+8)$
$=(x-3)(x+7)$

08 $x^3-2x^2-9x+18=x^2(x-2)-9(x-2)$
$=(x-2)(x^2-9)$
$=(x-2)(x+3)(x-3)$
따라서 구하는 세 일차식의 합은
$(x-2)+(x+3)+(x-3)=3x-2$

09 도형 ㈎의 넓이는
$(x+4)^2-3^2=(x+4+3)(x+4-3)=(x+7)(x+1)$
따라서 도형 ㈏의 가로의 길이는 $x+7$이다.

10 $x^2y+5x-2xy-10$
$=(x^2y-2xy)+(5x-10)$
$=xy(x-2)+5(x-2)$
$=(x-2)(xy+5)$
따라서 직사각형의 세로의 길이는 $xy+5$이므로
직사각형의 둘레의 길이는
$2\times\{(x-2)+(xy+5)\}=2(xy+x+3)$

11 $(x+y)*(x-y)-1$
$=(x+y)(x-y)-(x+y)+(x-y)-1$
$=x^2-y^2-2y-1$
$=x^2-(y+1)^2$
$=(x+y+1)(x-y-1)$

12 $\left(1-\frac{1}{2}\right)\left(1+\frac{1}{2}\right)\left(1-\frac{1}{3}\right)\left(1+\frac{1}{3}\right)\cdots\left(1-\frac{1}{10}\right)\left(1+\frac{1}{10}\right)$
$=\frac{1}{2}\times\frac{3}{2}\times\frac{2}{3}\times\frac{4}{3}\times\cdots\times\frac{9}{10}\times\frac{11}{10}$
$=\frac{1}{2}\times\frac{11}{10}=\frac{11}{20}$

13 $x=\frac{1}{3+2\sqrt{2}}=\frac{3-2\sqrt{2}}{(3+2\sqrt{2})(3-2\sqrt{2})}=3-2\sqrt{2},$
$y=\frac{1}{\sqrt{2}+1}=\frac{\sqrt{2}-1}{(\sqrt{2}+1)(\sqrt{2}-1)}=\sqrt{2}-1$이므로
$x^2+4xy+4y^2$
$=(x+2y)^2$
$=\{3-2\sqrt{2}+2(\sqrt{2}-1)\}^2$
$=(3-2\sqrt{2}+2\sqrt{2}-2)^2=1$

14 a^2-a-4b^2-2b
$=(a^2-4b^2)-(a+2b)$
$=(a+2b)(a-2b)-(a+2b)$
$=(a+2b)(a-2b-1)$
$=(a+2b)(3-1)=3$
$\therefore a+2b=\frac{3}{2}$

15 $2<\sqrt{5}<3$이므로 $\sqrt{5}$의 정수 부분은 2이다.
$\therefore a=\sqrt{5}-2$
$a+3=A$로 치환하면
$(a+3)^2-3(a+3)+2$
$=A^2-3A+2$
$=(A-1)(A-2)$
$=(a+3-1)(a+3-2)$
$=(a+2)(a+1)$
$=\sqrt{5}(\sqrt{5}-1)$
$=5-\sqrt{5}$

16 $x^2+3xy+2y^2+x+2y=(x+2y)(x+y)+x+2y$
$=(x+2y)(x+y+1)$
$\therefore$ (주어진 식) $=\dfrac{(x+2y)(x+y+1)}{x+y+1}=x+2y$
$=(4-2\sqrt{3})+2(\sqrt{3}-4)$
$=4-2\sqrt{3}+2\sqrt{3}-8=-4$

17 **1단계** 정한이는 상수항은 제대로 보았으므로 $(x-2)(x+5)=x^2+3x-10$에서 어떤 이차식의 상수항은 -10이다.
2단계 혜경이는 x의 계수는 제대로 보았으므로 $(x+3)(x-6)=x^2-3x-18$에서 어떤 이차식의 x의 계수는 -3이다.
3단계 어떤 이차식은 $x^2-3x-10$이므로 바르게 인수분해하면
$x^2-3x-10=(x+2)(x-5)$

18 $\sqrt{4a^2}=\sqrt{(2a)^2}$,
$\sqrt{4a^2-8a+4}=\sqrt{4(a^2-2a+1)}=2\sqrt{(a-1)^2}$
이고 $0<a<1$에서 $0<2a<2$, $-1<a-1<0$ ❶
$\therefore \sqrt{4a^2}+\sqrt{4a^2-8a+4}=\sqrt{(2a)^2}+2\sqrt{(a-1)^2}$
$=2a-2(a-1)$
$=2a-2a+2=2$ ❷

단계	채점 기준	비율
❶	근호 안의 제곱식의 부호 판별하기	30 %
❷	근호를 없애고 식을 간단히 하기	70 %

19 $a+b=2\sqrt{3}$,
$a-b=\dfrac{1}{2+\sqrt{3}}=\dfrac{2-\sqrt{3}}{(2+\sqrt{3})(2-\sqrt{3})}=2-\sqrt{3}$ ❶
$a^2-b^2-2a+1=(a^2-2a+1)-b^2$
$=(a-1)^2-b^2$
$=(a+b-1)(a-b-1)$ ❷
$=(2\sqrt{3}-1)(1-\sqrt{3})$
$=2\sqrt{3}-6-1+\sqrt{3}$
$=3\sqrt{3}-7$ ❸

단계	채점 기준	비율
❶	$a-b$의 분모를 유리화하기	20 %
❷	주어진 다항식을 인수분해하기	60 %
❸	식의 값 구하기	20 %

Ⅱ-3 | 이차방정식

1 이차방정식의 풀이

22 이차방정식의 뜻과 그 해 개념북 94쪽

확인 1 답 (1) ○ (2) ×
(2) $x+1=0$이므로 일차방정식이다.

확인 2 답 (1) -2, -2, 0 (2) $x=-2$ 또는 $x=1$
(1) $x=-1$일 때 $(-1)^2+(-1)-2=-2$
$x=0$일 때 $0^2+0-2=-2$
$x=1$일 때 $1^2+1-2=0$
(2) $x=-2$ 또는 $x=1$일 때 $x^2+x-2=0$이므로 해는 $x=-2$ 또는 $x=1$이다.

개념 check 개념북 95쪽

01 답 ㄷ, ㅁ, ㅂ
ㄱ. $4x^2+x=4x^2-4x+1$, $5x-1=0$ ➡ 일차방정식
ㄴ. 이차식
ㄷ. $-x^2+4=0$ ➡ 이차방정식
ㄹ. $x^2+x=x^2-2x$, $3x=0$ ➡ 일차방정식
ㅁ. $x^3+4x=x^3-2x^2$, $2x^2+4x=0$ ➡ 이차방정식
ㅂ. $-x^2+3x-4=0$ ➡ 이차방정식

02 답 -4
$(x-2)^2-x=3x-2x^2$에서
$x^2-4x+4-x=3x-2x^2$
$3x^2-8x+4=0$
따라서 $a=-8$, $b=4$이므로
$a+b=-4$

03 답 ④
$x=-1$을 각 이차방정식에 대입하면
① $(-1)^2+(-1)-1=-1\neq 0$
② $(-1)^2-2\times(-1)=3\neq 3+(-1)=2$
③ $2\times(-1)^2-3\times(-1)+1=6\neq 0$
④ $3\times(-1)^2+2\times(-1)-1=0$
⑤ $(-1-1)\{2\times(-1)+3\}=-2\neq 0$

04 답 ③, ⑤
① $(-3)^2-9=0$
② $0^2+3\times 0=0$
③ $2^2-3\times 2-10=-12\neq 0$
④ $(1-1)(1+1)=0$
⑤ $\left(-\dfrac{1}{2}+1\right)\left\{2\times\left(-\dfrac{1}{2}\right)-1\right\}=\dfrac{1}{2}\times(-2)=-1\neq 0$

05 답 7
$x=2$를 $x^2-ax+10=0$에 대입하면
$2^2-2a+10=0$, $2a=14$
$\therefore a=7$

23 인수분해를 이용한 이차방정식의 풀이 개념북 96쪽

확인 1 답 0, 0, 0, $\frac{1}{2}$

확인 2 답 0, 0, $-\frac{3}{2}$, $\frac{3}{2}$

개념 check 개념북 97쪽

01 답 (1) $x=0$ 또는 $x=-5$ (2) $x=-3$ 또는 $x=4$
(3) $x=-7$ 또는 $x=\frac{3}{2}$ (4) $x=-\frac{5}{3}$ 또는 $x=\frac{1}{2}$

(1) $x=0$ 또는 $x+5=0$ $\therefore x=0$ 또는 $x=-5$
(2) $x+3=0$ 또는 $x-4=0$ $\therefore x=-3$ 또는 $x=4$
(3) $x+7=0$ 또는 $2x-3=0$ $\therefore x=-7$ 또는 $x=\frac{3}{2}$
(4) $3x+5=0$ 또는 $2x-1=0$ $\therefore x=-\frac{5}{3}$ 또는 $x=\frac{1}{2}$

02 답 $x=2$
$x(x-2)=0$에서 $x=0$ 또는 $x=2$
$(x+1)(x-2)=0$에서 $x=-1$ 또는 $x=2$
따라서 두 이차방정식의 공통인 해는 $x=2$이다.

03 답 (1) $x=0$ 또는 $x=4$ (2) $x=-4$ 또는 $x=4$
(3) $x=-2$ 또는 $x=1$ (4) $x=-\frac{1}{2}$ 또는 $x=3$

(1) $x(x-4)=0$ $\therefore x=0$ 또는 $x=4$
(2) $(x+4)(x-4)=0$ $\therefore x=-4$ 또는 $x=4$
(3) $(x+2)(x-1)=0$ $\therefore x=-2$ 또는 $x=1$
(4) $(2x+1)(x-3)=0$ $\therefore x=-\frac{1}{2}$ 또는 $x=3$

04 답 (1) $x=-2$ 또는 $x=4$ (2) $x=2$ 또는 $x=7$
(3) $x=-4$ 또는 $x=3$ (4) $x=-1$ 또는 $x=4$

(1) $x^2-2x-8=0$, $(x+2)(x-4)=0$
$\therefore x=-2$ 또는 $x=4$
(2) $x^2-9x+14=0$, $(x-2)(x-7)=0$
$\therefore x=2$ 또는 $x=7$
(3) $x^2+x-12=0$, $(x+4)(x-3)=0$
$\therefore x=-4$ 또는 $x=3$
(4) $x^2-3x-4=0$, $(x+1)(x-4)=0$
$\therefore x=-1$ 또는 $x=4$

24 이차방정식의 중근 개념북 98쪽

확인 1 답 (1) ○ (2) × (3) ○ (4) ○
(1) $(x-5)^2=0$ $\therefore x=5$ (중근)
(2) $x^2-6x=0$, $x(x-6)=0$
$\therefore x=0$ 또는 $x=6$
(3) $x=\frac{1}{2}$ (중근)
(4) $9x^2-12x+4=0$, $(3x-2)^2=0$
$\therefore x=\frac{2}{3}$ (중근)

확인 2 답 9
$x^2-6x+a=0$에서 $a=\left(-\frac{6}{2}\right)^2=9$ $\therefore a=9$

개념 check 개념북 99쪽

01 답 (1) $x=-2$ (중근) (2) $x=1$ (중근)
(3) $x=-4$ (중근) (4) $x=\frac{1}{2}$ (중근)

(3) $(x+4)^2=0$ $\therefore x=-4$ (중근)
(4) $(2x-1)^2=0$ $\therefore x=\frac{1}{2}$ (중근)

02 답 ④
$q=0$일 때, $(x+p)^2=0$ $\therefore x=-p$ (중근)

03 답 (1) -36 (2) 13
(1) $x^2-12x-k=0$에서 $-k=\left(\frac{-12}{2}\right)^2$ $\therefore k=-36$
(2) $k+12=\left(\frac{10}{2}\right)^2$ $\therefore k=13$

04 답 (1) $a=4$, $k=-2$ (2) $a=\frac{1}{4}$, $k=\frac{1}{2}$
(1) $a=\left(\frac{-4}{2}\right)^2=4$이므로 주어진 이차방정식은
$x^2-4x+4=0$, $(x-2)^2=0$ $\therefore k=-2$
(2) $a=\left(\frac{1}{2}\right)^2=\frac{1}{4}$이므로 주어진 이차방정식은
$x^2+x+\frac{1}{4}=0$, $\left(x+\frac{1}{2}\right)^2=0$ $\therefore k=\frac{1}{2}$

25 완전제곱식을 이용한 이차방정식의 풀이 개념북 100쪽

확인 1 답 5, -1, 5, -1, 5

확인 2 답 $a=\frac{9}{4}$, $b=\frac{3}{2}$
$a=\left(\frac{3}{2}\right)^2=\frac{9}{4}$
$x^2+3x+\frac{9}{4}=\left(x+\frac{3}{2}\right)^2$이므로 $a=\frac{9}{4}$, $b=\frac{3}{2}$

개념 check 개념북 101쪽

01 답 (1) $x=\pm6$ (2) $x=\pm3$ (3) $x=\pm\frac{2}{3}$ (4) $x=\pm2\sqrt{2}$
(2) $x^2=9$ $\therefore x=\pm3$
(3) $x^2=\frac{4}{9}$ $\therefore x=\pm\frac{2}{3}$
(4) $x^2=8$ $\therefore x=\pm\sqrt{8}=\pm2\sqrt{2}$

02 답 (1) $x=3$ 또는 $x=-1$ (2) $x=-3\pm\sqrt{5}$
(3) $x=-2\pm\sqrt{3}$ (4) $x=5\pm\frac{\sqrt{3}}{2}$

(1) $x-1=\pm2$ $\therefore x=3$ 또는 $x=-1$
(2) $(x+3)^2=5$, $x+3=\pm\sqrt{5}$ $\therefore x=-3\pm\sqrt{5}$
(3) $(x+2)^2=3$, $x+2=\pm\sqrt{3}$ $\therefore x=-2\pm\sqrt{3}$
(4) $(x-5)^2=\frac{3}{4}$, $x-5=\pm\sqrt{\frac{3}{4}}$ $\therefore x=5\pm\frac{\sqrt{3}}{2}$

03 답 (1) 1, 1, 1, 3, $-1\pm\sqrt{3}$

(2) $\frac{3}{2}$, $\frac{11}{2}$, 2, $\frac{11}{2}$, $2\pm\frac{\sqrt{22}}{2}$

04 답 ⑤

$4x^2-2x-1=0$의 양변을 4로 나누면 $x^2-\frac{1}{2}x-\frac{1}{4}=0$

$x^2-\frac{1}{2}x=\frac{1}{4}$, $x^2-\frac{1}{2}x+\left(-\frac{1}{4}\right)^2=\frac{1}{4}+\left(-\frac{1}{4}\right)^2$

$\left(x-\frac{1}{4}\right)^2=\frac{5}{16}$, $x-\frac{1}{4}=\pm\sqrt{\frac{5}{16}}=\pm\frac{\sqrt{5}}{4}$

$\therefore x=\frac{1}{4}\pm\frac{\sqrt{5}}{4}=\frac{1\pm\sqrt{5}}{4}$

유형 • check

개념북 102~105쪽

1 답 ③

$(k-1)x^2+5x=x^2-6$에서 $(k-2)x^2+5x+6=0$

이 방정식이 이차방정식이 되려면 $k-2\neq0$ $\quad\therefore k\neq2$

1-1 답 ②

① 이차식

② $x^3+4x^2=x^3+x$, $4x^2-x=0$ ➡ 이차방정식

③ $x^2-x^2-x=0$, $x=0$ ➡ 일차방정식

④ $x^2+x=x^2-2x+1$, $3x-1=0$ ➡ 일차방정식

⑤ $x^3-x=x$, $x^3-2x=0$ ➡ 이차방정식이 아니다.

1-2 답 ③

$x(ax-3)=4-x^2$에서

$ax^2-3x=4-x^2$, $(a+1)x^2-3x-4=0$

이 방정식이 이차방정식이 되려면 $a+1\neq0$, 즉 $a\neq-1$이어야 한다.

2 답 (1) 3 (2) 2

(1) $x=2$를 대입하면 $2^2-(k+2)\times2+6=0$에서

$4-2k-4+6=0$, $2k=6$ $\quad\therefore k=3$

(2) $x=2$를 대입하면 $4\times2^2-9\times2+k=0$에서

$16-18+k=0$ $\quad\therefore k=2$

2-1 답 -5

$x=-2$를 대입하면

$(-2)^2-(2a-3)\times(-2)+7-3a=0$이므로

$4+4a-6+7-3a=0$ $\quad\therefore a=-5$

2-2 답 -3

$x=-1$을 $x^2-5x+a=0$에 대입하면

$(-1)^2-5\times(-1)+a=0$에서 $1+5+a=0$

$\therefore a=-6$

$x=-1$을 $2x^2+(b-1)x=0$에 대입하면

$2\times(-1)^2+(b-1)\times(-1)=0$에서 $2-b+1=0$

$\therefore b=3$

$\therefore a+b=(-6)+3=-3$

3 답 (1) $x=-8$ 또는 $x=2$ (2) $x=\frac{2}{3}$ 또는 $x=1$

(3) $x=\frac{3}{2}$ 또는 $x=\frac{1}{3}$ (4) $x=0$ 또는 $x=5$

(1) $(x+8)(x-2)=0$ $\quad\therefore x=-8$ 또는 $x=2$

(2) $3x^2-5x+2=0$, $(3x-2)(x-1)=0$

$\therefore x=\frac{2}{3}$ 또는 $x=1$

(3) $6x^2-11x+3=0$, $(2x-3)(3x-1)=0$

$\therefore x=\frac{3}{2}$ 또는 $x=\frac{1}{3}$

(4) $x^2-5x+6=6$, $x^2-5x=0$, $x(x-5)=0$

$\therefore x=0$ 또는 $x=5$

3-1 답 13

$x^2+2x+1=x+7$에서

$x^2+x-6=0$, $(x+3)(x-2)=0$

$\therefore x=-3$ 또는 $x=2$

$\therefore p^2+q^2=(-3)^2+2^2=13$

3-2 답 $x=-4$

$x^2-x-20=0$에서 $(x+4)(x-5)=0$

$\therefore x=-4$ 또는 $x=5$

$2x^2+7x-4=0$에서 $(x+4)(2x-1)=0$

$\therefore x=-4$ 또는 $x=\frac{1}{2}$

따라서 두 이차방정식의 공통인 해는 $x=-4$이다.

4 답 $a=2$, $x=\frac{5}{3}$

$3x^2-ax-5=0$에 $x=-1$을 대입하면

$3\times(-1)^2-a\times(-1)-5=0$, $3+a-5=0$

$\therefore a=2$

따라서 주어진 이차방정식은

$3x^2-2x-5=0$, $(x+1)(3x-5)=0$

$\therefore x=-1$ 또는 $x=\frac{5}{3}$

즉, 다른 한 근은 $x=\frac{5}{3}$이다.

4-1 답 ②

$x^2+2ax-a+3=0$에 $x=3$을 대입하면

$9+6a-a+3=0$, $5a=-12$ $\quad\therefore a=-\frac{12}{5}$

따라서 주어진 이차방정식은

$x^2-\frac{24}{5}x+\frac{27}{5}=0$, $5x^2-24x+27=0$

$(5x-9)(x-3)=0$ $\quad\therefore x=\frac{9}{5}$ 또는 $x=3$

즉, $b=\frac{9}{5}$이므로 $a+b=\left(-\frac{12}{5}\right)+\frac{9}{5}=-\frac{3}{5}$

4-2 답 ①

$3x^2+2x-a-1=0$에 $x=2$를 대입하면

$12+4-a-1=0$ $\quad\therefore a=15$

따라서 주어진 이차방정식은

$3x^2+2x-16=0$, $(3x+8)(x-2)=0$

$\therefore x=-\frac{8}{3}$ 또는 $x=2$

즉, $b=-\frac{8}{3}$이므로 $ab=15\times\left(-\frac{8}{3}\right)=-40$

5 답 ④, ⑤

① $x=-1$ 또는 $x=1$

② $(x-1)(x-7)=0$ $\quad\therefore x=1$ 또는 $x=7$

③ $x^2-2x-3=0$, $(x+1)(x-3)=0$

$\therefore x=-1$ 또는 $x=3$

④ $x=0$ (중근)

⑤ $9x^2-12x+4=0$, $(3x-2)^2=0$ $\quad\therefore x=\frac{2}{3}$ (중근)

5-1 답 ④

① $x=-6$ 또는 $x=6$

② $(x+1)(x-4)=0$ $\quad\therefore x=-1$ 또는 $x=4$

③ $x=-3$ 또는 $x=4$

④ $(x+7)^2=0$ $\quad\therefore x=-7$ (중근)

⑤ $(x+1)(2x-3)=0$ $\quad\therefore x=-1$ 또는 $x=\frac{3}{2}$

5-2 답 ㄹ

ㄱ. $x=-2$ (중근)

ㄴ. $4x^2+4x+1=0$, $(2x+1)^2=0$ $\quad\therefore x=-\frac{1}{2}$ (중근)

ㄷ. $(x-5)^2=0$ $\quad\therefore x=5$ (중근)

ㄹ. $x^2-6x+8=0$, $(x-2)(x-4)=0$

$\therefore x=2$ 또는 $x=4$

6 답 $a=-4$, $x=2$ (중근)

$-2a-4=\left(\frac{a}{2}\right)^2=\frac{a^2}{4}$이므로 $a^2+8a+16=0$

$(a+4)^2=0$ $\quad\therefore a=-4$

따라서 주어진 이차방정식은 $x^2-4x+4=0$

$(x-2)^2=0$ $\quad\therefore x=2$ (중근)

6-1 답 $a=3$, $x=4$ (중근)

$6a-2=\left(\frac{-8}{2}\right)^2=16$이므로 $6a=18$ $\quad\therefore a=3$

따라서 주어진 이차방정식은 $x^2-8x+16=0$

$(x-4)^2=0$ $\quad\therefore x=4$ (중근)

6-2 답 17

$2k+1=\left(\frac{-10}{2}\right)^2=25$, $2k=24$ $\quad\therefore k=12$

따라서 주어진 이차방정식은

$x^2-10x+25=0$, $(x-5)^2=0$

$\therefore x=5$ (중근) $\quad\therefore m=5$

$\therefore k+m=12+5=17$

7 답 1

$3(x+4)^2=15$, $(x+4)^2=5$, $x+4=\pm\sqrt{5}$

$\therefore x=-4\pm\sqrt{5}$

따라서 $a=-4$, $b=5$이므로 $a+b=(-4)+5=1$

7-1 답 $a=-1$, $b=3$

$(x+a)^2=b$에서 $x+a=\pm\sqrt{b}$

$x=-a\pm\sqrt{b}=1\pm\sqrt{3}$이므로 $a=-1$, $b=3$

7-2 답 6

$(3x+a)^2=18$에서 $3x+a=\pm3\sqrt{2}$, $3x=-a\pm3\sqrt{2}$

$\therefore x=-\frac{a}{3}\pm\sqrt{2}=-1\pm\sqrt{b}$

따라서 $a=3$, $b=2$이므로 $ab=3\times2=6$

8 답 20

$2x^2-3x-1=0$에서 $x^2-\frac{3}{2}x-\frac{1}{2}=0$

$x^2-\frac{3}{2}x=\frac{1}{2}$, $x^2-\frac{3}{2}x+\left(-\frac{3}{4}\right)^2=\frac{1}{2}+\left(-\frac{3}{4}\right)^2$

$\left(x-\frac{3}{4}\right)^2=\frac{17}{16}$, $x-\frac{3}{4}=\pm\frac{\sqrt{17}}{4}$

$\therefore x=\frac{3}{4}\pm\frac{\sqrt{17}}{4}=\frac{3\pm\sqrt{17}}{4}$

따라서 $a=3$, $b=17$이므로 $a+b=3+17=20$

8-1 답 -1

$x^2-4x+k=0$에서 $x^2-4x=-k$

$x^2-4x+(-2)^2=-k+(-2)^2$, $(x-2)^2=4-k$

$\therefore x=2\pm\sqrt{4-k}$

따라서 $4-k=5$이므로 $k=-1$

8-2 답 -5

$x^2-3x+p=0$에서 $x^2-3x=-p$

$x^2-3x+\left(-\frac{3}{2}\right)^2=-p+\left(-\frac{3}{2}\right)^2$

$\left(x-\frac{3}{2}\right)^2=\frac{9-4p}{4}$, $x-\frac{3}{2}=\pm\frac{\sqrt{9-4p}}{2}$

$\therefore x=\frac{3}{2}\pm\frac{\sqrt{9-4p}}{2}=\frac{3\pm\sqrt{9-4p}}{2}$

따라서 $q=3$이고, $9-4p=17$에서 $4p=-8$

$\therefore p=-2$

$\therefore p-q=(-2)-3=-5$

2 이차방정식의 활용

26 이차방정식의 근의 공식

개념북 106쪽

확인 1 답 -3, 1, 3, -3, 1, 3, 5, 2

확인 2 답 -6, 6, -6, 4, 3, 6

개념 check

개념북 107쪽

01 답 (가) $\frac{b}{2a}$ (나) b^2-4ac

$ax^2+bx+c=0$의 양변을 a로 나누면

$x^2+\frac{b}{a}x+\frac{c}{a}=0$ $\quad\therefore x^2+\frac{b}{a}x=-\frac{c}{a}$

좌변을 완전제곱식으로 고치면

$x^2+\frac{b}{a}x+\left(\frac{b}{2a}\right)^2=-\frac{c}{a}+\left(\frac{b}{2a}\right)^2$

$\left(x+\frac{b}{2a}\right)^2=\frac{b^2-4ac}{4a^2}$

$x+\frac{b}{2a}=\pm\frac{\sqrt{b^2-4ac}}{2a}$

$\therefore x=\frac{-b\pm\sqrt{b^2-4ac}}{2a}$

02 답 (1) $x=\frac{-5\pm\sqrt{21}}{2}$ (2) $x=\frac{3\pm\sqrt{13}}{2}$

(1) $x=\frac{-5\pm\sqrt{5^2-4\times1\times1}}{2\times1}=\frac{-5\pm\sqrt{21}}{2}$

(2) $x=\frac{-(-3)\pm\sqrt{(-3)^2-4\times1\times(-1)}}{2\times1}=\frac{3\pm\sqrt{13}}{2}$

03 답 (1) $x=\frac{5\pm\sqrt{17}}{4}$ (2) $x=-\frac{1}{4}$ 또는 $x=1$

(1) $x=\frac{-(-5)\pm\sqrt{(-5)^2-4\times2\times1}}{2\times2}=\frac{5\pm\sqrt{17}}{4}$

(2) $x=\frac{-(-3)\pm\sqrt{(-3)^2-4\times4\times(-1)}}{2\times4}$

$=\frac{3\pm\sqrt{25}}{8}=\frac{3\pm5}{8}$

$\therefore x=-\frac{1}{4}$ 또는 $x=1$

04 답 (1) $x=-2\pm\sqrt{6}$ (2) $x=\frac{4\pm2\sqrt{7}}{3}$

(1) $x=\frac{-2\pm\sqrt{2^2-1\times(-2)}}{1}=-2\pm\sqrt{6}$

(2) $x=\frac{-(-4)\pm\sqrt{(-4)^2-3\times(-4)}}{3}$

$=\frac{4\pm\sqrt{28}}{3}=\frac{4\pm2\sqrt{7}}{3}$

27 복잡한 이차방정식의 풀이 개념북 108쪽

확인 1 답 10, 5, 1, 61

확인 2 답 (1) $2A^2+5A-3=0$

(2) $A=\frac{1}{2}$ 또는 $A=-3$

(3) $x=-\frac{1}{2}$ 또는 $x=-4$

(1) $x+1=A$로 놓으면 $2A^2+5A-3=0$

(2) $2A^2+5A-3=0$, $(2A-1)(A+3)=0$

$\therefore A=\frac{1}{2}$ 또는 $A=-3$

(3) $x+1=\frac{1}{2}$ 또는 $x+1=-3$이므로

$x=-\frac{1}{2}$ 또는 $x=-4$

개념 • check 개념북 109쪽

01 답 (1) $x=\frac{1}{3}$ 또는 $x=-2$ (2) $x=\frac{2\pm\sqrt{10}}{3}$

(3) $x=1$ 또는 $x=2$ (4) $x=\frac{1}{2}$ 또는 $x=-\frac{1}{5}$

(1) 양변에 분모의 최소공배수 6을 곱하면 $3x^2+5x-2=0$

$(3x-1)(x+2)=0$ $\therefore x=\frac{1}{3}$ 또는 $x=-2$

(2) 양변에 분모의 최소공배수 12를 곱하면

$3x^2-4x-2=0$

$\therefore x=\frac{-(-2)\pm\sqrt{(-2)^2-3\times(-2)}}{3}=\frac{2\pm\sqrt{10}}{3}$

(3) 양변에 10을 곱하면 $x^2-3x+2=0$

$(x-1)(x-2)=0$ $\therefore x=1$ 또는 $x=2$

(4) 양변에 10을 곱하면 $10x^2-3x-1=0$

$(2x-1)(5x+1)=0$ $\therefore x=\frac{1}{2}$ 또는 $x=-\frac{1}{5}$

02 답 (1) $x=\frac{-5\pm\sqrt{85}}{6}$ (2) $x=-\frac{1}{2}$ 또는 $x=\frac{3}{4}$

(1) 양변에 10을 곱하면 $3x^2+5x-5=0$

$x=\frac{-5\pm\sqrt{5^2-4\times3\times(-5)}}{2\times3}=\frac{-5\pm\sqrt{85}}{6}$

(2) 양변에 4를 곱하면 $8x^2-2x-3=0$

$(2x+1)(4x-3)=0$ $\therefore x=-\frac{1}{2}$ 또는 $x=\frac{3}{4}$

03 답 (1) $x=\frac{3\pm\sqrt{3}}{2}$ (2) $x=\frac{-5\pm\sqrt{17}}{2}$

(1) $2x(x-3)+3=0$에서 $2x^2-6x+3=0$

$\therefore x=\frac{-(-3)\pm\sqrt{(-3)^2-2\times3}}{2}=\frac{3\pm\sqrt{3}}{2}$

(2) $(x+2)(x+3)=4$에서 $x^2+5x+6=4$, $x^2+5x+2=0$

$\therefore x=\frac{-5\pm\sqrt{5^2-4\times1\times2}}{2\times1}=\frac{-5\pm\sqrt{17}}{2}$

04 답 (1) $x=1$ 또는 $x=2$ (2) $x=-2$ 또는 $x=7$

(1) $x+2=A$라 하면 $A^2-7A+12=0$

$(A-3)(A-4)=0$ $\therefore A=3$ 또는 $A=4$

$A=x+2$이므로 $x+2=3$ 또는 $x+2=4$

$\therefore x=1$ 또는 $x=2$

(2) $x-1=A$라 하면 $A^2-3A-18=0$

$(A+3)(A-6)=0$ $\therefore A=-3$ 또는 $A=6$

$A=x-1$이므로 $x-1=-3$ 또는 $x-1=6$

$\therefore x=-2$ 또는 $x=7$

28 이차방정식의 근의 개수 개념북 110쪽

확인 1 답 (1) 0개 (2) 2개

(1) $(-4)^2-4\times1\times6=-8<0$이므로 0개

(2) $1^2-4\times2\times(-3)=25>0$이므로 2개

확인 2 답 $k=\frac{25}{4}$, $x=-\frac{5}{2}$ (중근)

$5^2-4\times1\times k=0$이어야 하므로

$4k=25$ $\therefore k=\frac{25}{4}$

$k=\frac{25}{4}$를 주어진 이차방정식에 대입하면

$x^2+5x+\frac{25}{4}=0$

$\left(x+\frac{5}{2}\right)^2=0$ $\therefore x=-\frac{5}{2}$ (중근)

개념 • check 개념북 111쪽

01 답 (1) 0 (2) 1개 (3) 33 (4) 2개 (5) -8 (6) 0개

(1) $4^2-4\times4\times1=0$

(3) $(-5)^2-4\times1\times(-2)=33$

(5) $(-4)^2-4\times3\times2=-8$

02 답 ㄴ, ㄹ

ㄱ. $(-3)^2-4\times2\times2=-7<0$ ➡ 근이 없다.

ㄴ. $6^2-4\times1\times(-8)=68>0$

➡ 서로 다른 두 근을 갖는다.

ㄷ. $4x^2-12x+9=0$에서 $(-12)^2-4\times4\times9=0$

➡ 중근을 갖는다.

ㄹ. $x^2+2x-4=0$에서 $2^2-4\times1\times(-4)=20>0$

➡ 서로 다른 두 근을 갖는다.

03 답 (1) $k<\frac{1}{4}$ (2) $k=\frac{1}{4}$ (3) $k>\frac{1}{4}$

$1^2-4\times1\times k=1-4k$에서

(1) $1-4k>0$이므로 $k<\frac{1}{4}$

(2) $1-4k=0$이므로 $k=\frac{1}{4}$

(3) $1-4k<0$이므로 $k>\frac{1}{4}$

04 답 (1) 1 (2) 3

(1) $\{2(k+1)\}^2-4\times4\times1=0$이어야 하므로

$4k^2+8k-12=0$, $4(k+3)(k-1)=0$

$\therefore k=-3$ 또는 $k=1$

k는 양수이므로 $k=1$

(2) $(2k)^2-4\times1\times3k=0$이어야 하므로 $4k^2-12k=0$

$4k(k-3)=0$ $\quad\therefore k=0$ 또는 $k=3$

k는 양수이므로 $k=3$

29 이차방정식 구하기 개념북 112쪽

확인 1 답 (1) $2x^2+6x-8=0$ (2) $2x^2+4x+2=0$

(1) $2(x+4)(x-1)=0$이므로 $2x^2+6x-8=0$

(2) $2(x+1)^2=0$이므로 $2x^2+4x+2=0$

확인 2 답 (1) $3+\sqrt{2}$ (2) $-4+\sqrt{10}$

개념 check 개념북 113쪽

01 답 (1) $x^2+2x-15=0$ (2) $6x^2-5x+1=0$

(1) $(x-3)(x+5)=0$이므로 $x^2+2x-15=0$

(2) $6\left(x-\frac{1}{2}\right)\left(x-\frac{1}{3}\right)=0$이므로 $6\left(x^2-\frac{5}{6}x+\frac{1}{6}\right)=0$

$\therefore 6x^2-5x+1=0$

02 답 (1) $x^2+4x+4=0$ (2) $4x^2-4x+1=0$

(1) $(x+2)^2=0$이므로 $x^2+4x+4=0$

(2) $4\left(x-\frac{1}{2}\right)^2=0$이므로 $4x^2-4x+1=0$

03 답 (1) $x^2-4x+2=0$ (2) $-x^2-2x+2=0$

(1) (두 근의 합)$=4$, (두 근의 곱)$=2$이므로

구하는 이차방정식은 $x^2-4x+2=0$

| 다른 풀이 | $\{x-(2+\sqrt{2})\}\{x-(2-\sqrt{2})\}=0$

$\{(x-2)-\sqrt{2}\}\{(x-2)+\sqrt{2}\}=0$

$(x-2)^2-(\sqrt{2})^2=0$ $\quad\therefore x^2-4x+2=0$

(2) (두 근의 합)$=-2$, (두 근의 곱)$=-2$이므로

구하는 이차방정식은 $-(x^2+2x-2)=0$

$\therefore -x^2-2x+2=0$

04 답 (1) $-x^2+6x-1=0$ (2) $3x^2+12x-3=0$

(1) 다른 한 근은 $3+2\sqrt{2}$이므로

(두 근의 합)$=6$, (두 근의 곱)$=1$

$-(x^2-6x+1)=0$ $\quad\therefore -x^2+6x-1=0$

(2) 다른 한 근은 $-2-\sqrt{5}$이므로

(두 근의 합)$=-4$, (두 근의 곱)$=-1$

$3(x^2+4x-1)=0$ $\quad\therefore 3x^2+12x-3=0$

유형 check 개념북 114~117쪽

1 답 42

$3x^2-4x=x+1$에서 $3x^2-5x-1=0$

$\therefore x=\frac{-(-5)\pm\sqrt{(-5)^2-4\times3\times(-1)}}{2\times3}=\frac{5\pm\sqrt{37}}{6}$

따라서 $A=5$, $B=37$이므로 $A+B=5+37=42$

1-1 답 12

$x^2+3x=7x+2$에서 $x^2-4x-2=0$

$\therefore x=\frac{-(-2)\pm\sqrt{(-2)^2-1\times(-2)}}{1}=2\pm\sqrt{6}$

따라서 $A=2$, $B=6$이므로 $AB=2\times6=12$

1-2 답 14

$2x^2=8x-3$에서 $2x^2-8x+3=0$

$\therefore x=\frac{-(-4)\pm\sqrt{(-4)^2-2\times3}}{2}=\frac{4\pm\sqrt{10}}{2}$

따라서 $A=4$, $B=10$이므로 $A+B=14$

2 답 3

$x^2+5x-k=0$에서

$x=\frac{-5\pm\sqrt{5^2-4\times1\times(-k)}}{2\times1}=\frac{-5\pm\sqrt{25+4k}}{2}$

따라서 $25+4k=37$이므로 $4k=12$ $\quad\therefore k=3$

2-1 답 3

$x^2-6x+2k+1=0$에서

$x=\frac{-(-3)\pm\sqrt{(-3)^2-1\times(2k+1)}}{1}=3\pm\sqrt{8-2k}$

따라서 $8-2k=2$이므로 $-2k=-6$ $\quad\therefore k=3$

2-2 답 -7

$2x^2+4x+A=0$에서

$x=\frac{-2\pm\sqrt{2^2-2\times A}}{2}=\frac{B\pm\sqrt{14}}{2}$

따라서 $-2=B$, $4-2A=14$이므로

$A=-5$, $B=-2$ $\quad\therefore A+B=-7$

3 답 10

$0.1x^2+\frac{3}{5}x-0.4=0$의 양변에 10을 곱하면

$x^2+6x-4=0$

$\therefore x=\dfrac{-3\pm\sqrt{3^2-1\times(-4)}}{1}=-3\pm\sqrt{13}=A\pm\sqrt{B}$

따라서 $A=-3$, $B=13$이므로 $A+B=10$

3-1 답 $x=3$

$\dfrac{1}{3}x^2-\dfrac{5}{6}x=\dfrac{1}{2}$의 양변에 분모의 최소공배수 6을 곱하면

$2x^2-5x-3=0$, $(2x+1)(x-3)=0$

$\therefore x=-\dfrac{1}{2}$ 또는 $x=3$

$0.04x^2-0.3x+0.54=0$의 양변에 100을 곱하면

$4x^2-30x+54=0$, $2x^2-15x+27=0$

$(2x-9)(x-3)=0 \quad \therefore x=\dfrac{9}{2}$ 또는 $x=3$

따라서 두 이차방정식의 공통인 근은 $x=3$이다.

3-2 답 ③

x의 계수를 분수로 바꾸면

$\dfrac{x(x+4)}{4}-\dfrac{x}{2}=\dfrac{1}{8}$

양변에 분모의 최소공배수 8을 곱하면

$2x(x+4)-4x=1$, $2x^2+4x-1=0$

$\therefore x=\dfrac{-2\pm\sqrt{2^2-2\times(-1)}}{2}=\dfrac{-2\pm\sqrt{6}}{2}$

$\alpha>\beta$이므로 $\alpha=\dfrac{-2+\sqrt{6}}{2}$, $\beta=\dfrac{-2-\sqrt{6}}{2}$

$\therefore \alpha-\beta=\dfrac{-2+\sqrt{6}}{2}-\dfrac{-2-\sqrt{6}}{2}=\sqrt{6}$

4 답 ③

$x+\dfrac{1}{2}=A$로 치환하면 $A^2-2=3A$

$A^2-3A-2=0$

$\therefore A=\dfrac{-(-3)\pm\sqrt{(-3)^2-4\times1\times(-2)}}{2\times1}=\dfrac{3\pm\sqrt{17}}{2}$

즉, $x+\dfrac{1}{2}=\dfrac{3\pm\sqrt{17}}{2}$이므로 $x=\dfrac{2\pm\sqrt{17}}{2}$

4-1 답 $x=-\dfrac{3}{2}$ 또는 $x=3$

$x-1=A$로 치환하면 $0.2A^2+0.1A-1=0$

양변에 10을 곱하면 $2A^2+A-10=0$

$(2A+5)(A-2)=0 \quad \therefore A=-\dfrac{5}{2}$ 또는 $A=2$

즉, $x-1=-\dfrac{5}{2}$ 또는 $x-1=2$이므로

$x=-\dfrac{3}{2}$ 또는 $x=3$

4-2 답 ⑤

$0.3(x-4)^2-0.8=\dfrac{1}{5}(x-4)$의 양변에 10을 곱하면

$3(x-4)^2-8=2(x-4)$

$x-4=A$로 치환하면 $3A^2-2A-8=0$

$(3A+4)(A-2)=0 \quad \therefore A=-\dfrac{4}{3}$ 또는 $A=2$

즉, $x-4=-\dfrac{4}{3}$ 또는 $x-4=2$이므로 $x=\dfrac{8}{3}$ 또는 $x=6$

따라서 구하는 두 근의 곱은 $\dfrac{8}{3}\times6=16$

5 답 ②

$x^2+6x+5-k=0$이 근을 가지려면

$6^2-4\times1\times(5-k)\geq0$, $16+4k\geq0 \quad \therefore k\geq-4$

5-1 답 5

$3x^2+2x+k-4=0$이 해를 갖지 않으려면

$2^2-4\times3\times(k-4)<0$, $52-12k<0 \quad \therefore k>\dfrac{13}{3}$

따라서 가장 작은 자연수 k는 5이다.

5-2 답 ③

$x^2+3x+k-4=0$이 서로 다른 두 근을 가지므로

$3^2-4\times1\times(k-4)>0$, $25-4k>0 \quad \therefore k<\dfrac{25}{4}$

따라서 자연수 k의 최댓값은 6이다.

6 답 ③

$x^2+(k+3)x+4k=0$이 중근을 가지려면

$(k+3)^2-4\times1\times4k=0$이므로 $k^2-10k+9=0$

$(k-1)(k-9)=0 \quad \therefore k=1$ 또는 $k=9$

따라서 모든 상수 k의 값의 합은 10이다.

6-1 답 3

$x^2-2(m-1)x+4=0$이 중근을 가지려면

$\{-2(m-1)\}^2-4\times1\times4=0$이어야 하므로

$m^2-2m-3=0$, $(m-3)(m+1)=0$

$\therefore m=3$ 또는 $m=-1$

그런데 m이 양수이므로 $m=3$

6-2 답 3

$(k+1)x^2-(k+1)x+1=0$이 중근을 가지려면

$(k+1)^2-4\times(k+1)\times1=0$이어야 하므로

$k^2-2k-3=0$, $(k+1)(k-3)=0$

$\therefore k=-1$ 또는 $k=3$

그런데 $k=-1$이면 이차방정식이 아니므로 $k=3$

7 답 ④

두 근이 -2, 4이고, x^2의 계수가 $\dfrac{1}{2}$인 이차방정식은

$\dfrac{1}{2}(x+2)(x-4)=0$, $\dfrac{1}{2}x^2-x-4=0$

따라서 $a=-1$, $b=-4$이므로 $\dfrac{b}{a}=4$

7-1 답 7

중근이 $-\dfrac{1}{3}$이고, x^2의 계수가 9인 이차방정식은

$9\left(x+\dfrac{1}{3}\right)^2=0$, $9x^2+6x+1=0$

따라서 $a=6$, $b=1$이므로 $a+b=7$

7-2 답 3

두 근이 $-\dfrac{2}{3}$, 1이고, x^2의 계수가 3인 이차방정식은

$3\left(x+\dfrac{2}{3}\right)(x-1)=0$, $3\left(x^2-\dfrac{1}{3}x-\dfrac{2}{3}\right)=0$

$\therefore 3x^2-x-2=0$

즉, $a=-1$, $b=-2$이므로 $x^2+ax+b=0$에 대입하면
$x^2-x-2=0$, $(x+1)(x-2)=0$
$\therefore x=-1$ 또는 $x=2$
따라서 구하는 두 근의 차는 $2-(-1)=3$

8 답 ④
$x^2+6x+k=0$의 한 근이 $-3+\sqrt{5}$이므로 다른 한 근은 $-3-\sqrt{5}$이다.
두 근의 곱은 $(-3+\sqrt{5})(-3-\sqrt{5})=(-3)^2-(\sqrt{5})^2=4$
이므로 $k=4$

8-1 답 ⑤
$x^2-mx+3=0$의 한 근이 $3-\sqrt{6}$이므로 다른 한 근은 $3+\sqrt{6}$이다.
두 근의 합은 $(3+\sqrt{6})+(3-\sqrt{6})=6$이므로 $m=6$

8-2 답 ②
$x^2+2ax+2b=0$의 한 근이 $3+2\sqrt{2}$이므로 다른 한 근은 $3-2\sqrt{2}$이다.
두 근의 합은 $-2a=(3+2\sqrt{2})+(3-2\sqrt{2})=6$이므로
$a=-3$
두 근의 곱은 $2b=(3+2\sqrt{2})(3-2\sqrt{2})=3^2-(2\sqrt{2})^2=1$
이므로 $b=\frac{1}{2}$
$\therefore a-b=(-3)-\frac{1}{2}=-\frac{7}{2}$

30 이차방정식의 활용 (1) 개념북 118쪽

확인 1 답 $x+2$, $x+2$, 48, 8, 6, -8, 6, 6, 6, 8

개념 check 개념북 119쪽

01 답 (1) $x^2-2x-15=0$ (2) 5
(1) $x^2=2x+15$이므로 $x^2-2x-15=0$
(2) $x^2-2x-15=0$에서 $(x+3)(x-5)=0$
x는 자연수이므로 $x=5$

02 답 (1) $x^2-3x-28=0$ (2) 7
(1) $3x=x^2-28$이므로 $x^2-3x-28=0$
(2) $x^2-3x-28=0$이므로 $(x+4)(x-7)=0$
x는 자연수이므로 $x=7$

03 답 (1) $x^2+x-72=0$ (2) 8 (3) 8, 9
(1) $x^2+(x+1)^2=145$이므로 $2x^2+2x-144=0$
$\therefore x^2+x-72=0$
(2) $x^2+x-72=0$이므로 $(x+9)(x-8)=0$
x는 자연수이므로 $x=8$

04 답 (1) $2x-1$ (2) 6 (3) 11, 13
(1) 연속하는 두 홀수 중 큰 수가 $2x+1$이므로 다른 한 홀수는 $2x+1-2=2x-1$이다.
(2) $(2x+1)(2x-1)=143$이므로 $4x^2-1=143$
$4x^2=144$, $x^2=36$ $\therefore x=-6$ 또는 $x=6$
x는 자연수이므로 $x=6$
(3) $x=6$이므로 $2x-1=11$, $2x+1=13$
따라서 구하는 두 홀수는 11, 13이다.

31 이차방정식의 활용 (2) 개념북 120쪽

확인 1 답 $x+2$, $x+2$, 4, 4, 2, 2, $-\frac{2}{3}$, 2, 2, 2

개념 check 개념북 121쪽

01 답 (1) 0 m (2) 14초
(2) $70t-5t^2=0$에서 $t^2-14t=0$, $t(t-14)=0$
$\therefore t=14$ ($\because t>0$)

02 답 (1) 40 m (2) 1초 후 또는 5초 후
(1) $30t-5t^2$에 $t=2$를 대입하면 $30\times2-5\times2^2=40$
따라서 2초 후의 공의 높이는 40 m이다.
(2) $30t-5t^2=25$에서 $5t^2-30t+25=0$
$t^2-6t+5=0$, $(t-1)(t-5)=0$
$\therefore t=1$ 또는 $t=5$
따라서 25 m에 도달하는 것은 던져 올린 지 1초 후 또는 5초 후이다.

03 답 (1) 가로의 길이: $(x+6)$ m, 세로의 길이: $(x+5)$ m
(2) $(x^2+11x+30)$ m^2 (3) 1
(2) $(x+6)(x+5)=x^2+11x+30$
(3) $x^2+11x+30=30+12$이므로 $x^2+11x-12=0$
$(x+12)(x-1)=0$ $\therefore x=-12$ 또는 $x=1$
$x>0$이므로 $x=1$

04 답 (1) $(16-x)$ cm (2) $x=6$ 또는 $x=10$
(3) 가로의 길이: 10 cm, 세로의 길이: 6 cm
(1) 직사각형의 가로의 길이와 세로의 길이의 합이 16 cm이고, 가로의 길이가 x cm이므로 세로의 길이는 $(16-x)$ cm
(2) $x(16-x)=60$에서 $x^2-16x+60=0$
$(x-6)(x-10)=0$ $\therefore x=6$ 또는 $x=10$

유형 check 개념북 122~125쪽

1 답 9, 10, 11
연속하는 세 자연수를 $x-1$, x, $x+1$이라 하면 이들 세 수의 제곱의 합이 302이므로
$(x-1)^2+x^2+(x+1)^2=302$, $3x^2+2=302$, $3x^2=300$
$x^2=100$ $\therefore x=10$ 또는 $x=-10$
x는 자연수이므로 $x=10$
따라서 구하는 세 자연수는 9, 10, 11이다.

1-1 답 1
연속하는 세 자연수를 $x-1$, x, $x+1$이라 하면
$3x^2=(x-1)^2+(x+1)^2+2$
$3x^2=2x^2+4$, $x^2=4$ $\therefore x=2$ 또는 $x=-2$
x는 자연수이므로 $x=2$
따라서 가장 작은 수는 $x-1=1$이다.

1-2 답 ②

연속하는 두 홀수를 x, $x+2$ (x는 홀수)라 하면

$x^2+(x+2)^2=130$, $2x^2+4x-126=0$

$x^2+2x-63=0$, $(x+9)(x-7)=0$

$\therefore x=-9$ 또는 $x=7$

$x>0$이므로 $x=7$

따라서 연속하는 두 홀수는 7, 9이므로 구하는 합은 16이다.

2 답 10살

동생의 나이를 x살이라 하면 오빠의 나이는 $(x+4)$살이므로

$x^2=7(x+4)+2$, $x^2-7x-30=0$

$(x+3)(x-10)=0$ $\quad\therefore x=-3$ 또는 $x=10$

x는 자연수이므로 $x=10$

따라서 동생의 나이는 10살이다.

2-1 답 29

펼쳐진 두 면의 쪽수 중 작은 것을 x라 하면 다른 쪽수는 $x+1$이므로 $x(x+1)=210$, $x^2+x-210=0$

$(x+15)(x-14)=0$ $\quad\therefore x=-15$ 또는 $x=14$

x는 자연수이므로 $x=14$

따라서 펼쳐진 두 면의 쪽수는 14, 15이므로 구하는 합은 29이다.

2-2 답 ③

여름 캠프의 날짜를 $(x-1)$일, x일, $(x+1)$일이라 하면

$(x-1)^2+x^2+(x+1)^2=194$, $3x^2=192$

$x^2=64$ $\quad\therefore x=\pm 8$

x는 자연수이므로 $x=8$

따라서 출발 날짜는 8월 7일이다.

3 답 18명

전체 학생의 수를 x명이라 하면 한 학생이 받은 연필의 수가 $(x-10)$자루이므로

$x(x-10)=144$, $x^2-10x-144=0$

$(x+8)(x-18)=0$ $\quad\therefore x=-8$ 또는 $x=18$

$x>10$이므로 $x=18$

따라서 전체 학생의 수는 18명이다.

3-1 답 14명

모둠의 학생 수를 x명이라 하면 한 학생이 받을 사탕의 수가 $(x-6)$개이므로 $x(x-6)=112$, $x^2-6x-112=0$

$(x+8)(x-14)=0$ $\quad\therefore x=-8$ 또는 $x=14$

$x>6$이므로 $x=14$

따라서 모둠의 학생 수는 14명이다.

3-2 답 15명

전체 학생 수를 x명이라 하면 한 학생이 받을 호두과자의 수가 $(x-3)$개이므로

$x(x-3)=30\times 6$, $x^2-3x-180=0$

$(x+12)(x-15)=0$ $\quad\therefore x=-12$ 또는 $x=15$

$x>3$이므로 $x=15$

따라서 전체 학생 수는 15명이다.

4 답 (1) 십각형 (2) 십삼각형

(1) $\dfrac{n(n-3)}{2}=35$, $n^2-3n-70=0$, $(n+7)(n-10)=0$

$\therefore n=-7$ 또는 $n=10$

$n>3$이므로 $n=10$

(2) $\dfrac{n(n-3)}{2}=65$, $n^2-3n-130=0$, $(n+10)(n-13)=0$

$\therefore n=-10$ 또는 $n=13$

$n>3$이므로 $n=13$

4-1 답 ⑤

$\dfrac{n(n+1)}{2}=210$이므로 $n^2+n-420=0$

$(n+21)(n-20)=0$ $\quad\therefore n=-21$ 또는 $n=20$

n은 자연수이므로 $n=20$

4-2 답 ①

$\dfrac{n(n-1)}{2}=28$에서 $n^2-n-56=0$

$(n+7)(n-8)=0$ $\quad\therefore n=-7$ 또는 $n=8$

n은 자연수이므로 $n=8$

따라서 구하는 학생 수는 8명이다.

5 답 ④

공이 땅에 떨어지는 것은 지면으로부터의 높이가 0 m가 되는 순간이므로 $340t-5t^2=0$, $t^2-68t=0$

$t(t-68)=0$ $\quad\therefore t=0$ 또는 $t=68$

따라서 공이 다시 땅에 떨어지는 것은 공을 쏘아 올린 지 68초 후이다.

5-1 답 3초 후

$30+45t-5t^2=120$에서 $5t^2-45t+90=0$

$t^2-9t+18=0$, $(t-3)(t-6)=0$ $\quad\therefore t=3$ 또는 $t=6$

따라서 공의 높이가 처음으로 120 m가 되는 것은 공을 던진 지 3초 후이다.

5-2 답 2초 후 또는 6초 후

$100+40t-5t^2=160$에서 $5t^2-40t+60=0$

$t^2-8t+12=0$, $(t-2)(t-6)=0$ $\quad\therefore t=2$ 또는 $t=6$

따라서 160 m의 높이에서 폭죽이 터지는 것은 2초 후 또는 6초 후이다.

6 답 ②

처음 직사각형의 넓이가 $5\times 3=15(\text{m}^2)$이므로 새로운 직사각형의 넓이는

$(x+5)(x+3)=15+20$, $x^2+8x-20=0$

$(x+10)(x-2)=0$ $\quad\therefore x=-10$ 또는 $x=2$

$x>0$이므로 $x=2$

6-1 답 72 cm^2

처음 삼각형의 밑변의 길이를 x cm라 하면

$\dfrac{1}{2}(x+6)(x+4)=2\times\left(\dfrac{1}{2}\times x\times x\right)$

$x^2-10x-24=0$, $(x+2)(x-12)=0$

$\therefore x=-2$ 또는 $x=12$

$x>0$이므로 $x=12$

따라서 처음 삼각형의 넓이는 $\dfrac{1}{2}\times 12\times 12=72(\text{cm}^2)$

6-2 답 8초

t초 후 가로의 길이는 t cm만큼 줄어들고, 세로의 길이는 $2t$ cm만큼 늘어나므로 가로의 길이는 $(12-t)$ cm, 세로의 길이는 $(8+2t)$ cm가 된다.

t초 후 직사각형의 넓이가 처음과 같아진다고 하면

$(12-t)(8+2t)=12\times8$, $-2t^2+16t+96=96$

$2t^2-16t=0$, $t^2-8t=0$

$t(t-8)=0$ $\quad\therefore t=0$ 또는 $t=8$

$0<t<12$이므로 $t=8$ $\quad\therefore$ 8초

7 답 ④

도로의 폭을 x m라 하고 도로를 제외한 부분의 넓이는 가로의 길이가 $(13-x)$ m, 세로의 길이가 $(10-x)$ m인 직사각형의 넓이와 같으므로

$(13-x)(10-x)=88$, $x^2-23x+42=0$

$(x-2)(x-21)=0$ $\quad\therefore x=2$ 또는 $x=21$

$0<x<10$이므로 $x=2$

따라서 구하는 도로의 폭은 2 m이다.

7-1 답 2 m

산책로의 폭을 x m라 하면

$(2x+10)(2x+6)-10\times6=80$

$x^2+8x-20=0$, $(x+10)(x-2)=0$

$\therefore x=-10$ 또는 $x=2$

$x>0$이므로 $x=2$

따라서 산책로의 폭은 2 m이다.

7-2 답 3 m

도로의 폭을 x m라 하고 도로를 제외한 부분의 넓이는 가로의 길이가 $(18-x)$ m, 세로의 길이가 $(15-x)$ m인 직사각형의 넓이와 같으므로

$(18-x)(15-x)=180$, $x^2-33x+90=0$

$(x-3)(x-30)=0$ $\quad\therefore x=3$ 또는 $x=30$

$0<x<15$이므로 $x=3$

따라서 구하는 도로의 폭은 3 m이다.

8 답 14 cm

처음 정사각형 모양의 종이의 한 변의 길이를 x cm라 하면 직육면체 모양의 상자는 밑면이 한 변의 길이가 $(x-8)$ cm인 정사각형이고 높이는 4 cm이다.

상자의 부피가 144 cm^{3}이므로

$4(x-8)^2=144$, $(x-8)^2=36$

$x-8=\pm6$ $\quad\therefore x=14$ 또는 $x=2$

$x-8>0$에서 $x>8$이므로 $x=14$

따라서 처음 정사각형 모양의 종이의 한 변의 길이는 14 cm이다.

8-1 답 5 cm, 15 cm

물받이의 높이를 x cm라 하면 단면의 가로의 길이는 $(40-2x)$ cm이다.

$40-2x>0$이므로 $0<x<20$

색칠한 단면의 넓이가 150 cm^{2}이므로

$x(40-2x)=150$, $2x^2-40x+150=0$

$x^2-20x+75=0$, $(x-5)(x-15)=0$

$\therefore x=5$ 또는 $x=15$

따라서 가능한 물받이의 높이는 5 cm 또는 15 cm이다.

8-2 답 5

직육면체 모양의 상자의 밑면은 한 변의 길이가 $(20-2x)$ cm인 정사각형이고, 옆면은 가로의 길이가 $(20-2x)$ cm, 세로의 길이가 x cm인 직사각형이다.

상자의 전개도의 총 넓이가 300 cm^{2}이므로

$(20-2x)^2+4x(20-2x)=300$

$4x^2-100=0$, $4(x+5)(x-5)=0$

$\therefore x=-5$ 또는 $x=5$

$20-2x>0$에서 $0<x<10$이므로 $x=5$

단원 마무리

개념북 126~128쪽

01 ③	**02** ②	**03** ③	**04** ②	**05** ①
06 ⑤	**07** ③	**08** ③	**09** ⑤	**10** ④
11 ③	**12** ④	**13** ①	**14** ③	**15** (1, 4)
16 -1 또는 11	**17** 3			
18 $x=-\frac{3}{2}$ 또는 $x=-1$				

01 ① $-3x+8=0$ ➞ 일차방정식

② $x^3-3x^2-2x+3=0$ ➞ 이차방정식이 아니다.

③ $2x^2+x=0$ ➞ 이차방정식

④ $x^2+\frac{1}{x}-3=0$ ➞ 이차방정식이 아니다.

⑤ $x^2-\frac{1}{x^2}+3=0$ ➞ 이차방정식이 아니다.

02 $3x^2-(a-2)x-a+3=0$에 $x=-2$를 대입하면

$12+2(a-2)-a+3=0$, $a+11=0$ $\quad\therefore a=-11$

03 $x^2+4x-12=0$에서 $(x+6)(x-2)=0$

$\therefore x=-6$ 또는 $x=2$

따라서 $a=2$이므로 $2x^2-(a+1)x-20=0$에 대입하면

$2x^2-3x-20=0$, $(2x+5)(x-4)=0$

$\therefore x=-\frac{5}{2}$ 또는 $x=4$

04 $(x+2)(x+b)=0$에서 $x=-2$ 또는 $x=-b$

$x=-2$가 $x^2+ax-a+5=0$의 근이므로

$-3a+9=0$ $\quad\therefore a=3$

$x^2+ax-a+5=0$에 $a=3$을 대입하면

$x^2+3x+2=0$, $(x+1)(x+2)=0$

$\therefore x=-1$ 또는 $x=-2$

따라서 $-b=-1$이므로 $b=1$

$\therefore a-b=3-1=2$

05 이차방정식 $x^2-2ax+12-4a=0$이 중근을 가지므로

$12-4a=(-a)^2$, $a^2+4a-12=0$

$(a+6)(a-2)=0$ $\quad\therefore a=-6$ 또는 $a=2$
따라서 구하는 모든 a의 값의 곱은 $(-6)\times 2=-12$

06 $4(x+a)^2=b$에서 $(x+a)^2=\frac{b}{4}$
$x+a=\pm\sqrt{\frac{b}{4}}$ $\quad\therefore x=-a\pm\sqrt{\frac{b}{4}}=-2\pm\sqrt{2}$
따라서 $-a=-2$, $\frac{b}{4}=2$이므로 $a=2$, $b=8$
$\therefore a+b=2+8=10$

07 $5x^2+12x+a=0$에서 $x^2+\frac{12}{5}x=-\frac{a}{5}$
$x^2+\frac{12}{5}x+\left(\frac{6}{5}\right)^2=-\frac{a}{5}+\left(\frac{6}{5}\right)^2$
$\left(x+\frac{6}{5}\right)^2=\frac{36-5a}{25}$
$\therefore x=-\frac{6}{5}\pm\frac{\sqrt{36-5a}}{5}=\frac{-6\pm\sqrt{36-5a}}{5}$
따라서 $b=-6$이고, $36-5a=51$에서
$5a=-15$ $\quad\therefore a=-3$
$\therefore a+b=(-3)+(-6)=-9$

08 $x=\frac{-(-1)\pm\sqrt{(-1)^2-3\times(-3)}}{3}=\frac{1\pm\sqrt{10}}{3}$
따라서 $k=\frac{1+\sqrt{10}}{3}$이므로
$\frac{3}{k}+1=\frac{9}{1+\sqrt{10}}+1=\frac{9(1-\sqrt{10})}{(1+\sqrt{10})(1-\sqrt{10})}+1$
$=-(1-\sqrt{10})+1=\sqrt{10}$

09 주어진 이차방정식의 양변에 10을 곱하면
$3x^2+10x=8(x+1)$, $3x^2+2x-8=0$
$(x+2)(3x-4)=0$ $\quad\therefore x=-2$ 또는 $x=\frac{4}{3}$
따라서 $k=\frac{4}{3}$이므로 $15k=15\times\frac{4}{3}=20$

10 $2x+y=A$로 치환하면
$A^2-6A-7=0$, $(A+1)(A-7)=0$
$\therefore A=-1$ 또는 $A=7$
x, y가 양수이므로 $A>0$
$\therefore A=2x+y=7$

11 $2x^2+ax+b=0$의 두 근이 $\frac{1}{4}$, -1이므로
$2\left(x-\frac{1}{4}\right)(x+1)=0$, $2x^2+\frac{3}{2}x-\frac{1}{2}=0$
따라서 $a=\frac{3}{2}$, $b=-\frac{1}{2}$이므로 $a+b=1$

12 한 근이 $2-\sqrt{5}$이므로 다른 한 근은 $2+\sqrt{5}$이다.
두 근의 합은 $(2+\sqrt{5})+(2-\sqrt{5})=4$이므로 $a=-4$
두 근의 곱은 $(2+\sqrt{5})(2-\sqrt{5})=-1$이므로 $b=-1$
$\therefore ab=4$

13 $(x+2)◎2x=\{(x+2)+1\}(2x-1)=4$이므로
$(x+3)(2x-1)=4$, $2x^2+5x-7=0$
$(x-1)(2x+7)=0$ $\quad\therefore x=1$ 또는 $x=-\frac{7}{2}$

14 (테두리의 넓이)=(사진의 넓이)이므로
$(18+2x)(12+2x)-18\times 12=18\times 12$
$4x^2+60x-216=0$, $x^2+15x-54=0$
$(x+18)(x-3)=0$ $\quad\therefore x=-18$ 또는 $x=3$
$x>0$이므로 $x=3$

15 점 P의 x좌표를 a라 하면 y좌표는 $-2a+6$이므로
$\mathrm{P}(a, -2a+6)$
$\square\mathrm{OAPB}=a(-2a+6)=4$이므로
$-2a^2+6a-4=0$, $a^2-3a+2=0$
$(a-1)(a-2)=0$ $\quad\therefore a=1$ 또는 $a=2$
$\therefore \mathrm{P}(1, 4)$ 또는 $\mathrm{P}(2, 2)$
그런데 $\overline{\mathrm{OA}}<\overline{\mathrm{OB}}$이므로 구하는 점 P의 좌표는 (1, 4)이다.

16 **1단계** $x=1$은 $x^2+(2k+1)x+1-k^2=0$의 한 근이므로
$1+(2k+1)+1-k^2=0$, $k^2-2k-3=0$
$(k+1)(k-3)=0$ $\quad\therefore k=-1$ 또는 $k=3$
2단계 (i) $k=-1$일 때, $x^2-x=0$, $x(x-1)=0$
$\therefore x=0$ 또는 $x=1$ $\quad\therefore m=0$
(ii) $k=3$일 때, $x^2+7x-8=0$
$(x+8)(x-1)=0$
$\therefore x=-8$ 또는 $x=1$ $\quad\therefore m=-8$
3단계 $k=-1$, $m=0$일 때, $k-m=-1$
$k=3$, $m=-8$일 때, $k-m=11$
따라서 $k-m$의 값은 -1 또는 11이다.

17 두 근이 -6, 1이고 x^2의 계수가 1인 이차방정식은
$(x+6)(x-1)=0$, $x^2+5x-6=0$
$\therefore a=5$, $b=-6$ ········· ❶
a, b의 값을 $ax^2+bx+1=0$에 대입하면 $5x^2-6x+1=0$
이므로 $(5x-1)(x-1)=0$ $\quad\therefore x=\frac{1}{5}$ 또는 $x=1$
$\alpha>\beta$이므로 $\alpha=1$, $\beta=\frac{1}{5}$ ········· ❷
$\therefore \alpha+10\beta=1+10\times\frac{1}{5}=3$ ········· ❸

단계	채점 기준	비율
❶	상수 a, b의 값 구하기	30 %
❷	α, β의 값 구하기	40 %
❸	$\alpha+10\beta$의 값 구하기	30 %

18 이차방정식 $ax^2+(a+3)x+a=0$이 중근을 가지므로
$(a+3)^2-4\times a\times a=0$, $-3a^2+6a+9=0$
$a^2-2a-3=0$, $(a+1)(a-3)=0$
$\therefore a=-1$ 또는 $a=3$
$a>0$이므로 $a=3$ ········· ❶
따라서 $a=3$을 $2x^2+5x+a=0$에 대입하면
$2x^2+5x+3=0$이므로 $(2x+3)(x+1)=0$
$\therefore x=-\frac{3}{2}$ 또는 $x=-1$ ········· ❷

단계	채점 기준	비율
❶	a의 값 구하기	60 %
❷	이차방정식 $2x^2+5x+a=0$ 풀기	40 %

Ⅲ | 이차함수

Ⅲ-1 | 이차함수의 그래프 (1)

1 이차함수 $y=ax^2$의 그래프

32 이차함수 $y=x^2$의 그래프 개념북 130쪽

확인 1 답 (1) -4, -1, 0, -1, -4, -9 (2) 풀이 참조

(2)

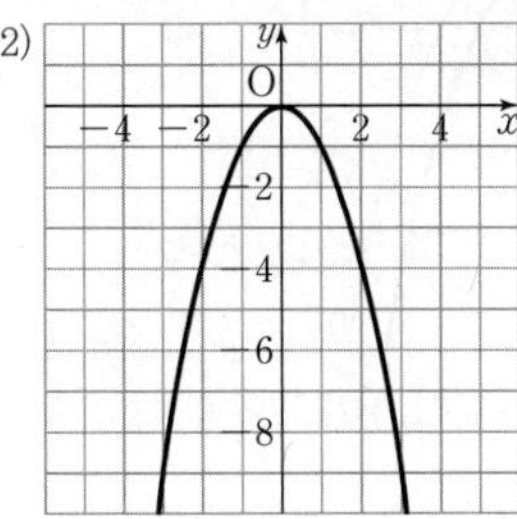

개념 check 개념북 131쪽

01 답 ㄱ, ㄷ

02 답 (1) $y=\pi x^2$, 이차함수이다. (2) $y=70x$, 이차함수가 아니다.
(3) $y=4\pi x^2$, 이차함수이다.

03 답 (1) $(0, 0)$, $(0, 0)$ (2) $x=0$, $x=0$
(3) 제1, 2사분면, 제3, 4사분면

04 답 ④
④ $x=0$일 때 $y=0$이므로 항상 $y>0$인 것은 아니다.

33 이차함수 $y=ax^2$의 그래프 개념북 132쪽

확인 1 답 (1) -8, -2, 0, -2, -8 (2) 풀이 참조

(2)

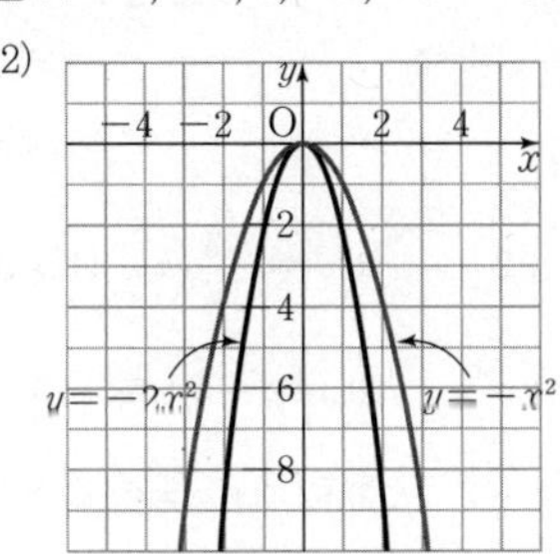

개념 check 개념북 133쪽

01 답 (1) ㄴ, ㄹ, ㅂ (2) ㄴ과 ㅁ, ㄷ과 ㄹ
(1) x^2의 계수가 양수이면 그래프가 아래로 볼록하다.
(2) x^2의 계수의 절댓값이 같고 부호가 반대인 두 이차함수의 그래프는 x축에 대하여 대칭이다.

02 답 (1) ○ (2) × (3) × (4) ○ (5) ○
(2) y축에 대하여 대칭이다.
(3) $a<0$이면 위로 볼록한 포물선이다.
(5) a의 절댓값이 작을수록 그래프의 폭이 넓어진다.

03 답 ㄴ, ㄷ, ㅁ
ㄱ. x^2의 계수가 $\frac{1}{2}$로 양수이므로 아래로 볼록한 포물선이다.
ㄹ. $x<0$일 때, x의 값이 증가하면 y의 값은 감소한다.

04 답 ㄷ, ㄴ, ㄱ, ㄹ
이차함수 $y=ax^2$의 그래프에서 a의 절댓값이 클수록 그래프의 폭이 좁아진다.
따라서 $\left|\frac{5}{2}\right|>|-2|>|1|>\left|-\frac{1}{6}\right|$이므로 그래프의 폭이 좁은 것부터 차례로 나열하면 ㄷ, ㄴ, ㄱ, ㄹ이다.

유형 check 개념북 134~135쪽

1 답 ②, ④
① $y=\frac{1}{2}\times(x+1)\times x^2=\frac{1}{2}x^3+\frac{1}{2}x^2$ → 이차함수가 아니다.
② $y=6x^2$ → 이차함수이다.
③ $y=x^3$ → 이차함수가 아니다.
④ $y=\frac{1}{2}\times x\times 2x=x^2$ → 이차함수이다.
⑤ $y=4x$ → 이차함수가 아니다.

1-1 답 ㄴ, ㄹ
ㄷ. $y=(2x-3)^2-4x^2=4x^2-12x+9-4x^2=-12x+9$
ㄹ. $y=x(2x-1)+x-1=2x^2-x+x-1=2x^2-1$

1-2 답 $y=-x^2+3x-2$, 이차함수이다.
$y=(x-1)(2-x)=-x^2+3x-2$

2 답 ②
$f(2)=2^2+3\times2=10$, $f(1)=1^2+3\times1=4$
$\therefore f(2)-f(1)=10-4=6$

2-1 답 6
$f(-2)=-(-2)^2+(-2)+12=6$

2-2 답 ③
$f(2)=2\times2^2+k\times2+1=2k+9=3$이므로
$2k=-6$ $\quad\therefore k=-3$

3 답 ④
①, ② 주어진 이차함수의 그래프는 모두 y축에 대하여 대칭이고, 원점 $(0, 0)$을 지난다.
③ x^2의 계수의 절댓값이 클수록 그래프의 폭이 좁아지므로 그래프의 폭이 가장 좁은 것은 ㄱ이다.
④ ㄴ과 ㄹ은 x^2의 계수의 절댓값이 같지 않으므로 x축에 대하여 대칭이 아니다.
⑤ 아래로 볼록한 그래프는 x^2의 계수가 양수이므로 ㄱ, ㄴ이다.

3-1 답 ④, ⑤
그래프가 위로 볼록하므로 $a-2<0$ $\quad\therefore a<2$
따라서 a의 값이 될 수 없는 것은 ④, ⑤이다.

3-2 답 ②, ③

$y=ax^2$의 그래프가 $y=\frac{1}{3}x^2$의 그래프보다 폭이 좁고

$y=x^2$의 그래프보다 폭이 넓으므로 $\frac{1}{3}<a<1$

따라서 a의 값이 될 수 있는 것은 ②, ③이다.

4 답 ④

$y=ax^2$에 $x=4$, $y=8$을 대입하면 $8=16a$ $\therefore a=\frac{1}{2}$

따라서 $y=\frac{1}{2}x^2$이고 이 식에 $x=-2$, $y=b$를 대입하면

$b=\frac{1}{2}\times(-2)^2=2$

$\therefore a+b=\frac{1}{2}+2=\frac{5}{2}$

4-1 답 -1

주어진 포물선을 나타내는 이차함수의 식을

$y=ax^2$ $(a\neq0)$으로 놓자.

이 포물선이 점 $(-4, -4)$를 지나므로

$-4=a\times(-4)^2$, $16a=-4$ $\therefore a=-\frac{1}{4}$

따라서 이차함수 $y=-\frac{1}{4}x^2$의 그래프가 점 $(2, k)$를 지나므로 $k=-\frac{1}{4}\times2^2=-1$

4-2 답 1

이차함수 $y=2x^2$의 그래프와 x축에 대하여 대칭인 그래프가 나타내는 이차함수의 식은 $y=-2x^2$

이 그래프가 점 $(a, a-3)$을 지나므로

$a-3=-2a^2$

$2a^2+a-3=0$, $(2a+3)(a-1)=0$

$\therefore a=-\frac{3}{2}$ 또는 $a=1$

이때 a는 양수이므로 $a=1$

2 이차함수 $y=a(x-p)^2+q$의 그래프

34 이차함수 $y=ax^2+q$와 $y=a(x-p)^2$의 그래프 개념북 136쪽

확인 1 답 (1) -3 (2) $\frac{1}{5}$

확인 2 답 (1) $\frac{2}{3}$ (2) -2

개념 check 개념북 137쪽

01 답 (1) $y=-\frac{2}{3}x^2-3$ (2) $y=-\frac{2}{3}(x-5)^2$

02 답 (1)

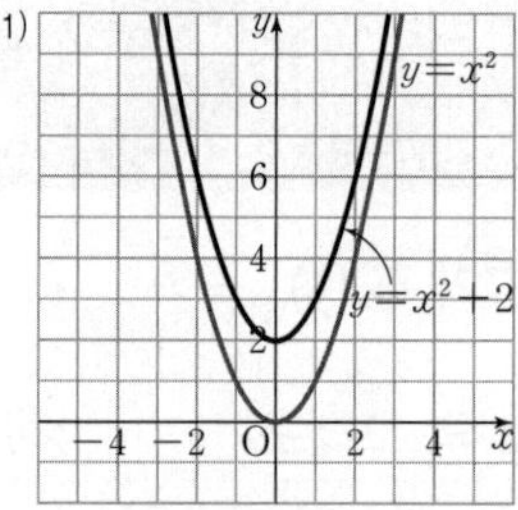

꼭짓점의 좌표: $(0, 2)$, 축의 방정식: $x=0$

(2)

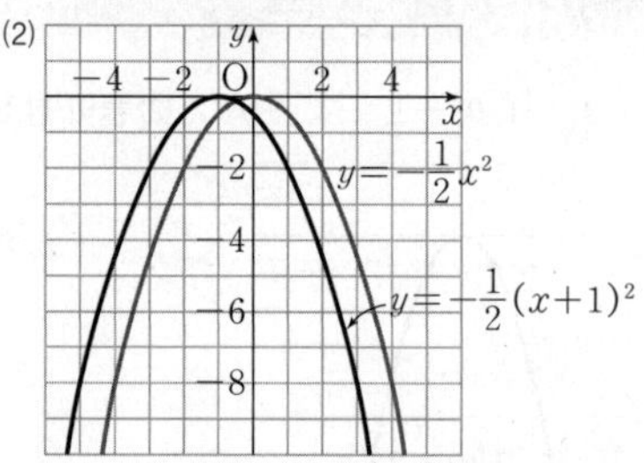

꼭짓점의 좌표: $(-1, 0)$, 축의 방정식: $x=-1$

03 답 (1) 꼭짓점의 좌표: $\left(0, \frac{2}{5}\right)$, 축의 방정식: $x=0$

(2) 꼭짓점의 좌표: $(-4, 0)$, 축의 방정식: $x=-4$

(3) 꼭짓점의 좌표: $(0, -1)$, 축의 방정식: $x=0$

(4) 꼭짓점의 좌표: $(6, 0)$, 축의 방정식: $x=6$

04 답 (1) $a>0$, $q<0$ (2) $a<0$, $p>0$

(1) 그래프가 아래로 볼록하므로 $a>0$
꼭짓점이 원점의 아래쪽에 있으므로 $q<0$

(2) 그래프가 위로 볼록하므로 $a<0$
꼭짓점이 원점의 오른쪽에 있으므로 $p>0$

35 이차함수 $y=a(x-p)^2+q$의 그래프 개념북 138쪽

확인 1 답 (1) x축: 3, y축: $-\frac{2}{3}$ (2) x축: -6, y축: -3

확인 2 답 (1) 아래, $>$ (2) x, $>$ (3) y, $<$

개념 check 개념북 139쪽

01 답 (1) $y=(x-1)^2+2$ (2) $y=-\frac{3}{2}(x-4)^2-3$

02 답 (1) x축: 2, y축: 3 (2) x축: -4, y축: -5

03 답 (1) $(-2, 1)$, $x=-2$ (2) $(2, 3)$, $x=2$

04 답 (1) $a>0$, $p<0$, $q<0$ (2) $a<0$, $p>0$, $q<0$

(1) 그래프가 아래로 볼록하므로 $a>0$
꼭짓점의 x좌표가 음수이므로 $p<0$
꼭짓점의 y좌표가 음수이므로 $q<0$

(2) 그래프가 위로 볼록하므로 $a<0$
꼭짓점의 x좌표가 양수이므로 $p>0$
꼭짓점의 y좌표가 음수이므로 $q<0$

05 답 $apq<0$

그래프가 위로 볼록하므로 $a<0$

꼭짓점 (p, q)가 제1사분면 위에 있으므로
$p>0, q>0$
$\therefore apq<0$

유형 • check 개념북 140~143쪽

1 답 ③

이차함수 $y=-\frac{1}{2}x^2$의 그래프를 y축의 방향으로 3만큼 평행이동한 그래프가 나타내는 이차함수의 식은

$y=-\frac{1}{2}x^2+3$

이 그래프가 점 $(2, k)$를 지나므로

$k=-\frac{1}{2}\times 2^2+3=1$

1-1 답 -5

$y=\frac{1}{2}x^2$의 그래프를 y축의 방향으로 k만큼 평행이동하면

$y=\frac{1}{2}x^2+k$

이 그래프가 점 $(-4, 3)$을 지나므로

$3=\frac{1}{2}\times(-4)^2+k \qquad \therefore k=-5$

1-2 답 -6

이차함수 $y=ax^2+q+3$의 그래프가 이차함수 $y=ax^2-4$의 그래프와 완전히 포개어지므로

$q+3=-4 \qquad \therefore q=-7$

즉, 이차함수 $y=ax^2-7$의 그래프가 점 $(2, -5)$를 지나므로

$-5=a\times 2^2-7,\ 4a=2 \qquad \therefore a=\frac{1}{2}$

$\therefore 2a+q=2\times\frac{1}{2}+(-7)=-6$

2 답 ④

① x^2의 계수가 4로 양수이므로 아래로 볼록한 포물선이다.
② 축의 방정식은 $x=0$이다.
③ 꼭짓점의 좌표는 $(0, -3)$이다.
⑤ 이차함수 $y=4x^2$의 그래프를 y축의 방향으로 -3만큼 평행이동한 것이다.

2-1 답 4

$y=-\frac{4}{5}x^2+4$의 그래프의 꼭짓점의 좌표는 $(0, 4)$

따라서 $a=0, b=4$이므로 $a+b=4$

2-2 답 ㄱ, ㄷ

ㄱ. 꼭짓점의 좌표가 $(0, q)$이므로 꼭짓점은 y축 위에 있다.
ㄴ. 축의 방정식은 $x=0$이다.
ㄷ. x^2의 계수의 절댓값이 같으므로 $y=x^2$의 그래프와 폭이 같다.

3 답 ⑤

이차함수 $y=ax^2$의 그래프를 x축의 방향으로 -1만큼 평행이동하면 $y=a(x+1)^2$

이 그래프가 점 $(1, 8)$을 지나므로

$8=a\times 2^2 \qquad \therefore a=2$

3-1 답 -5

$y=-5(x+3)^2$의 그래프가 점 $(-4, k)$를 지나므로

$k=-5(-4+3)^2=-5$

3-2 답 8

$f(x)=2\left(x-\frac{3}{2}+\frac{1}{2}\right)^2=2(x-1)^2$이므로

$f(3)=2(3-1)^2=8$

4 답 ④

④ $x<2$일 때, x의 값이 증가하면 y의 값은 감소한다.

4-1 답 16

$y=-6(x-8)^2$의 그래프의 꼭짓점의 좌표는 $(8, 0)$, 축의 방정식은 $x=8$이므로 $a=8, b=0, c=8$

$\therefore a+b+c=16$

4-2 답 ①

이차함수 $y=\frac{1}{4}(x+3)^2$의 그래프의 개형은 오른쪽 그림과 같으므로 x의 값이 증가할 때 y의 값이 감소하는 x의 값의 범위는

$x<-3$

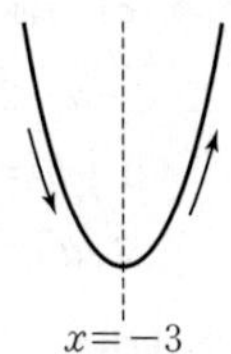

5 답 3

이차함수 $y=-3x^2$의 그래프를 x축의 방향으로 a만큼, y축의 방향으로 4만큼 평행이동하면 $y=-3(x-a)^2+4$

이 그래프의 꼭짓점의 좌표가 $(-2, b)$이므로

$a=-2, b=4$

따라서 $y=-3(x+2)^2+4$의 그래프가 점 $(-1, c)$를 지나므로 $c=-3(-1+2)^2+4=-3+4=1$

$\therefore a+b+c=-2+4+1=3$

5-1 답 1

$y=3(x+3)^2-2$의 그래프가 점 $(-4, k)$를 지나므로

$k=3(-4+3)^2-2=1$

5-2 답 $x<-2$

이차함수 $y=2x^2$의 그래프를 x축의 방향으로 -2만큼, y축의 방향으로 2만큼 평행이동하면 $y=2(x+2)^2+2$

따라서 이 그래프는 $x<-2$일 때, x의 값이 증가하면 y의 값은 감소한다.

6 답 ㄴ, ㄷ

ㄱ. $y=-(x-2)^2-5$에 $x=0$을 대입하면 $-(0-2)^2-5=-9$이므로 y축과 만나는 점의 좌표는 $(0, -9)$이다.

ㄹ. 이차함수 $y=-x^2$의 그래프를 x축의 방향으로 2만큼, y축의 방향으로 -5만큼 평행이동한 것이다.

6-1 답 ③

③ $y=2(x+3)^2-1$에 $x=0$을 대입하면 $y=2(0+3)^2-1=17$이므로 y축과 만나는 점의 y좌표는 17이다.

6-2 답 ⑤

이차함수 $y=-2(x-1)^2-3$의 그래프는 오른쪽 그림과 같다.

① 꼭짓점의 좌표는 $(1,\ -3)$이다.

② 위로 볼록한 포물선이다.

③ $y=-5$일 때, $-5=-2(x-1)^2-3$에서 $(x-1)^2=1$, $x-1=\pm1$

$\therefore x=0$ 또는 $x=2$

따라서 두 점 $(0,\ -5)$, $(2,\ -5)$를 지난다.

④ 제3, 4사분면을 지난다.

7 답 $y=2(x-7)^2-5$

$y=2(x-4-3)^2-4-1$ $\quad\therefore y=2(x-7)^2-5$

7-1 답 12

이차함수 $y=(x-2)^2+1$의 그래프를 x축의 방향으로 a만큼, y축의 방향으로 b만큼 평행이동하면

$y=(x-a-2)^2+1+b$

이 그래프가 $y=(x+1)^2-3$의 그래프와 일치하므로

$-a-2=1$에서 $a=-3$

$1+b=-3$에서 $b=-4$

$\therefore ab=12$

7-2 답 11

$y=3(x-3)^2+4$의 그래프를 x축의 방향으로 -2만큼, y축의 방향으로 -5만큼 평행이동하면

$y=3(x+2-3)^2+4-5$

$\therefore y=3(x-1)^2-1$

이 그래프가 점 $(3,\ a)$를 지나므로

$a=3(3-1)^2-1=3\times2^2-1=11$

8 답 ②

그래프가 아래로 볼록하므로 $a>0$

꼭짓점 $(p,\ -q)$가 제3사분면 위에 있으므로

$p<0,\ -q<0$ $\quad\therefore p<0,\ q>0$

8-1 답 $apq>0$

그래프가 위로 볼록하므로 $a<0$

꼭짓점 $(-p,\ q)$가 제1사분면 위에 있으므로

$-p>0,\ q>0$ $\quad\therefore p<0,\ q>0$

$\therefore apq>0$

8-2 답 ⑤

그래프가 아래로 볼록하므로 $a>0$

꼭짓점 $(-p,\ -q)$가 제4사분면 위에 있으므로

$-p>0,\ -q<0$ $\quad\therefore p<0,\ q>0$

$\therefore aq>0,\ apq<0$

단원 마무리

개념북 144~146쪽

01 ④	02 ③	03 ②	04 ④	05 ④
06 ⑤	07 ③	08 ⑤	09 ③	10 ④
11 ③	12 ⑤	13 ⑤	14 2개	15 3
16 10	17 -1	18 36		

01 $y=x(x^2-2x)-ax^3=(1-a)x^3-2x^2$이 이차함수이므로

$1-a=0$ $\quad\therefore a=1$

① $y=x-3$

② $y=x^2-(x-1)^2=2x-1$

③ $y=x^3-4$

④ $y=x^2-3$

⑤ $y=(x+1)(x+2)-x^2=3x+2$

02 $f(-2)=-(-2)^2+4\times(-2)+3=-9$,

$f(1)=-1^2+4\times1+3=6$

$\therefore f(-2)+f(1)=(-9)+6=-3$

03 이차함수 $y=ax+b$의 그래프가 오른쪽 위로 향하므로

$a>0$

또, y절편이 0보다 작으므로

$b<0$

따라서 이차함수 $y=ax^2+b$의 그래프는 아래로 볼록하고 꼭짓점의 y좌표가 음수인 포물선이므로 ②이다.

04 x^2의 계수의 절댓값이 작을수록 폭이 넓어지므로 폭이 가장 넓은 것은 ④이다.

05 각 이차함수의 그래프는 다음 그림과 같다.

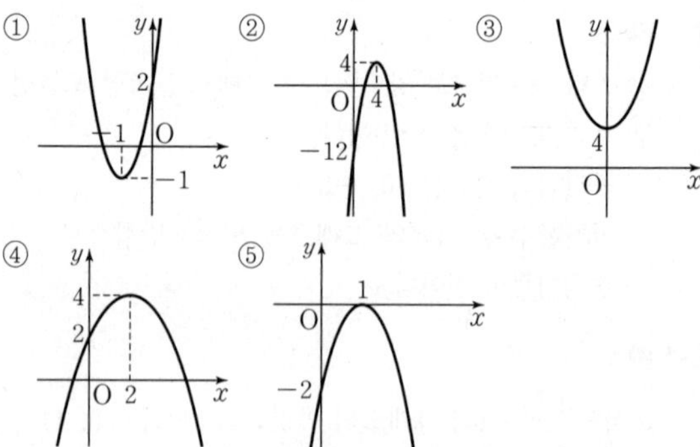

따라서 그래프가 모든 사분면을 지나는 것은 ④이다.

06 이차함수 $y=(x-a)^2+b$의 그래프가 점 $(1,\ 6)$을 지나므로

$6=(1-a)^2+b$ $\quad\cdots\cdots$ ㉠

이차함수 $y=(x-a)^2+b$의 그래프의 꼭짓점 $(a,\ b)$가 직선 $y=2x-4$ 위에 있으므로

$b=2a-4$ $\quad\cdots\cdots$ ㉡

㉡을 ㉠에 대입하면

$6=(1-a)^2+2a-4,\ a^2=9$

이때 $a>0$이므로 $a=3,\ b=2\times3-4=2$

$\therefore a+b=3+2=5$

07 조건 ㈎, ㈐에 의하여 x^2의 계수는 -2이다.
조건 ㈏에 의하여 꼭짓점의 x좌표와 y좌표는 모두 음수이다. 따라서 주어진 조건을 모두 만족시키는 포물선을 그래프로 하는 이차함수의 식은 ③이다.

08 주어진 이차함수의 그래프의 축의 방정식이 $x=3$이므로
$p=3$
또, 이차함수 $y=a(x-3)^2+b$의 그래프가 점 $(5, 9)$를 지나므로
$9=4a+b$ ⋯⋯ ㉠
또, 이차함수 $y=a(x-3)^2+b$의 그래프가 점 $(1, q)$를 지나므로
$q=4a+b$ ⋯⋯ ㉡
㉠, ㉡에서 $q=9$
$\therefore p+q=3+9=12$

09 이차함수 $y=-\frac{1}{2}(x+a)^2+b$의 그래프의 꼭짓점의 x좌표가 3이므로 $a=-3$
즉, $y=-\frac{1}{2}(x-3)^2+b$의 그래프가 원점 $(0, 0)$을 지나므로 $0=-\frac{1}{2}\times(-3)^2+b$ $\quad\therefore b=\frac{9}{2}$
따라서 꼭짓점의 좌표는 $\mathrm{A}\left(3, \frac{9}{2}\right)$
또, $\frac{1}{2}\overline{\mathrm{OB}}=3$이므로 $\overline{\mathrm{OB}}=6$
$\therefore \triangle\mathrm{AOB}=\frac{1}{2}\times6\times\frac{9}{2}=\frac{27}{2}$

10 이차함수 $y=a(x-2)^2+b$의 그래프가 제3, 4사분면을 지나지 않으려면 오른쪽 그림과 같아야 하므로
$a>0$, $b\geq0$
$\therefore ab\geq0$

11 두 이차함수 $y=-(x-3)^2+6$, $y=-(x+1)^2+6$의 그래프의 폭이 같으므로 ㉠의 넓이와 ㉡의 넓이는 같다. 따라서 색칠한 부분의 넓이는 □ABCD의 넓이와 같다.

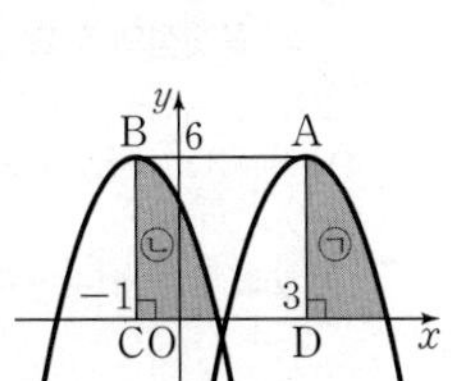

이때 $\mathrm{A}(3, 6)$, $\mathrm{B}(-1, 6)$이므로
□ABCD$=4\times6=24$

12 이차함수 $y=(x-6)^2-28$의 그래프의 꼭짓점의 좌표는 $(6, -28)$이다.
이때 점 $(6, -28)$을 x축의 방향으로 p만큼, y축의 방향으로 q만큼 평행이동하면 점 $(6+p, -28+q)$
이것이 $y=(x+1)^2+2$의 그래프의 꼭짓점 $(-1, 2)$와 같으므로
$6+p=-1$, $-28+q=2$ $\quad\therefore p=-7, q=30$
$\therefore p+q=(-7)+30=23$

| 다른 풀이 | 이차함수 $y=(x-6)^2-28$의 그래프를 x축의 방향으로 p만큼, y축의 방향으로 q만큼 평행이동하면
$y=(x-p-6)^2-28+q$
이 그래프가 이차함수 $y=(x+1)^2+2$의 그래프와 일치하므로
$-p-6=1$, $-28+q=2$ $\quad\therefore p=-7, q=30$
$\therefore p+q=(-7)+30=23$

13 이차함수 $y=-2x^2+8$의 그래프의 꼭짓점의 좌표는 $(0, 8)$이다.
이때 점 $(0, 8)$을 x축의 방향으로 p만큼, y축의 방향으로 $3-p$만큼 평행이동하면
$(p, 8+3-p)$, 즉 $(p, 11-p)$
이 점이 제4사분면 위에 있으므로
(x좌표)$=p>0$, (y좌표)$=11-p<0$
$\therefore p>11$

14 x^2의 계수가 같으면 평행이동하여 완전히 포갤 수 있다.
따라서 주어진 이차함수 중 x^2의 계수가 2인 것을 고르면 ㄹ, ㅁ의 2개이다.

15 이차함수 $y=-2(x-2)^2+3$의 그래프를 x축의 방향으로 k만큼, y축의 방향으로 $2k$만큼 평행이동하면
$y=-2(x-k-2)^2+3+2k$
이 그래프가 점 $(3, 1)$을 지나므로
$1=-2(3-k-2)^2+3+2k$
$-2(1-k)^2+2+2k=0$
$k^2-3k=0$, $k(k-3)=0$
$k>0$이므로 $k=3$

16 **1단계** $y=2(x-a-1)^2-3+b$의 그래프의 꼭짓점의 좌표는 $(a+1, -3+b)$이므로
$a+1=c$, $-3+b=2$
2단계 $b=5$
$y=2(x-c)^2+2$의 그래프가 점 $(1, 4)$를 지나므로
$4=2(1-c)^2+2$, $(c-1)^2=1$
$\therefore c-1=\pm1$
이때 $c>0$이므로
$c=2$
$\therefore a=c-1=2-1=1$
3단계 $abc=1\times5\times2=10$

17 $y=-3x^2$의 그래프를 x축의 방향으로 -1만큼, y축의 방향으로 2만큼 평행이동하면
$y=-3(x+1)^2+2$ ⋯⋯ ❶
이 그래프가 점 $(m, 2)$를 지나므로
$2=-3(m+1)^2+2$, $(m+1)^2=0$
$\therefore m=-1$ ⋯⋯ ❷

단계	채점 기준	비율
❶	평행이동한 그래프의 식 구하기	50 %
❷	m의 값 구하기	50 %

18 주어진 그래프의 꼭짓점의 좌표가 $(0, 3)$이므로

$q=3$

이 그래프가 점 $A(2, 1)$을 지나므로

$1=a\times 2^2+3$, $4a=-2$

$\therefore a=-\frac{1}{2}$ ❶

$\overline{CD}=8$이므로 점 C의 x좌표는 -4이고, 점 D의 x좌표는 4이다.

$x=4$일 때, $y=-\frac{1}{2}\times 4^2+3=-5$이므로

$C(-4, -5)$, $D(4, -5)$ ❷

□ABCD에서 $\overline{AB}=4$, $\overline{CD}=8$이고, 높이는

$1-(-5)=6$이므로

□ABCD$=\frac{1}{2}\times(4+8)\times 6=36$ ❸

단계	채점 기준	비율
❶	a, q의 값 구하기	30 %
❷	두 점 C, D의 좌표 구하기	40 %
❸	□ABCD의 넓이 구하기	30 %

Ⅲ-2 | 이차함수의 그래프 (2)

1 이차함수 $y=ax^2+bx+c$의 그래프

36 이차함수 $y=ax^2+bx+c$의 그래프 개념북 148쪽

확인 1 답 8, 8, 16, 16, 4, 9

확인 2 답 $(-1, 0)$, $\left(\frac{3}{2}, 0\right)$

$-2x^2+x+3=0$에서 $-(x+1)(2x-3)=0$

$\therefore x=-1$ 또는 $x=\frac{3}{2}$

따라서 교점의 좌표는 $(-1, 0)$, $\left(\frac{3}{2}, 0\right)$

개념 check 개념북 149쪽

01 답 (1) $y=(x-2)^2+1$ (2) $y=3(x+1)^2-3$

(3) $y=-2(x+1)^2+5$ (4) $y=\frac{1}{3}(x-6)^2-4$

(1) $y=x^2-4x+5=(x^2-4x+4-4)+5$

$=(x-2)^2+1$

(2) $y=3x^2+6x=3(x^2+2x+1-1)$

$=3(x+1)^2-3$

(3) $y=-2x^2-4x+3=-2(x^2+2x+1-1)+3$

$=-2(x+1)^2+5$

(4) $y=\frac{1}{3}x^2-4x+8=\frac{1}{3}(x^2-12x+36-36)+8$

$=\frac{1}{3}(x-6)^2-4$

02 답 (1) 꼭짓점의 좌표: $\left(\frac{4}{3}, -\frac{10}{3}\right)$, 축의 방정식: $x=\frac{4}{3}$

(2) 꼭짓점의 좌표: $\left(1, -\frac{3}{2}\right)$, 축의 방정식: $x=1$

(1) $y=3x^2-8x+2=3\left(x-\frac{4}{3}\right)^2-\frac{10}{3}$

(2) $y=-\frac{1}{2}x^2+x-2=-\frac{1}{2}(x-1)^2-\frac{3}{2}$

03 답 (1) x축: -5, y축: 4 (2) x축: $\frac{1}{2}$, y축: $\frac{3}{4}$

(1) $y=x^2+10x+29$

$=(x+5)^2+4$

이므로 x축의 방향으로 -5만큼, y축의 방향으로 4만큼 평행이동한 것이다.

(2) $y=x^2-x+1$

$=\left(x-\frac{1}{2}\right)^2+\frac{3}{4}$

이므로 x축의 방향으로 $\frac{1}{2}$만큼, y축의 방향으로 $\frac{3}{4}$만큼 평행이동한 것이다.

04 답 (1) x축: 3, y축: -1 (2) x축: $-\frac{1}{4}$, y축: $\frac{5}{16}$

(1) $y=-x^2+6x-10$
$=-(x-3)^2-1$
이므로 x축의 방향으로 3만큼, y축의 방향으로 -1만큼 평행이동한 것이다.

(2) $y=-x^2-\frac{1}{2}x+\frac{1}{4}$
$=-\left(x+\frac{1}{4}\right)^2+\frac{5}{16}$
이므로 x축의 방향으로 $-\frac{1}{4}$만큼, y축의 방향으로 $\frac{5}{16}$만큼 평행이동한 것이다.

05 답 (1) x축: $(-1, 0)$, y축: $(0, 1)$
(2) y축: $\left(\frac{1}{4}, 0\right)$, $(1, 0)$, y축: $(0, -1)$

(2) $-4x^2+5x-1=0$에서 $-(4x-1)(x-1)=0$
$\therefore x=\frac{1}{4}$ 또는 $x=1$
따라서 x축과의 교점의 좌표는 $\left(\frac{1}{4}, 0\right)$, $(1, 0)$

37 이차함수 $y=ax^2+bx+c$의 그래프에서 a, b, c의 부호 개념북 150쪽

확인 1 답 (1) $>$ (2) $<$ (3) $<$

개념 check 개념북 151쪽

01 답 $>$, 다른, $<$, $>$

02 답 (1) -1, $>$ (2) 2, $<$

03 답 (1) $a>0$, $b>0$, $c<0$ (2) $a<0$, $b>0$, $c>0$

(1) 그래프가 아래로 볼록하므로 $a>0$
축이 y축의 왼쪽에 있으므로 a와 b는 같은 부호이다.
$\therefore b>0$
y축과의 교점이 x축보다 아래쪽에 있으므로 $c<0$

(2) 그래프가 위로 볼록하므로 $a<0$
축이 y축의 오른쪽에 있으므로 a와 b는 다른 부호이다.
$\therefore b>0$
y축과의 교점이 x축보다 위쪽에 있으므로 $c>0$

04 답 (1) $>$ (2) $<$

(1) $a+b+c$이 값은 $x=1$일 때의 y의 값이므로
$a+b+c>0$

(2) $a-b+c$의 값은 $x=-1$일 때의 y의 값이므로
$a-b+c<0$

유형 check 개념북 152~155쪽

1 답 ②
① $y=x^2-6x+10=(x-3)^2+1$ ➡ $(3, 1)$
② $y=-3x^2-6x=-3(x+1)^2+3$ ➡ $(-1, 3)$
③ $y=\frac{1}{2}x^2-x+3=\frac{1}{2}(x-1)^2+\frac{5}{2}$ ➡ $\left(1, \frac{5}{2}\right)$
④ $y=(x+2)(x-2)=x^2-4$ ➡ $(0, -4)$
⑤ $y=-(x+4)(x-2)=-x^2-2x+8=-(x+1)^2+9$ ➡ $(-1, 9)$

1-1 답 ③
① 꼭짓점의 좌표는 $(0, 1)$이므로 y축 위에 있다.
② $y=2x^2-8x+9=2(x-2)^2+1$이므로 꼭짓점의 좌표는 $(2, 1)$이다. 따라서 제1사분면 위에 있다.
③ $y=-x^2+4x-5=-(x-2)^2-1$이므로 꼭짓점의 좌표는 $(2, -1)$이다. 따라서 제4사분면 위에 있다.
④ $y=x(2x-4)+4=2x^2-4x+4=2(x-1)^2+2$이므로 꼭짓점의 좌표는 $(1, 2)$이다. 따라서 제1사분면 위에 있다.
⑤ $y=\frac{1}{2}x^2+x-1=\frac{1}{2}(x+1)^2-\frac{3}{2}$이므로 꼭짓점의 좌표는 $\left(-1, -\frac{3}{2}\right)$이다. 따라서 제3사분면 위에 있다.

1-2 답 7
$y=2x^2-4x+m-1=2(x-1)^2+m-3$이므로 꼭짓점의 좌표는 $(1, m-3)$이다.
이때 꼭짓점이 직선 $y=x+3$ 위에 있으므로
$m-3=1+3$ $\therefore m=7$

2 답 ②
① $y=x^2-4x+8=(x-2)^2+4$ ➡ $x=2$
② $y=-\frac{1}{2}x^2-4x+4=-\frac{1}{2}(x+4)^2+12$ ➡ $x=-4$
③ $y=-2x^2+8x+4=-2(x-2)^2+12$ ➡ $x=2$
④ $y=(x-2)^2+4$ ➡ $x=2$
⑤ $y=\frac{1}{2}x^2-2x-4=\frac{1}{2}(x-2)^2-6$ ➡ $x=2$

2-1 답 ⑤
① $x=-\frac{2}{2\times(-1)}=1$ ② $x=-\frac{4}{2\times2}=-1$
③ $x=-\frac{9}{2\times3}=-\frac{3}{2}$ ④ $x=-\frac{2}{2\times\frac{1}{2}}=-2$
⑤ $x=-\frac{-1}{2\times\frac{1}{4}}=2$
따라서 축이 가장 오른쪽에 있는 것은 ⑤이다.

2-2 답 16
$y=2x^2-ax+5=2\left(x-\frac{a}{4}\right)^2+5-\frac{a^2}{8}$에서 축의 방정식은 $x=\frac{a}{4}$
따라서 $\frac{a}{4}=4$이므로 $a=16$

3 답 3
$y=x^2-4x+6=(x-2)^2+2$이므로 이 이차함수의 그래프는 이차함수 $y=(x-3)^2-2$의 그래프를 x축의 방향으로 -1만큼, y축의 방향으로 4만큼 평행이동한 것이다.
따라서 $m=-1$, $n=4$이므로
$m+n=(-1)+4=3$

3-1 답 16

$y=2x^2+12x+11=2(x+3)^2-7$이므로 평행이동한 그래프의 식은 $y=2(x-1)^2-4=2x^2-4x-2$

따라서 $a=2$, $b=-4$, $c=-2$이므로 $abc=16$

3-2 답 -2

$y=-x^2-2x+8=-(x+1)^2+9$,

$y=-x^2-6x-4=-(x+3)^2+5$이므로 이차함수 $y=-x^2-6x-4$의 그래프를 x축의 방향으로 2만큼, y축의 방향으로 4만큼 평행이동하면 $y=-x^2-2x+8$이다.

따라서 $m=2$, $n=4$이므로

$m-n=2-4=-2$

4 답 2

$y=0$을 $y=x^2+6x+8$에 대입하면 $x^2+6x+8=0$

$(x+4)(x+2)=0$ $\quad \therefore x=-4$ 또는 $x=-2$

$\therefore a=-4, b=-2$ 또는 $a=-2, b=-4$

$x=0$을 $y=x^2+6x+8$에 대입하면 $y=8$ $\quad \therefore c=8$

$\therefore a+b+c=2$

4-1 답 9

$y=0$을 $y=-x^2+x+20$에 대입하면 $x^2-x-20=0$

$(x+4)(x-5)=0$ $\quad \therefore x=-4$ 또는 $x=5$

따라서 두 점 A, B의 좌표가 $(-4, 0)$, $(5, 0)$이므로

$\overline{AB}=9$

4-2 답 $\frac{1}{2}$

이차함수 $y=-2x^2+7x+k$의 그래프와 y축과 만나는 점의 y좌표가 -3이므로 $k=-3$

$y=0$을 $y=-2x^2+7x-3$에 대입하면 $2x^2-7x+3=0$

$(2x-1)(x-3)=0$ $\quad \therefore x=\frac{1}{2}$ 또는 $x=3$

$\therefore m=\frac{1}{2}, n=3$ 또는 $m=3, n=\frac{1}{2}$

$\therefore k+m+n=\frac{1}{2}$

5 답 ㄱ, ㄷ

ㄱ. $x=0$일 때, $y=1$이므로 점 $(0, 1)$을 지난다.

ㄴ. $y=-x^2-6x+1=-(x+3)^2+10$이므로 꼭짓점의 좌표는 $(-3, 10)$이다.

ㄷ. y축과의 교점의 좌표는 $(0, 1)$이다.

ㄹ. $y=-(x+3)^2+10$의 그래프는 $y=-x^2$의 그래프를 x축의 방향으로 -3만큼, y축의 방향으로 10만큼 평행이동한 것이다.

5-1 답 $x<-1$

$y=3x^2+6x+4=3(x+1)^2+1$이므로 x의 값이 증가할 때 y의 값은 감소하는 x의 값의 범위는 $x<-1$

5-2 답 ①, ③

① $y=2x^2-8x+1=2(x-2)^2-7$이므로 축의 방정식은 $x=2$이다.

② $11=2\times(-1)^2-8\times(-1)+1$이므로 점 $(-1, 11)$을 지난다.

③ $x=0$일 때, $y=1$이므로 y축과 만나는 점의 y좌표는 1이다.

6 답 27

$y=-x^2+4x+5=-(x-2)^2+9$이므로

A$(2, 9)$

$-x^2+4x+5=0$에서 $x^2-4x-5=0$

$(x+1)(x-5)=0$ $\quad \therefore x=-1$ 또는 $x=5$

$\therefore$ B$(-1, 0)$, C$(5, 0)$

$\therefore \triangle ABC=\frac{1}{2}\times6\times9=27$

6-1 답 $\frac{1}{2}$

$y=-2x^2+4x+1=-2(x-1)^2+3$이므로 A$(1, 3)$

y축과의 교점은 B$(0, 1)$

$\therefore \triangle ABO=\frac{1}{2}\times1\times1=\frac{1}{2}$

6-2 답 8

$x^2-2x-3=0$에서 $(x+1)(x-3)=0$

$\therefore x=-1$ 또는 $x=3$

$\therefore$ A$(-1, 0)$, B$(3, 0)$

$y=x^2-2x-3=(x-1)^2-4$이므로 C$(1, -4)$

$\therefore \triangle ABC=\frac{1}{2}\times4\times4=8$

7 답 ⑤

그래프가 위로 볼록하므로 $a<0$

축이 y축의 왼쪽에 있으므로 a와 b는 같은 부호이다.

$\therefore b<0$

y축과의 교점이 x축보다 아래쪽에 있으므로 $c<0$

7-1 답 ①, ⑤

그래프가 아래로 볼록하므로 $a>0$

축이 y축의 오른쪽에 있으므로 $b<0$

y축과의 교점이 x축보다 아래쪽에 있으므로 $c<0$

① $-b>0$이므로 $a-b>0$ ② $b+c<0$

③ $-a<0$이므로 $c-a<0$ ④ $ab<0$ ⑤ $bc>0$

7-2 답 ⑤

그래프가 위로 볼록하므로 $a<0$

축이 y축의 왼쪽에 있으므로 $b<0$

원점 $(0, 0)$을 지나므로 $c=0$

① $ab>0$ ② $a+b<0$ ③ $b+c<0$

④ $x=1$일 때, $a+b+c<0$

⑤ $x=-1$일 때, $a-b+c>0$

8 답 ②

축이 y축의 왼쪽에 있으므로 $a>0$

y축과의 교점이 x축보다 아래쪽에 있으므로 $b<0$

따라서 일차함수 $y=ax+b$의 그래프는 오른쪽 그림과 같으므로 제2사분면을 지나지 않는다.

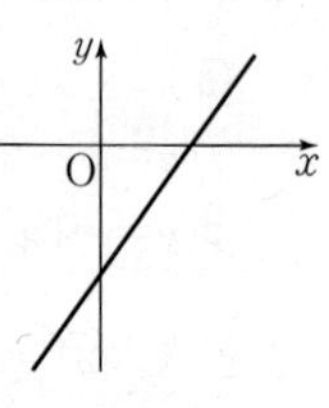

8-1 답 제1사분면

그래프가 아래로 볼록하므로 $a>0$

축이 y축의 왼쪽에 있으므로 a와 b는 같은 부호이다.

$\therefore b>0$

y축과의 교점이 x축보다 위쪽에 있으므로 $c>0$

즉, $-a<0$, $b>0$, $c>0$이므로 이차함수

$y=-ax^2+bx+c$의 그래프는

(i) $-a<0$이므로 위로 볼록하다.

(ii) $-a$, b의 부호가 다르므로 축이 y축의 오른쪽에 있다.

(iii) $c>0$이므로 y축과의 교점은 x축보다 위쪽에 있다.

따라서 그래프는 오른쪽 그림과 같으므로 꼭짓점은 제1사분면 위에 있다.

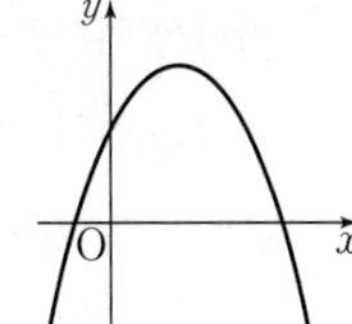

8-2 답 ③

$y=ax^2+bx+c$의 그래프의 꼭짓점이 제2사분면 위에 있으므로 축은 y축의 왼쪽에 있다.

즉, a와 b의 부호는 같으므로 $b<0$

따라서 $y=bx+c$의 그래프는 오른쪽 그림과 같으므로 제3사분면을 지나지 않는다.

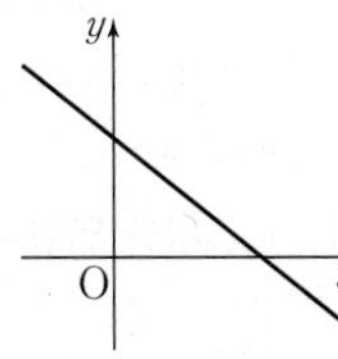

2 이차함수의 식 구하기

38 이차함수의 식 구하기 (1) 개념북 156쪽

확인 1 답 1, 2, -2, 4, 2, $2(x+1)^2+2$

확인 2 답 2, -1, 5, $-(x+2)^2+5$

개념 check 개념북 157쪽

01 답 $y=-2(x-1)^2-3$

구하는 이차함수의 식을 $y=a(x-1)^2-3$으로 놓으면 이 그래프가 점 $(2, -5)$를 지나므로

$-5=a-3 \quad \therefore a=-2$

$\therefore y=-2(x-1)^2-3$

02 답 $y=3x^2-24x+55$

구하는 이차함수의 식을 $y=a(x-4)^2+7$로 놓으면 이 그래프가 점 $(3, 10)$을 지나므로

$10=a(3-4)^2+7$, $10=a+7 \quad \therefore a=3$

$\therefore y=3(x-4)^2+7=3x^2-24x+55$

03 답 36

구하는 이차함수의 식을 $y=a(x+1)^2+5$로 놓으면

점 $(0, 2)$를 지나므로 $2=a+5 \quad \therefore a=-3$

$\therefore y=-3(x+1)^2+5=-3x^2-6x+2$

따라서 $a=-3$, $b=-6$, $c=2$이므로 $abc=36$

04 답 $p=-1$, $q=-3$

이차함수 $y=2(x-p)^2+q$의 그래프의 축의 방정식은 $x=p$이므로 $p=-1$

따라서 이차함수 $y=2(x+1)^2+q$의 그래프가 점 $(1, 5)$를 지나므로 $5=2\times 2^2+q \quad \therefore q=-3$

05 답 $y=2x^2-4x+2$

축의 방정식이 $x=1$이므로 구하는 이차함수의 식을 $y=a(x-1)^2+q$로 놓으면 두 점 $(0, 2)$, $(3, 8)$을 지나므로

$2=a+q$, $8=4a+q$

두 식을 연립하여 풀면 $a=2$, $q=0$

따라서 구하는 이차함수의 식은

$y=2(x-1)^2=2x^2-4x+2$

39 이차함수의 식 구하기 (2) 개념북 158쪽

확인 1 답 2, 1, 2, -1, $-x^2-x+2$(또는 $-(x+2)(x-1)$)

개념 check 개념북 159쪽

01 답 $y=-2x^2-4x+1$ (2) $y=2x^2+3x-2$

(1) 구하는 이차함수의 식을 $y=ax^2+bx+c$로 놓으면

$x=0$, $y=1$을 대입하면 $c=1$

$x=-1$, $y=3$을 대입하면 $3=a-b+1$ …… ㉠

$x=1$, $y=-5$를 대입하면 $-5=a+b+1$ …… ㉡

㉠, ㉡을 연립하여 풀면 $a=-2$, $b=-4$

따라서 구하는 이차함수의 식은 $y=-2x^2-4x+1$

(2) 구하는 이차함수의 식을 $y=ax^2+bx+c$로 놓으면

$x=0$, $y=-2$를 대입하면 $c=-2$

$x=1$, $y=3$을 대입하면 $3=a+b-2$ …… ㉠

$x=-1$, $y=-3$을 대입하면 $-3=a-b-2$ …… ㉡

㉠, ㉡을 연립하여 풀면 $a=2$, $b=3$

따라서 구하는 이차함수의 식은 $y=2x^2+3x-2$

02 답 $a=1$, $b=-2$, $c=-3$

이차함수 $y=ax^2+bx+c$의 그래프가

점 $(0, -3)$을 지나므로 $c=-3$

점 $(2, -3)$을 지나므로 $4a+2b+c=-3$

점 $(-2, 5)$를 지나므로 $4a-2b+c=5$

세 식을 연립하여 풀면 $a=1$, $b=-2$, $c=-3$

03 답 (1) $y=3x^2-3x-6$ (2) $y=-x^2+16$

(1) 구하는 이차함수의 식을 $y=a(x+1)(x-2)$로 놓으면 이 그래프가 점 $(0, -6)$을 지나므로

$-6=-2a \quad \therefore a=3$

$\therefore y=3(x+1)(x-2)=3x^2-3x-6$

(2) 구하는 이차함수의 식을 $y=a(x+4)(x-4)$로 놓으면 이 그래프가 점 $(3, 7)$을 지나므로 $7=-7a \quad \therefore a=-1$

$\therefore y=-(x+4)(x-4)=-x^2+16$

04 답 $a=1$, $b=-8$, $c=12$

구하는 이차함수의 식을 $y=a(x-2)(x-6)$으로 놓으면 이 그래프가 점 $(0, 12)$를 지나므로

$12=a\times(-2)\times(-6)$ $\quad\therefore a=1$

따라서 $y=ax^2+bx+c=(x-2)(x-6)=x^2-8x+12$ 이므로

$a=1$, $b=-8$, $c=12$

유형 check 개념북 160~161쪽

1 답 ③

꼭짓점의 좌표가 $(-1, 4)$이므로 이차함수의 식을 $y=ax^2+bx+c=a(x+1)^2+4$로 놓을 수 있다.

이 그래프가 점 $(-2, 6)$을 지나므로 $6=a+4$

$\therefore a=2$

즉, $y=2(x+1)^2+4=2x^2+4x+6$이므로

$b=4$, $c=6$ $\quad\therefore a+b-c=2+4-6=0$

1-1 답 $(0, 25)$

꼭짓점의 좌표가 $(2, -3)$이므로 이차함수의 식을 $y=a(x-2)^2-3$으로 놓을 수 있다.

이 그래프가 점 $(1, 4)$를 지나므로 $4=a-3$ $\quad\therefore a=7$

따라서 $y=7(x-2)^2-3$이고 $x=0$을 대입하면

$y=7\times4-3=25$

이므로 y축과 만나는 점의 좌표는 $(0, 25)$이다.

1-2 답 2

꼭짓점의 좌표가 $(2, 4)$이므로 이차함수의 식을 $y=a(x-2)^2+4$로 놓을 수 있다.

이 그래프가 점 $(0, 2)$를 지나므로

$2=4a+4$ $\quad\therefore a=-\frac{1}{2}$

따라서 $y=-\frac{1}{2}(x-2)^2+4$이고 이 그래프가 점 $(4, k)$를 지나므로 $k=-\frac{1}{2}\times2^2+4=2$

2 답 $\frac{8}{5}$

구하는 이차함수의 식을 $y=a(x+2)^2+q$로 놓으면 이 그래프가 두 점 $(-5, 0)$, $(0, 1)$을 지나므로

$0=9a+q$, $1=4a+q$

두 식을 연립하여 풀면 $a=-\frac{1}{5}$, $q=\frac{9}{5}$

따라서 $y=-\frac{1}{5}(x+2)^2+\frac{9}{5}=-\frac{1}{5}x^2-\frac{4}{5}x+1$이므로

$b=-\frac{4}{5}$, $c=1$

$\therefore a-b+c=\left(-\frac{1}{5}\right)-\left(-\frac{4}{5}\right)+1=\frac{8}{5}$

2-1 답 $(3, 4)$

구하는 이차함수의 식을 $y=a(x-3)^2+q$로 놓으면 이 그래프가 두 점 $(1, 0)$, $(4, 3)$을 지나므로

$0=4a+q$, $3=a+q$

두 식을 연립하여 풀면 $a=-1$, $q=4$

따라서 $y=-(x-3)^2+4$이므로 꼭짓점의 좌표는 $(3, 4)$이다.

2-2 답 3

구하는 이차함수의 식을 $y=a(x-2)^2+q$로 놓으면 이 그래프가 두 점 $(4, 3)$, $(-2, -3)$을 지나므로

$3=4a+q$, $-3=16a+q$

두 식을 연립하여 풀면 $a=-\frac{1}{2}$, $q=5$

따라서 이차함수 $y=-\frac{1}{2}(x-2)^2+5$의 그래프와 y축과 만나는 점의 y좌표는 $x=0$을 대입하면

$y=-\frac{1}{2}\times(-2)^2+5=3$

3 답 ①

구하는 이차함수의 식을 $y=ax^2+bx+c$로 놓고

$x=0$, $y=2$를 대입하면 $c=2$

$x=2$, $y=6$을 대입하면

$6=4a+2b+2$, 즉 $2a+b=2$ ······ ㉠

$x=3$, $y=14$를 대입하면

$14=9a+3b+2$, 즉 $3a+b=4$ ······ ㉡

㉠, ㉡을 연립하여 풀면 $a=2$, $b=-2$

$\therefore y=2x^2-2x+2$

이 그래프가 점 $(1, k)$를 지나므로 $k=2-2+2=2$

3-1 답 15

구하는 이차함수의 식을 $y=ax^2+bx+c$로 놓고

$x=0$, $y=15$를 대입하면 $c=15$

$x=-2$, $y=7$을 대입하면

$7=4a-2b+15$, 즉 $2a-b=-4$ ······ ㉠

$x=-3$, $y=0$를 대입하면

$0=9a-3b+15$, 즉 $3a-b=-5$ ······ ㉡

㉠, ㉡을 연립하여 풀면 $a=-1$, $b=2$

$\therefore y=-x^2+2x+15$

이 그래프가 점 $(2, k)$를 지나므로 $k=-4+4+15=15$

3-2 답 $(8, -9)$

$y=ax^2+bx+c$의 그래프가 점 $(0, 7)$을 지나므로

$c=7$

또, 두 점 $(2, 0)$, $(4, -5)$를 지나므로

$0=4a+2b+7$, 즉 $4a+2b=-7$ ······ ㉠

$-5=16a+4b+7$, 즉 $4a+b=-3$ ······ ㉡

㉠, ㉡을 연립하여 풀면 $a=\frac{1}{4}$, $b=-4$

따라서 $y=\frac{1}{4}x^2-4x+7=\frac{1}{4}(x-8)^2-9$이므로

꼭짓점의 좌표는 $(8, -9)$이다.

4 답 -7

$y=ax^2+bx+c$의 그래프가 x축과 두 점 $(-1, 0)$, $(5, 0)$에서 만나므로 $y=a(x+1)(x-5)$로 놓을 수 있다.

이 그래프가 점 $(2, 9)$를 지나므로

$9=-9a \quad \therefore a=-1$

따라서 $y=-(x+1)(x-5)=-x^2+4x+5$이므로

$b=4, c=5$

$\therefore 4a-2b+c=4\times(-1)-2\times4+5=-7$

4-1 답 ⑤

이차함수의 식을 $y=a(x-3)(x-7)$로 놓으면 이 그래프가 점 $(4, -6)$을 지나므로 $-6=-3a \quad \therefore a=2$

따라서 $y=2(x-3)(x-7)=2x^2-20x+42$이므로 y축과 만나는 점의 y좌표는 42이다.

4-2 답 3

이차함수의 식을 $y=a(x+2)(x-3)$으로 놓으면 이 그래프가 점 $(2, 2)$를 지나므로

$2=-4a \quad \therefore a=-\frac{1}{2}$

따라서 $y=-\frac{1}{2}(x+2)(x-3)=-\frac{1}{2}x^2+\frac{1}{2}x+3$이므로 y축과 만나는 점의 y좌표는 $x=0$을 대입하면

$y=3$

단원 마무리

개념북 162~164쪽

01 ④	**02** ④	**03** ①	**04** ⑤	**05** ③
06 ②	**07** ⑤	**08** ⑤	**09** ③	**10** ⑤
11 2	**12** $x=-\frac{1}{2}$ 또는 $x=\frac{1}{4}$			**13** ⑤
14 ①	**15** 10	**16** 2	**17** $\frac{3}{2}$	

01 $y=-x^2+4x-1=-(x-2)^2+3$이므로 꼭짓점의 좌표는 $(2, 3)$이고, 축의 방정식은 $x=2$이다.

02 $y=-x^2+4x+12=-(x-2)^2+16$의 그래프는 오른쪽 그림과 같다.

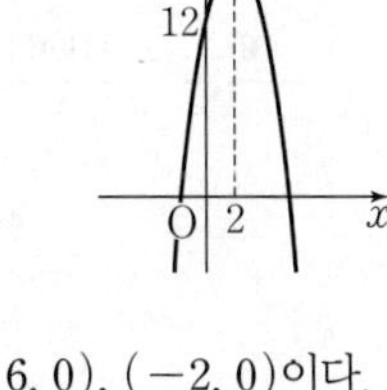

④ $-x^2+4x+12=0$에서

$x^2-4x-12=0$

$(x-6)(x+2)=0$

$\therefore x=6$ 또는 $x=-2$

따라서 x축과의 두 교점의 좌표는 $(6, 0)$, $(-2, 0)$이다.

03 이차함수 $y=ax^2+6ax+9a+1=a(x+3)^2+1$의 그래프의 꼭짓점의 좌표는 $(-3, 1)$이고, 이 꼭짓점을 x축의 방향으로 2만큼, y축의 방향으로 -3만큼 평행이동하면 $(-3+2, 1+(-3))$, 즉 $(-1, -2)$이다.

04 $y=0$을 대입하면 $4x^2-8x-5=0$

$(2x+1)(2x-5)=0 \quad \therefore x=-\frac{1}{2}$ 또는 $x=\frac{5}{2}$

따라서 두 점 A, B는

$A\left(-\frac{1}{2}, 0\right)$, $B\left(\frac{5}{2}, 0\right)$ 또는 $A\left(\frac{5}{2}, 0\right)$, $B\left(-\frac{1}{2}, 0\right)$이므로

$\overline{AB}=\frac{5}{2}-\left(-\frac{1}{2}\right)=3$

05 ① 그래프가 위로 볼록하므로 $a<0$이고, 축이 y축의 왼쪽에 있으므로 a와 b의 부호가 같다.

$\therefore b<0$

② y축과의 교점이 x축보다 아래쪽에 있으므로

$c<0$

③ $x=1$일 때, y의 값이 -1보다 작으므로

$a+b+c<-1$

④ $x=-1$일 때, $y=1$이므로

$a-b+c>-1$

⑤ $x=-2$일 때와 $x=0$일 때의 y의 값이 같으므로

$4a-2b+c=-1$

06 (i) $a>0$이므로 그래프는 아래로 볼록하다.

(ii) $a>0$, $-b>0$에서 a와 $-b$의 부호가 같으므로 축은 y축의 왼쪽에 있다.

(iii) $b<0$이므로 y축과 x축보다 아래쪽에서 만난다.

따라서 (i), (ii), (iii)에서 이차함수 $y=ax^2-bx+b$의 그래프는 오른쪽 그림과 같으므로 꼭짓점은 제3사분면 위에 있다.

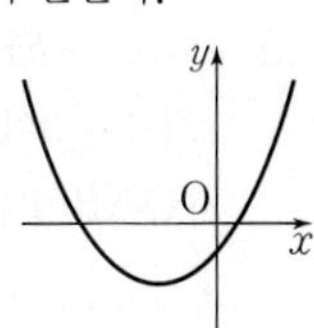

07 꼭짓점의 좌표가 $(2, 1)$이므로 $y=a(x-2)^2+1$로 놓을 수 있다. 이 그래프가 점 $(0, -2)$를 지나므로

$-2=4a+1, 4a=-3 \quad \therefore a=-\frac{3}{4}$

따라서 $y=-\frac{3}{4}(x-2)^2+1=-\frac{3}{4}x^2+3x-2$이므로

$b=3, c=-2$

$\therefore a+b+c=\left(-\frac{3}{4}\right)+3+(-2)=\frac{1}{4}$

08 축의 방정식이 $x=-4$이므로 구하는 이차함수의 식을 $y=a(x+4)^2+q$로 놓을 수 있다.

이 식에 $x=-2, y=1$을 대입하면

$1=4a+q$ ...... ㉠

$x=0, y=13$을 대입하면

$13=16a+q$ ...... ㉡

㉠, ㉡을 연립하여 풀면 $a=1, q=-3$

따라서 $y=(x+4)^2-3$의 그래프가 점 $(1, k)$를 지나므로

$k=25-3=22$

09 이차함수 $y=ax^2+bx+c$의 그래프가 아래로 볼록하므로 $a<0$

꼭짓점이 y축의 왼쪽에 있으므로 $b<0$

y축과의 교점이 x축보다 위에 있으므로 $c>0$

따라서 $y=cx^2+bx+a$의 그래프의 개형은 ③이다.

10 $y=x^2-4ax+4a^2+3a+2$
$=(x-2a)^2+3a+2$
이므로 꼭짓점의 좌표는 $(2a,\ 3a+2)$
즉, $2a<0$, $3a+2<0$이어야 하므로 $a<0$, $a<-\frac{2}{3}$
$\therefore a<-\frac{2}{3}$

11 $y=3(x-p)^2+3+q$의 그래프에서 축의 방정식은 $x=p$이므로 $p=3$
따라서 $y=3(x-3)^2+3+q$에 $x=2$, $y=8$을 대입하면
$8=3(2-3)^2+3+q$, $6+q=8$ $\quad\therefore q=2$

12 $y=a(x+2)(x-4)$에 $x=0$, $y=-8$을 대입하면
$-8=-8a$ $\quad\therefore a=1$
따라서 이차함수의 식은
$y=(x+2)(x-4)=x^2-2x-8$ $\quad\therefore b=-2,\ c=-8$
$-8x^2-2x+1=0$, $8x^2+2x-1=0$
$(2x+1)(4x-1)=0$
$\therefore x=-\frac{1}{2}$ 또는 $x=\frac{1}{4}$

13 $y=ax^2+bx+c$의 그래프의 축은 $x=3$이므로 꼭짓점 A의 x좌표는 3이다.
$\triangle$OAB의 넓이가 36이고 $\overline{OB}=6$이므로
$\frac{1}{2}\times6\times$(점 A의 y좌표)$=36$
$\therefore$ (점 A의 y좌표)$=12$
따라서 점 A$(3,\ 12)$이므로 구하는 이차함수의 식은
$y=a(x-3)^2+12$
이 그래프가 점 $(0,\ 0)$을 지나므로
$0=9a+12$ $\quad\therefore a=-\frac{4}{3}$
$\therefore y=-\frac{4}{3}(x-3)^2+12=-\frac{4}{3}x^2+8x$
따라서 $a=-\frac{4}{3}$, $b=8$, $c=0$이므로
$3a+b-c=3\times\left(-\frac{4}{3}\right)+8-0=4$

14 이차함수 $y=x^2-2ax+b$의 그래프가 점 $(2,\ 7)$을 지나므로 $7=4-4a+b$
$\therefore b=4a+3$
$y=x^2-2ax+4a+3$
$=(x-a)^2-a^2+4a+3$
이므로 그래프의 꼭짓점의 좌표는
$(a,\ -a^2+4a+3)$
꼭짓점이 직선 $y=2x$ 위에 있으므로
$-a^2+4a+3=2a$, $a^2-2a-3=0$
$(a+1)(a-3)=0$
$\therefore a=-1$ 또는 $a=3$
$a<0$이므로 $a=-1$, $b=-1$
$\therefore a+b=-2$

15 **1단계** 이차함수 $y=ax^2+bx+c$의 그래프가 점 $(0,\ 2)$를 지나므로 $c=2$
2단계 이차함수 $y=ax^2+bx+c$의 그래프가 두 점 $(1,\ 1)$, $(-1,\ 5)$를 지나므로
$1=a+b+2$, 즉 $a+b=-1$ ······ ㉠
$5=a-b+2$, 즉 $a-b=3$ ······ ㉡
㉠, ㉡을 연립하여 풀면
$a=1$, $b=-2$
3단계 따라서 이차함수 $y=x^2-2x+2$의 그래프가 점 $(-2,\ k)$를 지나므로
$k=(-2)^2-2\times(-2)+2=10$

16 꼭짓점의 좌표가 $(-2,\ -1)$이므로
$y=a(x+2)^2-1$로 놓을 수 있다.
이 그래프가 점 $(0,\ 3)$을 지나므로
$3=4a-1$, $4a=4$ $\quad\therefore a=1$
$\therefore y=(x+2)^2-1=x^2+4x+3$ ······ ❶
이차함수의 식에 $y=0$을 대입하면
$x^2+4x+3=0$에서 $(x+3)(x+1)=0$
$\therefore x=-3$ 또는 $x=-1$
$b>a$이므로 $a=-3$, $b=-1$ ······ ❷
$\therefore b-a=2$ ······ ❸

단계	채점 기준	비율
❶	이차함수의 식 구하기	50 %
❷	a, b의 값 구하기	30 %
❸	$b-a$의 값 구하기	20 %

17 $y=-\frac{1}{3}x^2+2x+1=-\frac{1}{3}(x-3)^2+4$이므로
꼭짓점의 좌표는 A$(3,\ 4)$이다. ······ ❶
$x=0$일 때, $y=1$이므로 점 B$(0,\ 1)$이다. ······ ❷
$\triangle ABC=\frac{1}{2}\times\overline{OB}\times$(점 A의 x좌표)
$=\frac{1}{2}\times1\times3=\frac{3}{2}$ ······ ❸

단계	채점 기준	비율
❶	꼭짓점 A의 좌표 구하기	40 %
❷	점 B의 좌표 구하기	20 %
❸	$\triangle$ABO의 넓이 구하기	40 %

완벽한 개념으로 실전에 강해지는
개념기본서

풍산자 개념완성

정답과 해설

워크북

중학수학 3-1

I | 실수와 그 계산

I-1 | 제곱근과 실수

1 제곱근의 뜻과 성질

01 제곱근의 뜻 워크북 2쪽

01 답 ①

x가 36의 제곱근이다. ➡ $x^2=36$

02 답 16

6의 제곱근이 a이므로 $a^2=6$

10의 제곱근이 b이므로 $b^2=10$

$\therefore a^2+b^2=6+10=16$

03 답 ④

④ 음수의 제곱근은 없다.

04 답 3

$a=1$, $-3^2=-9$는 음수이므로 $b=0$

$(-3)^2=9$는 양수이므로 $c=2$

$\therefore a+b+c=1+0+2=3$

02 제곱근의 표현 워크북 2~3쪽

01 답 -5

$\left(\text{제곱근 } \frac{16}{81}\right)=\sqrt{\frac{16}{81}}=\frac{4}{9}$이므로 $a=4$, $b=9$

$\therefore a-b=4-9=-5$

02 답 ②, ④

① 24의 제곱근 ➡ $\pm\sqrt{24}$

③ $\sqrt{16}=4$의 제곱근 ➡ ± 2

⑤ 900의 제곱근 ➡ ± 30

03 답 ②

$5.\dot{4}=\frac{54-5}{9}=\frac{49}{9}$의 음의 제곱근은 $-\sqrt{\frac{49}{9}}=-\frac{7}{3}$

04 답 12

3의 양의 제곱근은 $\sqrt{3}$이므로 $a=\sqrt{3}$

$\frac{36}{49}$의 음의 제곱근은 $-\frac{6}{7}$이므로 $b=-\frac{6}{7}$

$\therefore 2a^2-7b=2\times 3-7\times\left(-\frac{6}{7}\right)=6+6=12$

05 답 ④

(직사각형의 넓이)$=7\times 3=21$이므로 구하는 정사각형의 한 변의 길이는 $\sqrt{21}$이다.

06 답 -4

$\sqrt{256}=16$의 제곱근 중 음수는 -4이므로 $a=-4$

$(-16)^2$의 제곱근 중 양수는 16이므로 $b=16$

$\therefore \frac{b}{a}=\frac{16}{-4}=-4$

07 답 ③

③ 음수의 제곱근은 없다.

08 답 ②

①, ③, ④, ⑤ 9의 제곱근이므로 ± 3이다.

② 제곱근 9는 $\sqrt{9}=3$이다.

09 답 ③

ㄱ. $\sqrt{625}=25$의 음의 제곱근은 $-\sqrt{25}=-5$이다.

ㄴ. $\sqrt{36}=6$이다.

ㄷ. $\sqrt{1.\dot{7}}=\sqrt{\frac{16}{9}}=\frac{4}{3}$의 제곱근은 $\pm\sqrt{\frac{4}{3}}$이므로 유리수가 아니다.

ㄹ. 양수의 제곱근은 2개이고, 0의 제곱근은 1개이다.

ㅂ. $\sqrt{(-6)^2}=6$의 제곱근은 $\pm\sqrt{6}$이다.

따라서 옳은 것은 ㄱ, ㅁ, ㅂ의 3개이다.

10 답 ③

① $\sqrt{0.25}=0.5$ ② $\sqrt{\frac{1}{100}}=\frac{1}{10}$

④ $-\sqrt{\frac{9}{4}}=-\frac{3}{2}$ ⑤ $\sqrt{225}=15$

11 답 ③

10의 제곱근은 $\pm\sqrt{10}$, $\frac{4}{25}$의 제곱근은 $\pm\frac{2}{5}$

$\frac{5}{9}$의 제곱근은 $\pm\sqrt{\frac{5}{9}}$, $0.\dot{6}=\frac{6}{9}=\frac{2}{3}$의 제곱근은 $\pm\sqrt{\frac{2}{3}}$

$\sqrt{16}=4$의 제곱근은 ± 2, 1.21의 제곱근은 ± 1.1

따라서 근호를 사용하지 않고 제곱근을 나타낼 수 있는 것은 $\frac{4}{25}$, $\sqrt{16}$, 1.21의 3개이다.

12 답 ②, ④

① $2.\dot{7}=\frac{25}{9}$의 제곱근은 $\pm\frac{5}{3}$

② $\sqrt{0.09}=0.3$의 제곱근은 $\pm\sqrt{0.3}$

③ $\sqrt{81}=9$의 제곱근은 ± 3

④ $\frac{8}{9}$의 제곱근은 $\pm\sqrt{\frac{8}{9}}$

⑤ $\frac{\sqrt{81}}{4}=\frac{9}{4}$의 제곱근은 $\pm\frac{3}{2}$

03 제곱근의 성질과 대소 관계 워크북 4~6쪽

01 답 ⑤

① $\left(\sqrt{\frac{3}{4}}\right)^2=\frac{3}{4}$ ② $-\sqrt{\left(-\frac{5}{2}\right)^2}=-\frac{5}{2}$

③ $(-\sqrt{0.2})^2=0.2$ ④ $\sqrt{\left(-\frac{1}{2}\right)^2}=\frac{1}{2}$

02 답 ⑤

$\sqrt{(-13)^2}+(\sqrt{3})^2-\sqrt{16}=13+3-4=12$

03 답 ③

①, ②, ④, ⑤ $\sqrt{8^2}=(-\sqrt{8})^2=(\sqrt{8})^2=\sqrt{(-8)^2}=8$

③ $-\sqrt{(-8)^2}=-8$

04 답 ⑤

$(-\sqrt{0.25})^2=0.25$의 제곱근은 $\pm\sqrt{0.25}=\pm0.5$

05 답 ④

① $\sqrt{\frac{1}{9}}=\frac{1}{3}$ ② $\left(\frac{1}{3}\right)^2=\frac{1}{9}$ ③ $\sqrt{\left(-\frac{1}{4}\right)^2}=\frac{1}{4}$

④ $\left(-\sqrt{\frac{1}{2}}\right)^2=\frac{1}{2}$ ⑤ $\left(-\sqrt{\frac{1}{9}}\right)^2=\frac{1}{9}$

따라서 가장 큰 수는 ④이다.

06 답 ①

$\sqrt{5^2}=5,\ -(\sqrt{8})^2=-8,\ -(-\sqrt{10})^2=-10,$

$\sqrt{(-11)^2}=11,\ \sqrt{12^2}=12$이므로 큰 수부터 차례대로 나열하면

$\sqrt{12^2},\ \sqrt{(-11)^2},\ \sqrt{5^2},\ -(\sqrt{8})^2,\ -(-\sqrt{10})^2$

따라서 세 번째에 오는 수는 $\sqrt{5^2}$이다.

07 답 ④

$A=\sqrt{9^2}-\sqrt{(-5)^2}-(-\sqrt{2})^2=9-5-2=2$

$B=\sqrt{5^2}\div\left(-\sqrt{\frac{10}{3}}\right)^2-\sqrt{2^2}\times\sqrt{\left(-\frac{1}{4}\right)^2}$

$=5\div\frac{10}{3}-2\times\frac{1}{4}$

$=5\times\frac{3}{10}-\frac{1}{2}=\frac{3}{2}-\frac{1}{2}=1$

$\therefore A+2B=2+2\times1=4$

08 답 $-5a$

$a<0$이므로 $5a<0$

$\therefore \sqrt{(5a)^2}=-5a$

09 답 ④

ㄱ. $a>0$이므로 $-\sqrt{a^2}=-a$

ㄴ. $2a>0$이므로 $\sqrt{(2a)^2}=2a$

ㄷ. $-3a<0$이므로 $\sqrt{(-3a)^2}=-(-3a)=3a$

ㄹ. $4a>0$이므로 $-\sqrt{16a^2}=-\sqrt{(4a)^2}=-4a$

10 답 ③

① $-2a>0$이므로 $\sqrt{(-2a)^2}=-2a$

② $3a<0$이므로 $-\sqrt{(3a)^2}=-(-3a)=3a$

③ $-6a>0$이므로 $\sqrt{(-6a)^2}=-6a$

④ $7a<0$이므로 $-\sqrt{49a^2}=-\sqrt{(7a)^2}=-(-7a)=7a$

⑤ $-8a>0$이므로 $-\sqrt{(-8a)^2}=-(-8a)=8a$

11 답 ①

$\sqrt{9a^2}=\sqrt{(3a)^2}$이고 $a<0,\ b>0$이므로 $3a<0,\ -2b<0$

$\therefore \sqrt{9a^2}-\sqrt{(-2b)^2}=\sqrt{(3a)^2}-\sqrt{(-2b)^2}$

$=-3a-\{-(-2b)\}$

$=-3a-2b$

12 답 $10a+4b$

$-\sqrt{4b^2}=-\sqrt{(2b)^2},\ \sqrt{25a^2}=\sqrt{(5a)^2}$이고,

$a>0,\ b<0$이므로 $2b<0,\ -5a<0,\ 5a>0,\ -2b>0$

$\therefore -\sqrt{4b^2}+\sqrt{(-5a)^2}+\sqrt{(5a)^2}-\sqrt{(-2b)^2}$

$=-\sqrt{(2b)^2}+\sqrt{(-5a)^2}+\sqrt{(5a)^2}-\sqrt{(-2b)^2}$

$=-(-2b)+\{-(-5a)\}+5a-(-2b)$

$=2b+5a+5a+2b=10a+4b$

13 답 ③

$1<a<3$이므로 $a-3<0,\ a-1>0$

$\therefore \sqrt{(a-3)^2}+\sqrt{(a-1)^2}=-(a-3)+(a-1)$

$=-a+3+a-1$

$=2$

14 답 ②

$\sqrt{4(4-x)^2}=\sqrt{\{2(4-x)\}^2},\ \sqrt{9(x-6)^2}=\sqrt{\{3(x-6)\}^2}$이고

$4<x<6$이므로

$2(4-x)<0,\ 3(x-6)<0$

$\therefore \sqrt{4(4-x)^2}+\sqrt{9(x-6)^2}$

$=\sqrt{\{2(4-x)\}^2}+\sqrt{\{3(x-6)\}^2}$

$=-2(4-x)-3(x-6)$

$=-8+2x-3x+18=-x+10$

15 답 ③

$0<a<1$이므로 $\frac{1}{a}-a>0,\ \frac{1}{a}+a>0$

$\therefore \sqrt{\left(\frac{1}{a}-a\right)^2}-\sqrt{\left(\frac{1}{a}+a\right)^2}=\left(\frac{1}{a}-a\right)-\left(\frac{1}{a}+a\right)$

$=\frac{1}{a}-a-\frac{1}{a}-a$

$=-2a$

16 답 $3x+2y$

$xy<0$에서 x와 y의 부호는 서로 반대이고, $x>y$이므로

$x>0,\ y<0$

따라서 $-x+y<0,\ 2x>0,\ -3y>0$

$\therefore \sqrt{(-x+y)^2}+\sqrt{(2x)^2}-\sqrt{(-3y)^2}$

$=-(-x+y)+2x-(-3y)$

$=x-y+2x+3y=3x+2y$

17 답 ③

$\sqrt{3^2\times5\times x}$가 자연수가 되려면 x는 $5\times$(자연수)^{2}의 꼴이어야 한다.

① $5=5\times1^2$ ② $20=5\times2^2$ ③ $30=5\times2\times3$

④ $45=5\times3^2$ ⑤ $80=5\times4^2$

따라서 조건을 만족시키는 x의 값이 될 수 없는 것은 ③이다.

18 답 30

$\sqrt{120x}=\sqrt{2^3\times3\times5\times x}$이므로 $\sqrt{120x}$가 자연수가 되려면

x는 $2\times3\times5\times$(자연수)^{2}의 꼴이어야 한다.

따라서 가장 작은 자연수 x의 값은 $2\times3\times5\times1^2=30$이다.

19 답 ④

$\sqrt{7a}$가 자연수가 되려면 a는 $a=7\times$(자연수)^{2}의 꼴이어야 한다.

그런데 $100<a<200$이므로 자연수 a의 값은

$7\times4^2=112,\ 7\times5^2=175$

따라서 모든 a의 값의 합은 $112+175=287$

20 답 6

$\sqrt{\frac{150}{x}}=\sqrt{\frac{2\times3\times5^2}{x}}$이 자연수가 되려면 x는 150의 약수이면서 $2\times3\times$(자연수)^{2}의 꼴이어야 하므로 x의 값은

$2\times3=6, \cdots$

따라서 가장 작은 자연수 x의 값은 6이다.

21 답 ②

$\sqrt{\frac{84}{x}}=\sqrt{\frac{2^2\times3\times7}{x}}=y$가 자연수가 되려면 x는 84의 약수이면서 $3\times7\times$(자연수)^{2}의 꼴이어야 하므로 x의 값은

$3\times7=21,\ 2^2\times3\times7=84$

따라서 y의 값은

$y=\sqrt{\frac{2^2\times3\times7}{3\times7}}=2$ 또는 $y=\sqrt{\frac{2^2\times3\times7}{2^2\times3\times7}}=1$

이므로 y의 최댓값은 2이다.

22 답 ②

$\sqrt{43+x}$가 자연수가 되려면 $43+x$가 43보다 큰 제곱수가 되어야 하므로

$43+x=49, 64, 81, \cdots$

따라서 가장 작은 자연수 x의 값은 $49-43=6$이다.

23 답 26

$\sqrt{26-x}$가 자연수가 되려면 $26-x$가 26보다 작은 제곱수이어야 하므로 $26-x$의 값은 25, 16, 9, 4, 1이다.

$26-x=25$에서 $x=1$, $26-x=16$에서 $x=10$

$26-x=9$에서 $x=17$, $26-x=4$에서 $x=22$

$26-x=1$에서 $x=25$

따라서 자연수 x의 값 중에서 가장 큰 값은 $M=25$, $m=1$이므로

$M+m=25+1=26$

24 답 ⑤

$\sqrt{54-3x}$가 정수가 되려면 $54-3x$가 54보다 작은 제곱수이거나 0이어야 하므로 $54-3x$의 값은 49, 36, 25, 16, 9, 4, 1, 0이다.

$54-3x=49$에서 $3x=5\quad \therefore x=\frac{5}{3}$

$54-3x=36$에서 $3x=18\quad \therefore x=6$

$54-3x=25$에서 $3x=29\quad \therefore x=\frac{29}{3}$

$54-3x=16$에서 $3x=38\quad \therefore x=\frac{38}{3}$

$54-3x=9$에서 $3x=45\quad \therefore x=15$

$54-3x=4$에서 $3x=50\quad \therefore x=\frac{50}{3}$

$54-3x=1$에서 $3x=53\quad \therefore x=\frac{53}{3}$

$54-3x=0$에서 $3x=54\quad \therefore x=18$

따라서 자연수 x의 값은 6, 15, 18이므로 그 합은

$6+15+18=39$

2 무리수와 실수

04 무리수와 실수

워크북 7쪽

01 답 ③, ④

① $\sqrt{(-9)^2}=9$　⑤ $\sqrt{\frac{4}{25}}=\frac{2}{5}$

따라서 무리수는 ③, ④이다.

02 답 ③

$1<x<10$인 자연수 x에 대하여 $\sqrt{x}$ 중에서 $\sqrt{4}=2$, $\sqrt{9}=3$이므로 무리수인 것은 $\sqrt{2}, \sqrt{3}, \sqrt{5}, \sqrt{6}, \sqrt{7}, \sqrt{8}$의 6개이다.

03 답 138개

150 이하의 자연수 중에서 제곱수인 $1^2=1$, $2^2=4$, $3^2=9$, $\cdots$, $12^2=144$의 양의 제곱근은 자연수이므로 순환하지 않는 무한소수, 즉 무리수가 아니다.

따라서 150 이하의 자연수 x에 대하여 무리수인 $\sqrt{x}$의 개수는 $150-12=138$(개)

04 답 ③, ④

① 순환하는 무한소수, 즉 순환소수는 분수로 나타낼 수 있다.

② 무한소수 중 순환소수는 유리수이다.

⑤ 모든 무리수는 분모, 분자가 모두 정수인 분수로 나타낼 수 없다.

05 답 ⑤

⑤ 무리수는 분모, 분자가 모두 정수인 분수로 나타낼 수 없다.

06 답 ⑤

(가)는 무리수를 나타낸다.

① 0의 제곱근은 0

② $\sqrt{625}=25$의 제곱근은 $\pm\sqrt{25}=\pm5$

③ 121의 제곱근은 $\pm\sqrt{121}=\pm11$

④ $0.\dot{4}=\frac{4}{9}$의 제곱근은 $\pm\sqrt{\frac{4}{9}}=\pm\frac{2}{3}$

⑤ 10의 제곱근은 $\pm\sqrt{10}$

따라서 무리수인 것은 ⑤이다.

07 답 ④

(가)는 순환하지 않는 무한소수, 즉 무리수를 나타낸다.

① -0.3은 유리수　② $\sqrt{16}=4$는 유리수

③ $\frac{3}{5}$, $\sqrt{\frac{9}{64}}=\frac{3}{8}$은 유리수

⑤ -1, $\sqrt{0.01}=0.1$은 유리수

08 답 ③

$3-\sqrt{(-5)^2}=3-5=-2$, $\sqrt{0.\dot{4}}=\sqrt{\frac{4}{9}}=\frac{2}{3}$

① 정수는 $3-\sqrt{(-5)^2}$의 1개이다.

② 유리수는 $3-\sqrt{(-5)^2}$, $\sqrt{0.\dot{4}}$의 2개이다.

③ 자연수는 없다.

④ 정수가 아닌 유리수는 $\sqrt{0.\dot{4}}$의 1개이다.

⑤ 순환하지 않는 무한소수, 즉 무리수는 $\sqrt{7}-1$, $\frac{\pi}{5}$, $\sqrt{3.6}$의 3개이다.

05 실수와 수직선 워크북 8~9쪽

01 답 $-3+\sqrt{2}$

$\overline{AP}=\overline{AC}=\sqrt{2}$이고 점 P는 점 A$(-3)$의 오른쪽에 있으므로 점 P에 대응하는 수는 $-3+\sqrt{2}$이다.

02 답 (1) $6-\sqrt{2}$ (2) $\sqrt{2}+1$

(1) $\overline{BP}=\overline{BC}=\sqrt{2}$이고 점 P는 점 B$(6)$의 왼쪽에 있으므로 점 P에 대응하는 수는 $6-\sqrt{2}$이다.

(2) $\overline{PQ}=\overline{PB}+\overline{BQ}=\sqrt{2}+1$

03 답 ④

$\overline{BP}=\overline{BC}=\sqrt{2}$이므로 점 B에 대응하는 수는 5

$\overline{AB}=1$이므로 점 A에 대응하는 수는 $5-1=4$

04 답 $P(-3-\sqrt{2})$, $Q(-3+\sqrt{2})$

그림에서 $\overline{OA}=\overline{OB}=\overline{AD}=\overline{BC}=1$이므로 $\overline{OC}$, $\overline{OD}$는 한 변의 길이가 1인 정사각형의 대각선의 길이와 같다.

$\therefore \overline{OP}=\overline{OD}=\overline{OC}=\overline{OQ}=\sqrt{2}$

점 P는 점 O(-3)의 왼쪽으로 $\sqrt{2}$만큼 이동한 점이고, 점 Q는 점 O(-3)의 오른쪽으로 $\sqrt{2}$만큼 이동한 점이므로

$P(-3-\sqrt{2})$, $Q(-3+\sqrt{2})$

05 답 ④

한 변의 길이가 1인 정사각형의 대각선의 길이는 $\sqrt{2}$이다.

④ 점 D는 -1에서 오른쪽으로 $\sqrt{2}$만큼 이동한 점이므로 점 D의 좌표는 $D(-1+\sqrt{2})$

06 답 P: $4-\sqrt{5}$, Q: $4+\sqrt{5}$

$\overline{AB}=\overline{BC}=\sqrt{2^2+1^2}=\sqrt{5}$

$\overline{BP}=\overline{BA}=\sqrt{5}$이고 점 P는 점 B$(4)$의 왼쪽에 있으므로 점 P에 대응하는 수는 $4-\sqrt{5}$이다.

또, $\overline{BQ}=\overline{BC}=\sqrt{5}$이고 점 Q는 점 B$(4)$의 오른쪽에 있으므로 점 Q에 대응하는 수는 $4+\sqrt{5}$이다.

07 답 풀이 참조

점 B를 중심으로 하고 반지름의 길이가 $\sqrt{2}$인 원을 그렸을 때, 수직선과 왼쪽에서 만나는 점에 대응하는 수가 $3-\sqrt{2}$이다.

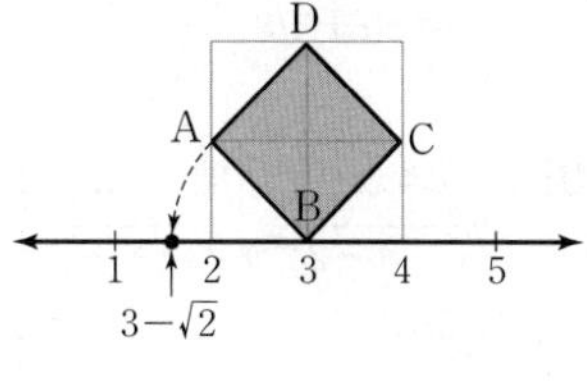

08 답 ③

$\overline{AB}=\sqrt{3^2+1^2}=\sqrt{10}$이고 점 P는 점 B$(2)$의 왼쪽에 있으므로 점 P에 대응하는 수는 $2-\sqrt{10}$이다.

09 답 ㄹ

ㄹ. $\overline{EQ}=\overline{AE}+\overline{AQ}=1+\sqrt{10}$

10 답 ④

$\sqrt{9}<\sqrt{10}<\sqrt{16}$에서 $3<\sqrt{10}<4$

$\therefore 1<\sqrt{10}-2<2$

따라서 $\sqrt{10}-2$에 대응하는 점은 점 D이다.

11 답 (1) $\overline{BP}=\sqrt{10}$, $\overline{EQ}=\sqrt{17}$ (2) B: -3, E: 0 (3) $\sqrt{17}$

(1) $\overline{BP}=\overline{BA}=\sqrt{3^2+1^2}=\sqrt{10}$, $\overline{EQ}=\overline{EF}=\sqrt{4^2+1^2}=\sqrt{17}$

(2) 점 P에 대응하는 수가 $-3-\sqrt{10}$이고 $\overline{BP}=\sqrt{10}$이므로 점 B에 대응하는 수는 -3이다.
따라서 점 E에 대응하는 수는 0이다.

(3) E(0)이고, $\overline{EQ}=\sqrt{17}$이므로 점 Q에 대응하는 수는 $\sqrt{17}$이다.

12 답 ③

③ $\sqrt{3}$과 $\sqrt{5}$ 사이에는 무수히 많은 유리수가 있다.

13 답 ⑤

① 3에 가장 가까운 무리수는 정할 수 없다.
② 유리수에 대응하는 점으로 수직선을 완전히 메울 수 없다.
③ 예를 들어, 1과 2 사이에는 자연수가 없다.
④ 2와 3 사이에는 무수히 많은 무리수가 있다.

14 답 ①, ④

서로 다른 실수 사이에 있는 유리수, 무리수, 실수는 무한개이지만 자연수, 정수는 유한개이다.

06 실수의 대소 관계 워크북 10쪽

01 답 ③

① $4-(\sqrt{8}+2)=2-\sqrt{8}=\sqrt{4}-\sqrt{8}<0$이므로 $4<\sqrt{8}+2$

② $(\sqrt{11}+2)-5=\sqrt{11}-3=\sqrt{11}-\sqrt{9}>0$이므로 $\sqrt{11}+2>5$

③ $(3+\sqrt{7})-6=\sqrt{7}-3=\sqrt{7}-\sqrt{9}<0$이므로 $3+\sqrt{7}<6$

④ $\sqrt{3}+5-(\sqrt{2}+5)=\sqrt{3}-\sqrt{2}>0$이므로 $\sqrt{3}+5>\sqrt{2}+5$

⑤ $\sqrt{5}-3-(\sqrt{5}-\sqrt{10})=\sqrt{5}-3-\sqrt{5}+\sqrt{10}$
$=-3+\sqrt{10}$
$=-\sqrt{9}+\sqrt{10}>0$
이므로 $\sqrt{5}-3>\sqrt{5}-\sqrt{10}$

02 답 ④

① $(\sqrt{2}-7)-(\sqrt{3}-7)=\sqrt{2}-\sqrt{3}<0$
이므로 $\sqrt{2}-7<\sqrt{3}-7$

② $(\sqrt{13}+3)-(\sqrt{15}+3)=\sqrt{13}-\sqrt{15}<0$
이므로 $\sqrt{13}+3<\sqrt{15}+3$

③ $5-(\sqrt{10}+2)=3-\sqrt{10}=\sqrt{9}-\sqrt{10}<0$
이므로 $5<\sqrt{10}+2$

④ $(7-\sqrt{2})-\sqrt{(-5)^2}=7-\sqrt{2}-5$
$=2-\sqrt{2}=\sqrt{4}-\sqrt{2}>0$
이므로 $7-\sqrt{2}>\sqrt{(-5)^2}$

⑤ $(\sqrt{18}-\sqrt{20})-(-\sqrt{20}+5)=\sqrt{18}-5$
$=\sqrt{18}-\sqrt{25}<0$
이므로 $\sqrt{18}-\sqrt{20}<-\sqrt{20}+5$

따라서 부등호의 방향이 나머지 넷과 다른 것은 ④이다.

03 답 ⑤

$a-b=(2+\sqrt{2})-(\sqrt{2}+\sqrt{3})=2-\sqrt{3}=\sqrt{4}-\sqrt{3}>0$

이므로 $a>b$

$b-c=(\sqrt{2}+\sqrt{3})-(\sqrt{3}+1)=\sqrt{2}-1>0$이므로 $b>c$

$\therefore a>b>c$

04 답 $a<c<b$

$a-b=(\sqrt{11}+\sqrt{3})-(\sqrt{5}+\sqrt{11})=\sqrt{3}-\sqrt{5}<0$

이므로 $a<b$

$b-c=(\sqrt{5}+\sqrt{11})-(\sqrt{11}+2)=\sqrt{5}-2>0$

이므로 $b>c$

$a-c=(\sqrt{11}+\sqrt{3})-(\sqrt{11}+2)=\sqrt{3}-2<0$

이므로 $a<c$

$\therefore a<c<b$

05 답 $\sqrt{6}+1$

$(\sqrt{6}+1)-(\sqrt{3}+\sqrt{6})=1-\sqrt{3}<0$이므로

$\sqrt{6}+1<\sqrt{3}+\sqrt{6}$

$1<\sqrt{3}<2$, $2<\sqrt{6}<3$이므로

$3<\sqrt{3}+\sqrt{6}<5$ $\quad\therefore \sqrt{3}+\sqrt{6}<6$

따라서 주어진 수들을 작은 수부터 쓰면 $-1-\sqrt{6}$, $\sqrt{6}+1$, $\sqrt{3}+\sqrt{6}$, 6이므로 수직선 위에 나타낼 때, 왼쪽에서 두 번째에 오는 수는 $\sqrt{6}+1$이다.

06 답 ④

$\sqrt{3}$과 $\sqrt{5}$의 평균 (③), $\sqrt{3}$과 $\sqrt{5}$의 차 0.504보다 작은 수를 $\sqrt{3}$에 더한 수(①, ②)나 $\sqrt{5}$에서 뺀 수(⑤)는 $\sqrt{3}$과 $\sqrt{5}$ 사이의 무리수이다.

④ $\dfrac{\sqrt{5}-\sqrt{3}}{2}$은 $\dfrac{2.236-1.732}{2}=0.252$이므로 $\sqrt{3}$보다 작다.

07 답 ⑤

① $\sqrt{3}$과 $\sqrt{8}$ 사이의 정수는 $\sqrt{4}=2$의 1개이다.

④ $\sqrt{8}-1$은 $2.828-1=1.828$이므로 $\sqrt{3}$과 $\sqrt{8}$ 사이에 있다.

⑤ $\sqrt{3}+2$는 $1.732+2=3.732$이므로 $\sqrt{8}$보다 크다.

08 답 ①, ⑤

조건을 만족시키는 수는 3과 $\sqrt{11}$ 사이의 무리수이다.

② $\sqrt{11}-0.5$는 $3.317-0.5=2.817$이므로 3보다 작다.

③ $\sqrt{10.24}=3.2$이므로 유리수이다.

④ $\dfrac{\sqrt{11}-3}{2}$은 0.1585이므로 3보다 작다.

단원 마무리

워크북 11~12쪽

01 ③	02 ②	03 ①	04 ⑤	05 ②
06 ④	07 ①	08 ③	09 ②	10 ④
11 ④	12 ②	13 ③	14 x	15 141개

01 ① 15의 제곱근은 $\pm\sqrt{15}$이다.

② 음의 정수의 제곱근은 없고, 0의 제곱근은 1개이다.

③ 제곱근 $(-3)^2$은 $\sqrt{(-3)^2}=3$이다.

④ 0의 제곱근은 0의 1개이다.

⑤ -10의 제곱근은 없다.

02 $\dfrac{16}{9}$의 음의 제곱근은 $-\sqrt{\dfrac{16}{9}}=-\dfrac{4}{3}$이므로

$a=-\dfrac{4}{3}$

$\sqrt{(-81)^2}=81$의 양의 제곱근은 $\sqrt{81}=9$이므로 $b=9$

$\therefore \dfrac{1}{3}ab=\dfrac{1}{3}\times\left(-\dfrac{4}{3}\right)\times 9=-4$

03 $\sqrt{\dfrac{16}{25}}\div\sqrt{(-4)^2}+\sqrt{0.09}\times(-\sqrt{10})^2$

$=\dfrac{4}{5}\div 4+0.3\times 10$

$=\dfrac{4}{5}\times\dfrac{1}{4}+3$

$=\dfrac{1}{5}+3$

$=\dfrac{16}{5}$

04 $a>0$, $b<0$이므로 $3a>0$, $-2a<0$, $4b<0$

$\therefore \sqrt{(3a)^2}+\sqrt{(-2a)^2}-\sqrt{16b^2}$

$=\sqrt{(3a)^2}+\sqrt{(-2a)^2}-\sqrt{(4b)^2}$

$=3a+\{-(-2a)\}-(-4b)$

$=3a+2a+4b$

$=5a+4b$

05 $-2<a<1$일 때, $-a-2<0$, $1-a>0$이므로

$\sqrt{(-a-2)^2}+\sqrt{(1-a)^2}=-(-a-2)+(1-a)$

$=a+2+1-a=3$

06 $\sqrt{\dfrac{18a}{5}}=\sqrt{\dfrac{2\times3^2\times a}{5}}$가 자연수가 되려면 a는 $2\times5\times(\text{자연수})^2$의 꼴이어야 한다.

따라서 가장 작은 정수 a의 값은 $2\times5=10$이다.

07 $f(3)=f(4)=1$,

$f(5)=f(6)=f(7)=f(8)=f(9)=2$,

$f(10)=f(11)=f(12)=f(13)=f(14)=f(15)=3$

이므로

$f(3)+f(4)+\cdots+f(15)=1\times2+2\times5+3\times6$

$=2+10+18=30$

08 $\sqrt{90+a}$가 자연수가 되려면 $90+a$가 90보다 큰 제곱수이어야 하므로 $90+a$의 값은
$10^2=100$, $11^2=121$, $12^2=144$, $\cdots$
따라서 a의 값은 10, 31, 54, $\cdots$이므로 가장 작은 자연수 a는 10이다.

09 $\sqrt{9}-2=3-2=1$, $\sqrt{\left(-\frac{2}{3}\right)^2}=\frac{2}{3}$
따라서 순환하지 않는 무한소수, 즉 무리수인 것은
$-\sqrt{102}$, $2-\pi$, $\sqrt{10}-3$

10 ㄱ. 무한소수 중에서 순환소수는 유리수이다.
ㄷ. $2<\sqrt{5}<3$, $2<\sqrt{8}<3$이므로 $\sqrt{5}$와 $\sqrt{8}$ 사이에는 자연수가 없다.

11 $1<\sqrt{2}<2$, $1<\sqrt{3}<2$이므로
$-2<-\sqrt{2}<-1$, $-2<-\sqrt{3}<-1$
① $-5<-3-\sqrt{2}<-4$ ② $-3<-4+\sqrt{3}<-2$
③ $-5<-3-\sqrt{3}<-4$ ④ $-4<-2-\sqrt{2}<-3$
⑤ $-6<-4-\sqrt{2}<-5$
따라서 -4와 -3 사이에 있는 수는 ④이다.

12 ① $(\sqrt{5}+2)-(2+\sqrt{7})=\sqrt{5}-\sqrt{7}<0$이므로
$\sqrt{5}+2<2+\sqrt{7}$
② $(\sqrt{3}+4)-5=\sqrt{3}-1>0$이므로 $\sqrt{3}+4>5$
③ $\sqrt{0.04}<\sqrt{0.25}$이므로 $\sqrt{0.04}<0.5$
④ $(\sqrt{3}+\sqrt{5})-(\sqrt{3}+2)=\sqrt{5}-2=\sqrt{5}-\sqrt{4}>0$이므로
$\sqrt{3}+\sqrt{5}>\sqrt{3}+2$
⑤ $(4-\sqrt{7})-(4-\sqrt{5})=-\sqrt{7}+\sqrt{5}<0$이므로
$4-\sqrt{7}<4-\sqrt{5}$

13 ③ $\overline{PE}=\overline{PB}+\overline{BE}=\sqrt{2}+3$
④ $\overline{BQ}=\overline{BE}+\overline{EQ}=3+\sqrt{5}$

14 $xy<0$에서 x와 y의 부호는 서로 반대이고,
$x-y>0$에서 $x>y$이므로 $x>0$, $y<0$이다. ❶
따라서 $2x>0$, $y<0$, $y-x<0$이므로 ❷
$\sqrt{(2x)^2}+\sqrt{y^2}-\sqrt{(y-x)^2}$
$=2x-y-\{-(y-x)\}$
$=2x-y+y-x$ ❸
$=x$

단계	채점 기준	비율
❶	x, y의 부호 구하기	30 %
❷	$2x$, $y-x$의 부호 구하기	20 %
❸	근호를 없애고 주어진 식 간단히 하기	50 %

15 $\sqrt{5n}$이 유리수가 되려면 n은 $5\times(\text{자연수})^2$의 꼴이어야 하므로 150 이하의 자연수 n의 값은 $5\times1^2=5$, $5\times2^2=20$, $5\times3^2=45$, $5\times4^2=80$, $5\times5^2=125$이다. ❶
$\sqrt{7n}$이 유리수가 되려면 n은 $7\times(\text{자연수})^2$의 꼴이어야 하므로 150 이하의 자연수 n의 값은 $7\times1^2=7$, $7\times2^2=28$, $7\times3^2=63$, $7\times4^2=112$이다. ❷
따라서 $\sqrt{5n}$ 또는 $\sqrt{7n}$이 유리수가 되도록 하는 자연수 n은 9개이므로 ❸
$\sqrt{5n}$과 $\sqrt{7n}$이 모두 무리수가 되도록 하는 자연수 n의 개수는 $150-9=141$(개)이다. ❹

단계	채점 기준	비율
❶	$\sqrt{5n}$이 유리수가 되는 n의 값 구하기	20 %
❷	$\sqrt{7n}$이 유리수가 되는 n의 값 구하기	20 %
❸	$\sqrt{5n}$ 또는 $\sqrt{7n}$이 유리수가 되도록 하는 n의 개수 구하기	30 %
❹	$\sqrt{5n}$, $\sqrt{7n}$이 모두 무리수가 되도록 하는 n의 개수 구하기	30 %

Ⅰ-2 | 근호를 포함한 식의 계산

1 근호를 포함한 식의 곱셈과 나눗셈

07 제곱근의 곱셈과 나눗셈 워크북 13~14쪽

01 답 ④

② $-\sqrt{3}\times\sqrt{12}=-\sqrt{3\times12}=-\sqrt{36}=-6$

③ $2\sqrt{5}\times4\sqrt{2}=8\sqrt{5\times2}=8\sqrt{10}$

④ $\sqrt{\frac{12}{5}}\times\sqrt{\frac{20}{3}}=\sqrt{\frac{12}{5}\times\frac{20}{3}}=\sqrt{16}=4$

⑤ $-2\sqrt{\frac{15}{7}}\times\sqrt{\frac{14}{45}}=-2\sqrt{\frac{15}{7}\times\frac{14}{45}}=-2\sqrt{\frac{2}{3}}$

02 답 ⑤

$\left(-\sqrt{\frac{5}{6}}\right)\times4\sqrt{6}\times(-2\sqrt{3})=8\sqrt{\frac{5}{6}\times6\times3}=8\sqrt{15}$

03 답 ①

$2\sqrt{\frac{6}{5}}\times\sqrt{\frac{40}{3}}=2\sqrt{\frac{6}{5}\times\frac{40}{3}}=2\sqrt{16}=2\times4=8$

$\therefore a=8$

$\sqrt{7}\times2\sqrt{2}\times(-\sqrt{14})=-2\sqrt{7\times2\times14}$

$=-2\times14=-28$

$\therefore b=-28$

$\therefore a+b=8+(-28)=-20$

04 답 ④

$2\sqrt{5k}=\sqrt{16},\ 2\sqrt{5k}=4,\ \sqrt{5k}=2$

따라서 $5k=4$이므로 $k=\frac{4}{5}$

05 답 ②

① $\frac{\sqrt{20}}{\sqrt{5}}=\sqrt{\frac{20}{5}}=\sqrt{4}=2$

② $-\frac{\sqrt{81}}{\sqrt{9}}=-\sqrt{\frac{81}{9}}=-\sqrt{9}=-3$

③ $4\sqrt{18}\div2\sqrt{6}=2\sqrt{\frac{18}{6}}=2\sqrt{3}$

④ $3\sqrt{12}\div6\sqrt{6}=\frac{1}{2}\sqrt{\frac{12}{6}}=\frac{\sqrt{2}}{2}$

⑤ $\frac{\sqrt{5}}{\sqrt{8}}\div\frac{\sqrt{15}}{\sqrt{24}}=\frac{\sqrt{5}}{\sqrt{8}}\times\frac{\sqrt{24}}{\sqrt{15}}=\sqrt{\frac{5}{8}\times\frac{24}{15}}=1$

06 답 ②

① $\sqrt{6}\div3\sqrt{3}=\frac{1}{3}\sqrt{\frac{6}{3}}=\frac{\sqrt{2}}{3}$

② $\sqrt{24}\div2\sqrt{8}=\frac{1}{2}\sqrt{\frac{24}{8}}=\frac{\sqrt{3}}{2}$

③ $\sqrt{12}\div3\sqrt{6}=\frac{1}{3}\sqrt{\frac{12}{6}}=\frac{\sqrt{2}}{3}$

④ $\frac{\sqrt{16}}{3\sqrt{3}}\div\frac{\sqrt{8}}{\sqrt{3}}=\frac{\sqrt{16}}{3\sqrt{3}}\times\frac{\sqrt{3}}{\sqrt{8}}=\frac{\sqrt{2}}{3}$

⑤ $\frac{\sqrt{10}}{6}\div\frac{\sqrt{5}}{2}=\frac{\sqrt{10}}{6}\times\frac{2}{\sqrt{5}}=\frac{1}{3}\sqrt{10\times\frac{1}{5}}=\frac{\sqrt{2}}{3}$

따라서 계산 결과가 다른 것은 ②이다.

07 답 ①

$\frac{\sqrt{30}}{\sqrt{12}}\div\frac{3\sqrt{3}}{\sqrt{6}}\div\frac{\sqrt{15}}{2\sqrt{6}}=\frac{\sqrt{30}}{\sqrt{12}}\times\frac{\sqrt{6}}{3\sqrt{3}}\times\frac{2\sqrt{6}}{\sqrt{15}}$

$=\frac{2}{3}\sqrt{\frac{30}{12}\times\frac{6}{3}\times\frac{6}{15}}$

$=\frac{2\sqrt{2}}{3}$

08 답 ②

$\sqrt{75}=\sqrt{5^2\times3}=5\sqrt{3}\qquad\therefore k=5$

09 답 $3\sqrt{2}<\sqrt{20}<2\sqrt{6}<5$

$3\sqrt{2}=\sqrt{18},\ 5=\sqrt{25},\ 2\sqrt{6}=\sqrt{24}$이므로

$\sqrt{18}<\sqrt{20}<\sqrt{24}<\sqrt{25}$

$\therefore 3\sqrt{2}<\sqrt{20}<2\sqrt{6}<5$

10 답 ②

① $\sqrt{30}\div\sqrt{5}=\sqrt{\frac{30}{5}}=\sqrt{6}$

② $\frac{3\sqrt{14}}{\sqrt{18}}=3\sqrt{\frac{14}{18}}=3\sqrt{\frac{7}{9}}=\sqrt{7}$

③ $\frac{\sqrt{40}}{2\sqrt{2}}=\frac{\sqrt{20}}{2}=\frac{2\sqrt{5}}{2}=\sqrt{5}$

④ $\sqrt{90}\div\sqrt{45}=\sqrt{\frac{90}{45}}=\sqrt{2}$

⑤ $\frac{3\sqrt{2}}{\sqrt{6}}=\frac{\sqrt{18}}{\sqrt{6}}=\sqrt{3}$

따라서 그 값이 가장 큰 것은 ②이다.

11 답 ⑤

① $3\sqrt{10}=\sqrt{90}$이므로 $3\sqrt{10}>\sqrt{89}$

② $8\sqrt{2}=\sqrt{128},\ 2\sqrt{30}=\sqrt{120}$이므로 $-8\sqrt{2}<-2\sqrt{30}$

③ $3\sqrt{2}=\sqrt{18},\ 5=\sqrt{25}$이므로 $3\sqrt{2}<5$

④ $\frac{\sqrt{3}}{2}=\sqrt{\frac{3}{4}},\ \frac{\sqrt{6}}{\sqrt{18}}=\sqrt{\frac{6}{18}}=\sqrt{\frac{1}{3}}$이므로 $\frac{\sqrt{3}}{2}>\frac{\sqrt{6}}{\sqrt{18}}$

⑤ $2\sqrt{3}=\sqrt{12},\ 3\sqrt{2}=\sqrt{18}$이므로 $-2\sqrt{3}>-3\sqrt{2}$

12 답 $\frac{3}{5}$

$\sqrt{0.48}=\sqrt{\frac{48}{100}}=\sqrt{\frac{12}{25}}=\frac{2\sqrt{3}}{5}$이므로 $a=\frac{2}{5}$

$\sqrt{\frac{12}{50}}=\sqrt{\frac{6}{25}}=\frac{\sqrt{6}}{5}$이므로 $b=\frac{1}{5}$

$\therefore a+b=\frac{2}{5}+\frac{1}{5}=\frac{3}{5}$

08 분모의 유리화와 곱셈, 나눗셈의 혼합 계산 워크북 14~15쪽

01 답 ②

① $\frac{6}{\sqrt{3}}=\frac{6\times\sqrt{3}}{\sqrt{3}\times\sqrt{3}}=2\sqrt{3}$

③ $\frac{8}{\sqrt{2}}=\frac{8\times\sqrt{2}}{\sqrt{2}\times\sqrt{2}}=4\sqrt{2}$

④ $\frac{\sqrt{2}}{\sqrt{11}}=\frac{\sqrt{2}\times\sqrt{11}}{\sqrt{11}\times\sqrt{11}}=\frac{\sqrt{22}}{11}$

⑤ $\frac{\sqrt{2}}{4\sqrt{7}}=\frac{\sqrt{2}\times\sqrt{7}}{4\sqrt{7}\times\sqrt{7}}=\frac{\sqrt{14}}{28}$

02 답 ③

$\frac{3}{\sqrt{12}}=\frac{3}{2\sqrt{3}}=\frac{3\times\sqrt{3}}{2\sqrt{3}\times\sqrt{3}}=\frac{\sqrt{3}}{2}$ $\therefore a=\frac{1}{2}$

$\frac{2\sqrt{3}}{\sqrt{5}}=\frac{2\sqrt{3}\times\sqrt{5}}{\sqrt{5}\times\sqrt{5}}=\frac{2\sqrt{15}}{5}$ $\therefore b=\frac{2}{5}$

$\therefore \sqrt{5ab}=\sqrt{5\times\frac{1}{2}\times\frac{2}{5}}=1$

03 답 ④

② $\frac{12}{\sqrt{12}}=\frac{12}{2\sqrt{3}}=\frac{6\times\sqrt{3}}{\sqrt{3}\times\sqrt{3}}=2\sqrt{3}$

③ $\frac{2\sqrt{6}}{\sqrt{2}}=\frac{2\sqrt{6}\times\sqrt{2}}{\sqrt{2}\times\sqrt{2}}=2\sqrt{3}$

④ $\frac{3\sqrt{6}}{\sqrt{3}}=\frac{3\sqrt{6}\times\sqrt{3}}{\sqrt{3}\times\sqrt{3}}=3\sqrt{2}$

⑤ $\frac{6}{\sqrt{3}}=\frac{6\times\sqrt{3}}{\sqrt{3}\times\sqrt{3}}=2\sqrt{3}$

따라서 그 값이 나머지 넷과 다른 것은 ④이다.

04 답 (1) $2\sqrt{7}$ (2) $6\sqrt{2}$ (3) $\frac{\sqrt{14}}{6}$

(1) $a=\frac{14}{\sqrt{7}}=\frac{14\times\sqrt{7}}{\sqrt{7}\times\sqrt{7}}=2\sqrt{7}$

(2) $b=\frac{24}{\sqrt{8}}=\frac{12\times\sqrt{2}}{\sqrt{2}\times\sqrt{2}}=\frac{12\sqrt{2}}{2}=6\sqrt{2}$

(3) $\frac{a}{b}=\frac{2\sqrt{7}}{6\sqrt{2}}=\frac{\sqrt{7}\times\sqrt{2}}{3\sqrt{2}\times\sqrt{2}}=\frac{\sqrt{14}}{6}$

05 답 ④

$3\sqrt{6}\times2\sqrt{2}\div\sqrt{6}=3\sqrt{6}\times2\sqrt{2}\times\frac{1}{\sqrt{6}}$
$=6\sqrt{2}$

06 답 ⑤

$\frac{\sqrt{32}}{3}\div(-4\sqrt{3})\times\sqrt{50}=\frac{4\sqrt{2}}{3}\times\left(-\frac{1}{4\sqrt{3}}\right)\times5\sqrt{2}$
$=-\frac{10}{3\sqrt{3}}=-\frac{10\sqrt{3}}{9}$

07 답 ②

$\frac{6}{\sqrt{3}}\div\frac{\sqrt{15}}{\sqrt{8}}\times\frac{\sqrt{5}}{\sqrt{6}}=\frac{6}{\sqrt{3}}\times\frac{\sqrt{8}}{\sqrt{15}}\times\frac{\sqrt{5}}{\sqrt{6}}$
$=6\sqrt{\frac{8\times5}{3\times15\times6}}=6\sqrt{\frac{4}{27}}$
$=6\times\frac{2}{3\sqrt{3}}=\frac{4}{\sqrt{3}}=\frac{4\sqrt{3}}{3}$

$\therefore a-\frac{4}{3}$

08 답 $\frac{\sqrt{30}}{15}$

$x=4\sqrt{3}\times\sqrt{2}\times\sqrt{\frac{5}{6}}=4\sqrt{5}$

$y=2\sqrt{5}\times\sqrt{8}\div\sqrt{15}=2\sqrt{5}\times\sqrt{8}\times\frac{1}{\sqrt{15}}=2\sqrt{\frac{8}{3}}$
$=\frac{2\sqrt{24}}{3}=\frac{4\sqrt{6}}{3}$

$\therefore \frac{y}{x}=\frac{4\sqrt{6}}{3}\div4\sqrt{5}=\frac{4\sqrt{6}}{3}\times\frac{1}{4\sqrt{5}}$
$=\frac{\sqrt{6}}{3\sqrt{5}}=\frac{\sqrt{30}}{15}$

09 답 ③

직사각형의 가로의 길이는 $\sqrt{600}=10\sqrt{6}$, 세로의 길이는 $2\sqrt{6}$이므로 넓이는

$10\sqrt{6}\times2\sqrt{6}=120$

따라서 넓이가 120인 정사각형의 한 변의 길이는

$\sqrt{120}=2\sqrt{30}$

10 답 ③

직육면체의 부피가 $60\sqrt{3}\,\text{cm}^3$이므로

(직육면체의 높이) $=60\sqrt{3}\div(3\sqrt{2}\times6\sqrt{3})$
$=60\sqrt{3}\div18\sqrt{6}$
$=\frac{60\sqrt{3}}{18\sqrt{6}}=\frac{10}{3\sqrt{2}}$
$=\frac{5\sqrt{2}}{3}$(cm)

11 답 $12\sqrt{15}\pi$

밑면인 원의 반지름의 길이를 r라 하면

$2\pi r=4\sqrt{3}\pi$에서 $r=2\sqrt{3}$

$\therefore$ (원기둥의 부피) $=\pi\times(2\sqrt{3})^2\times\sqrt{15}$
$=\pi\times12\times\sqrt{15}$
$=12\sqrt{15}\pi$

12 답 $\frac{\sqrt{2}}{4}$

정사각형 A, B, C, D의 넓이를 각각 a, b, c, d라 하면 $b=2a$, $c=2b$, $d=2c$이고 $d=1$이므로

$c=\frac{1}{2}d=\frac{1}{2}$, $b=\frac{1}{2}c=\frac{1}{4}$, $a=\frac{1}{2}b=\frac{1}{8}$

따라서 정사각형 A의 넓이는 $\frac{1}{8}$이므로 한 변의 길이는

$\sqrt{\frac{1}{8}}=\frac{1}{2\sqrt{2}}=\frac{\sqrt{2}}{4}$

2 근호를 포함한 식의 덧셈과 뺄셈

09 근호를 포함한 식의 덧셈과 뺄셈 워크북 16~17쪽

01 답 $-2\sqrt{6}+2\sqrt{10}$

$2\sqrt{6}-\sqrt{10}-4\sqrt{6}+3\sqrt{10}=(2-4)\sqrt{6}+(-1+3)\sqrt{10}$
$=-2\sqrt{6}+2\sqrt{10}$

02 답 ③

$\frac{3\sqrt{2}}{4}-\frac{\sqrt{5}}{3}-\frac{\sqrt{2}}{12}+\sqrt{5}=\left(\frac{3}{4}-\frac{1}{12}\right)\sqrt{2}+\left(-\frac{1}{3}+1\right)\sqrt{5}$
$=\frac{2\sqrt{2}}{3}+\frac{2\sqrt{5}}{3}$

따라서 $a=\frac{2}{3}$, $b=\frac{2}{3}$이므로 $a-b=0$

03 답 ⑤

$\frac{\sqrt{a}}{3}-\frac{\sqrt{a}}{7}=\left(\frac{1}{3}-\frac{1}{7}\right)\sqrt{a}=\frac{4\sqrt{a}}{21}$이므로

$\frac{4\sqrt{a}}{21}=\frac{2}{7}$, $\sqrt{a}=\frac{2}{7}\times\frac{21}{4}=\frac{3}{2}$

$\therefore a=\frac{9}{4}$

04 답 ⑤

$\sqrt{48}-\sqrt{12}+\sqrt{75}-\sqrt{27}=4\sqrt{3}-2\sqrt{3}+5\sqrt{3}-3\sqrt{3}$
$=4\sqrt{3}$

05 답 ⑤

$\sqrt{20}-\sqrt{45}+\sqrt{80}=2\sqrt{5}-3\sqrt{5}+4\sqrt{5}$
$=3\sqrt{5}$

$\therefore m=3$

06 답 ①

$4\sqrt{12}+\sqrt{54}-(2\sqrt{27}+\sqrt{24})=8\sqrt{3}+3\sqrt{6}-6\sqrt{3}-2\sqrt{6}$
$=2\sqrt{3}+\sqrt{6}$

따라서 $a=2$, $b=1$이므로 $a-b=2-1=1$

07 답 $-2a+5b$

$\sqrt{8}+\sqrt{63}-\sqrt{32}+\sqrt{28}=2\sqrt{2}+3\sqrt{7}-4\sqrt{2}+2\sqrt{7}$
$=-2\sqrt{2}+5\sqrt{7}$
$=-2a+5b$

08 답 ②

ㄱ. $(2\sqrt{7}+\sqrt{5})-(-2\sqrt{5}+3\sqrt{7})$
$=2\sqrt{7}+\sqrt{5}+2\sqrt{5}-3\sqrt{7}$
$=3\sqrt{5}-\sqrt{7}$
$=\sqrt{45}-\sqrt{7}>0$
$\therefore 2\sqrt{7}+\sqrt{5}>-2\sqrt{5}+3\sqrt{7}$

ㄴ. $(3\sqrt{3}-4\sqrt{2})-(-\sqrt{12}+\sqrt{8})$
$=3\sqrt{3}-4\sqrt{2}+2\sqrt{3}-2\sqrt{2}$
$=5\sqrt{3}-6\sqrt{2}=\sqrt{75}-\sqrt{72}>0$
$\therefore 3\sqrt{3}-4\sqrt{2}>-\sqrt{12}+\sqrt{8}$

ㄷ. $(2\sqrt{5}+1)-(8-\sqrt{5})=2\sqrt{5}+1-8+\sqrt{5}$
$=3\sqrt{5}-7$
$=\sqrt{45}-\sqrt{49}<0$
$\therefore 2\sqrt{5}+1<8-\sqrt{5}$

ㄹ. $(5\sqrt{3}-\sqrt{18})-(\sqrt{12}+\sqrt{2})=5\sqrt{3}-3\sqrt{2}-2\sqrt{3}-\sqrt{2}$
$=3\sqrt{3}-4\sqrt{2}$
$=\sqrt{27}-\sqrt{32}<0$
$\therefore 5\sqrt{3}-\sqrt{18}<\sqrt{12}+\sqrt{2}$

09 답 ①

$\sqrt{12}-\dfrac{3\sqrt{6}}{\sqrt{2}}\times 2-\sqrt{27}=2\sqrt{3}-6\sqrt{3}-3\sqrt{3}$
$=-7\sqrt{3}$

10 답 ③

$b=a+\dfrac{1}{a}=\sqrt{7}+\dfrac{1}{\sqrt{7}}=\sqrt{7}+\dfrac{\sqrt{7}}{7}=\dfrac{8\sqrt{7}}{7}$

따라서 b는 a의 $\dfrac{8}{7}$배이다.

11 답 ⑤

$\sqrt{98}+k\sqrt{2}-\dfrac{16}{\sqrt{2}}=3\sqrt{2}$에서
$7\sqrt{2}+k\sqrt{2}-8\sqrt{2}=3\sqrt{2}$
$(k-1)\sqrt{2}=3\sqrt{2}$
따라서 $k-1=3$이므로 $k=4$

12 답 ②

$3\sqrt{a}+\sqrt{18}-\sqrt{128}=\dfrac{14\sqrt{3}}{\sqrt{6}}$에서
$3\sqrt{a}+3\sqrt{2}-8\sqrt{2}=7\sqrt{2}$
$3\sqrt{a}=12\sqrt{2}$
$\sqrt{a}=4\sqrt{2}=\sqrt{32}$
$\therefore a=32$

10 근호를 포함한 복잡한 식의 계산 워크북 17쪽

01 답 ③

$\sqrt{(-5)^2}-\sqrt{5}(5-\sqrt{5})+\sqrt{80}=5-5\sqrt{5}+5+4\sqrt{5}$
$=10-\sqrt{5}$

02 답 ④

$\dfrac{3}{\sqrt{2}}+\dfrac{2}{\sqrt{3}}-\dfrac{\sqrt{2}-3\sqrt{3}}{\sqrt{6}}$
$=\dfrac{3\sqrt{2}}{2}+\dfrac{2\sqrt{3}}{3}-\dfrac{2\sqrt{3}-9\sqrt{2}}{6}$
$=\dfrac{3\sqrt{2}}{2}+\dfrac{2\sqrt{3}}{3}-\dfrac{\sqrt{3}}{3}+\dfrac{3\sqrt{2}}{2}$
$=3\sqrt{2}+\dfrac{\sqrt{3}}{3}$

03 답 7

$\dfrac{8}{2\sqrt{2}}+\dfrac{12}{\sqrt{3}}-\sqrt{2}(5-3\sqrt{6})=2\sqrt{2}+4\sqrt{3}-5\sqrt{2}+6\sqrt{3}$
$=-3\sqrt{2}+10\sqrt{3}$

따라서 $a=-3$, $b=10$이므로
$a+b=(-3)+10=7$

04 답 $6+2\sqrt{3}$

(사다리꼴 ABCD의 넓이)
$=\dfrac{1}{2}\times(\sqrt{24}-2+2\sqrt{2}+2)\times\sqrt{6}$
$=\dfrac{1}{2}\times(2\sqrt{6}+2\sqrt{2})\times\sqrt{6}$
$=(\sqrt{6}+\sqrt{2})\times\sqrt{6}$
$=6+2\sqrt{3}$

3 제곱근의 값

11 제곱근표 워크북 18쪽

01 답 ③

$\sqrt{4.82}=2.195$

02 답 4.436

$\sqrt{4.91}=2.216=a$, $\sqrt{4.93}=2.220=b$
$\therefore a+b=2.216+2.220=4.436$

03 답 1

$\sqrt{30.3}=5.505$이므로 $x=30.3$
$\sqrt{31.3}=5.595$이므로 $y=31.3$
$\therefore y-x=31.3-30.3=1$

04 답 ④

$\sqrt{31.1}=5.577$이므로 $x=31.1$

$\sqrt{32.1}=5.666$이므로 $y=5.666$

$\therefore x+10y=31.1+56.66=87.76$

12 제곱근의 값 워크북 18~19쪽

01 답 ③

$\sqrt{3700}=10\sqrt{37}=60.83$

02 답 ④

$a\sqrt{70}$의 꼴로 나타낼 수 없는 것을 찾는다.

① $\sqrt{7000}=\sqrt{70\times100}=10\sqrt{70}$

② $\sqrt{0.7}=\sqrt{\frac{70}{100}}=\frac{\sqrt{70}}{10}$

③ $\sqrt{280}=\sqrt{4\times70}=2\sqrt{70}$

④ $\sqrt{70000}=\sqrt{7\times10000}=100\sqrt{7}$

⑤ $\sqrt{0.007}=\sqrt{\frac{70}{10000}}=\frac{\sqrt{70}}{100}$

따라서 $\sqrt{70}=8.367$임을 이용하여 구할 수 없는 제곱근의 값은 ④이다.

03 답 ②

$10\sqrt{8.29}=28.79$이므로

$\sqrt{a}=10\sqrt{8.29}=\sqrt{100\times8.29}=\sqrt{829}$

$\therefore a=829$

04 답 ④

$\sqrt{11000}=\sqrt{1.1\times10000}=100\sqrt{1.1}=104.9$

05 답 ④, ⑤

$\sqrt{2.13}=a$, $\sqrt{21.3}=b$이므로

① $\sqrt{0.213}=\sqrt{\frac{21.3}{100}}=\frac{\sqrt{21.3}}{10}=0.1b$

② $\sqrt{0.0213}=\sqrt{\frac{2.13}{100}}=\frac{\sqrt{2.13}}{10}=0.1a$

③ $\sqrt{2130}=\sqrt{21.3\times100}=10\sqrt{21.3}=10b$

④ $\sqrt{21300}=\sqrt{2.13\times10000}=100\sqrt{2.13}=100a$

⑤ $\sqrt{852}=\sqrt{4\times213}=2\sqrt{2.13\times100}=20\sqrt{2.13}=20a$

06 답 4.576

$\frac{\sqrt{10}}{\sqrt{5}}+\sqrt{10}=\sqrt{2}+\sqrt{10}=1.414+3.162=4.576$

07 답 ③

$\frac{4}{\sqrt{2}}+\sqrt{32}=2\sqrt{2}+4\sqrt{2}=6\sqrt{2}$

$=6\times1.414=8.484$

08 답 ④

$\sqrt{0.48}+\frac{3}{\sqrt{3}}+\sqrt{1.08}=\frac{\sqrt{48}}{10}+\sqrt{3}+\frac{\sqrt{108}}{10}$

$=\frac{4\sqrt{3}}{10}+\sqrt{3}+\frac{6\sqrt{3}}{10}$

$=2\sqrt{3}=2\times1.732=3.464$

09 답 ②

$100\sqrt{0.32}-\frac{1}{10}\sqrt{320}=100\sqrt{\frac{32}{100}}-\frac{1}{10}\sqrt{100\times3.2}$

$=10\sqrt{32}-\sqrt{3.2}=10\times5.657-1.789$

$=56.57-1.789=54.781$

10 답 ②

$2<\sqrt{6}<3$이므로 $\sqrt{6}$의 정수 부분은 $a=2$,

소수 부분은 $b=\sqrt{6}-2$

$\therefore 3a-b=3\times2-(\sqrt{6}-2)=8-\sqrt{6}$

11 답 $\frac{3\sqrt{10}}{10}$

$3<\sqrt{10}<4$이므로 $\sqrt{10}$의 정수 부분은 $a=3$,

소수 부분은 $b=\sqrt{10}-3$

$\therefore \frac{a}{b+3}=\frac{3}{(\sqrt{10}-3)+3}=\frac{3}{\sqrt{10}}=\frac{3\sqrt{10}}{10}$

12 답 $-2+\sqrt{5}$

$2<\sqrt{5}<3$이므로 $-3<-\sqrt{5}<-2$

$\therefore 1<4-\sqrt{5}<2$

따라서 $4-\sqrt{5}$의 정수 부분은 $a=1$

$4-\sqrt{5}$의 소수 부분은 $b=(4-\sqrt{5})-1=3-\sqrt{5}$

$\therefore a-b=1-(3-\sqrt{5})=-2+\sqrt{5}$

단원 마무리 워크북 20~21쪽

01 ①	02 ①	03 ④	04 ④	05 ②
06 ⑤	07 ①	08 ②	09 ②	10 ④
11 ⑤	12 ③	13 ①	14 $\frac{\sqrt{6}}{2}+2$	
15 $8+8\sqrt{3}$				

01 $\sqrt{50}=\sqrt{5^2\times2}=5\sqrt{2}$ $\therefore a=5$

$4\sqrt{3}=\sqrt{4^2\times3}=\sqrt{48}$ $\therefore b=48$

$\therefore 10a-b=50-48=2$

02 $\sqrt{3}=a$, $\sqrt{5}=b$이므로

$\sqrt{0.6}=\sqrt{\frac{6}{10}}=\sqrt{\frac{3}{5}}=\frac{\sqrt{3}\times\sqrt{5}}{5}=\frac{ab}{5}$

03 ① $\sqrt{3}\sqrt{24}=\sqrt{3\times24}=6\sqrt{2}$

② $\sqrt{\frac{45}{18}}\div\sqrt{\frac{24}{9}}=\sqrt{\frac{45}{18}}\times\sqrt{\frac{9}{24}}$

$=\sqrt{\frac{45\times9}{18\times24}}=\sqrt{\frac{15}{16}}=\frac{\sqrt{15}}{4}$

③ $\sqrt{20}-\sqrt{45}=2\sqrt{5}-3\sqrt{5}=-\sqrt{5}$

④ $\sqrt{27}-\frac{2\sqrt{6}}{\sqrt{2}}=3\sqrt{3}-2\sqrt{3}=\sqrt{3}$

⑤ $\frac{2}{\sqrt{3}}\div\frac{\sqrt{2}}{2}=\frac{2}{\sqrt{3}}\times\frac{2}{\sqrt{2}}=\frac{4}{\sqrt{6}}=\frac{2\sqrt{6}}{3}$

04 ① $(3\sqrt{3}-1)-(2\sqrt{7}-1)=3\sqrt{3}-1-2\sqrt{7}+1$
$=3\sqrt{3}-2\sqrt{7}=\sqrt{27}-\sqrt{28}<0$
$\therefore 3\sqrt{3}-1<2\sqrt{7}-1$
② $(4\sqrt{2}-\sqrt{3})-(2\sqrt{2}+2\sqrt{3})=4\sqrt{2}-\sqrt{3}-2\sqrt{2}-2\sqrt{3}$
$=2\sqrt{2}-3\sqrt{3}$
$=\sqrt{8}-\sqrt{27}<0$
$\therefore 4\sqrt{2}-\sqrt{3}<2\sqrt{2}+2\sqrt{3}$
③ $(2-4\sqrt{3})-(-2\sqrt{5}+2)=2-4\sqrt{3}+2\sqrt{5}-2$
$=-4\sqrt{3}+2\sqrt{5}$
$=-\sqrt{48}+\sqrt{20}<0$
$\therefore 2-4\sqrt{3}<-2\sqrt{5}+2$
④ $(6\sqrt{3}-2)-(2+4\sqrt{3})=6\sqrt{3}-2-2-4\sqrt{3}$
$=2\sqrt{3}-4=\sqrt{12}-\sqrt{16}<0$
$\therefore 6\sqrt{3}-2<2+4\sqrt{3}$
⑤ $(5\sqrt{2}+3)-(8+2\sqrt{2})=5\sqrt{2}+3-8-2\sqrt{2}$
$=3\sqrt{2}-5=\sqrt{18}-\sqrt{25}<0$
$\therefore 5\sqrt{2}+3<8+2\sqrt{2}$

05 $-12\left(\frac{\sqrt{3}}{2}-\frac{1}{\sqrt{3}}\right)+4\sqrt{3}-\frac{18}{\sqrt{3}}$
$=-12\left(\frac{\sqrt{3}}{2}-\frac{1}{\sqrt{3}}\right)+4\sqrt{3}-6\sqrt{3}$
$=-6\sqrt{3}+4\sqrt{3}+4\sqrt{3}-6\sqrt{3}$
$=-4\sqrt{3}$

06 $\frac{\sqrt{8}}{\sqrt{5}}\div\frac{1}{5\sqrt{2}}\div\frac{2}{\sqrt{10}}=\frac{\sqrt{8}}{\sqrt{5}}\times5\sqrt{2}\times\frac{\sqrt{10}}{2}$
$=\frac{5}{2}\sqrt{\frac{8}{5}\times2\times10}$
$=\frac{5}{2}\times4\sqrt{2}=10\sqrt{2}$
$\therefore k=10$

07 $\frac{4\sqrt{a}}{3\sqrt{6}}=\frac{4\sqrt{a}\times\sqrt{6}}{3\sqrt{6}\times\sqrt{6}}=\frac{2\sqrt{6a}}{9}$
$\frac{2\sqrt{2}}{3}=\frac{6\sqrt{2}}{9}=\frac{2\sqrt{18}}{9}$이므로
$\frac{2\sqrt{6a}}{9}=\frac{2\sqrt{18}}{9}$
$\therefore a=3$

08 $\sqrt{80}+\sqrt{75}+\sqrt{45}-\sqrt{27}=4\sqrt{5}+5\sqrt{3}+3\sqrt{5}-3\sqrt{3}$
$=2\sqrt{3}+7\sqrt{5}$
이므로 $a=2$, $b=7$
$\therefore \sqrt{2\times2\times7}=2\sqrt{7}$

09 $\frac{4\sqrt{3}-2\sqrt{6}}{\sqrt{24}}+\frac{\sqrt{45}-3\sqrt{10}}{\sqrt{5}}$
$=\frac{4\sqrt{3}-2\sqrt{6}}{2\sqrt{6}}+\frac{3\sqrt{5}-3\sqrt{10}}{\sqrt{5}}$
$=\frac{12\sqrt{2}-12}{12}+\frac{15-15\sqrt{2}}{5}$
$=\sqrt{2}-1+3-3\sqrt{2}=2-2\sqrt{2}$
따라서 $a=2$, $b=-2$이므로 $a+b=0$

10 $5\sqrt{10}-7k+2-2k\sqrt{10}=(-7k+2)+(5-2k)\sqrt{10}$이 유리수이므로
$5-2k=0$, $2k=5$ $\quad\therefore k=\frac{5}{2}$

11 ① $\sqrt{5000}=10\sqrt{50}=10\times7.071=70.71$
② $\sqrt{50000}=100\sqrt{5}=100\times2.236=223.6$
③ $\sqrt{80}=4\sqrt{5}=4\times2.236=8.944$
④ $\sqrt{200}=2\sqrt{50}=2\times7.071=14.142$
⑤ $\sqrt{0.0005}=\frac{\sqrt{5}}{100}=\frac{2.236}{100}=0.02236$

12 $3<\sqrt{13}<4$에서 $1<\sqrt{13}-2<2$이므로 $a=1$
$2<\sqrt{7}<3$, $-3<-\sqrt{7}<-2$에서 $2<5-\sqrt{7}<3$이므로
$b=(5-\sqrt{7})-2=3-\sqrt{7}$
$\therefore a-b=1-(3-\sqrt{7})=-2+\sqrt{7}$

13 $f(n)=4$에서 $\sqrt{n}$의 정수 부분이 4이려면
$4\le\sqrt{n}<5$ $\quad\therefore 16\le n<25$
따라서 자연수 n의 값은 16, 17, 18, ⋯, 24의 9개이다.

14 $\frac{1}{a}\sqrt{\frac{12a}{b}}+\frac{1}{b}\sqrt{\frac{32b}{a}}=\sqrt{\frac{12}{ab}}+\sqrt{\frac{32}{ab}}$ ❶
$=\sqrt{\frac{12}{8}}+\sqrt{\frac{32}{8}}$
$=\sqrt{\frac{3}{2}}+\sqrt{4}$
$=\frac{\sqrt{6}}{2}+2$ ❷

단계	채점 기준	비율
❶	주어진 식을 ab에 대한 식으로 정리하기	50 %
❷	ab의 값을 대입하여 식의 값 구하기	50 %

15 정사각형 (가)의 넓이는 $2\times2=4$ ❶
정사각형 (나), (다), (라)의 넓이는 각각
$4\times3=12$, $12\times3=36$, $36\times3=108$ ❷
따라서 정사각형 (가), (나), (다), (라)의 한 변의 길이는 각각
2, $\sqrt{12}=2\sqrt{3}$, $\sqrt{36}=6$, $\sqrt{108}=6\sqrt{3}$ ❸
$\therefore \overline{PQ}=2+2\sqrt{3}+6+6\sqrt{3}=8+8\sqrt{3}$ ❹

단계	채점 기준	비율
❶	정사각형 (가)의 넓이 구하기	10 %
❷	정사각형 (나), (다), (라)의 넓이 구하기	30 %
❸	정사각형 (가), (나), (다), (라)의 한 변의 길이 구하기	40 %
❹	$\overline{PQ}$의 길이 구하기	20 %

Ⅱ | 인수분해와 이차방정식

Ⅱ-1 | 다항식의 곱셈

1 곱셈 공식

13 다항식의 곱셈 (1) 워크북 22~23쪽

01 답 (1) $ab+2a-b-2$ (2) $3ac-ad+3bc-bd$ (3) $2x^2-5x-12$ (4) $-3x^2-23xy-14y^2$ (5) a^2+a-b^2-b (6) x^3-3x-2

(1) $(a-1)(b+2)=ab+2a-b-2$

(2) $(a+b)(3c-d)=3ac-ad+3bc-bd$

(3) $(2x+3)(x-4)=2x^2-8x+3x-12=2x^2-5x-12$

(4) $(x+7y)(-3x-2y)=-3x^2-2xy-21xy-14y^2$
$=-3x^2-23xy-14y^2$

(5) $(a-b)(a+b+1)=a^2+ab+a-ab-b^2-b$
$=a^2+a-b^2-b$

(6) $(x+1)(x^2-x-2)=x^3-x^2-2x+x^2-x-2$
$=x^3-3x-2$

02 답 17

$(-x+4y)(3x-5y)=-3x^2+5xy+12xy-20y^2$
$=-3x^2+17xy-20y^2$

따라서 xy의 계수는 17이다.

03 답 3

$(5x-3)(ay+4)=5axy+20x-3ay-12$

x의 계수는 20, y의 계수는 $-3a$이므로

$20-3a=11,\ -3a=-9 \quad \therefore a=3$

04 답 (1) x^2+4x+4 (2) $x^2+x+\frac{1}{4}$ (3) $4a^2+12ab+9b^2$ (4) $9a^2+30ab+25b^2$

(4) $(-3a-5b)^2=\{-(3a+5b)\}^2$
$=(3a+5b)^2=9a^2+30ab+25b^2$

05 답 (1) $x^2-8x+16$ (2) $x^2-\frac{2}{3}x+\frac{1}{9}$ (3) $16a^2-24ab+9b^2$ (4) $9a^2-6ab+b^2$

(4) $(-3a+b)^2=\{-(3a-b)\}^2$
$=(3a-b)^2=9a^2-6ab+b^2$

06 답 ④

$\left(\frac{1}{2}x+2\right)^2=\left\{\frac{1}{2}(x+4)\right\}^2=\frac{1}{4}(x+4)^2$

07 답 ③

$(-2x+5)^2=\{-(2x-5)\}^2=(2x-5)^2$

08 답 (1) $25a^2-9b^2$ (2) $\frac{1}{4}a^2-\frac{1}{9}b^2$ (3) x^2-25 (4) y^2-16x^2

(3) $(-x+5)(-x-5)=(-x)^2-5^2=x^2-25$

(4) $(4x+y)(-4x+y)=(y+4x)(y-4x)$
$=y^2-16x^2$

09 답 (1) a^4-b^4 (2) x^4-16

(1) $(a-b)(a+b)(a^2+b^2)=(a^2-b^2)(a^2+b^2)$
$=a^4-b^4$

(2) $(x-2)(x+2)(x^2+4)=(x^2-4)(x^2+4)$
$=x^4-16$

10 답 ④

$(3-1)(3+1)(3^2+1)(3^4+1)$
$=(3^2-1)(3^2+1)(3^4+1)$
$=(3^4-1)(3^4+1)$
$=(3^4)^2-1^2=3^8-1$

따라서 $a=8$이다.

11 답 ②

$\left(\frac{1}{5}x-\frac{1}{2}y\right)^2=\frac{1}{25}x^2-\frac{1}{5}xy+\frac{1}{4}y^2$

따라서 xy의 계수는 $-\frac{1}{5}$이다.

12 답 -45

$(7-2x)(-7-2x)=(-2x+7)(-2x-7)$
$=4x^2-49$

따라서 구하는 합은 $4+(-49)=-45$

13 답 -1

$\left(\frac{1}{5}x+\frac{7}{2}\right)^2=\frac{1}{25}x^2+\frac{7}{5}x+\frac{49}{4}$이므로 $a=\frac{7}{5}$

$\left(-\frac{2}{3}x+6\right)^2=\frac{4}{9}x^2-8x+36$이므로 $b=-8$

$\therefore 5a+b=5\times\frac{7}{5}+(-8)=-1$

14 답 7

$(Ax+3y)(Ax-3y)=A^2x^2-9y^2=4x^2-By^2$에서

$A^2=4,\ B=9$이고 $A>0$이므로 $A=2,\ B=9$

$\therefore B-A=9-2=7$

15 답 (1) $a=-\frac{1}{6},\ b=\frac{1}{3}$ (2) $a=-\frac{1}{4},\ b=\frac{1}{16}$

(1) $(x+a)^2=x^2+2ax+a^2=x^2-bx+\frac{1}{36}$에서

$a^2=\frac{1}{36}$이고, $a<0$이므로 $a=-\frac{1}{6}$

$2a=-b$에서 $b=-2a=-2\times\left(-\frac{1}{6}\right)=\frac{1}{3}$

(2) $(x-a)^2=x^2-2ax+a^2=x^2+\frac{1}{2}x+b$에서

$-2a=\frac{1}{2},\ a^2=b$

$\therefore a=-\frac{1}{4},\ b=\left(-\frac{1}{4}\right)^2=\frac{1}{16}$

16 답 (1) -35 (2) 30

(1) $(3x-A)^2=9x^2-6Ax+A^2=9x^2+Bx+49$에서

$A^2=49$이고, $A>0$이므로 $A=7$

$B=-6A=(-6)\times 7=-42 \quad \therefore A+B=-35$

(2) $(Ax-2)^2=A^2x^2-4Ax+4=Bx^2-20x+4$이므로

$-4A=-20$에서 $A=5,\ B=A^2=5^2=25$

$\therefore A+B=30$

14 다항식의 곱셈 (2) 워크북 24~25쪽

01 답 (1) x^2+3x+2 (2) $a^2-3a-10$ (3) $x^2-8x+12$
(4) $3x^2+5x+2$ (5) $2x^2-3x-20$ (6) $6a^2-13a+6$

02 답 $\frac{1}{2}x^2+\frac{17}{3}x-4$

$$\left(\frac{1}{4}x+3\right)\left(2x-\frac{4}{3}\right)=\frac{1}{2}x^2+\left(-\frac{1}{3}+6\right)x-4$$
$$=\frac{1}{2}x^2+\frac{17}{3}x-4$$

03 답 33

$(x+3)(x-15)=x^2-12x-45$이므로
$a=-12$, $b=-45$ $\therefore a-b=33$

04 답 $-\frac{2}{3}$

$\left(\frac{1}{2}x+3\right)\left(-\frac{1}{3}x+1\right)=-\frac{1}{6}x^2-\frac{1}{2}x+3$에서
x^2의 계수는 $-\frac{1}{6}$, x의 계수는 $-\frac{1}{2}$이므로 구하는 합은
$-\frac{1}{6}+\left(-\frac{1}{2}\right)=-\frac{2}{3}$

05 답 ⑤

a의 계수는 ① 4 ② -1 ③ 9 ④ 5 ⑤ 11

06 답 $a=3$, $b=-15$

$(x+a)(x-5)=x^2+(a-5)x-5a=x^2-2x+b$
$a-5=-2$, $-5a=b$이므로 $a=3$, $b=-15$

07 답 -5

$(x-6)(3x+a)=3x^2+(a-18)x-6a$에서
$a-18=-23$ $\therefore a=-5$

08 답 43

$$(5x+A)(Bx-9)=5Bx^2+(-45+AB)x-9A$$
$$=10x^2+Cx-36$$

$5B=10$, $-9A=-36$, $C=-45+AB$이므로
$A=4$, $B=2$, $C=-45+8=-37$
$\therefore A+B-C=4+2-(-37)=43$

09 답 ①, ⑤

① $(-2x+5)^2=(2x-5)^2=4x^2-20x+25$
⑤ $(5x-3)(-2x+1)=-10x^2+11x-3$

10 답 ⑤

① $(x-2)(x+6)=x^2+4x-12$ $\therefore \square=4$
② $(-x+2)(3x-2)=-3x^2+8x-4$ $\therefore \square=8$
③ $(3x-4)(2x+5)=6x^2+7x-20$ $\therefore \square=7$
④ $(2x-1)(3x+5)=6x^2+7x-5$ $\therefore \square=7$
⑤ $(-2x+3)(5x+2)=-10x^2+11x+6$ $\therefore \square=11$

11 답 (1) $12x$ (2) $11x^2+21x-9$

(1) (주어진 식)$=x^2+6x+9-(x^2-6x+9)$
$=x^2+6x+9-x^2+6x-9=12x$

(2) (주어진 식)$=12x^2+17x-5-(x^2-4x+4)$
$=12x^2+17x-5-x^2+4x-4$
$=11x^2+21x-9$

12 답 ①

(주어진 식)$=x^2-3xy-4y^2-(4x^2-4xy+y^2)$
$=x^2-3xy-4y^2-4x^2+4xy-y^2$
$=-3x^2+xy-5y^2$

x^2의 계수는 -3, xy의 계수는 1이므로 구하는 합은
$-3+1=-2$

13 답 ②

색칠한 직사각형의 가로의 길이는 $(a-2)$ cm, 세로의 길이는 $(a+2)$ cm이므로 그 넓이는
$(a-2)(a+2)=a^2-4(\text{cm}^2)$

14 답 $6x^2+x-2$

(넓이)$=(3x+2)(2x-1)=6x^2+x-2$

15 답 (1) $4a^2-4ab+2b^2$ (2) $12a^2-13ab+6b^2$

(1) (넓이)$=(2a-b)^2+b^2$
$=4a^2-4ab+b^2+b^2$
$=4a^2-4ab+2b^2$

(2) (넓이)$=(4a-3b)(3a-b)+3b\times b$
$=12a^2-13ab+3b^2+3b^2$
$=12a^2-13ab+6b^2$

16 답 $10x^2-28x-16$

(겉넓이)$=2(2x-1)(x-6)+2(x-6)(x+2)$
$+2(2x-1)(x+2)$
$=2(2x^2-13x+6)+2(x^2-4x-12)$
$+2(2x^2+3x-2)$
$=4x^2-26x+12+2x^2-8x-24+4x^2+6x-4$
$=10x^2-28x-16$

2 곱셈 공식의 활용

15 곱셈 공식의 활용 (1) 워크북 26쪽

01 답 (1) 10201 (2) 9604 (3) 4884 (4) 10403

(1) $101^2=(100+1)^2=100^2+2\times100\times1+1^2=10201$
(2) $98^2=(100-2)^2=100^2-2\times100\times2+2^2=9604$
(3) $66\times74=(70-4)(70+4)=70^2-4^2=4884$
(4) $101\times103=(100+1)(100+3)$
$=100^2+(1+3)\times100+1\times3=10403$

02 답 ④

① $997^2=(1000-3)^2$
② $203^2=(200+3)^2$
③ $56\times44=(50+6)(50-6)$
④ $103\times105=(100+3)(100+5)$
⑤ $10.2\times9.8=(10+0.2)(10-0.2)$

03 답 (1) ㄱ　(2) ㄹ　(3) ㄴ　(4) ㄷ

(1) $502^2=(500+2)^2$　∴ ㄱ

(2) $1001\times1004=(1000+1)(1000+4)$　∴ ㄹ

(3) $997^2=(1000-3)^2$　∴ ㄴ

(4) $295\times305=(300-5)(300+5)$　∴ ㄷ

04 답 2029

$502^2-495\times505=(500+2)^2-(500-5)(500+5)$

$=(250000+2000+4)-(250000-25)$

$=2029$

05 답 ①

$\frac{4}{3-2\sqrt{2}}=\frac{4(3+2\sqrt{2})}{(3-2\sqrt{2})(3+2\sqrt{2})}=12+8\sqrt{2}$

06 답 ①

$\frac{\sqrt{20}-\sqrt{15}}{\sqrt{5}}-\frac{2+\sqrt{3}}{2-\sqrt{3}}$

$=\frac{\sqrt{20}}{\sqrt{5}}-\frac{\sqrt{15}}{\sqrt{5}}-\frac{(2+\sqrt{3})^2}{(2-\sqrt{3})(2+\sqrt{3})}$

$=\sqrt{4}-\sqrt{3}-(2+\sqrt{3})^2$

$=2-\sqrt{3}-7-4\sqrt{3}$

$=-5-5\sqrt{3}$

07 답 ①

$\frac{4}{\sqrt{11}+\sqrt{7}}-\frac{8}{\sqrt{11}-\sqrt{7}}$

$=\frac{4(\sqrt{11}-\sqrt{7})}{(\sqrt{11}+\sqrt{7})(\sqrt{11}-\sqrt{7})}-\frac{8(\sqrt{11}+\sqrt{7})}{(\sqrt{11}-\sqrt{7})(\sqrt{11}+\sqrt{7})}$

$=\frac{4(\sqrt{11}-\sqrt{7})}{11-7}-\frac{8(\sqrt{11}+\sqrt{7})}{11-7}$

$=\sqrt{11}-\sqrt{7}-2(\sqrt{11}+\sqrt{7})$

$=-\sqrt{11}-3\sqrt{7}$

따라서 $a=-3$, $b=-1$이므로

$a+b=(-3)+(-1)=-4$

08 답 -36

$\frac{\sqrt{10}+3}{\sqrt{10}-3}-\frac{\sqrt{10}-3}{\sqrt{10}+3}$

$=\frac{(\sqrt{10}+3)^2}{(\sqrt{10}-3)(\sqrt{10}+3)}-\frac{(\sqrt{10}-3)^2}{(\sqrt{10}+3)(\sqrt{10}-3)}$

$=\frac{10+6\sqrt{10}+9}{10-9}-\frac{10-6\sqrt{10}+9}{10-9}$

$=19+6\sqrt{10}-(19-6\sqrt{10})$

$=12\sqrt{10}$

따라서 $a=0$, $b=12$이므로

$2a-3b=2\times0-3\times12=-36$

16 곱셈 공식의 활용 (2)

워크북 27~28쪽

01 답 (1) $a^2+2ab+b^2-4a-4b+4$

(2) $4x^2+4xy+y^2-14x-7y+10$

(1) $a+b=A$로 놓으면

$(a+b-2)^2=(A-2)^2=A^2-4A+4$

$=(a+b)^2-4(a+b)+4$

$=a^2+2ab+b^2-4a-4b+4$

(2) $2x+y=A$로 놓으면

$(2x+y-2)(2x+y-5)$

$=(A-2)(A-5)$

$=A^2-7A+10$

$=(2x+y)^2-7(2x+y)+10$

$=4x^2+4xy+y^2-14x-7y+10$

02 답 ③

$a+b=A$로 놓으면

$(a+b+3)(a+b-3)=(A+3)(A-3)$

$=A^2-9$

$=(a+b)^2-9$

$=a^2+2ab+b^2-9$

따라서 ab의 계수와 상수항의 합은

$2+(-9)=-7$

03 답 $-8x+16y+17$

$(x-2y-4)^2-(x+1-2y)(x-1-2y)$에서

$x-2y=A$로 놓으면

(주어진 식)$=(A-4)^2-(A+1)(A-1)$

$=(A^2-8A+16)-(A^2-1)$

$=-8A+17$

$=-8x+16y+17$

04 답 $x^4+2x^3-13x^2-14x+24$

$(x-3)(x-1)(x+2)(x+4)$

$=\{(x-1)(x+2)\}\{(x-3)(x+4)\}$

$=(x^2+x-2)(x^2+x-12)$

$x^2+x=A$로 놓으면

$(x^2+x-2)(x^2+x-12)=(A-2)(A-12)$

$=A^2-14A+24$

$=(x^2+x)^2-14(x^2+x)+24$

$=x^4+2x^3-13x^2-14x+24$

05 답 (1) 29　(2) 35　(3) 33　(4) $-\frac{29}{2}$

(1) $a^2+b^2=(a+b)^2-2ab=5^2-2\times(-2)=29$

(2) $a^2-3ab+b^2=(a+b)^2-5ab=5^2-5\times(-2)=35$

(3) $(a-b)^2=(a+b)^2-4ab=5^2-4\times(-2)=33$

(4) $\frac{b}{a}+\frac{a}{b}=\frac{a^2+b^2}{ab}=\frac{(a+b)^2-2ab}{ab}$

$=\frac{5^2-2\times(-2)}{-2}=-\frac{29}{2}$

06 답 (1) 7　(2) 4　(3) 13

(1) $x^2+y^2=(x-y)^2+2xy=1^2+2\times3=7$

(2) $x^2-xy+y^2=(x-y)^2+xy=1^2+3=4$

(3) $(x+y)^2=(x-y)^2+4xy=1^2+4\times3=13$

07 답 $\frac{10}{3}$

$(x-y)^2=x^2+y^2-2xy$이므로 $4=10-2xy$에서 $xy=3$

$\therefore \frac{y}{x}+\frac{x}{y}=\frac{x^2+y^2}{xy}=\frac{10}{3}$

08 답 25

$(x-3y)^2=x^2+9y^2-6xy$이므로 $1=x^2+9y^2-24$

$\therefore x^2+9y^2=25$

09 답 (1) 27 (2) 29

(1) $a^2+\frac{1}{a^2}=\left(a-\frac{1}{a}\right)^2+2=(-5)^2+2=27$

(2) $\left(a+\frac{1}{a}\right)^2=\left(a-\frac{1}{a}\right)^2+4=(-5)^2+4=29$

10 답 14

$x^2-4x+1=0$에서 $x\neq0$이므로 양변을 x로 나누면

$x-4+\frac{1}{x}=0 \quad \therefore x+\frac{1}{x}=4$

$\left(x+\frac{1}{x}\right)^2=x^2+2+\frac{1}{x^2}$이므로

$x^2+\frac{1}{x^2}=\left(x+\frac{1}{x}\right)^2-2=4^2-2=14$

11 답 12

$a^2-4a+2=0$의 양변을 a로 나누면

$a-4+\frac{2}{a}=0,\ a+\frac{2}{a}=4$

$\therefore a^2+\frac{4}{a^2}=\left(a+\frac{2}{a}\right)^2-4=4^2-4=12$

12 답 ⑤

$x+y=(\sqrt{3}-\sqrt{2})+(\sqrt{3}+\sqrt{2})=2\sqrt{3}$

$xy=(\sqrt{3}-\sqrt{2})(\sqrt{3}+\sqrt{2})=1$

$\therefore x^2+y^2+xy=(x+y)^2-xy=(2\sqrt{3})^2-1=11$

13 답 ⑤

$x=\frac{1}{5-2\sqrt{6}}=\frac{5+2\sqrt{6}}{(5-2\sqrt{6})(5+2\sqrt{6})}=5+2\sqrt{6}$에서

$x-5=2\sqrt{6}$이므로 양변을 제곱하면

$x^2-10x+25=24,\ x^2-10x=-1$

$\therefore x^2-10x+7=-1+7=6$

14 답 18

$x=\frac{1}{2+\sqrt{3}}=\frac{2-\sqrt{3}}{(2+\sqrt{3})(2-\sqrt{3})}=2-\sqrt{3}$

$y=\frac{1}{2-\sqrt{3}}=\frac{2+\sqrt{3}}{(2-\sqrt{3})(2+\sqrt{3})}=2+\sqrt{3}$

이므로 $x+y=4,\ xy=1$

$\therefore x^2+y^2+4xy=(x+y)^2+2xy=16+2=18$

15 답 7

$x-2=\sqrt{5}$이므로 양변을 제곱하면 $(x-2)^2=5$

$x^2-4x+4=5,\ x^2-4x=1$

$\therefore x^2-4x+6=1+6=7$

16 답 8

$x=\frac{\sqrt{6}-2}{\sqrt{6}+2}=\frac{(\sqrt{6}-2)^2}{(\sqrt{6}+2)(\sqrt{6}-2)}=5-2\sqrt{6}$

$x-5=-2\sqrt{6}$이므로 양변을 제곱하면

$(x-5)^2=24,\ x^2-10x+25=24,\ x^2-10x=-1$

$\therefore x^2-10x+9=(-1)+9=8$

단원 마무리

워크북 29~30쪽

01 ① **02** ⑤ **03** ④ **04** ⑤
05 $-5a^2-11a+24$ **06** 20196 **07** ② **08** ②
09 $(6a^2+5a-6)\ \text{cm}^2$ **10** -23 **11** 34
12 ② **13** ⑤ **14** $14x^2-52x+6$
15 9

01 (주어진 식)$=x^3+x^2+x-x^2-x-1=x^3-1$

02 ① $(2x+3y)^2=4x^2+12xy+9y^2$

② $(-x-2)(-x+2)=x^2-4$

③ $(x-3)(x+5)=x^2+2x-15$

④ $(4x-5y)^2=16x^2-40xy+25y^2$

03 $(4x+Ay)(3x+2y)=12x^2+(8+3A)xy+2Ay^2$

$=12x^2+Bxy-6y^2$

$8+3A=B,\ 2A=-6$이므로 $A=-3,\ B=-1$

$\therefore A-B=-3-(-1)=-2$

04 ①, ②, ③, ④ -12 ⑤ 2

05 $(a-2)^2-(2a+5)(3a-4)$

$=(a^2-4a+4)-(6a^2+7a-20)$

$=a^2-4a+4-6a^2-7a+20$

$=-5a^2-11a+24$

06 $102\times98=(100+2)(100-2)$

$=10000-4$

$=9996$

따라서 구하는 합은

$100+100+10000+9996=20196$

07 $\frac{\sqrt{6}-\sqrt{5}}{\sqrt{6}+\sqrt{5}}-\frac{\sqrt{6}+\sqrt{5}}{\sqrt{6}-\sqrt{5}}=\frac{(\sqrt{6}-\sqrt{5})^2-(\sqrt{6}+\sqrt{5})^2}{(\sqrt{6}+\sqrt{5})(\sqrt{6}-\sqrt{5})}$

$=11-2\sqrt{30}-(11+2\sqrt{30})$

$=-4\sqrt{30}$

$\therefore a=-4$

08 $f(x)=\frac{1}{\sqrt{x+1}+\sqrt{x}}$

$=\frac{\sqrt{x+1}-\sqrt{x}}{(\sqrt{x+1}+\sqrt{x})(\sqrt{x+1}-\sqrt{x})}$

$=\sqrt{x+1}-\sqrt{x}$

$\therefore f(5)+f(6)+\cdots+f(12)$

$=(\sqrt{6}-\sqrt{5})+(\sqrt{7}-\sqrt{6})+\cdots+(\sqrt{12}-\sqrt{11})$
$+(\sqrt{13}-\sqrt{12})$

$=-\sqrt{5}+\sqrt{13}$

09 $(3a-2)(2a+3)=6a^2+5a-6(\text{cm}^2)$

10 $(x-4)(x-2)(x+3)(x+5)$
$=\{(x-2)(x+3)\}\{(x-4)(x+5)\}$
$=(x^2+x-6)(x^2+x-20)$
$x^2+x=A$로 놓으면
$(x^2+x-6)(x^2+x-20)$
$=(A-6)(A-20)$
$=A^2-26A+120$
$=(x^2+x)^2-26(x^2+x)+120$
$=x^4+2x^3-25x^2-26x+120$
이므로 $p=2$, $q=-25$
$\therefore p+q=-23$

11 $x^2-6x+1=0$의 양변을 x로 나누면
$x-6+\frac{1}{x}=0$, $x+\frac{1}{x}=6$
$\therefore x^2+\frac{1}{x^2}=\left(x+\frac{1}{x}\right)^2-2=6^2-2=34$

12 $a=\sqrt{5}-2$, $b=\sqrt{5}+2$이므로
$a+b=\sqrt{5}-2+\sqrt{5}+2=2\sqrt{5}$,
$ab=(\sqrt{5}-2)(\sqrt{5}+2)=5-4=1$
$\therefore a^2+3ab+b^2=(a+b)^2+ab$
$=(2\sqrt{5})^2+1$
$=20+1=21$

13 $a=\frac{1}{2\sqrt{2}+3}=\frac{3-2\sqrt{2}}{(3+2\sqrt{2})(3-2\sqrt{2})}=3-2\sqrt{2}$
$a-3=-2\sqrt{2}$이므로 $(a-3)^2=(-2\sqrt{2})^2$
$a^2-6a+9=8$ $\quad\therefore a^2-6a=-1$
$\therefore a^2-6a+12=(-1)+12=11$

14 (직육면체의 겉넓이)
$=2(x-2)(3x+1)+2(3x+1)(x-5)+2(x-2)(x-5)$ ······ ❶
$=2(3x^2-5x-2)+2(3x^2-14x-5)+2(x^2-7x+10)$
$=6x^2-10x-4+6x^2-28x-10+2x^2-14x+20$
$=14x^2-52x+6$ ······ ❷

단계	채점 기준	비율
❶	직육면체의 겉넓이를 식으로 나타내기	30 %
❷	곱셈 공식을 이용하여 식을 전개하고 답 구하기	70 %

15 $(3x-2y)(ax+4y)=3ax^2+(12-2a)xy-8y^2$ ······ ❶
$3ax^2+(12-2a)xy-8y^2=9x^2+bxy-8y^2$이므로
양변의 계수끼리 비교하면
$3a=9$에서 $a=3$, $12-2a=b$에서 $b=6$ ······ ❷
$\therefore a+b=3+6=9$ ······ ❸

단계	채점 기준	비율
❶	잘못 본 식 전개하기	30 %
❷	a, b의 값 구하기	60 %
❸	$a+b$의 값 구하기	10 %

Ⅱ-2 | 인수분해

1 인수분해 공식

17 인수분해의 뜻 워크북 31쪽

01 답 ④
주어진 다항식의 인수는 1, y, $2x+y$, $y(2x+y)$이다.

02 답 ①, ⑤
주어진 다항식의 인수는
1, b, $a-3b$, $a+2b$, $b(a-3b)$, $b(a+2b)$,
$(a-3b)(a+2b)$, $b(a-3b)(a+2b)$
이다.

03 답 ③
③ $-2a^2b^3+4a^2b-8a^2b^2=-2a^2b(b^2-2+4b)$

04 답 ①
$2a^2b+4a^2b^2=2a^2b(1+2b)$,
$-3ab^3-6ab^4=-3ab^3(1+2b)$
따라서 두 다항식의 공통인수인 것은 ①이다.

18 인수분해 공식 (1) 워크북 31~33쪽

01 답 ③
① $x^2+4x+4=(x+2)^2$
② $9x^2-18x+9=9(x^2-2x+1)=9(x-1)^2$
④ $4b^2+8b+4=4(b^2+2b+1)=4(b+1)^2$
⑤ $x^2-14x+49=(x-7)^2$

02 답 ⑤
⑤ $(2a-3b)^2=4a^2-12ab+9b^2$

03 답 ③
$\frac{1}{9}ax^2+\frac{1}{2}axy+\frac{9}{16}ay^2=a\left(\frac{1}{9}x^2+\frac{1}{2}xy+\frac{9}{16}y^2\right)$
$=a\left(\frac{1}{3}x+\frac{3}{4}y\right)^2$

04 답 ②
$x^2-ax+\frac{9}{16}=\left(x\pm\frac{3}{4}\right)^2$이어야 하므로
$-ax=\pm2\times x\times\frac{3}{4}=\pm\frac{3}{2}x$
이때 a가 양수이므로 $a=\frac{3}{2}$

05 답 12
$(x+b)^2=x^2+2bx+b^2$이므로
$x^2+ax+16=x^2+2bx+b^2$
$\therefore a=2b$, $16=b^2$
$b^2=16$에서 $b=\pm4$
$a=2b$이고 $a>0$이므로 $a=8$, $b=4$
$\therefore 2a-b=2\times8-4=12$

06 답 ③

$(2x-b)^2=4x^2-4bx+b^2$이므로

$4x^2-ax+36=4x^2-4bx+b^2$

$\therefore a=4b,\ 36=b^2$

이때 $a>0,\ b>0$이므로

$b=6,\ a=4\times6=24$

$\therefore a+b=24+6=30$

07 답 4

$(4x+c)^2=16x^2+8cx+c^2$이므로

$ax^2+32x+b=16x^2+8cx+c^2$

$\therefore a=16,\ 32=8c,\ b=c^2$

따라서 $a=16,\ c=4,\ b=16$이므로

$a-b+c=16-16+4=4$

08 답 ⑤

$(x+7)(x-5)+k=x^2+2x-35+k$

$=(x+1)^2$

따라서 $-35+k=1$이므로

$k=36$

09 답 ④

$ax^2+40x+25=ax^2+2\times4x\times5+5^2$이므로

$a=4^2=16$

10 답 8

$x^2+(3a-6)xy+81y^2=(x\pm9y)^2$이어야 이므로

$3a-6=\pm18$

$3a-6=18$에서 $3a=24\qquad\therefore a=8$

$3a-6=-18$에서 $3a=-12\qquad\therefore a=-4$

이때 a가 양수이므로 $a=8$

11 답 ④

$2<x<5$에서 $x-2>0,\ x-5<0$이므로

$\sqrt{x^2-4x+4}-\sqrt{x^2-10x+25}$

$=\sqrt{(x-2)^2}-\sqrt{(x-5)^2}$

$=(x-2)-\{-(x-5)\}$

$=2x-7$

12 답 ⑤

$16x^2-81=(4x)^2-9^2$

$=(4x+9)(4x-9)$

$=(ax+b)(ax-b)$

따라서 $a=4,\ b=9$이므로

$ab=4\times9=36$

13 답 ④

④ $a^4-1=(a^2+1)(a^2-1)$

$=(a^2+1)(a+1)(a-1)$

14 답 ⑤

$b^4-b^2=b^2(b^2-1)=b^2(b+1)(b-1)$

따라서 b^4-b^2의 인수가 아닌 것은 ⑤ b^2+1이다.

15 답 ①

$(a-2b)x^2+(2b-a)y^2=(a-2b)x^2-(a-2b)y^2$

$=(a-2b)(x^2-y^2)$

$=(a-2b)(x+y)(x-y)$

16 답 $(y^8+1)(y^4+1)(y^2+1)(y+1)(y-1)$

$y^{16}-1=(y^8+1)(y^8-1)$

$=(y^8+1)(y^4+1)(y^4-1)$

$=(y^8+1)(y^4+1)(y^2+1)(y^2-1)$

$=(y^8+1)(y^4+1)(y^2+1)(y+1)(y-1)$

19 인수분해 공식 (2)

워크북 33~35쪽

01 답 ③

$x^2-7xy+10y^2=(x-2y)(x-5y)$

02 답 ④

$x^2+5x-24=(x+8)(x-3)$이므로 두 일차식의 합은

$x+8+x-3=2x+5$

03 답 ①

$x^2+ax-35=(x+7)(x+b)$에서

$7b=-35\qquad\therefore b=-5$

$a=7+b=7+(-5)=2$

$\therefore ab=2\times(-5)=-10$

04 답 ②

$x^2+3x+2=(x+2)(x+1)$,

$x^2-2x-8=(x-4)(x+2)$

따라서 두 다항식의 공통인수는 $x+2$이다.

05 답 $2x+17$

$(x+5)(x+6)+6x=x^2+11x+30+6x$

$=x^2+17x+30$

$=(x+15)(x+2)$

따라서 두 일차식은 $x+15,\ x+2$이므로 두 일차식의 합은

$x+15+x+2=2x+17$

06 답 ⑤

$6x^2+7x-3=(2x+3)(3x-1)$

07 답 ②

$15x^2+17x-4=(3x+4)(5x-1)$

$=(3x+a)(5x+b)$

이므로 $a=4,\ b=-1$

$\therefore a+b=4+(-1)=3$

08 답 ③

$ax^2+bx-12=(2x+3)(3x+c)$에서

$ax^2+bx-12=6x^2+(2c+9)x+3c$

따라서 $a=6,\ b=2c+9,\ -12=3c$이므로

$c=-4,\ b=2\times(-4)+9=1$

$\therefore a+b+c=6+1+(-4)=3$

09 답 $4x+6y$

$3x^2+14xy+8y^2=(x+4y)(3x+2y)$

따라서 두 일차식은 $x+4y$, $3x+2y$이므로 두 일차식의 합은 $x+4y+3x+2y=4x+6y$

10 답 ⑤

① $x^2-3xy-10y^2=(x-5y)(x+2y)$

② $x^2-2xy-8y^2=(x-4y)(x+2y)$

③ $x^2+3xy+2y^2=(x+y)(x+2y)$

④ $2x^2+xy-6y^2=(2x-3y)(x+2y)$

⑤ $2x^2-5xy-3y^2=(2x+y)(x-3y)$

따라서 $x+2y$를 인수로 갖지 않은 것은 ⑤이다.

11 답 -5

$10x^2+(3a-1)x-14=(2x-7)(5x+b)$에서

$10x^2+(3a-1)x-14=10x^2+(2b-35)-7b$

따라서 $3a-1=2b-35$, $-14=-7b$이므로

$b=2$

$3a-1=2\times2-35=-31$이므로

$3a=-30 \quad \therefore a=-10$

$\therefore \frac{a}{b}=\frac{-10}{2}=-5$

12 답 $(x+3)(x-3)$

$$\begin{aligned}(x+1)(x-9)+8x&=x^2-8x-9+8x\\&=x^2-9\\&=x^2-3^2\\&=(x+3)(x-3)\end{aligned}$$

13 답 ③

① $x^2-4x+4=(x-2)^2$

② $x^2+5x-14=(x-2)(x+7)$

③ $2x^2+x-6=(x+2)(2x-3)$

④ $9x^2-12x+4=(3x-2)^2$

⑤ $49x^2-4y^2=(7x+2y)(7x-2y)$

14 답 ①

$x^2+ax-4=(x-1)(x+m)$으로 놓으면

$x^2+ax-4=x^2+(m-1)x-m$

$a=m-1$, $-4=-m$

$\therefore m=4$, $a=4-1=3$

15 답 ④

$x^2-6x+k=(x-2)(x+m)$으로 놓으면

$x^2-6x+k=x^2+(m-2)x-2m$

$-6=m-2$, $k=-2m$

$\therefore m=-4$, $k=8$

16 답 ②

$8x^2-ax-5=(4x-1)(2x+m)$으로 놓으면

$8x^2-ax-5=8x^2+(4m-2)x-m$

$-a=4m-2$, $-5=-m$

$\therefore m=5$, $a=-18$

17 답 -2

$x^2+ax+30$이 $x+3$을 인수로 가지므로

$x^2+ax+30=(x+3)(x+m)$으로 놓으면

$x^2+ax+30=x^2+(m+3)x+3m$

$a=m+3$, $30=3m$

$\therefore m=10$, $a=13$

또, $4x^2+7x+b$가 $x+3$을 인수로 가지므로

$4x^2+7x+b=(x+3)(4x+n)$으로 놓으면

$4x^2+7x+b=4x^2+(n+12)x+3n$

$7=n+12$, $b=3n$

$\therefore n=-5$, $b=-15$

$\therefore a+b=13+(-15)=-2$

18 답 $(x+4)(x-1)$

$4x^2+ax-15=(2x+3)(2x+m)$으로 놓으면

$4x^2+ax-15=4x^2+(2m+6)x+3m$

$a=2m+6$, $-15=3m$

$\therefore m=-5$, $a=-4$

$$\begin{aligned}\therefore x^2+3x+a&=x^2+3x-4\\&=(x+4)(x-1)\end{aligned}$$

19 답 ③

$x^2+3x+2=(x+1)(x+2)$이므로

x^2+ax-7은 $x+1$ 또는 $x+2$를 인수로 갖는다.

(i) x^2+ax-7이 $x+1$을 인수로 가질 때,

$x^2+ax-7=(x+1)(x+m)$으로 놓으면

$x^2+ax-7=x^2+(m+1)x+m$

$a=m+1$, $-7=m$

$\therefore a=(-7)+1=-6$

(ii) x^2+ax-7이 $x+2$를 인수로 가질 때,

$x^2+ax-7=(x+2)(x+n)$으로 놓으면

$x^2+ax-7=x^2+(n+2)x+2n$

$a=n+2$, $-7=2n$

$\therefore n=-\frac{7}{2}$, $a=-\frac{3}{2}$

그런데 이것은 a가 정수라는 조건에 맞지 않는다.

따라서 (i), (ii)에서 $a=-6$

20 답 (1) $(6, 1)$, $(-1, -6)$, $(3, 2)$, $(-2, -3)$ (2) 7

(1) $ab=6$이고

$6=1\times6=(-1)\times(-6)=2\times3=(-2)\times(-3)$

이므로 $a>b$인 두 정수 a, b의 순서쌍 (a, b)는 $(6, 1)$, $(-1, -6)$, $(3, 2)$, $(-2, -3)$이다.

(2) $k=a+b$이므로 k의 값이 될 수 있는 것은

$1+6=7$, $(-1)+(-6)=-7$,

$2+3=5$, $(-2)+(-3)=-5$

따라서 k의 최댓값은 7이다.

2 인수분해 공식의 활용

20 복잡한 식의 인수분해 워크북 36~37쪽

01 답 ③, ⑤

$a^2(a-b)-3ab(a-b)-10b^2(a-b)$
$=(a-b)(a^2-3ab-10b^2)$
$=(a-b)(a-5b)(a+2b)$

02 답 $x-2$

$3x^2-12=3(x^2-4)=3(x+2)(x-2)$,
$x(x-1)(x+3)-2(x+3)=(x+3)(x^2-x-2)$
$=(x+3)(x-2)(x+1)$
따라서 두 다항식의 공통인수는 $x-2$이다.

03 답 ①

$3x-1=A$로 치환하면
$(3x-1)^2-10(3x-1)+24$
$=A^2-10A+24=(A-4)(A-6)$
$=(3x-5)(3x-7)$
따라서 $a=-5$, $b=-7$이므로
$a+b=(-5)+(-7)=-12$

04 답 ④

$x^2-x=A$로 치환하면
$(x^2-x)^2-8(x^2-x)+12$
$=A^2-8A+12=(A-6)(A-2)$
$=(x^2-x-6)(x^2-x-2)$
$=(x-3)(x+2)(x-2)(x+1)$

05 답 $2x-2y+3$

$x-y=A$로 치환하면
$(x-y)(x-y+3)-10$
$=A^2+3A-10=(A+5)(A-2)$
$=(x-y+5)(x-y-2)$
따라서 두 일차식은 $x-y+5$, $x-y-2$이므로 그 합은
$x-y+5+x-y-2=2x-2y+3$

06 답 ②

$5x-3y=A$, $4x-y=B$로 치환하면
$(5x-3y)^2-(4x-y)^2$
$=A^2-B^2=(A+B)(A-B)$
$=\{(5x-3y)+(4x-y)\}\{(5x-3y)-(4x-y)\}$
$=(9x-4y)(x-2y)$

07 답 $-18a(3a+2b)$

$a-b=A$, $2a+b=B$로 치환하면
$2(a-b)^2-8(a-b)(2a+b)-10(2a+b)^2$
$=2A^2-8AB-10B^2$
$=2(A-5B)(A+B)$
$=2(a-b-10a-5b)(a-b+2a+b)$
$=2(-9a-6b)3a$
$=-18a(3a+2b)$

08 답 ②

$4x^3-8x^2-9x+18$
$=(4x^3-8x^2)-(9x-18)$
$=4x^2(x-2)-9(x-2)$
$=(x-2)(4x^2-9)$
$=(x-2)(2x+3)(2x-3)$

09 답 6

$x^2+6x+12y-4y^2$
$=(x^2-4y^2)+(6x+12y)$
$=(x+2y)(x-2y)+6(x+2y)$
$=(x+2y)(x-2y+6)$
따라서 $a=2$, $b=-2$, $c=6$이므로
$a+b+c=2+(-2)+6=6$

10 답 ①, ③

$36-a^2-4b^2-4ab=36-(a^2+4ab+4b^2)$
$=6^2-(a+2b)^2$
$=(6+a+2b)(6-a-2b)$
$=(a+2b+6)(-a-2b+6)$

11 답 $(3xy+z-5)(3xy-z-5)$

$9x^2y^2-z^2-30xy+25=(9x^2y^2-30xy+25)-z^2$
$=(3xy-5)^2-z^2$
$=(3xy+z-5)(3xy-z-5)$

12 답 ③

$-bc-b^2+2c^2+ab-ca=(b-c)a-(b^2+bc-2c^2)$
$=(b-c)a-(b+2c)(b-c)$
$=(b-c)(a-b-2c)$

21 인수분해 공식의 활용 워크북 37~38쪽

01 답 ②

$75^2-55^2=(75+55)(75-55)$
$=130\times 20=2600$

02 답 ④

$97^2-3^2+101^2-2\times 101+1$
$=(97+3)(97-3)+(101-1)^2$
$=100\times 94+100^2$
$=9400+10000=19400$

03 답 ③

$\frac{12.5^2-12.5+0.5^2}{5^2-1}$
$=\frac{12.5^2-2\times 12.5\times 0.5+0.5^2}{5^2-1}$
$=\frac{(12.5-0.5)^2}{(5+1)(5-1)}=\frac{12^2}{6\times 4}=6$

04 답 1402

$40=x$로 놓으면

$\sqrt{40\times39\times36\times35+4}$

$=\sqrt{x(x-1)(x-4)(x-5)+4}$

$=\sqrt{x(x-5)(x-1)(x-4)+4}$

$=\sqrt{(x^2-5x)(x^2-5x+4)+4}$

다시 $x^2-5x=A$로 치환하면

(주어진 식)$=\sqrt{A(A+4)+4}$

$=\sqrt{A^2+4A+4}$

$=\sqrt{(A+2)^2}$

$=\sqrt{(x^2-5x+2)^2}$

$=\sqrt{(40^2-5\times40+2)^2}$

$=\sqrt{(1600-200+2)^2}$

$=\sqrt{1402^2}=1402$

05 답 ⑤

$3x^2-6xy+3y^2=3(x^2-2xy+y^2)$

$=3(x-y)^2$

$=3(4.25-2.25)^2$

$=3\times2^2=12$

06 답 ①

$x+y=2\sqrt{2}-\sqrt{7}+2\sqrt{2}+\sqrt{7}=4\sqrt{2}$

$x-y=2\sqrt{2}-\sqrt{7}-2\sqrt{2}-\sqrt{7}=-2\sqrt{7}$

$x^2-y^2=(x+y)(x-y)=4\sqrt{2}\times(-2\sqrt{7})=-8\sqrt{14}$

07 답 ②

$x=\dfrac{3}{\sqrt{2}-1}=\dfrac{3(\sqrt{2}+1)}{(\sqrt{2}-1)(\sqrt{2}+1)}=3\sqrt{2}+3$

$x-1=A$로 치환하면

$(x-1)^2-4(x-1)+4=A^2-4A+4$

$=(A-2)^2$

$=(x-3)^2$

$=(3\sqrt{2})^2=18$

08 답 ③

$x^2+6x+9-y^2=(x+3)^2-y^2$

$=(x+y+3)(x-y+3)$

$=6\times4=24$

09 답 ④

$4x^2+y^2+4x+2y-3+4xy$

$=4x^2+(4+4y)x+(y^2+2y-3)$

$=4x^2+(4+4y)x+(y+3)(y-1)$

$=(2x+y+3)(2x+y-1)$

$=(17+3)(17-1)$

$=20\times16=320$

10 답 4

$x^2y+xy^2-6x-6y-4xy+24$

$=yx^2+(y^2-4y-6)x-6y+24$

$=yx^2+(y^2-4y-6)x-6(y-4)$

$=(xy-6)(x+y-4)$

$=(8-6)\times(6-4)=4$

11 답 $12-6\sqrt{3}$

$1<\sqrt{3}<2$이므로 $\sqrt{3}$의 정수 부분은 1이므로

소수 부분은 $a=\sqrt{3}-1$

$2<\sqrt{7}<3$이므로 $\sqrt{7}$의 정수 부분은 $b=2$

$\therefore \dfrac{a^3+b^3-a^2b-ab^2}{a+b}=\dfrac{a^3-a^2b+b^3-ab^2}{a+b}$

$=\dfrac{a^2(a-b)-b^2(a-b)}{a+b}$

$=\dfrac{(a-b)(a^2-b^2)}{a+b}$

$=\dfrac{(a-b)(a-b)(a+b)}{a+b}$

$=(a-b)^2$

$=(\sqrt{3}-3)^2=12-6\sqrt{3}$

12 답 ⑤

도형 ㈎의 넓이는

$(5x+4y)^2-(3y)^2=(5x+4y+3y)(5x+4y-3y)$

$=(5x+7y)(5x+y)$

따라서 도형 ㈏의 가로의 길이는 $5x+7y$이다.

단원 마무리

워크북 39~40쪽

01 ②, ④		**02** ②	**03** ⑤	**04** ①
05 ⑤	**06** ②	**07** ③	**08** ①	**09** ④
10 $\frac{8}{15}$	**11** ⑤	**12** ③	**13** ①	
14 $16a+6b$		**15** 3		

01 $a^3b^2-3a^2b=a^2b(ab-3)$

02 $4x^2+(a+4)xy+25y^2=(2x\pm5y)^2$이어야 하므로

$(a+4)xy=\pm2\times2x\times5y=\pm20xy$

$a+4=20$ 또는 $a+4=-20$

$\therefore a=16$ 또는 $a=-24$

03 $36xy^2-16xz^2=4x(9y^2-4z^2)$

$=4x(3y+2z)(3y-2z)$

04 재훈이는 상수항은 제대로 보았으므로

$(x-3)(x+6)=x^2+3x-18$에서 상수항은 -18이다.

또, 재호는 x의 계수를 제대로 보았으므로

$(x-7)(x+4)=x^2-3x-28$에서 x의 계수는 -3이다.

따라서 어떤 이차식은 $x^2-3x-18$이므로 바르게 인수분해하면 $x^2-3x-18=(x-6)(x+3)$

05 $3x^2+mx+12=(3x+a)(x+b)$

$m=a+3b$, $12=ab$이고 a, b는 자연수이므로 순서쌍 (a, b)는

$(1, 12)$, $(2, 6)$, $(3, 4)$, $(4, 3)$, $(6, 2)$, $(12, 1)$

$a=1$, $b=12$일 때, $m=1+3\times12=37$

$a=2$, $b=6$일 때, $m=2+3\times6=20$

$a=3$, $b=4$일 때, $m=3+3\times4=15$

$a=4$, $b=3$일 때, $m=4+3\times3=13$

$a=6$, $b=2$일 때, $m=6+3\times2=12$

$a=12$, $b=1$일 때, $m=12+3\times1=15$

따라서 m의 값은 12, 13, 15, 20, 37이다.

06 $12x^2+ax-5=(2x-1)(6x+m)$으로 놓으면

$a=2m-6$, $-5=-m$이므로

$m=5$, $a=10-6=4$

또, $2x^2-7x+b=(2x-1)(x+n)$으로 놓으면

$-7=2n-1$, $b=-n$이므로

$n=-3$, $b=3$

$\therefore a-b=4-3=1$

07 $a^2+4b^2-1-4a^2b^2$

$=a^2-1+4b^2-4a^2b^2$

$=(a^2-1)-4b^2(a^2-1)$

$=-(a^2-1)(4b^2-1)$

$=-(a+1)(a-1)(2b+1)(2b-1)$

08 $\dfrac{24\times62-24\times58}{502^2-2\times502\times498+498^2}$

$=\dfrac{24\times(62-58)}{(502-498)^2}$

$=\dfrac{24\times4}{4^2}$

$=6$

09 $\sqrt{x-y}=\sqrt{110\times99.1^2-110\times98.9^2}$

$=\sqrt{110(99.1^2-98.9^2)}$

$=\sqrt{110(99.1+98.9)(99.1-98.9)}$

$=\sqrt{110\times198\times0.2}$

$=\sqrt{2^2\times3^2\times11^2}$

$=66$

10 $\dfrac{2^2-1}{2^2}\times\dfrac{3^2-1}{3^2}\times\cdots\times\dfrac{14^2-1}{14^2}\times\dfrac{15^2-1}{15^2}$

$=\dfrac{(2+1)(2-1)}{2^2}\times\dfrac{(3+1)(3-1)}{3^2}\times\cdots$

$\times\dfrac{(14+1)(14-1)}{14^2}\times\dfrac{(15+1)(15\times1)}{15^2}$

$=\dfrac{3\times1}{2^2}\times\dfrac{4\times2}{3^2}\times\dfrac{5\times3}{4^2}\times\cdots\times\dfrac{15\times13}{14^2}\times\dfrac{16\times14}{15^2}$

$=\dfrac{1}{2}\times\dfrac{16}{15}=\dfrac{8}{15}$

11 $13^4-1=(13^2+1)(13^2-1)$

$=(13^2+1)(13+1)(13-1)$

$=170\times14\times12$

$=2^4\times3\times5\times7\times17$

따라서 13^4-1을 나누어떨어지게 하는 수가 아닌 것은 ⑤ 18이다.

12 $3x-2y=A$로 치환하면

$(3x-2y+2)(3x-2y-6)-20$

$=(A+2)(A-6)-20$

$=A^2-4A-32$

$=(A-8)(A+4)$

$=(3x-2y-8)(3x-2y+4)$

13 $\dfrac{x^3-4x-3x^2+12}{x^2-x-6}=\dfrac{x^3-3x^2-4x+12}{x^2-x-6}$

$=\dfrac{x^2(x-3)-4(x-3)}{(x-3)(x+2)}$

$=\dfrac{(x-3)(x^2-4)}{(x-3)(x+2)}$

$=\dfrac{(x-3)(x+2)(x-2)}{(x-3)(x+2)}$

$=x-2=\sqrt{5}$

14 도형 (가)의 넓이는

$(5a+3b)(3a+2b)-2b(5a+3b-2a-b)$

$=(5a+3b)(3a+2b)-2b(3a+2b)$

$=(3a+2b)(5a+3b-2b)$

$=(3a+2b)(5a+b)$ ········· ❶

도형 (나)의 넓이는 도형 (가)의 넓이와 같고 세로의 길이가 $5a+b$이므로 가로의 길이는 $3a+2b$이다. ········· ❷

도형 (나)의 둘레의 길이는

$2\times\{(5a+b)+(3a+2b)\}=2\times(8a+3b)$

$=16a+6b$ ········· ❸

단계	채점 기준	비율
❶	도형 (가)의 넓이 구하기	50 %
❷	도형 (나)의 가로의 길이 구하기	20 %
❸	도형 (나)의 둘레의 길이 구하기	30 %

15 큰 원의 반지름의 길이는 $2x+3y$이고, 작은 원의 반지름의 길이는 $\dfrac{3}{2}y$이므로

(색칠한 부분의 넓이)$=\pi(2x+3y)^2-\pi\left(\dfrac{3}{2}y\right)^2$ ········· ❶

$=\pi\left(2x+3y+\dfrac{3}{2}y\right)\left(2x+3y-\dfrac{3}{2}y\right)$

$=\pi\left(2x+\dfrac{9}{2}y\right)\left(2x+\dfrac{3}{2}y\right)$ ········· ❷

$a>b$이므로 $a=\dfrac{9}{2}$, $b=\dfrac{3}{2}$ ········· ❸

$\therefore \dfrac{a}{b}=\dfrac{9}{2}\div\dfrac{3}{2}=\dfrac{9}{2}\times\dfrac{2}{3}=3$ ········· ❹

단계	채점 기준	비율
❶	색칠한 부분의 넓이를 구하는 식 세우기	20 %
❷	넓이를 나타낸 식을 인수분해하기	40 %
❸	a, b의 값 구하기	20 %
❹	$\dfrac{a}{b}$의 값 구하기	20 %

Ⅱ-3 | 이차방정식

1 이차방정식의 풀이

22 이차방정식의 뜻과 그 해 워크북 41~42쪽

01 답 ②, ④

① 이차식

② $5x^2-3=0$ (이차방정식)

③ $x^2+4x=x^2-2x+1$, $6x-1=0$ (일차방정식)

④ $-x^2-4x=0$ (이차방정식)

⑤ $5x=0$ (일차방정식)

따라서 이차방정식인 것은 ②, ④이다.

02 답 ③

ㄱ. 이차식

ㄴ. $-x+2=0$ (일차방정식)

ㄷ. $-x^2+2=0$ (이차방정식)

ㄹ. $x^2-9x+8=0$ (이차방정식)

ㅁ. $2x-7=0$ (일차방정식)

ㅂ. $-x^2+2x+7=0$ (이차방정식)

03 답 -8

$(x+1)^2-4x=7-4x^2$에서 $5x^2-2x-6=0$

따라서 $a=-2$, $b=-6$이므로

$a+b=(-2)+(-6)=-8$

04 답 $a\neq-3$

$3(x-3)^2-x=5-ax^2$에서 $(a+3)x^2-19x+22=0$

$a+3\neq0$이어야 하므로 $a\neq-3$

05 답 ④

$(ax+1)(2x-3)=x^2+1$에서

$(2a-1)x^2+(2-3a)x-4=0$

$2a-1\neq0$이어야 하므로 $a\neq\frac{1}{2}$

따라서 a의 값으로 적당하지 않은 것은 ④ $\frac{1}{2}$이다.

06 답 ③

① $4+2=6\neq0$

② $4-2=2\neq0$

③ $4-4=0$

④ $8-2+1=7\neq0$

⑤ $16-16-1=-1\neq0$

따라서 $x=2$를 갖는 것은 ③이다.

07 답 ㄷ, ㄹ

ㄱ. $\frac{1}{4}-2=-\frac{7}{4}\neq0$　　ㄴ. $\left(-\frac{3}{2}\right)\times2=-3\neq0$

ㄷ. $\frac{1}{2}+\frac{1}{2}-1=0$　　ㄹ. $1-2+1=0$

08 답 ⑤

① $4-4=0$

② $-2(2-2)=0$

③ $1+2-3=0$

④ $5-1-4=0$

⑤ $(-4+3)(-4-4)=8\neq0$

따라서 [ ] 안의 수가 해가 아닌 것은 ⑤이다.

09 답 $x=2$

x	0	1	2	3	4
$4x^2-5x-6$	-6	-7	0	15	38

따라서 주어진 이차방정식의 해는 $x=2$이다.

10 답 ①

x	-2	-1	0	1	2
x^2-x-6	0	-4	-6	-6	-4

따라서 주어진 이차방정식의 해는 $x=-2$이다.

11 답 ①

$x=-2$를 $x^2-(a+1)x+6=0$에 대입하면

$2a=-12$　　$\therefore a=-6$

12 답 ④

$x=-1$을 $x^2+(3-2k)x+k-1=0$에 대입하면

$3k=3$　　$\therefore k=1$

13 답 54

$x=2$를 $x^2+4x+a=0$에 대입하면

$4+8+a=0$　　$\therefore a=-12$

또, $x=2$를 $2x^2+bx+1=0$에 대입하면

$8+2b+1=0$　　$\therefore b=-\frac{9}{2}$

$\therefore ab=(-12)\times\left(-\frac{9}{2}\right)=54$

14 답 0

$x=1$을 $x^2-2x+a-1=0$에 대입하면

$1-2+a-1=0$　　$\therefore a=2$

$x=1$을 $x^2+x+b=0$에 대입하면

$1+1+b=0$　　$\therefore b=-2$

$\therefore a+b=2+(-2)=0$

15 답 ③

$x=m$을 $x^2+5x+3=0$에 대입하면 $m^2+5m+3=0$

$\therefore m^2+5m=-3$

$\therefore m^2+5m-1=-3-1=-4$

16 답 ③

$x=a$를 $x^2+4x-1=0$에 대입하면 $a^2+4a-1=0$

① $a^2+4a=1$

② $1+4a+a^2=1+(a^2+4a)=1+1=2$

③ $2-4a-a^2=2-(a^2+4a)=2-1=1$

④ $2a^2+8a+3=2(a^2+4a)+3=2\times1+3=5$

⑤ $a^2+4a-1=0$의 양변을 $a(a\neq0)$로 나누면

$a+4-\frac{1}{a}=0$

$\therefore a-\frac{1}{a}=-4$

따라서 옳지 않은 것은 ③이다.

23 인수분해를 이용한 이차방정식의 풀이 워크북 43~44쪽

01 답 $x=-\frac{5}{2}$ 또는 $x=\frac{2}{3}$

$2x+5=0$ 또는 $3x-2=0$ $\therefore x=-\frac{5}{2}$ 또는 $x=\frac{2}{3}$

02 답 ②

① $x-5=0$ 또는 $4x+3=0$ $\therefore x=5$ 또는 $x=-\frac{3}{4}$

② $x+5=0$ 또는 $4x-3=0$ $\therefore x=-5$ 또는 $x=\frac{3}{4}$

③ $x-5=0$ 또는 $3x+4=0$ $\therefore x=5$ 또는 $x=-\frac{4}{3}$

④ $x+5=0$ 또는 $3x-4=0$ $\therefore x=-5$ 또는 $x=\frac{4}{3}$

⑤ $x-5=0$ 또는 $4x-3=0$ $\therefore x=5$ 또는 $x=\frac{3}{4}$

따라서 옳지 않은 것은 ②이다.

03 답 ②

①, ③, ④, ⑤ $x=-\frac{1}{6}$ 또는 $x=\frac{1}{3}$

② $x=-\frac{1}{3}$ 또는 $x=\frac{1}{6}$

04 답 ⑤

① $(x+2)(x-1)=0$ $\therefore x=-2$ 또는 $x=1$

② $(x-1)(x-5)=0$ $\therefore x=1$ 또는 $x=5$

③ $(3x+5)(x-5)=0$ $\therefore x=-\frac{5}{3}$ 또는 $x=5$

④ $(4x-1)(2x-3)=0$ $\therefore x=\frac{1}{4}$ 또는 $x=\frac{3}{2}$

⑤ $6x^2-7x-3=0$에서 $(3x+1)(2x-3)=0$

$\therefore x=-\frac{1}{3}$ 또는 $x=\frac{3}{2}$

05 답 ②

$3x(x-5)=2x-10$에서

$3x^2-15x=2x-10$, $3x^2-17x+10=0$

$(3x-2)(x-5)=0$ $\therefore x=\frac{2}{3}$ 또는 $x=5$

그런데 $\alpha>\beta$이므로 $\alpha=5$, $\beta=\frac{2}{3}$

$\therefore 2\alpha+3\beta=2\times5+3\times\frac{2}{3}=12$

06 답 $x=7$

$x^2-6x-7=0$에서 $(x+1)(x-7)=0$

$\therefore x=-1$ 또는 $x=7$

$x^2-9x+14=0$에서 $(x-2)(x-7)=0$

$\therefore x=2$ 또는 $x=7$

따라서 공통인 해는 $x=7$

07 답 9개

$(x+6)(2x-7)=0$이므로 $x=-6$ 또는 $x=\frac{7}{2}$

따라서 -6과 $\frac{7}{2}$ 사이에 있는 정수는

$-5, -4, \cdots, 2, 3$의 9개이다.

08 답 ④

$x^2+x-12=0$에서 $(x+4)(x-3)=0$

$\therefore x=-4$ 또는 $x=3$

$x=-4$가 $4x^2-5ax+a-1=0$의 근이므로

$64+20a+a-1=0$, $21a=-63$ $\therefore a=-3$

09 답 $k=-56$, $x=-7$

$x=8$을 $x^2-x+k=0$에 대입하면

$64-8+k=0$ $\therefore k=-56$

$x^2-x-56=0$이므로 $(x+7)(x-8)=0$

$\therefore x=-7$ 또는 $x=8$

따라서 다른 한 근은 $x=-7$이다.

10 답 ②

$x=2$를 $x^2+(k-1)x+k+4=0$에 대입하면

$4+2k-2+k+4=0$, $3k=-6$ $\therefore k=-2$

즉, $x^2-3x+2=0$에서 $(x-1)(x-2)=0$

$\therefore x=1$ 또는 $x=2$

따라서 $m=1$이므로

$k+m=(-2)+1=-1$

11 답 ⑤

이차방정식 $x^2-ax-27=0$의 한 근이 $x=9$이므로

$81-9a-27=0$, $54-9a=0$ $\therefore a=6$

즉, $x^2-6x-27=0$이므로

$(x+3)(x-9)=0$ $\therefore b=3$

$\therefore ab=6\times3=18$

12 답 $\frac{1}{2}$

$x=-2$를 주어진 이차방정식에 대입하면

$4m-4+2m^2-4m+4-2=0$, $m^2=1$

$\therefore m=-1$ 또는 $m=1$

그런데 $m\neq1$이므로 $m=-1$

$m=-1$을 주어진 이차방정식에 대입하면

$2x^2+5x+2=0$, $(2x+1)(x+2)=0$

$\therefore x=-\frac{1}{2}$ 또는 $x=-2$

따라서 이차방정식의 다른 한 근은 $x=-\frac{1}{2}$이다.

$\therefore (-1)\times\left(-\frac{1}{2}\right)=\frac{1}{2}$

24 이차방정식의 중근 워크북 44~45쪽

01 답 ④

①, ②, ③, ⑤ $x=-3$ 또는 $x=3$

④ $x=3$ (중근)

02 답 ④

① $x(x+1)=0$ $\therefore x=0$ 또는 $x=-1$

② $x=-4$ 또는 $x=4$

③ $(x+6)(x-3)=0$ $\therefore x=-6$ 또는 $x=3$

④ $(3x+1)^2=0$ $\therefore x=-\frac{1}{3}$ (중근)

⑤ $(4x+9)(x+1)=0$ $\therefore x=-\frac{9}{4}$ 또는 $x=-1$

03 답 ㄴ, ㄹ

ㄱ. $x^2=0$ $\therefore x=0$ (중근)

ㄴ. $x^2=1$ $\therefore x=-1$ 또는 $x=1$

ㄷ. $x^2-14x+49=0$, $(x-7)^2=0$ $\therefore x=7$ (중근)

ㄹ. $x^2-x=0$, $x(x-1)=0$ $\therefore x=0$ 또는 $x=1$

ㅁ. $(2x-5)^2=0$ $\therefore x=\frac{5}{2}$ (중근)

ㅂ. $x^2-6x+9=0$, $(x-3)^2=0$ $\therefore x=3$ (중근)

따라서 중근을 갖지 않는 것은 ㄴ, ㄹ이다.

04 답 (1) 45 (2) $x=6$

(1) $k-9=\left(\frac{-12}{2}\right)^2=(-6)^2$이므로 $k=45$

(2) $x^2-12x+36=0$, $(x-6)^2=0$이므로 $x=6$ (중근)

05 답 $a=-16$, $b=32$

$(x-8)^2=0$이므로 $x^2-16x+64=0$에서 $a=-16$

$2b=64$ $\therefore b=32$

06 답 $k=24$일 때 $x=-\frac{4}{3}$, $k=-24$일 때 $x=\frac{4}{3}$

$(3x\pm4)^2=0$이므로 $k=\pm(2\times3\times4)=\pm24$

(i) $k=24$일 때, $(3x+4)^2=0$이므로 $x=-\frac{4}{3}$ (중근)

(ii) $k=-24$일 때, $(3x-4)^2=0$이므로 $x=\frac{4}{3}$ (중근)

따라서 $k=24$일 때 $x=-\frac{4}{3}$ (중근),

$k=-24$일때 $x=\frac{4}{3}$ (중근)이다.

07 답 ②

$x^2+2kx-k+6=0$에서

$-k+6=\left(\frac{2k}{2}\right)^2$, $k^2+k-6=0$

$(k+3)(k-2)=0$ $\therefore k=-3$ 또는 $k=2$

이때 k는 양수이므로 $k=2$

08 답 324

$x^2+8x+a=0$에서 $a=\left(\frac{8}{2}\right)^2=16$

$a=16$을 $x^2+(a-7)x+b=0$에 대입하면

$x^2+9x+b=0$이므로 $b=\left(\frac{9}{2}\right)^2=\frac{81}{4}$

$\therefore ab=16\times\frac{81}{4}=324$

25 완전제곱식을 이용한 이차방정식의 풀이 워크북 45~46쪽

01 답 ③, ④

① $x=\pm\sqrt{5}$ (무리수)

② $x^2=7$ $\therefore x=\pm\sqrt{7}$ (무리수)

③ $x^2=9$ $\therefore x=\pm3$ (유리수)

④ $x-2=\pm2$ $\therefore x=4$ 또는 $x=0$ (유리수)

⑤ $(x-1)^2=5$, $x-1=\pm\sqrt{5}$ $\therefore x=1\pm\sqrt{5}$ (무리수)

02 답 ④

$(x-5)^2=3$에서 $x-5=\pm\sqrt{3}$ $\therefore x=5\pm\sqrt{3}$

따라서 $a=5$, $b=3$이므로 $ab=5\times3=15$

03 답 9

$(x+a)^2-b=0$에서 $(x+a)^2=b$

$x+a=\pm\sqrt{b}$ $\therefore x=-a\pm\sqrt{b}$

$x=3\pm2\sqrt{3}=3\pm\sqrt{12}$이므로 $a=-3$, $b=12$

$\therefore a+b=(-3)+12=9$

04 답 8

$2x+a=\pm2\sqrt{2}$이므로 $2x=-a\pm2\sqrt{2}$

$\therefore x=-\frac{a}{2}\pm\sqrt{2}$

따라서 $-\frac{a}{2}=-2$, $b=2$이므로 $a=4$, $b=2$

$\therefore ab=4\times2=8$

05 답 ③

① $(x+3)^2=4$이므로 $x+3=\pm2$

$\therefore x=-1$ 또는 $x=-5$ (정수)

② $(x+3)^2=2$이므로 $x+3=\pm\sqrt{2}$

$\therefore x=-3\pm\sqrt{2}$ (무리수)

③ $(x+3)^2=\frac{1}{2}$이므로 $x+3=\pm\frac{\sqrt{2}}{2}$

$\therefore x=-3\pm\frac{\sqrt{2}}{2}$ (무리수)

④ $(x+3)^2=0$이므로 $x=-3$ (중근)

⑤ $(x+3)^2=-2<0$이므로 근은 없다.

따라서 옳지 않은 것은 ③이다.

06 답 $p=3$, $q=6$

$x^2+6x+3=0$에서 $x^2+6x=-3$

$x^2+6x+9=-3+9$, $(x+3)^2=6$

$\therefore p=3$, $q=6$

07 답 4

$-2x^2+4x+8=0$의 양변을 -2로 나누면

$x^2-2x-4=0$, $x^2-2x=4$, $x^2-2x+1=4+1$

$(x-1)^2=5$

따라서 $a=-1$, $b=5$이므로 $a+b=(-1)+5=4$

08 답 ①

$3x^2-9x+1=0$에서 $x^2-3x=-\frac{1}{3}$,

$x^2-3x+\frac{9}{4}=-\frac{1}{3}+\frac{9}{4}$, $\left(x-\frac{3}{2}\right)^2=\frac{23}{12}$

따라서 $a=-\frac{3}{2}$, $b=\frac{23}{12}$이므로

$a+b=\left(-\frac{3}{2}\right)+\frac{23}{12}=\frac{5}{12}$

09 답 ①, ③

$2x^2-8x+1=0$의 양변을 2로 나누면

$x^2-4x+\frac{1}{2}=0$, $x^2-4x=-\frac{1}{2}$

$x^2-4x+4=-\frac{1}{2}+4$, $(x-2)^2=\frac{7}{2}$

$\therefore x=2\pm\frac{\sqrt{14}}{2}=\frac{4\pm\sqrt{14}}{2}$

10 답 ④

$x^2-6x-4=0$에서 $x^2-6x=4$

$x^2-6x+9=4+9$, $(x-3)^2=13$

$x-3=\pm\sqrt{13}$ $\therefore x=3\pm\sqrt{13}$

따라서 $A=9$, $B=-3$, $C=13$이므로

$A+B+C=9+(-3)+13=19$

11 답 6

$x^2+8x+k=0$에서 $x^2+8x=-k$

$x^2+8x+16=-k+16$, $(x+4)^2=-k+16$

$x+4=\pm\sqrt{-k+16}$

$\therefore x=-4\pm\sqrt{-k+16}$

따라서 $-k+16=6$, $m=-4$이므로

$k=10$, $m=-4$

$\therefore k+m=10+(-4)=6$

2 이차방정식의 활용

26 이차방정식의 근의 공식 워크북 47쪽

01 답 (1) $x=\frac{5\pm\sqrt{13}}{2}$ (2) $x=2\pm\sqrt{10}$ (3) $x=\frac{-1\pm\sqrt{5}}{4}$ (4) $x=\frac{-3\pm\sqrt{15}}{3}$

(1) $x=\frac{5\pm\sqrt{25-12}}{2}=\frac{5\pm\sqrt{13}}{2}$

(2) $x=\frac{2\pm\sqrt{4+6}}{1}=2\pm\sqrt{10}$

(3) $x=\frac{-1\pm\sqrt{1+4}}{4}=\frac{-1\pm\sqrt{5}}{4}$

(4) $3x^2+6x-2=0$에서 $x=\frac{-3\pm\sqrt{9+6}}{3}=\frac{-3\pm\sqrt{15}}{3}$

02 답 ②

$x^2-8x+5=0$에서 $x=4\pm\sqrt{16-5}=4\pm\sqrt{11}$

따라서 $p=4$, $q=11$이므로 $pq=4\times11=44$

03 답 ⑤

$3x^2-5x-1=0$에서 $x=\frac{5\pm\sqrt{25+12}}{6}=\frac{5\pm\sqrt{37}}{6}$

따라서 $a=5$, $b=37$이므로 $a+b=5+37=42$

04 답 $\sqrt{57}$

$3x^2-2x-2=x+2$에서 $3x^2-3x-4=0$

$\therefore x=\frac{3\pm\sqrt{9+48}}{6}=\frac{3\pm\sqrt{57}}{6}$

따라서 $p=\frac{3+\sqrt{57}}{6}$이므로

$6p-3=6\times\frac{3+\sqrt{57}}{6}-3=\sqrt{57}$

05 답 ②

$x^2-4x+m=0$에서 $x=2\pm\sqrt{4-m}=2\pm\sqrt{7}$

따라서 $4-m=7$이므로 $m=-3$

06 답 ②

$x^2-ax-2=0$에서 $x=\frac{a\pm\sqrt{a^2+8}}{2}=\frac{-3\pm\sqrt{k}}{2}$

$\therefore a=-3$

또, $a^2+8=k$이므로 $k=17$

$\therefore a+k=(-3)+17=14$

07 답 10

$3x^2-4x+a=0$에서 $x=\frac{2\pm\sqrt{4-3a}}{3}=\frac{b\pm2\sqrt{7}}{3}$

$\therefore b=2$

또, $2\sqrt{7}=\sqrt{28}$이므로 $28=4-3a$, $3a=-24$

$\therefore a=-8$

$\therefore b-a=2-(-8)=2+8=10$

08 답 $a=3$, $b=\frac{1}{4}$

$x^2+ax+b=0$에서 $x=\frac{-a\pm\sqrt{a^2-4b}}{2}$

$x=\frac{-3\pm2\sqrt{2}}{2}=\frac{-3\pm\sqrt{8}}{2}$에서 $a=3$

또, $a^2-4b=8$이므로 $9-4b=8$

$\therefore b=\frac{1}{4}$

27 복잡한 이차방정식의 풀이 워크북 48쪽

01 답 37

양변에 12를 곱하면 $2x^2-8x-3=0$

$\therefore x=\frac{4\pm\sqrt{16+6}}{2}=\frac{4\pm\sqrt{22}}{2}$

따라서 $A=8$, $B=3$, $C=4$, $D=22$이므로

$A+B+C+D=8+3+4+22=37$

02 답 $x=\frac{1}{2}$

$\frac{2}{3}x^2=0.6x-\frac{2}{15}$에서 $\frac{2}{3}x^2=\frac{3}{5}x-\frac{2}{15}$

양변에 15를 곱하면 $10x^2-9x+2=0$

$(2x-1)(5x-2)=0$

$\therefore x=\frac{1}{2}$ 또는 $x=\frac{2}{5}$

$0.6x^2+0.1x-0.2=0$에서

양변에 10을 곱하면 $6x^2+x-2=0$

$(2x-1)(3x+2)=0$

$\therefore x=\frac{1}{2}$ 또는 $x=-\frac{2}{3}$

따라서 두 이차방정식의 공통인 근은 $x=\frac{1}{2}$이다.

03 답 ③

양변에 6을 곱하면 $2(x-1)^2=3(x+2)(x-2)$

$2x^2-4x+2=3x^2-12$, $x^2+4x-14=0$

$\therefore x=-2\pm\sqrt{4+14}=-2\pm\sqrt{18}=-2\pm3\sqrt{2}$

따라서 $k=-2+3\sqrt{2}$이므로

$(k+2)^2=(3\sqrt{2})^2=18$

04 답 ⑤

양변에 6을 곱하면 $2(x^2+1)+6=3x(x-1)$

$2x^2+8=3x^2-3x$, $x^2-3x-8=0$

$\therefore x=\frac{3\pm\sqrt{9+32}}{2}=\frac{3\pm\sqrt{41}}{2}$

따라서 $a=3$, $b=41$이므로 $a+b=3+41=44$

05 답 ②

$x-3=A$로 놓으면 $A^2-5A-24=0$

$(A+3)(A-8)=0$ $\therefore A=-3$ 또는 $A=8$

즉, $x-3=-3$ 또는 $x-3=8$

$\therefore x=0$ 또는 $x=11$

따라서 $\alpha=11$, $\beta=0$이므로 $\alpha-\beta=11-0=11$

06 답 $x=\frac{5}{4}$ 또는 $x=\frac{3}{2}$

$2x-1=A$로 놓으면 $2A^2-7A+6=0$

$(2A-3)(A-2)=0$ $\therefore A=\frac{3}{2}$ 또는 $A=2$

즉, $2x-1=\frac{3}{2}$ 또는 $2x-1=2$

$2x=\frac{5}{2}$ 또는 $2x=3$ $\therefore x=\frac{5}{4}$ 또는 $x=\frac{3}{2}$

07 답 -4

양변에 6을 곱하면 $3(x+2)^2-2(x+2)=5$

$x+2=A$로 놓으면 $3A^2-2A-5=0$

$(A+1)(3A-5)=0$

$\therefore A=-1$ 또는 $A=\frac{5}{3}$

즉, $x+2=-1$ 또는 $x+2=\frac{5}{3}$

$\therefore x=-3$ 또는 $x=-\frac{1}{3}$

따라서 $\alpha=-\frac{1}{3}$, $\beta=-3$이므로

$3\alpha+\beta=3\times\left(-\frac{1}{3}\right)+(-3)=-4$

08 답 -6

$x-y=A$로 놓으면 주어진 식은 $A^2-2A-48=0$

$(A+6)(A-8)=0$ $\therefore A=-6$ 또는 $A=8$

즉, $x-y=-6$ 또는 $x-y=8$

그런데 $x<y$이므로 $x-y<0$

$\therefore x-y=-6$

28 이차방정식의 근의 개수 워크북 49쪽

01 답 ①

① $(-1)^2-4\times1\times(-1)=5>0$ (서로 다른 두 근)

② $3^2-4\times2\times2=-7<0$ (근이 없다.)

③ $0^2-4\times1\times16=-64<0$ (근이 없다.)

④ $(-2)^2-4\times3\times1=-8<0$ (근이 없다.)

⑤ $\left(\frac{1}{2}\right)^2-4\times1\times\frac{1}{16}=0$ (중근)

따라서 서로 다른 두 근을 갖는 것은 ①이다.

02 답 ③

① $0^2-4\times1\times(-15)=60>0$ (서로 다른 두 근)

② $(-6)^2-4\times9\times1=0$ (중근)

③ $(-3)^2-4\times3\times1=-3<0$ (근이 없다.)

④ $2x^2-x-1=0$에서

$(-1)^2-4\times2\times(-1)=9>0$ (서로 다른 두 근)

⑤ $2^2-4\times6\times(-1)=28>0$ (서로 다른 두 근)

따라서 근이 없는 것은 ③이다.

03 답 $k\ge4$

$2^2-4\times1\times(5-k)\ge0$이므로

$4-20+4k\ge0$, $4k\ge16$ $\therefore k\ge4$

04 답 ④

$6^2-4\times1\times(3a-2)<0$이므로 $36-12a+8<0$

$-12a<-44$ $\therefore a>\frac{11}{3}$

따라서 자연수 a의 값 중 가장 작은 수는 4이다.

05 답 ③

$4^2-4\times1\times(k-1)>0$이므로 $16-4k+4>0$

$-4k>-20$ $\therefore k<5$

따라서 구하는 k의 값은 -2, 0, 2의 3개이다.

06 답 ②

$(-1)^2-4\times a\times1=0$이므로 $1-4a=0$ $\therefore a=\frac{1}{4}$

07 답 -4, 20

$m^2-4\times4\times(m+5)=0$이므로

$m^2-16m-80=0$, $(m+4)(m-20)=0$

$\therefore m=-4$ 또는 $m=20$

08 답 -3, 3

$(-k)^2-4\times1\times4=0$이므로

$k^2=16$ $\therefore k=\pm4$

(i) $k=4$일 때, $x=4$를 $x^2+bx-4=0$에 대입하면

$16+4b-4=0$ $\therefore b=-3$

(ii) $k=-4$일 때, $x=-4$를 $x^2+bx-4=0$에 대입하면

$16-4b-4=0$ $\therefore b=3$

따라서 모든 b의 값은 -3, 3이다.

29 이차방정식 구하기 워크북 50쪽

01 답 (1) $x^2+5x-6=0$ (2) $2x^2-8x+8=0$

(1) $(x-1)(x+6)=0$ $\therefore x^2+5x-6=0$

(2) $2(x-2)^2=0$ $\therefore 2x^2-8x+8=0$

02 답 -9

$(x-2)(x+7)=0$이므로 $x^2+5x-14=0$

$\therefore m=5$, $n=-14$

$\therefore m+n=5+(-14)=-9$

03 답 ①

$2(x-2)\left(x+\frac{3}{2}\right)=0$이므로 $2x^2-x-6=0$

따라서 $a=-1$, $b=-6$이므로

$a+b=(-1)+(-6)=-7$

04 답 $x=\frac{1}{4}$ 또는 $x=\frac{1}{2}$

이차방정식 $ax^2+bx+c=0$의 두 근이 2, 4이므로

$a(x-2)(x-4)=0$, $ax^2-6ax+8a=0$

$\therefore b=-6a$, $c=8a$

따라서 $cx^2+bx+a=0$은 $8ax^2-6ax+a=0$이므로 양변을 a로 나누면 $8x^2-6x+1=0$

$(4x-1)(2x-1)=0 \quad \therefore x=\frac{1}{4}$ 또는 $x=\frac{1}{2}$

05 답 $x=2-\sqrt{5}$, $a=-1$

다른 한 근이 $2-\sqrt{5}$이므로 두 근의 곱은

$a=(2+\sqrt{5})(2-\sqrt{5})=-1$

| 다른 풀이 | 다른 한 근이 $2-\sqrt{5}$이므로

$\{x-(2+\sqrt{5})\}\{x-(2-\sqrt{5})\}=0$

$\{(x-2)-\sqrt{5}\}\{(x-2)+\sqrt{5}\}=0$

$(x-2)^2-(\sqrt{5})^2=0$, $x^2-4x-1=0 \quad \therefore a=-1$

06 답 ⑤

다른 한 근이 $2+\sqrt{2}$이므로 두 근의 합은

$k=(2-\sqrt{2})+(2+\sqrt{2})=4$

07 답 ③

다른 한 근이 $-4-\sqrt{6}$이므로

두 근의 합은 $(-4+\sqrt{6})+(-4-\sqrt{6})=-8$

$\therefore p=8$

두 근의 곱은 $(-4+\sqrt{6})(-4-\sqrt{6})=10$

$\therefore q=10$

$\therefore p-q=8-10=-2$

08 답 -1

$\frac{1}{3+\sqrt{10}}=\frac{3-\sqrt{10}}{(3+\sqrt{10})(3-\sqrt{10})}=-3+\sqrt{10}$

즉, 다른 한 근은 $-3-\sqrt{10}$이므로

두 근의 곱은 $(-3+\sqrt{10})(-3-\sqrt{10})=-1$

$\therefore k=-1$

30 이차방정식의 활용 (1)

워크북 51쪽

01 답 ⑤

연속하는 두 자연수를 x, $x+1$로 놓으면

$x(x+1)=506$, $x^2+x-506=0$

$(x+23)(x-22)=0 \quad \therefore x=-23$ 또는 $x=22$

그런데 x는 자연수이므로 $x=22$

따라서 구하는 두 자연수는 22, 23이므로 이 두 자연수의 제곱의 차는 $23^2-22^2=(23+22)(23-22)=45$

02 답 6, 8, 10

연속하는 세 짝수를 $x-2$, x, $x+2$로 놓으면

$(x-2)^2+x^2+(x+2)^2=200$

$x^2-4x+4+x^2+x^2+4x+4=200$, $3x^2=192$

$x^2=64 \quad \therefore x=\pm 8$

그런데 $x>2$이므로 $x=8$

따라서 구하는 세 짝수는 6, 8, 10이다.

03 답 36

십의 자리의 숫자를 x라 하면 일의 자리의 숫자는 $2x$이므로

$x\times 2x=\frac{1}{2}(10x+2x)$, $2x^2-6x=0$

$x(x-3)=0 \quad \therefore x=0$ 또는 $x=3$

그런데 x는 자연수이므로 $x=3$

따라서 구하는 원래의 수는 36이다.

04 답 ②

$(x^2+2)+(x-1)+8=8+5+2$이므로

$x^2+x-6=0$

$(x+3)(x-2)=0$

$\therefore x=-3$ 또는 $x=2$

x는 자연수이므로 $x=2$

05 답 ⑤

어떤 양수를 x라 하면 $x^2=9x+70$

$x^2-9x-70=0$, $(x+5)(x-14)=0$

$\therefore x=-5$ 또는 $x=14$

x는 양수이므로 $x=14$

06 답 ①

언니가 x살이라 하면 동생은 $(x-3)$살이므로

$6x=(x-3)^2+2$, $6x=x^2-6x+9+2$

$x^2-12x+11=0$, $(x-1)(x-11)=0$

$\therefore x=1$ 또는 $x=11$

그런데 $x>3$이므로 $x=11$

따라서 언니의 나이는 11살이다.

07 답 ①

여학생 수를 x명이라 하면

$x(x-2)=168$이므로 $x^2-2x-168=0$

$(x+12)(x-14)=0 \quad \therefore x=-12$ 또는 $x=14$

x는 자연수이므로 $x=14$

따라서 여학생 수는 14명이다.

08 답 10학급

$\frac{n(n-1)}{2}=45$이므로 $n(n-1)=90$

$n^2-n-90=0$, $(n+9)(n-10)=0$

$\therefore n=-9$ 또는 $n=10$

n은 자연수이므로 $n=10$

따라서 모두 10학급이 참가하면 된다.

31 이차방정식의 활용 (2)

워크북 52~53쪽

01 답 13초 후

$65t-5t^2=0$이므로 $t^2-13t=0$

$t(t-13)=0$ $\quad\therefore t=0$ 또는 $t=13$

그런데 $t>0$이므로 $t=13$

따라서 던지고 13초 후이다.

02 답 2초 후 또는 6초 후

$-5t^2+40t=60$이므로 $t^2-8t+12=0$

$(t-2)(t-6)=0$ $\quad\therefore t=2$ 또는 $t=6$

따라서 던져 올리고 2초 후 또는 6초 후이다.

03 답 2초

$-5t^2+30t+70=110$에서 $t^2-6t+8=0$

$(t-2)(t-4)=0$ $\quad\therefore t=2$ 또는 $t=4$

따라서 높이가 110 m 이상인 지점을 지나는 시간은 2초에서 4초까지이므로

$4-2=2$(초)

04 답 6 cm

큰 정사각형의 한 변의 길이를 x cm라 하면 작은 정사각형의 한 변의 길이는 $(10-x)$ cm이므로

$x^2+(10-x)^2=52$, $2x^2-20x+48=0$

$x^2-10x+24=0$, $(x-4)(x-6)=0$

$\therefore x=4$ 또는 $x=6$

$5<x<10$이므로 $x=6$

따라서 큰 정사각형의 한 변의 길이는 6 cm이다.

05 답 15 cm

정사각형의 한 변의 길이를 x cm라 하면 직사각형의 가로의 길이는 $(x+5)$ cm, 세로의 길이는 $(x-4)$ cm이므로

$(x+5)(x-4)=220$, $x^2+x-20=220$

$x^2+x-240=0$, $(x+16)(x-15)=0$

$\therefore x=-16$ 또는 $x=15$

그런데 $x>0$이므로 $x=15$

06 답 2 cm

늘인 길이를 x cm라 하면 바뀐 직사각형의 가로의 길이는 $(8+x)$ cm, 세로의 길이는 $(5+x)$ cm이므로

$(8+x)(5+x)=2\times8\times5-10$, $x^2+13x-30=0$

$(x+15)(x-2)=0$ $\quad\therefore x=-15$ 또는 $x=2$

그런데 $x>0$이므로 $x=2$

따라서 늘인 길이는 2 cm이다.

07 답 ②

가로의 길이를 x cm라 하면 세로의 길이는 $(14-x)$ cm이므로

$x(14-x)=48$, $x^2-14x+48=0$

$(x-6)(x-8)=0$ $\quad\therefore x=6$ 또는 $x=8$

따라서 가로의 길이가 6 cm일 때 세로의 길이는 8 cm이고, 가로의 길이가 8 cm일 때 세로의 길이는 6 cm이므로 가로의 길이와 세로의 길이의 차는 $8-6=2$(cm)

08 답 2 m

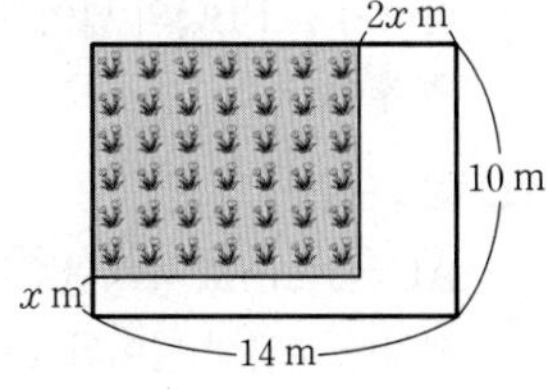

길의 폭을 x m라 하면 남은 부분의 넓이는 가로의 길이가 $(14-2x)$ m, 세로의 길이가 $(10-x)$ m인 직사각형의 넓이와 같으므로

$(14-2x)(10-x)=80$

$2x^2-34x+60=0$, $x^2-17x+30=0$

$(x-2)(x-15)=0$ $\quad\therefore x=2$ 또는 $x=15$

그런데 $x<7$이므로 $x=2$

따라서 길의 폭은 2 m이다.

09 답 ⑤

도로의 폭을 x m라 하면 $(20-x)(14-x)=160$이므로

$x^2-34x+120=0$, $(x-4)(x-30)=0$

$\therefore x=4$ 또는 $x=30$

$x<14$이므로 $x=4$

따라서 가로의 폭은 4 m이다.

10 답 ②

사다리꼴의 윗변의 길이를 x cm라 하면 아랫변의 길이는 $(x+5)$ cm, 높이는 $(x-4)$ cm이므로

$\frac{1}{2}\times\{x+(x+5)\}\times(x-4)=75$

$2x^2-3x-20=150$

$2x^2-3x-170=0$, $(2x+17)(x-10)=0$

$\therefore x=-\frac{17}{2}$ 또는 $x=10$

그런데 $x>0$이므로 $x=10$

따라서 구하는 높이는 $10-4=6$ (cm)

11 답 $\frac{5}{2}$

상자의 밑면의 가로의 길이는 $(40-2x)$ cm, 세로의 길이는 $(25-2x)$ cm이므로

$(40-2x)(25-2x)=700$

$2x^2-65x+150=0$, $(2x-5)(x-30)=0$

$\therefore x=\frac{5}{2}$ 또는 $x=30$

그런데 $x<\frac{25}{2}$이므로 $x=\frac{5}{2}$

12 답 ①

$\pi(8+x)^2-\pi\times8^2=36\pi$, $x^2+16x-36=0$

$(x+18)(x-2)=0$ $\quad\therefore x=-18$ 또는 $x=2$

$x>0$이므로 $x=2$

13 답 5초 후

출발한 지 x초 후에 $\overline{AP}=x$ cm이므로

$\overline{BP}=(10-x)$ cm

이고, $\overline{BQ}=2x$ cm이다.

$\therefore \triangle PBQ=\frac{1}{2}\times2x\times(10-x)=25$

$x(10-x)=25$, $x^2-10x+25=0$

$(x-5)^2=0$ $\quad\therefore x=5$

따라서 △PBQ의 넓이가 25 cm²가 되는 것은 출발한 지 5초 후이다.

14 답 4 cm

$\overline{AC}=x$ cm로 놓으면 $\overline{CB}=(6-x)$ cm

색칠한 부분의 넓이가 4π cm²이므로

$\pi\times\left(\frac{6}{2}\right)^2-\pi\times\left(\frac{x}{2}\right)^2-\pi\times\left(\frac{6-x}{2}\right)^2=4\pi$

$9\pi-\frac{x^2}{4}\pi-\frac{36-12x+x^2}{4}\pi=4\pi$

$36-x^2-36+12x-x^2=16,\ 2x^2-12x+16=0$

$x^2-6x+8=0,\ (x-2)(x-4)=0$

$\therefore x=2$ 또는 $x=4$

그런데 $3<x<6$이므로 $x=4$ $\quad\therefore \overline{AC}=4(\text{cm})$

단원 마무리

워크북 54-56쪽

01 ⑤ **02** ④ **03** ③, ④ **04** ① **05** ⑤
06 ③ **07** -2 **08** ④, ⑤ **09** ④ **10** ⑤
11 ⑤ **12** ④ **13** ③ **14** ① **15** -2, 4
16 -1 **17** ② **18** ④ **19** ①
20 5초 후 또는 10초 후 **21** ④
22 $x=-\frac{3}{2}$ 또는 $x=-1$
23 (4, 12) 또는 (6, 8)

01 ① 이차식

② $x=0$ (일차방정식)

③ $-3x-10=0$ (일차방정식)

⑤ $x^2-3x-1=0$ (이차방정식)

02 ④ $x=1$을 $(x-1)(3x+1)=0$에 대입하면

$(1-1)(3+1)=0$

03 ① $1-1+1=1\neq0$

② $2+1+3=6\neq0$

③ $\frac{1}{9}-\frac{1}{9}=0$

④ $4\times\frac{9}{4}-9=0$

⑤ $9+3-6=6\neq0$

04 $x=-2$를 $ax^2+ax+8=0$에 대입하면

$4a-2a+8=0,\ 2a=-8$ $\quad\therefore a=-4$

05 $(x+1)(x-2)=1+x$에서 $x^2-2x-3=0$

$(x+1)(x-3)=0$ $\quad\therefore x=-1$ 또는 $x=3$

$\alpha>\beta$이므로 $\alpha=3,\ \beta=-1$ $\quad\therefore \alpha^2-\beta^2=3^2-(-1)^2=8$

06 $x=-3$을 $x^2-8x+a=0$에 대입하면

$9+24+a=0$ $\quad\therefore a=-33$

$x^2-8x-33=0$이므로 $(x+3)(x-11)=0$

$\therefore x=-3$ 또는 $x=11$

따라서 다른 한 근은 $x=11$

07 $(x+3)(2x-3)=0$이므로 $x=-3$ 또는 $x=\frac{3}{2}$

따라서 두 근 사이의 정수는 $-2,\ -1,\ 0,\ 1$이므로

$(-2)+(-1)+0+1=-2$

08 ① $x(x-9)=0$ $\quad\therefore x=0$ 또는 $x=9$

② $x^2=4$ $\quad\therefore x=-2$ 또는 $x=2$

③ $x(x+2)=0$ $\quad\therefore x=0$ 또는 $x=-2$

④ $(x+3)^2=0$ $\quad\therefore x=-3$ (중근)

⑤ $(4x-1)^2=0$ $\quad\therefore x=\frac{1}{4}$ (중근)

따라서 중근을 갖는 것은 ④, ⑤이다.

09 $(x-2)^2=2$에서 $x-2=\pm\sqrt{2}$ $\quad\therefore x=2\pm\sqrt{2}$

따라서 두 근의 차는

$(2+\sqrt{2})-(2-\sqrt{2})=2\sqrt{2}$

10 ⑤ $2x+1=\pm\sqrt{3},\ 2x=-1\pm\sqrt{3}$

$\therefore x=\frac{-1\pm\sqrt{3}}{2}$

11 $3x^2-9x+2=0$의 양변을 3으로 나누면

$x^2-3x+\frac{2}{3}=0,\ x^2-3x=-\frac{2}{3}$

$x^2-3x+\frac{9}{4}=-\frac{2}{3}+\frac{9}{4}$

$\left(x-\frac{3}{2}\right)^2=\frac{19}{12},\ x-\frac{3}{2}=\pm\frac{\sqrt{19}}{2\sqrt{3}}=\pm\frac{\sqrt{57}}{6}$

$\therefore x=\frac{3}{2}\pm\frac{\sqrt{57}}{6}=\frac{9\pm\sqrt{57}}{6}$

12 $x=k$를 $x^2+5x-8k=0$에 대입하면

$k^2+5k-8k=0,\ k^2-3k=0,\ k(k-3)=0$

$k\neq0$이므로 $k=3$

즉, $x^2+5x-24=0$에서 $(x+8)(x-3)=0$

$\therefore x=-8$ 또는 $x=3$

따라서 두 근의 곱은 $(-8)\times3=-24$

13 $2x^2+12x+a+5=0$에서 양변을 2로 나누면

$x^2+6x+\frac{a+5}{2}=0$

$\frac{a+5}{2}=\left(\frac{6}{2}\right)^2=9,\ a+5=18$

$\therefore a=13$

따라서 $x^2+6x+9=0$이므로

$(x+3)^2=0$ $\quad\therefore x=-3$ (중근)

즉, $m=-3$

$\therefore a+m=13+(-3)=10$

14 $x^2-x-11=0$에서

$x=\frac{1\pm\sqrt{1+44}}{2}=\frac{1\pm\sqrt{45}}{2}=\frac{1\pm3\sqrt{5}}{2}$

따라서 $a=1$, $b=5$이므로 $a+b=1+5=6$

15 $x+2y=A$로 놓으면 $(A+1)(A-3)-5=0$

$A^2-2A-8=0$, $(A+2)(A-4)=0$

$\therefore A=-2$ 또는 $A=4$

$\therefore x+2y=-2$ 또는 $x+2y=4$

16 $6x^2-2x+2k+1=0$이 서로 다른 두 근을 가지므로

$(-2)^2-4\times6\times(2k+1)>0$

$\therefore k<-\frac{5}{12}$ …… ㉠

$x^2-2kx+2k+3=0$이 중근을 가지므로

$(-2k)^2-4\times1\times(2k+3)=0$, $k^2-2k-3=0$

$(k+1)(k-3)=0$ $\therefore k=-1$ 또는 $k=3$ …… ㉡

㉠, ㉡에서 $k=-1$

17 $2\left(x-\frac{1}{2}\right)(x+3)=0$이므로 $(2x-1)(x+3)=0$

$2x^2+5x-3=0$ $\therefore a=5$, $b=-3$

따라서 이차방정식 $x^2-3x-5=0$의 근은

$x=\frac{3\pm\sqrt{9+20}}{2}=\frac{3\pm\sqrt{29}}{2}$

18 $\frac{n(n-3)}{2}=20$이므로 $n(n-3)=40$

$n^2-3n-40=0$, $(n+5)(n-8)=0$

$\therefore n=-5$ 또는 $n=8$

그런데 n은 $n\geq3$인 자연수이므로 $n=8$

따라서 구하는 다각형은 팔각형이다.

19 합이 20인 두 자연수 중 하나를 x라 하면 다른 하나는 $20-x$이므로

$x(20-x)=96$, $x^2-20x+96=0$

$(x-8)(x-12)=0$

$\therefore x=8$ 또는 $x=12$

따라서 두 자연수 중 작은 수는 8이다.

20 $-5t^2+75t=250$이므로 $t^2-15t+50=0$

$(t-5)(t-10)=0$ $\therefore t=5$ 또는 $t=10$

따라서 던져 올리고 5초 후 또는 10초 후이다.

21 세로의 길이를 x cm라 하면 가로의 길이는 $(x+5)$ cm이므로

$x(x+5)=500$, $x^2+5x-500=0$

$(x+25)(x-20)=0$

$\therefore x=-25$ 또는 $x=20$

그런데 $x>0$이므로 $x=20$

따라서 세로의 길이는 20 cm, 가로의 길이는 25 cm이므로 직사각형의 둘레의 길이는 $2(20+25)=90$(cm)

22 이차방정식 $ax^2+(a+3)x+a=0$이 중근을 가지므로

$(a+3)^2-4\times a\times a=0$, $-3a^2+6a+9=0$

$a^2-2a-3=0$, $(a+1)(a-3)=0$

$\therefore a=-1$ 또는 $a=3$

$a>0$이므로 $a=3$ ……… ❶

따라서 $a=3$을 $2x^2+5x+a=0$에 대입하면

$2x+5x+3=0$이므로 $(2x+3)(x+1)=0$

$\therefore x=-\frac{3}{2}$ 또는 $x=-1$ ……… ❷

단계	채점 기준	비율
❶	a의 값 구하기	60 %
❷	이차방정식 $2x^2+5x+a=0$ 풀기	40 %

23 점 P의 좌표를 P$(k, -2k+20)$이라 하면 ……… ❶

$k(-2k+20)=48$, $k^2-10k+24=0$ ……… ❷

$(k-4)(k-6)=0$ $\therefore k=4$ 또는 $k=6$ ……… ❸

(i) $k=4$일 때, 점 P의 y좌표는 $-2\times4+20=12$

(ii) $k=6$일 때, 점 P의 y좌표는 $-2\times6+20=8$

따라서 점 P의 좌표는

(4, 12) 또는 (6, 8) ……… ❹

단계	채점 기준	비율
❶	점 P의 좌표를 미지수로 나타내기	20 %
❷	이차방정식 세우기	30 %
❸	이차방정식 풀기	20 %
❹	점 P의 좌표 구하기	30 %

Ⅲ | 이차함수

Ⅲ-1 | 이차함수의 그래프 (1)

1 이차함수 $y=ax^2$의 그래프

32 이차함수 $y=x^2$의 그래프

워크북 57쪽

01 답 ㄴ, ㄷ

ㄱ. $y=x(x^2+2)-x=x^3+x$이므로 이차함수가 아니다.

ㄴ. $y=(x+3)(x-2)=x^2+x-6$이므로 이차함수이다.

ㄷ. $y=(x-3)^2+1=x^2-6x+10$이므로 이차함수이다.

ㄹ. $y=x^2-(x+1)(x-1)=1$이므로 이차함수가 아니다.

02 답 ①

① $y=\frac{x(x-3)}{2}=\frac{1}{2}x^2-\frac{3}{2}x$이므로 이차함수이다.

② $y=500x$이므로 일차함수이다.

③ $y=\frac{100}{x}$ 이므로 이차함수가 아니다.

④ $y=x$이므로 일차함수이다.

⑤ $y=8x$이므로 일차함수이다.

03 답 ①

$y=(2x^2+1)+x(ax-1)=2x^2+1+ax^2-x$

$=(a+2)x^2-x+1$

$a+2\neq0$이어야 하므로 $a\neq-2$

따라서 a의 값이 될 수 없는 것은 ① -2이다.

04 답 ④

$f(-1)=(-1)^2-2\times(-1)-3=0$,

$f(1)=1^2-2\times1-3=-4$

$\therefore f(-1)-f(1)=0-(-4)=4$

05 답 3

$f(a)=-2a^2+3a+7=-2$에서

$2a^2-3a-9=0$, $(2a+3)(a-3)=0$

$\therefore a=-\frac{3}{2}$ 또는 $a=3$

이때 a는 정수이므로 $a=3$

06 답 -6

$f(-2)=-(-2)^2+3\times(-2)+a$

$=-4-6+a=a-10$

즉, $a-10=-12$이므로 $a=-2$

따라서 $f(x)=-x^2+3x-2$이므로

$f(4)=-4^2+3\times4-2=-6$

07 답 ②

① 아래로 볼록한 포물선이다.

③ 축의 방정식은 $x=0$이다.

④ 제1, 2사분면을 지난다.

⑤ 이차함수 $y=-x^2$의 그래프와 폭이 같다.

08 답 0

점 $(-2, a)$를 지나므로 $a=-(-2)^2=-4$

점 $(2, b)$를 지나므로 $b=-2^2=-4$

$\therefore a-b=(-4)-(-4)=0$

33 이차함수 $y=ax^2$의 그래프

워크북 58~59쪽

01 답 ④

이차함수 $y=\frac{4}{3}x^2$의 그래프와 x축에 대하여 대칭인 것은

④ $y=-\frac{4}{3}x^2$의 그래프이다.

02 답 ④

① $-3\neq\frac{1}{3}\times(-3)^2=3$이므로 점 $(-3, -3)$을 지나지 않는다.

② y축을 축으로 하는 포물선이다.

③ 아래로 볼록한 포물선이다.

⑤ 이차함수 $y=\frac{1}{3}x^2$의 그래프와 x축에 대하여 대칭이다.

03 답 ④

④ x축에 대하여 대칭인 것은 ㄴ과 ㅂ이다.

04 답 ㄴ, ㄹ

ㄴ. $a<0$일 때, 위로 볼록하다.

ㄹ. 축의 방정식은 $x=0$(y축)이다.

05 답 ③

x^2의 계수가 음수이고 이 중 절댓값이 가장 작은 것은 ③이다.

06 답 ㉠: $y=3x^2$, ㉡: $y=x^2$, ㉢: $y=-2x^2$, ㉣: $y=-\frac{1}{4}x^2$

아래로 볼록한 포물선 중에서 $y=x^2$의 그래프는 $y=3x^2$의 그래프보다 폭이 넓으므로

㉠: $y=3x^2$, ㉡: $y=x^2$

위로 볼록한 포물선 중에서 $y=-\frac{1}{4}x^2$의 그래프는 $y=-2x^2$의 그래프보다 폭이 넓으므로

㉢: $y=-2x^2$, ㉣: $y=-\frac{1}{4}x^2$

07 답 ㉣

$y=ax^2$에서 a의 절댓값이 작을수록 그래프의 폭이 넓어진다. $-1<a<0$에서 a는 음수이고 a의 절댓값이 1보다 작으므로 $y=ax^2$의 그래프는 위로 볼록하면서 $y=-x^2$의 그래프보다 폭이 넓다.

따라서 이차함수 $y=ax^2$의 그래프로 알맞은 것은 ㉣이다.

08 답 ⑤

그래프가 위로 볼록하므로 $a<0$

이차함수 $y=-2x^2$의 그래프보다 폭이 넓으므로 $|a|<2$

$\therefore -2<a<0$

따라서 a의 값이 될 수 없는 것은 ⑤ -3이다.

09 답 ⑤

그래프가 색칠한 부분을 지나는 이차함수의 식을 $y=ax^2$이라 하면 $-3<a<0$ 또는 $0<a<\frac{1}{2}$이어야 한다.

따라서 그래프가 색칠한 부분을 지나지 않는 것은 ⑤ $y=x^2$이다.

10 답 가장 큰 것: ㉠, 가장 작은 것: ㉣

a의 값이 가장 큰 것은 양수이면서 절댓값이 가장 큰 것이므로 아래로 볼록하면서 폭이 가장 좁은 것이다. 즉, ㉠이다.

a의 값이 가장 작은 것은 음수이면서 절댓값이 가장 큰 것이므로 위로 볼록하면서 폭이 가장 좁은 것이다. 즉, ㉣이다.

11 답 ①

$y=ax^2$에 $x=-2$, $y=-2$를 대입하면 $-2=a\times(-2)^2$

$\therefore a=-\frac{1}{2}$

즉, $y=-\frac{1}{2}x^2$에 $x=3$, $y=b$를 대입하면

$b=\left(-\frac{1}{2}\right)\times 3^2=-\frac{9}{2}$

$\therefore a+b=\left(-\frac{1}{2}\right)+\left(-\frac{9}{2}\right)=-5$

12 답 ③

$y=4x^2$에 $x=-2$, $y=a$를 대입하면

$a=4\times(-2)^2=16$

$y=4x^2$의 그래프가 $y=bx^2$의 그래프와 x축에 대하여 대칭이므로 $b=-4$

$\therefore a+b=16+(-4)=12$

13 답 $y=\frac{1}{2}x^2$

이차함수의 식을 $y=ax^2$으로 놓으면 그래프가 점 $(-2, 2)$를 지나므로

$2=a\times(-2)^2 \qquad \therefore a=\frac{1}{2}$

따라서 구하는 이차함수의 식은 $y=\frac{1}{2}x^2$

14 답 $y=-\frac{2}{9}x^2$

이차함수의 식을 $y=ax^2$으로 놓으면 그래프가 점 $(3, -2)$를 지나므로

$-2=a\times 3^2 \qquad \therefore a=-\frac{2}{9}$

따라서 구하는 이차함수의 식은 $y=-\frac{2}{9}x^2$

15 답 6

$x=2$를 $y=\frac{1}{2}x^2$에 대입하면 $y=\frac{1}{2}\times 2^2=2$이므로

A$(2, 2)$

$x=2$를 $y=-x^2$에 대입하면 $y=-2^2=-4$이므로

B$(2, -4)$

$\therefore \overline{AB}=2-(-4)=6$

2 이차함수 $y=a(x-p)^2+q$의 그래프

34 이차함수 $y=ax^2+q$와 $y=a(x-p)^2$의 그래프 워크북 60~61쪽

01 답 $y=\frac{1}{2}x^2-5$

02 답 $y=-(x-3)^2$

03 답 12

이차함수 $y=-x^2+k$의 그래프가 점 $(2, 8)$을 지나므로

$8=-2^2+k \qquad \therefore k=12$

04 답 2

이차함수 $y=2(x+4)^2$의 그래프가 점 $(-3, k)$를 지나므로

$k=2\times(-3+4)^2=2$

05 답 5

이차함수 $y=2x^2$의 그래프를 x축의 방향으로 3만큼 평행이동하면 꼭짓점의 좌표가 $(3, 0)$이므로 $y=2(x-3)^2$

이 그래프가 점 $(m, 8)$을 지나므로

$8=2(m-3)^2$, $(m-3)^2=4$

$m-3=\pm 2 \qquad \therefore m=5$ 또는 $m=1$

그런데 $m>3$이므로 $m=5$

06 답 ⑤

⑤ y축의 방향으로 -2만큼 평행이동하면 이차함수 $y=-\frac{1}{3}x^2-1$의 그래프와 완전히 포개어진다.

07 답 ②, ③

① x^2의 계수가 음수이므로 위로 볼록한 포물선이다.

④ $x>-4$일 때, x의 값이 증가하면 y의 값은 감소한다.

⑤ 이차함수 $y=-3x^2$의 그래프를 x축의 방향으로 -4만큼 평행이동한 것이다.

08 답 ④

①, ③, ⑤ 제1, 2사분면을 지난다.

② 모든 사분면을 지난다.

④ 제3, 4사분면을 지난다.

따라서 제1사분면을 지나지 않는 것은 ④이다.

09 답 4

이차함수 $y=x^2-4$의 그래프의 꼭짓점의 좌표는

A$(0, -4)$

이차함수 $y=-(x+2)^2$의 그래프의 꼭짓점의 좌표는

B$(-2, 0)$

$\therefore \triangle AOB=\frac{1}{2}\times 2\times 4=4$

10 답 $y=\frac{3}{2}(x+2)^2$

꼭짓점의 좌표가 $(-2, 0)$이므로 $y=a(x+2)^2$으로 놓으면 그래프가 점 $(0, 6)$을 지나므로 $6=a\times(0+2)^2$

$\therefore a=\frac{3}{2} \qquad \therefore y=\frac{3}{2}(x+2)^2$

11 답 6

이차함수 $y=-\frac{1}{2}x^2+q$의 그래프가 점 C(2, 1)을 지나므로

$1=-\frac{1}{2}\times 2^2+q \quad \therefore q=3$

따라서 $y=-\frac{1}{2}x^2+3$이므로 A(0, 3)

두 이차함수의 그래프는 y축에 대하여 대칭이므로

△ABO와 △ACO의 넓이가 같다.

$\therefore \square ABOC=2\times\left(\frac{1}{2}\times 3\times 2\right)=6$

12 답 1

$\overline{AB}=6$이므로 주어진 이차함수의 그래프의 꼭짓점의 x좌표는 3이다.

$\therefore p=3$

따라서 $y=a(x-3)^2$의 그래프가 점 A(0, 3)을 지나므로

$3=9a \quad \therefore a=\frac{1}{3}$

$\therefore ap=\frac{1}{3}\times 3=1$

35 이차함수 $y=a(x-p)^2+q$의 그래프 워크북 61~62쪽

01 답 ②

꼭짓점의 좌표가 $(-2, 3)$이고, 위로 볼록하며,

$x=0$일 때, $y=-(0+2)^2+3=-1<0$이므로

y축과 x축보다 아래쪽에서 만난다.

02 답 ①

$y=2(x-1)^2-8$에 $y=0$을 대입하면 $0=2(x-1)^2-8$

$(x-1)^2=4,\ x-1=\pm 2 \quad \therefore x=-1$ 또는 $x=3$

$\therefore a=-1, b=3$ 또는 $a=3, b=-1$

$y=2(x-1)^2-8$에 $x=0$을 대입하면

$y=2(0-1)^2-8=-6 \quad \therefore c=-6$

$\therefore a+b+c=(-1)+3+(-6)=-4$

03 답 ⑤

① 꼭짓점의 좌표가 (1, 2)이므로 제1사분면 위에 있다.

② 꼭짓점의 좌표가 (4, 0)이므로 x축 위에 있다.

③ 꼭짓점의 좌표가 $(-3, 5)$이므로 제2사분면 위에 있다.

④ 꼭짓점의 좌표가 $(2, -1)$이므로 제4사분면 위에 있다.

⑤ 꼭짓점의 좌표가 $(-1, -6)$이므로 제3사분면 위에 있다.

04 답 ⑤

⑤ 이차함수 $y=2(x-1)^2$의 그래프를 y축의 방향으로 -3만큼 평행이동한 것이다.

05 답 -10

이차함수 $y=-2(x+3)^2-5$의 그래프는 이차함수 $y=-2x^2$의 그래프를 x축의 방향으로 -3만큼, y축의 방향으로 -5만큼 평행이동한 것이므로

$a=-2,\ b=-3,\ c=-5$

$\therefore a+b+c=(-2)+(-3)+(-5)=-10$

06 답 $-\frac{1}{2}$

이차함수 $y=\frac{1}{2}(x+1)^2+1$의 그래프를 x축의 방향으로 3만큼, y축의 방향으로 -2만큼 평행이동하면

$y=\frac{1}{2}(x-2)^2-1$

이 그래프가 점 $(3, k)$를 지나므로

$k=\frac{1}{2}\times(3-2)^2-1=-\frac{1}{2}$

07 답 (0, 0)

이차함수 $y=-3(x+4)^2-7$의 그래프를 x축의 방향으로 5만큼, y축의 방향으로 10만큼 평행이동하면

$y=-3(x-1)^2+3$

$x=0$을 대입하면 $y=-3\times(0-1)^2+3=0$

따라서 이 그래프가 y축과 만나는 점의 좌표는 (0, 0)이다.

08 답 5

꼭짓점의 좌표가 (2, 5)이므로

$y=a(x-2)^2+5 \quad \therefore p=2, q=5$

점 $(0, -3)$을 지나므로 $-3=a\times(0-2)^2+5$

$\therefore a=-2$

$\therefore a+p+q=(-2)+2+5=5$

09 답 $a<0,\ p<0,\ q>0$

위로 볼록하므로 $a<0$

꼭짓점의 좌표가 (p, q)이고 제2사분면 위에 있으므로

$p<0,\ q>0$

10 답 제3, 4사분면

$a>0$이므로 아래로 볼록하다. 또, 꼭짓점의 좌표가 (p, q)이고 $p<0,\ q>0$이므로 꼭짓점은 제2사분면 위에 있다.

따라서 제3, 4사분면을 지나지 않는다.

11 답 ②

일차함수 $y=ax+b$의 그래프에서 $a<0,\ b>0$

따라서 이차함수 $y=ax^2+b$의 그래프는 위로 볼록하고, 꼭짓점이 x축보다 위쪽인 y축 위에 있으므로 ②이다.

단원 마무리 워크북 63~64쪽

01 ②, ⑤	**02** ⑤	**03** ④	**04** ②	**05** 5
06 ④	**07** ④	**08** -2	**09** ④	**10** ③
11 ④	**12** ⑤	**13** ②	**14** $a=1,\ p=3$	
15 제1, 2사분면				

01 ① 일차함수

② 이차함수

③ 정리하면 $y=-6x+3$이므로 일차함수이다.

④ 정리하면 $y=-2x-1$이므로 일차함수이다.
⑤ 정리하면 $y=2x^2-2x+1$이므로 이차함수이다.

02 ① $y=1000x$이므로 일차함수이다.
② $y=80x$이므로 일차함수이다.
③ $y=3x$이므로 일차함수이다.
④ $y=2\pi x$이므로 일차함수이다.
⑤ $y=\left(\frac{x}{4}\right)^2=\frac{x^2}{16}$이므로 이차함수이다.

03 $y=ax^2$이라 하면 $a>0$이고 $\frac{1}{2}<a<1$이어야 하므로
④ $y=\frac{3}{4}x^2$이다.

04 ㈎, ㈏, ㈐에서 $y=ax^2$ $(a<0)$의 꼴이다.
㈑에서 점 $(-1, -2)$를 지나므로
$-2=a\times(-1)^2$ $\quad\therefore a=-2$
$\therefore y=-2x^2$

05 이차함수 $y=-3x^2+k$의 그래프가 점 $(1, 2)$를 지나므로
$2=-3\times1^2+k$ $\quad\therefore k=5$

06 축의 방정식은 각각 다음과 같다.
①, ② $x=0$ ③ $x=-3$ ④ $x=3$ ⑤ $x=1$

07 꼭짓점의 좌표가 $(-3, 0)$이므로 $y=a(x+3)^2$
점 $(0, 3)$을 지나므로 $3=a\times(0+3)^2$, $9a=3$
$\therefore a=\frac{1}{3}$
따라서 구하는 이차함수의 식은 $y=\frac{1}{3}(x+3)^2$

08 이차함수 $y=2x^2$의 그래프를 x축의 방향으로 3만큼, y축의 방향으로 -7만큼 평행이동하면 이차함수 $y=2(x-3)^2-7$의 그래프가 완전히 포개어지므로
$a=2$, $b=3$, $c=-7$
$\therefore a+b+c=2+3+(-7)=-2$

09 그래프가 위로 볼록하므로 $x>-1$일 때, x의 값이 증가하면 y의 값은 감소한다.

10 ③ 아래로 볼록하고 꼭짓점의 좌표가 $(3, -10)$이며, $x=0$일 때 $y=-1$이므로 y축과 x축보다 아래쪽에서 만난다. 따라서 그래프는 오른쪽 그림과 같으므로 모든 사분면을 지난다.

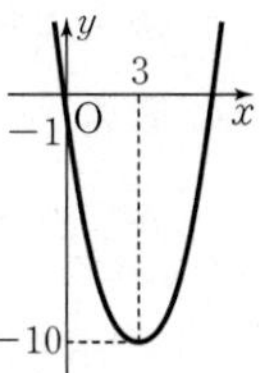

11 ① 아래로 볼록한 포물선이다.
② $y=3(0+1)^2+2=5$이므로 점 $(0, 5)$를 지난다.
③ 꼭짓점의 좌표는 $(-1, 2)$이다.
⑤ 이차함수 $y=3x^2$의 그래프를 x축의 방향으로 -1만큼, y축의 방향으로 2만큼 평행이동한 것이다.

12 꼭짓점 A의 좌표는 A$(-4, 2)$
$x=0$일 때 $y=-14$이므로 y축과의 교점 B의 좌표는 B$(0, -14)$
따라서 △OAB는 오른쪽 그림과 같이 밑변의 길이가 14, 높이가 4인 삼각형이므로
△OAB$=\frac{1}{2}\times14\times4=28$

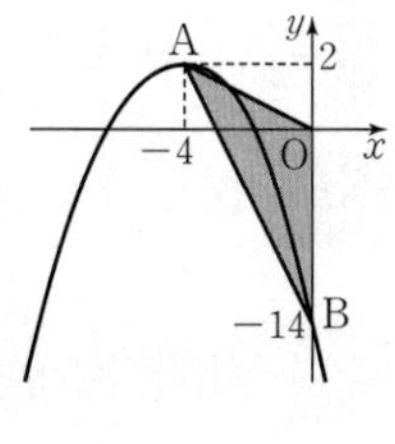

13 아래로 볼록하므로 $a>0$
꼭짓점 (p, q)가 제4사분면 위에 있으므로
$p>0$, $q<0$

14 이차함수 $y=a(x-p)^2$의 그래프의 꼭짓점의 좌표는
$(p, 0)$ ······ ❶
이차함수 $y=-x^2+9$의 그래프가 점 $(p, 0)$을 지나므로
$0=-p^2+9$, $p^2=9$
이때 $p>0$이므로 $p=3$ ······ ❷
이차함수 $y=-x^2+9$의 그래프의 꼭짓점의 좌표는
$(0, 9)$ ······ ❸
이차함수 $y=a(x-p)^2$, 즉 $y=a(x-3)^2$의 그래프가 점 $(0, 9)$를 지나므로 $9=9a$
$\therefore a=1$ ······ ❹

단계	채점 기준	비율
❶	이차함수 $y=a(x-p)^2$의 그래프의 꼭짓점의 좌표 구하기	20 %
❷	p의 값 구하기	30 %
❸	이차함수 $y=-x^2+9$의 그래프의 꼭짓점의 좌표 구하기	20 %
❹	a의 값 구하기	30 %

15 일차함수 $y=ax+b$의 그래프에서 기울기가 양수, y절편이 양수이므로 $a>0$, $b>0$ ······ ❶
이차함수 $y=a(x-b)^2+ab$의 그래프의 꼭짓점의 좌표는 (b, ab)이고, $b>0$, $ab>0$이므로 꼭짓점은 제1사분면 위에 있다. ······ ❷
또, $a>0$이므로 그래프는 아래로 볼록하다. ······ ❸
따라서 이차함수 $y=a(x-b)^2+ab$의 그래프의 개형은 오른쪽 그림과 같으므로 제1, 2사분면을 지난다. ······ ❹

단계	채점 기준	비율
❶	a, b의 부호 정하기	40 %
❷	꼭짓점의 위치 알기	20 %
❸	그래프의 모양 알기	20 %
❹	그래프가 지나는 사분면 구하기	20 %

Ⅲ-2 | 이차함수의 그래프 (2)

1 이차함수 $y=ax^2+bx+c$의 그래프

36 이차함수 $y=ax^2+bx+c$의 그래프 워크북 65~66쪽

01 답 꼭짓점의 좌표: $(4, -8)$, 축의 방정식: $x=4$

$y=3x^2-24x+40=3(x-4)^2-8$

따라서 꼭짓점의 좌표는 $(4, -8)$이고, 축의 방정식은 $x=4$이다.

02 답 ⑤

① $y=x^2-4$의 꼭짓점의 좌표는 $(0, -4)$ ➜ y축

② $y=(x+2)^2-4$의 꼭짓점의 좌표는 $(-2, -4)$
➜ 제3사분면

③ $y=-(x-1)^2+4$의 꼭짓점의 좌표는 $(1, 4)$
➜ 제1사분면

④ $y=(x+1)^2$의 꼭짓점의 좌표는 $(-1, 0)$ ➜ x축

⑤ $y=-2(x+1)^2+5$의 꼭짓점의 좌표는 $(-1, 5)$
➜ 제2사분면

03 답 $a=-4$, $b=-1$

꼭짓점의 좌표가 $(-2, 3)$이므로

$y=-(x+2)^2+3=-x^2-4x-1$

$\therefore a=-4, b=-1$

04 답 $x=-1$

점 $(2, -1)$을 지나므로 $-1=-2^2+2a+7$

$\therefore a=-2$

따라서 $y=-x^2-2x+7=-(x+1)^2+8$

축의 방정식은 $x=-1$

05 답 2

$y=\frac{1}{2}x^2-2x+7=\frac{1}{2}(x-2)^2+5$이므로 꼭짓점의 좌표는 $(2, 5)$이다.

점 $(2, 5)$가 일차함수 $y=mx+1$의 그래프 위에 있으므로

$5=2m+1 \quad \therefore m=2$

06 답 7

$y=-\frac{1}{3}x^2+2x+1=-\frac{1}{3}(x-3)^2+4$이므로

꼭짓점의 좌표는 $(3, 4)$이다.

이차함수 $y=2x^2-mx+7$의 그래프가 점 $(3, 4)$를 지나므로

$4=2\times3^2-m\times3+7$

$\therefore m=7$

07 답 2

$y=-\frac{1}{2}x^2-x+3=-\frac{1}{2}(x+1)^2+\frac{7}{2}$이므로 이차함수 $y=-\frac{1}{2}x^2$의 그래프를 x축의 방향으로 -1만큼, y축의 방향으로 $\frac{7}{2}$만큼 평행이동한 것과 같다.

따라서 $a=-\frac{1}{2}$, $m=-1$, $n=\frac{7}{2}$이므로

$a+m+n=\left(-\frac{1}{2}\right)+(-1)+\frac{7}{2}=2$

08 답 4

$y=\frac{1}{3}x^2-2x+4=\frac{1}{3}(x-3)^2+1$의 그래프를 x축의 방향으로 -2만큼 평행이동하면 $y=\frac{1}{3}(x-1)^2+1$

이 그래프가 점 $(-2, k)$를 지나므로

$k=\frac{1}{3}(-2-1)^2+1=4$

09 답 -5

$y=2x^2-8x+5=2(x-2)^2-3$

$y=2x^2+4x-3=2(x+1)^2-5$

꼭짓점의 좌표가 $(2, -3)$에서 $(-1, -5)$로 바뀌었으므로 x축의 방향으로 -3만큼, y축의 방향으로 -2만큼 평행이동한 것이다.

따라서 $m=-3$, $n=-2$이므로

$m+n=(-3)+(-2)=-5$

10 답 ⑤

$y=3x^2+6x+4=3(x+1)^2+1$의 그래프를 x축의 방향으로 4만큼, y축의 방향으로 -1만큼 평행이동하면 원래의 이차함수의 그래프와 일치하게 된다. 즉,

$y=3(x-4+1)^2+1-1$

$=3(x-3)^2=3x^2-18x+27$

따라서 $a=3$, $b=-18$, $c=27$이므로

$a+b+c=3+(-18)+27=12$

11 답 ⑤

$y=x^2-4x+5=(x-2)^2+1$

⑤ 직선 $x=2$를 축으로 하는 아래로 볼록한 포물선이다.

12 답 ⑤

$y=-2x^2-4x+1=-2(x+1)^2+3$

① 직선 $x=-1$을 축으로 하는 포물선이다.

② 꼭짓점의 좌표는 $(-1, 3)$이다.

③ y축과 만나는 점의 좌표는 1이다.

④ 모든 사분면을 지난다.

13 답 ②

$y=-x^2-8x+5=-(x+4)^2+21$

② 꼭짓점의 좌표는 $(-4, 21)$이다.

14 답 ②

$y=\frac{1}{2}x^2-2x-6=\frac{1}{2}(x-2)^2-8$

ㄱ. $\frac{1}{2}x^2-2x-6=0$에서 $x^2-4x-12=0$

$(x+2)(x-6)=0 \quad \therefore x=-2$ 또는 $x=6$

따라서 x축과의 교점의 좌표는 $(-2, 0)$, $(6, 0)$이다.

ㄴ. 제3사분면을 지난다.

ㄷ. 이차함수 $y=\frac{1}{2}(x-2)^2$의 그래프를 y축의 방향으로 -8만큼 평행이동한 것이다.

ㄹ. x^2의 계수의 절댓값이 $\frac{1}{2}$로 같으므로 두 이차함수의 그래프의 폭이 같다.

37 이차함수 $y=ax^2+bx+c$의 그래프에서 a, b, c의 부호 워크북 67~68쪽

01 답 $ab<0$

축이 y축의 오른쪽에 있으므로 a, b의 부호가 다르다.

$\therefore ab<0$

02 답 ③

아래로 볼록하므로 $a>0$

축이 y축의 오른쪽에 있으므로 a, b의 부호가 다르다.

$\therefore b<0$

y축과의 교점이 x축보다 아래쪽에 있으므로 $c<0$

03 답 $a>0, b>0, c>0$

아래로 볼록하므로 $a>0$

축이 y축의 왼쪽에 있으므로 a, b의 부호가 같다. $\therefore b>0$

제1, 2, 3사분면만을 지나고 $c\neq0$이므로 오른쪽 그림과 같이 y축과의 교점이 x축보다 위쪽에 있다. $\therefore c>0$

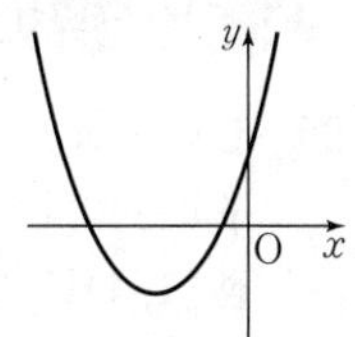

04 답 ⑤

아래로 볼록하므로 $a>0$

축이 y축의 왼쪽에 있으므로 $b>0$

원점 $(0, 0)$을 지나므로 $c=0$

① $a+b>0$

② $x=1$일 때, $a+b+c>0$

③ $abc=0$

④ $x=-1$일 때, $a-b+c<0$

⑤ $ac-b=-b<0$

05 답 ④

아래로 볼록하므로 $a>0$

축이 y축의 오른쪽에 있으므로 $b<0$

y축과의 교점이 x축보다 아래쪽에 있으므로 $c<0$

① $ab<0$　② $ac<0$　③ $abc>0$

④ $x=1$일 때, $a+b+c<0$

⑤ $x=-1$일 때, $a-b+c>0$

06 답 ③

$a>0$이므로 아래로 볼록하고, $-b<0$이므로 축이 y축의 오른쪽에 있다.

또, $c<0$이므로 y축과의 교점이 x축보다 아래쪽에 있다.

따라서 구하는 그래프로 알맞은 것은 ③이다.

07 답 오른쪽

$ax-by+c=0$에서 $y=\frac{a}{b}x+\frac{c}{b}$이므로 주어진 그래프에서

$\frac{a}{b}<0, \frac{c}{b}<0$

따라서 a, b는 다른 부호이므로 이차함수 $y=ax^2+bx+c$의 그래프의 축은 y축의 오른쪽에 있다.

08 답 ㄱ

ㄱ. $a>0$이므로 아래로 볼록하다.

ㄴ. $-b<0$이므로 축은 y축의 오른쪽에 있다.

ㄷ. $-c<0$이므로 y축과 만나는 점의 위치는 x축의 아래쪽이다.

09 답 ③

이차함수 $y=ax^2+bx+c$의 그래프가 위로 볼록하므로 $a<0$

축이 y축의 오른쪽에 있으므로 $b>0$

y축과의 교점이 x축보다 위쪽에 있으므로 $c>0$

즉, 이차함수 $y=cx^2+bx+c$의 그래프는 $c>0$이므로 아래로 볼록하고, $b>0$이므로 축이 y축의 왼쪽에 있다.

또, $c>0$이므로 y축과의 교점이 x축보다 위쪽에 있다.

10 답 ①

이차함수 $y=x^2+ax+b$의 그래프에서 축이 y축의 왼쪽에 있으므로 $a>0$

y축과의 교점이 x축보다 위쪽에 있으므로 $b>0$

즉, 이차함수 $y=-x^2+bx+a$의 그래프는 위로 볼록하고, 축이 y축의 오른쪽에 있으며, y축과의 교점이 x축보다 위쪽에 있으므로 그 개형은 오른쪽 그림과 같다.

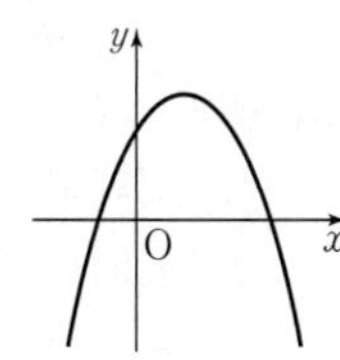

따라서 꼭짓점은 제1사분면 위에 있다.

11 답 제3사분면

일차함수 $y=ax+b$의 그래프에서 기울기가 양수이므로 $a>0$

y절편이 양수이므로 $b>0$

즉, 이차함수 $y=ax^2+bx$의 그래프는 아래로 볼록하고, 축이 y축의 왼쪽에 있으며, y축과 원점에서 만나므로 그 개형은 오른쪽 그림과 같다.

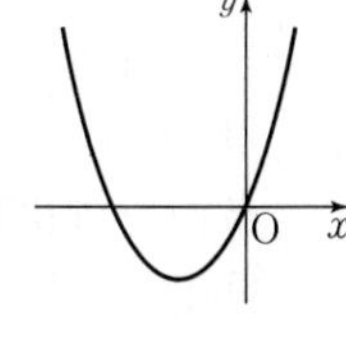

따라서 꼭짓점은 제3사분면 위에 있다.

12 답 제4사분면

이차함수 $y=-x^2+ax+b(b\neq0)$의 그래프가 제2사분면만 지나지 않으므로 축은 y축의 오른쪽에 있고, y축과의 교점이 x축보다 아래쪽에 있다.

$\therefore a>0, b<0$

즉, 이차함수 $y=x^2+bx-a$의 그래프는 아래로 볼록하고, 축이 y축의 오른쪽에 있으며, y축과의 교점이 x축보다 아래쪽에 있으므로 그 개형은 오른쪽 그림과 같다.

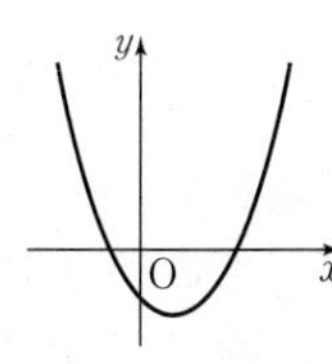

따라서 꼭짓점은 제4사분면 위에 있다.

2 이차함수의 식 구하기

38 이차함수의 식 구하기 (1) 워크북 69쪽

01 답 ③

꼭짓점의 좌표가 $(-1, -3)$이므로 $y=a(x+1)^2-3$

점 $(1, 5)$를 지나므로 $5=a\times(1+1)^2-3$ $\therefore a=2$

$\therefore y=2(x+1)^2-3=2x^2+4x-1$

따라서 y축과 만나는 점의 y좌표는 -1이다.

02 답 $y=-2x^2-4x+2$

이차함수 $y=2(x+1)^2+4$의 그래프의 꼭짓점의 좌표는 $(-1, 4)$이므로 $y=a(x+1)^2+4$

점 $(-2, 2)$를 지나므로

$2=a\times(-2+1)^2+4$ $\therefore a=-2$

$\therefore y=-2(x+1)^2+4=-2x^2-4x+2$

03 답 ①

꼭짓점의 좌표가 $(-3, 0)$이므로 $y=a(x+3)^2$

점 $(0, 9)$를 지나므로 $9=a\times(0+3)^2$ $\therefore a=1$

따라서 $y=(x+3)^2$의 그래프가 점 $(-2, k)$를 지나므로

$k=(-2+3)^2=1$

04 답 6

꼭짓점의 좌표가 $(2, 9)$이므로 $y=a(x-2)^2+9$

점 $(0, 5)$를 지나므로 $5=a\times(0-2)^2+9$ $\therefore a=-1$

$\therefore y=-(x-2)^2+9$

$y=0$일 때 $-(x-2)^2+9=0$, $(x-2)^2=9$

$x-2=\pm3$ $\therefore x=-1$ 또는 $x=5$

따라서 x축과 만나는 두 점의 좌표는 $(-1, 0)$, $(5, 0)$이므로 $\overline{AB}=5-(-1)=6$

05 답 $y=2x^2-4x-4$

직선 $x=1$이 축이므로 $y=a(x-1)^2+q$로 놓으면

점 $(-1, 2)$를 지나므로 $4a+q=2$

점 $(2, -4)$를 지나므로 $a+q=-4$

두 식을 연립하여 풀면 $a=2$, $q=-6$

따라서 구하는 이차함수의 식은 $y=2(x-1)^2-6$이므로

$y=2x^2-4x-4$

06 답 5

직선 $x=-2$가 축이므로 $y=\frac{1}{2}(x+2)^2+q$로 놓으면

점 $(0, 3)$을 지나므로 $3=\frac{1}{2}\times2^2+q$ $\therefore q=1$

$\therefore y=\frac{1}{2}(x+2)^2+1=\frac{1}{2}x^2+2x+3$

따라서 $a=2$, $b=3$이므로 $a+b=2+3=5$

07 답 ④

직선 $x=-1$이 축이므로 $y=a(x+1)^2+q$로 놓으면

점 $(0, 4)$를 지나므로 $a+q=4$

점 $(2, 0)$을 지나므로 $9a+q=0$

두 식을 연립하여 풀면 $a=-\frac{1}{2}$, $q=\frac{9}{2}$

$\therefore y=-\frac{1}{2}(x+1)^2+\frac{9}{2}=-\frac{1}{2}x^2-x+4$

따라서 $a=-\frac{1}{2}$, $b=-1$, $c=4$이므로

$abc=\left(-\frac{1}{2}\right)\times(-1)\times4=2$

08 답 16

축의 방정식이 $x=-3$이므로 $y=a(x+3)^2+q$로 놓으면

점 $(1, 6)$을 지나므로 $16a+q=6$

점 $(-1, 0)$을 지나므로 $4a+q=0$

두 식을 연립하여 풀면 $a=\frac{1}{2}$, $q=-2$

따라서 이차함수 $y=\frac{1}{2}(x+3)^2-2$의 그래프가 점 $(3, k)$를 지나므로 $k=\frac{1}{2}\times(3+3)^2-2=16$

39 이차함수의 식 구하기 (2) 워크북 70쪽

01 답 $y=-x^2+4x+1$

구하는 이차함수를 $y=-x^2+ax+b$라고 하면 이 그래프가

점 $(1, 4)$를 지나므로 $4=-1+a+b$

점 $(4, 1)$을 지나므로 $1=-16+4a+b$

두 식을 연립하여 풀면 $a=4$, $b=1$

$\therefore y=-x^2+4x+1$

02 답 -2

점 $(0, 6)$을 지나므로 $b=6$

점 $(6, 0)$을 지나므로 $0=-18+6a+6$ $\therefore a=2$

$\therefore y=-\frac{1}{2}x^2+2x+6$

$y=0$을 대입하면 $-\frac{1}{2}x^2+2x+6=0$

$x^2-4x-12=0$, $(x+2)(x-6)=0$

$\therefore x=-2$ 또는 $x=6$

따라서 x축과 두 점 $(-2, 0)$, $(6, 0)$에서 만나므로

$k=-2$

03 답 ②

점 $(0, 4)$를 지나므로 $c=4$

또, 두 점 $(-1, 3)$, $(1, 7)$을 지나므로

$a-b+4=3$, $a+b+4=7$

두 식을 연립하여 풀면 $a=1$, $b=2$

$\therefore abc=1\times2\times4=8$

04 답 $y=2x^2-x+1$

구하는 이차함수를 $y=ax^2+bx+c$로 놓으면 이 그래프가

점 $(0, 1)$을 지나므로 $c=1$

또, 두 점 $(-1, 4)$, $(1, 2)$를 지나므로

$a-b+1=4$, $a+b+1=2$

두 식을 연립하여 풀면 $a=2$, $b=-1$

$\therefore y=2x^2-x+1$

05 답 ③

점 $(0, 6)$을 지나므로 $c=6$

두 점 $(-4, 6)$, $(-1, 3)$을 지나므로

$16a-4b+6=6$, $a-b+6=3$

두 식을 연립하여 풀면 $a=1$, $b=4$

$\therefore a+b-c=1+4-6=-1$

06 답 12

이차함수 $y=-2x^2$의 그래프와 x^2의 계수가 같고, 두 점 $(-2, 0)$, $(3, 0)$을 지나므로

$y=-2(x+2)(x-3)=-2x^2+2x+12$

따라서 y축과 만나는 점의 y좌표는 12이다.

07 답 $y=-x^2+4x-3$

이차함수의 그래프가 두 점 $(1, 0)$, $(3, 0)$을 지나므로 $y=a(x-1)(x-3)$으로 놓는다.

점 $(0, -3)$을 지나므로 $-3=3a$ $\quad\therefore a=-1$

따라서 $y=-(x-1)(x-3)$이므로

$y=-x^2+4x-3$

08 답 1

이차함수 $y=x^2+ax+b$의 그래프가 두 점 $(2, 0)$, $(4, 0)$을 지나므로

$y=(x-2)(x-4)=x^2-6x+8$

$\therefore a=-6$, $b=8$

또, 점 $(3, k)$를 지나므로

$k=9-18+8=-1$

$\therefore a+b+k=(-6)+8+(-1)=1$

단원 마무리

워크북 71~72쪽

01 ④	**02** ②	**03** ③	**04** ③, ④	**05** ④
06 ⑤	**07** -14	**08** ④	**09** ①	**10** ⑤
11 $x>1$	**12** -12	**13** $\left(\frac{5}{2}, 0\right)$		**14** 7
15 5 : 9				

01 ① $y=x^2-2x=(x-1)^2-1$

② $y=-x^2+4x+1=-(x-2)^2+5$

③ $y=\frac{1}{2}x^2+x-1=\frac{1}{2}(x+1)^2-\frac{3}{2}$

④ $y=\frac{1}{2}x^2+2x-3=\frac{1}{2}(x+2)^2-5$

⑤ $y=-2x^2+4x-3=-2(x-1)^2-1$

따라서 축의 방정식이 $x=-2$인 것은 ④이다.

02 $y=-x^2+4ax+4=-(x-2a)^2+4a^2+4$

꼭짓점 $(2a, 4a^2+4)$가 일차함수 $y=2x+3$의 그래프 위에 있으므로

$4a^2+4=2\times 2a+3$, $4a^2-4a+1=0$

$(2a-1)^2=0$ $\quad\therefore a=\frac{1}{2}$

03 이차함수 $y=x^2-2$의 그래프의 꼭짓점의 좌표는 $(0, -2)$

이차함수 $y=x^2+4x+5=(x+2)^2+1$의 그래프의 꼭짓점의 좌표는 $(-2, 1)$

$\therefore m=-2$, $n=3$

$\therefore m+n=(-2)+3=1$

04 $y=2x^2-8x+4=2(x-2)^2-4$

① 축의 방정식은 $x=2$이다.

② 꼭짓점의 좌표가 $(2, -4)$이므로 제4사분면 위에 있다.

⑤ 이차함수 $y=2x^2-4$의 그래프를 x축의 방향으로 2만큼 평행이동한 것이다.

05 ① 위로 볼록하므로 $a<0$

② 축이 y축의 왼쪽에 있으므로 a, b의 부호가 같다.

$\therefore b<0$

③ y축과의 교점이 x축보다 위쪽에 있으므로 $c>0$

$\therefore abc>0$

④ $a<0$, $b<0$, $c>0$이므로 $a+b-c<0$

⑤ $ab>0$, $c>0$이므로 $ab+c>0$

06 이차함수 $y=ax^2+bx+c$의 그래프에서

위로 볼록하므로 $a<0$

축이 y축 위에 있으므로 $b=0$

y축과의 교점이 x축보다 아래쪽에 있으므로 $c<0$

함수 $y=bx^2+cx+a$, 즉 $y=cx+a$의 그래프는 기울기가 음수이고 y절편이 음수이므로 그 개형은 오른쪽 그림과 같다.

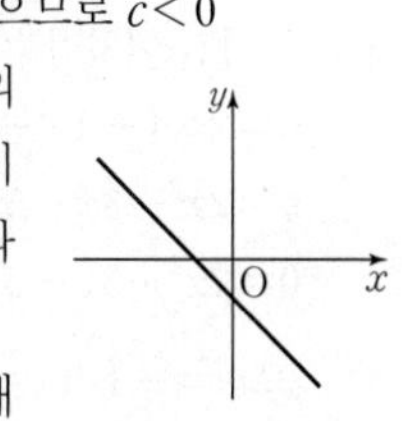

따라서 함수 $y=bx^2+cx+a$의 그래프는 제2, 3, 4사분면을 지난다.

07 꼭짓점의 좌표가 $(-2, 4)$이므로 $y=a(x+2)^2+4$로 놓으면

점 $(-1, 2)$를 지나므로 $2=a\times(-1+2)^2+4$

$\therefore a=-2$

$\therefore y=-2(x+2)^2+4=-2x^2-8x-4$

따라서 $b=-8$, $c=-4$이므로

$a+b+c=(-2)+(-8)+(-4)=-14$

08 조건 (가), (나)에서 $y=2(x+1)^2+q$로 놓을 수 있다.

조건 (다)에서 점 $(0, 3)$을 지나므로

$3=2\times(0+1)^2+q$ $\quad\therefore q=1$

따라서 $y=2(x+1)^2+1$의 그래프가 점 $(-1, k)$를 지나므로

$k=2\times(-1+1)^2+1=1$

09 $y=ax^2+bx+c$로 놓으면 점 $(0, 6)$을 지나므로 $c=6$

점 $(1, 3)$을 지나므로 $a+b+6=3$, 즉 $a+b=-3$

점 $(4, 6)$을 지나므로 $16a+4b+6=6$, 즉 $4a+b=0$

두 식을 연립하여 풀면 $a=1$, $b=-4$

$\therefore y=x^2-4x+6$

10 $y=ax^2+bx+c$의 그래프가 점 $(0, -3)$을 지나므로
$c=-3$
두 점 $(2, 5)$, $(-1, -10)$을 지나므로
$5=4a+2b-3$, $-10=a-b-3$
두 식을 연립하여 풀면 $a=-1$, $b=6$
$\therefore abc=(-1)\times6\times(-3)=18$

11 이차함수 $y=-2x^2+ax+2$의 그래프가 점 $(2, 2)$를 지나므로
$2=-8+2a+2$, $2a=8$　　$\therefore a=4$
$y=-2x^2+4x+2=-2(x-1)^2+4$이므로
$x>1$에서 x의 값이 증가할 때, y의 값은 감소한다.

12 $y=a(x+2)(x-3)$으로 놓으면 이 그래프가
점 $(1, -12)$를 지나므로 $-12=-6a$　　$\therefore a=2$
$y=2(x+2)(x-3)$
$=2x^2-2x-12$
$=2\left(x-\frac{1}{2}\right)^2-\frac{25}{2}$
이므로
$p=\frac{1}{2}$, $q=-\frac{25}{2}$
$\therefore p+q=-12$

13 주어진 이차함수가 점 $(-1, 0)$을 지나므로
$0=2\times(-1)^2-3\times(-1)+a$, $a+5=0$　　$\therefore a=-5$
$y=2x^2-3x-5$에 $y=0$을 대입하면
$0=2x^2-3x-5$, $(x+1)(2x-5)=0$
$\therefore x=-1$ 또는 $x=\frac{5}{2}$
따라서 다른 한 점의 좌표는 $\left(\frac{5}{2}, 0\right)$이다.

14 $y=x^2-4x+a=(x-2)^2+a-4$이므로 꼭짓점의 좌표는
$(2, a-4)$ ··· ❶
$y=\frac{1}{2}x^2-bx+3=\frac{1}{2}(x-b)^2-\frac{1}{2}b^2+3$이므로 꼭짓점의 좌표는
$\left(b, -\frac{1}{2}b^2+3\right)$ ··· ❷
두 꼭짓점이 일치하므로 $2=b$
$a-4=-\frac{1}{2}b^2+3$에서 $a=5$ ··· ❸
$\therefore a+b=5+2=7$ ··· ❹

단계	채점 기준	비율
❶	이차함수 $y=x^2-4x+a$의 그래프의 꼭짓점 구하기	30 %
❷	이차함수 $y=\frac{1}{2}x^2-bx+3$의 그래프의 꼭짓점 구하기	30 %
❸	상수 a, b의 값 구하기	30 %
❹	$a+b$의 값 구하기	10 %

15 $x=0$일 때 $y=5$이므로 $\mathrm{C}(0, 5)$ ··· ❶
$y=-x^2+4x+5=-(x-2)^2+9$이므로 점 P의 좌표는
$\mathrm{P}(2, 9)$ ··· ❷
$-x^2+4x+5=0$에서 $x^2-4x-5=0$
$(x+1)(x-5)=0$　　$\therefore x=-1$ 또는 $x=5$
$\therefore \mathrm{A}(-1, 0)$, $\mathrm{B}(5, 0)$ ··· ❸
$\therefore \triangle\mathrm{ABC}=\frac{1}{2}\times6\times5=15$
$\triangle\mathrm{ABP}=\frac{1}{2}\times6\times9=27$
$\therefore \triangle\mathrm{ABC} : \triangle\mathrm{ABP}=15 : 27=5 : 9$ ··· ❹

단계	채점 기준	비율
❶	점 C의 좌표 구하기	15 %
❷	꼭짓점 P의 좌표 구하기	25 %
❸	두 점 A, B의 좌표 구하기	30 %
❹	△ABC와 △ABP의 넓이의 비 구하기	30 %